U0219468

甜蜜的犒赏

零失败 超美味的 法式甜点

[日] 冈田吉之 著　　金璐 译

AN ENCYCLOPEDIA OF DESSERT

青岛出版社
QINGDAO PUBLISHING HOUSE

Cher OKADA,

Sans bruit mais avec constance,tu as hiss ton nom parmi les meilleurs pâissiers japonais.
Ta recherche du bon goû et la perfection de l'exécution étaient toujours ta ligne de conduite professionnelle.
Aujourd'hui tu transmets ton savoir faire et ta philosophie pâissière à travers ce magnifique ouvrage.
Je te féicite pour ton parcours et te souhaite encore beaucoup de succès.

Géard Bannwarth
Pâisserie «Jacques»
Préident d'Honneur Internationale de l'Association Relais Desserts

致冈田君

你凭着不屈的精神，悄然跻身于日本实力甜点师的行列。

“永远追求美味和完美”是你作为专业甜点师的尊严。现在，要通过这本精彩的作品将你的秘诀和心得传给后来者。

谨在此对你的经历表示赞赏，并衷心祝愿你越来越成功。

Gerard Bannwarth
甜品店“Jacques”
Relais Desserts协会名誉会长

J'ai eu le plaisir d'apprécier le travail de Monsieur Yoshiyuki OKADA que j'ai rencontr lors de mes démonstrations au Japon il y a une vingtaine d'années.Puis je l'ai retrouvé à Paris o il est venu travailler mes côtés la pâisserie MILLET.
J'ai remarqué qu'il a toujours été très attiré par les pâisseries réionales françises qui constituent l'identité mêe de notre profession.
J'ai grandement appréié ses qualités personnelles:un sérieux attentif dans son travail,un caractère très ouvert et un vif sens de l'adaptation à notre façon de travailler très française,une grande ouverture d'esprit.
Je suis très heureux de pouvoir promouvoir son livre qui, je suis sûr, a été réalisé avec grand soin et talent. Je suis certain qu'il va rencontrer beaucoup de succès ce qui sera la juste récompense du travail et des qualités de Monsieur OKADA.
Avec toutes mes félicitations et mon amitié.

Denis Ruffel
Pâtisserie «MILLET»
Membre de l'Association Relais Desserts

和冈田君相识已有二十多年了。当时我在日本开经验分享会，对他工作中一丝不苟的态度印象深刻。之后，他来到巴黎，在甜品店“Mie”担任我的助手。

他对法国的地方甜点很感兴趣，可以说，学会地方甜点就学会了法国甜品。我认为冈田君有极高的天赋。

他为人诚恳，工作细致，性格坦率，态度开放，精神自由豁达，也特别适应法国文化。很高兴在冈田君作品出版之际遥赠寄语二三。

这本作品倾注了他的才能和耐心，我相信它一定能大获成功。这是对冈田君的工作态度和天赋最合理的回报。

同时，作为朋友，我表示衷心的祝贺。

Denis Ruffel
甜品店“Mie”主厨
Relais Desserts协会会员

目录

75 第三章 A POINT的甜点

开始制作之前

> 本书的配方以“A POINT”蛋糕店常用的配方为基础。请不要完全按照本书中的配方来做，而是把它作为一个大致的标准。如果这本书能为专业人士或业余爱好者提供一些做甜点的灵感或制法上的新选择，我就会感到非常开心。我认为，除了倚赖制作者的技术，甜点还会因制作者的心意和感情变得更加美味。

> 烤箱温度、烤制时间等均为大致标准。请根据烤箱的机种、面团的状态等进行适当调整。

> 用量也是大致标准。请视材料状态、个人喜好等适当调整。

> 我在对流烤箱的换气口上安装了通气口。

> 温度设定分别为：室温20℃、冰箱冷藏室2℃、冷冻室零下20℃、急速冷冻室零下40℃。标注“急速冷冻”表示用速冻冷柜冷冻；标注“冷冻保存”则表示急速冷冻后再放进冷冻室保存。

> 选用普通大小鸡蛋（每个鸡蛋去壳后约为50克。其中蛋白34克，蛋黄16克）。

> 在没有特别说明的情况下，打发蛋白需要在2~3天前打好并冷藏保存。需要在最大程度上发挥蛋白弹性的饼干类面团中使用的是当天打入的新鲜蛋白。

> 在没有特别说明的情况下，全蛋、蛋黄一定要恢复至常温后再用（从冰箱里取出放置半天左右）。

> 所用黄油均为无盐发酵黄油（除了p.216“鹳鸟蛋糕”使用的是澄清黄油）。

> 在加液化黄油之前要充分搅拌，使乳清（白色沉淀物）分布均匀后再加。

> 混用低筋面粉和高筋面粉时，过筛前要先用手充分将两者混合。

> 揉面时，在所用扑粉没有说明时均为高筋面粉。请适当少量使用。

> 英式奶油霜、卡仕达奶油酱等材料易繁殖细菌，要严格控制温度，保持卫生。使用时要加热彻底、冷却迅速，即使没有特别说明，也要先对器具、容器进行杀菌消毒。

> 所标注的巧克力回火温度为大致目标。请根据所用产品上的标示适当调整。

> “30波美度的糖浆”以1000克水、1350克白砂糖混合煮沸，漏斗过滤后立刻以冰水水浴快速冷却而制成。可放进冰箱保存，需要时适量取用。

本书日文工作人员

摄影：渡边文彦
造型：肱冈香子
艺术指导 设计：茂木隆行
插图：冈田吉之
翻译（推荐语、标题类）：平井真理子
法语校对（甜点名称、材料名称）：日法料理协会
制作助手：伊藤香织、东春美、粉川矩子
编辑：万岁公重

与甜点同行

Mon parcours dans l'univers de la pâisserie

“我希望自己成为一个兼具准确直觉与考究品味的甜点匠人！我愿为实现此目标倾注自己毕生的时间与精力。”这是我在实习期时写在笔记本上的一句话。

我不想在工作上得过且过、依赖转瞬即逝的灵感或习惯性的重复，我想自信地表现自己！这是我24岁时下定的决心。

记得小时候我看过一档纪实节目，当中的一位嘉宾热烈谈论他对工作的热情时，他的眼里光芒四射。那个画面深深打动了我。自此我便一直憧憬着，憧憬着有一天能够像他一样自信、笃定地生活。

终于，我找到了对制作甜点的爱好。但是，在实习时，我无法将自己的想法完整地呈现出来，每天都在现实中碰壁。那个阶段我非常迷惑。但忽然从某个时刻开始，我与甜点之间有了默契，于是有了“A POINT”蛋糕店。

技术和要领不是靠记在脑子里，而是要渗透在心和身体里，这是能够表达自我之后才能理解到的东西。也就是说，做好面对自己和困难的思想准备是非常重要的。

无论何时、何地做何种工作，都要以积极的态度向前看。这种态度会把不可能变成可能。这是我一定要传达给怀抱梦想、立志于从事甜点行业的年轻人的想法。

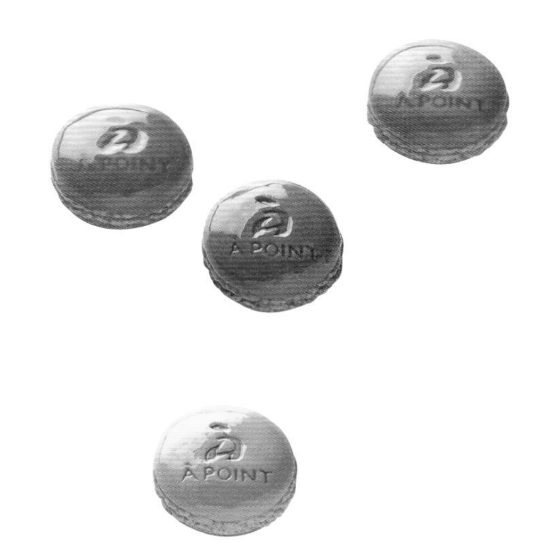

值本书出版之际，我要对多位相关人士的大力协助表达感谢。感谢提供宝贵机会让我将想法凝结成册，为我编辑杂乱无章的文字的万岁公重先生；如慈母般热情鼓励我的柴田书店的猪俣幸子小姐和料理通讯社的君岛佐和子小姐；在长时间的拍摄中始终如一工作的摄影师渡边文彦先生；身为成年人还能突破固有观念，帮我设计完美造型的肱冈香子小姐；温柔亲切的设计师茂木隆行先生。为了拍摄而牺牲休假时间的伊藤香小姐和东春美小姐；最后，还有永远在远处用爱守护我迈向这个世界的父母和家人。我由衷地感谢你们。同时也为这本甜点教科书的出版感到非常开心。

谨以此书献给过去相遇并支持我的每一位朋友。衷心祝福大家，谢谢！

“A POINT”蛋糕店店长　冈田吉之

第一章

解读食谱

La recette ne fait pas tout

我认为食谱只是制作甜点的出发点。如果完全按照配方制作，虽说机械照搬也可以得其形似，但充其量是业余爱好者在完成一步步的操作指令。如果你希望做出更美味的食物，那么你就需要对看似单调的操作加以思考，并在食谱中融入自己的想法，这样你获得的乐趣会不断增加。善加思考，即便是同一种甜点，也可以常做常新。

纯粹的味道、澄净的味道

goût pur

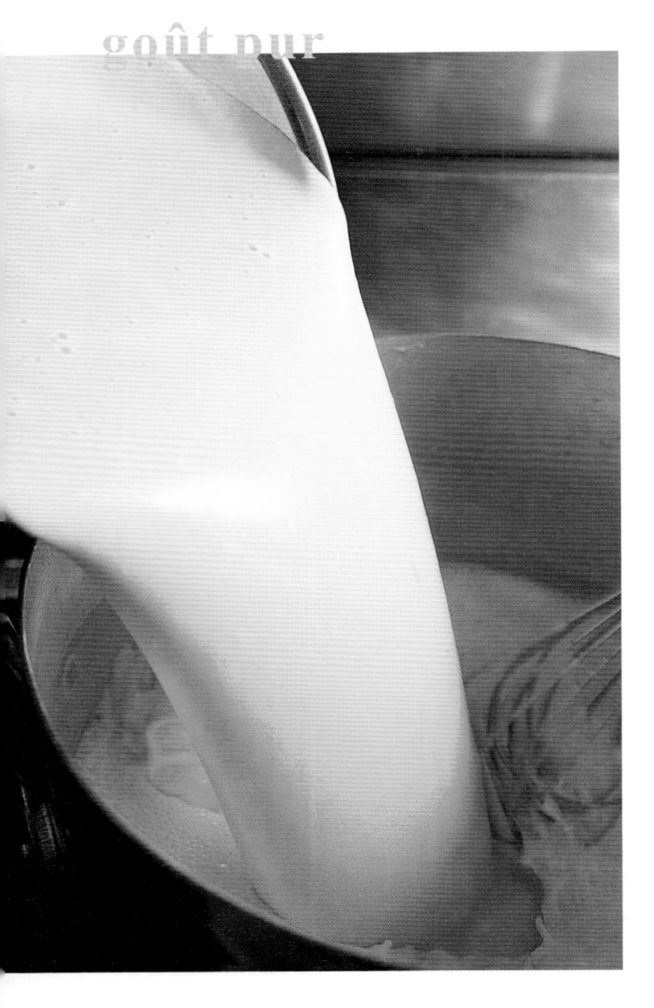

灵感与经验结合，打造“属于自己的味道”。

在实习时期，我到各地遍尝了点心。一边品尝点心的味道，一边思考这个点心想表达什么？如果是自己又会怎样做？自己喜欢怎样的味道？觉得怎样的味道更富有魅力？想让别人品尝到怎样的味道？我认为，如果我无法设想和回答，就无法做出属于自己的味道。在思考和学习后，不断朝着自己期待的味道靠近，在日常的每一份工作中磨炼自己，最终我做成了这些美味的甜点。

我所追求的味道是能让人放松心灵的味道，就像是儿时记忆中涌现的口味简单却温暖柔软的点心。我不认为一味追求新奇古怪、味道复杂的点心才有魅力。它们无法在嘴里达到平衡，难以弹奏和谐的旋律，容易失去焦点，我个人对此并不欣赏。我的工作目标是使制作的甜点具有“宽度”“长度”与“深度”，能给食客留下美妙的回味，即简单纯粹的味道、澄净的味道。这与单纯通过叠加水果等装饰物来吸引眼球的华丽甜点恰恰相反。

重新审视基本面团和奶油酱的魅力，再次确认基本工序的意义，希望食客从甜点中品尝到什么。明确了以上这些，再钻研如何以点心的基本元素让食客获得美味的享受。高级的经验不能只在头脑中理解，而要在工作的积累中自己领悟和实践。经过一次次试验失败，我学会了很多，比如：增加卡仕达奶油酱（p.62）醇度的方法、让柠檬周末蛋糕的（p.186）裂缝清晰的手法、让食客感到栗子格雷馅饼（p.198）的划线在口中裂开的方法、给人清凉口感的洋梨夏洛特蛋糕（p.112）装饰品切法等。

带着这些经验，我开始做出融入独特个性的甜点。它们的味道看似普通，像日常便装一样让人放松，但却又“非凡”，因为暗藏秘诀。愿我甜点都能达到这种程度。

味道的标准

la mesure
de mes goûts

我在餐厅工作的时候做过一种在猫舌饼干（薄曲奇）里填充冰激凌的甜点，叫“香烤三味”。刚开始做的时候，蜡状黄油总是水油分离，怎么也做不好。后来无意中想到把蜡状黄油换成液化黄油，结果成品的口感变硬，感受不到黄油的风味，不像用蜡状黄油做出的那样清脆。

虽然用的黄油是等量的，但加入时的状态不同，做出的效果也截然不同。这件事让我印象深刻。

自那以后，我在日常工作中多加观察、细心实践、积累经验，逐步建立了自己的标准。例如，我想做什么样的点心，所用的黄油应该是相应的哪种状态，不知不觉地形成了我特有的“味道的标准”。

我认为黄油在固体的状态下最好吃，比如黄油吐司。虽然液体黄油渗透面包的味道也不错，但远远不及黄油未融时在口中的美味！所以，在制作将黄油的香醇发挥到极致的布里欧修面团（p.50）时,我会尽量将黄油以近似固体的状态混合在面团里。反之，像香橙沙瓦琳（p.100）这种甜点，因希望突出糖浆的味道，让人感受到面团的颗粒感，所以我选择使用液化黄油。

另外，过去我一直用液化黄油制作千层酥皮（p.42），但为了追求其酥松的口感，充分发挥黄油的香味，有时也会加蜡状黄油。正因为有自己的“味道的标准”，所以在制作甜点时可以随心所欲地表达。

在每一次试验的过程中一定要摸索出属于自己的“味道的标准”。也许刚开始的时候有些模糊，但随着经验的累积会越来越清晰。这是一笔无可替代的财富，将是你创作带有个人风格的甜点路上的强大助力。

你认为哪种状态的黄油最好吃？

调动五感

甜点制作也是一种烹调。

confectionner avec les sens

进入厨师学校，我便走上了制作甜点这条路。虽然我决定做一名甜点师，但并没有进入甜点专科学校。第一份工作选择了餐厅。

因为我认为，学习基本的食材鉴别的方法、调味的方法才是最重要的。因餐厅里制作点心的工具并不齐全，所以只能用打蛋器打发大量的鸡蛋，或者把手伸进烤箱判断温度。经历的失败也不计其数。但在尝试的过程中，我看到了不同的混合方法、加热方法给食材带来的不同变化。

食材在受热达到某个顶点时会呈现某种颜色。例如，一瞬间，炖煮的葱突然变得透明。在甜点的世界里也是这样。以焦糖汁（p.72）为例，砂糖刚开始化开时呈淡淡的茶色，即将熬焦变黑时会呈现出烈焰般的红色，色调极为艳丽。

我认为甜点制作其实就是一种烹调！

我在巴黎的甜点店“Mie”实习时进一步坚定了这种看法。

“制作甜点要调动五感！”这是丹尼斯·鲁费尔（Denis Ruffel）大厨教导我的话。

“泡芙皮成功与否，听声音就能知道，不信你听！”说着，丹尼斯先生亲自向我示范。

有时候我会用手混合食材，确认触感。有时候也会尝一下味道或闻一闻气味。通过与食材的“对话”，可以辨别各种状态下的全部要素。

比如，黄油在室温下的某个瞬间会变成“让人舒心放松”的色调，这是恢复到常温的标志；用搅拌机和面时，在“该加鸡蛋”或“不能再加鸡蛋”的瞬间都可以收到食材发出的信号。

即使已经做过成千上万次，食材变化的瞬间还是会让我感动。无论什么时候，我都对制作甜点的过程充满迷恋。

香草

vanille

我的甜点的“味道核心”。

回想起来，从小我就喜欢香草的香气。浮现在记忆中的是“LadyBorden”（注：日本食品品牌）的香草冰激凌，当时它丰富的香草芳香给了我强烈的冲击。我所追求的甜点要有“母亲般的温暖”，为了表现这一点，少不了充满怀旧温情和饱满度的香草香味。

我几乎在所有的甜点中都会加香草，比如杰诺瓦士蛋糕（p.38）。虽然这不是常见的做法，但香草可以去除鸡蛋的腥味，还能让蛋糕的味道更加丰满。

在巴黎甜点店“Mie”实习期间，我在洋梨夏洛特蛋糕（p.112）的洋梨慕斯里加了香草。而我之前使用的都是单纯的洋梨利口酒，但加了香草的“夏洛特”竟然变成立体的口味，令我大吃一惊。

香草不仅仅能增加甜点香甜的芬芳，还能让味道延展，令人回味。例如，如果焦糖布丁（p.77）里不加香草，布丁就会像带腥味的蛋羹一样让人食欲顿消。

香草最棒的地方是在不掩盖其他香味的前提下，提升整体的口味。咖啡、肉桂的香味固然很好，但单独使用的时候，它们的味道像是一条细线，缺少回味。其香味只有“深度”，没有“宽度”。而加入香草会使香味变得饱满，甜点的轮廓更鲜明，也增加了存在感。

香草豆荚的处理方法

香草豆荚加入牛奶等食材里加热前，应按照以下顺序预先处理。

用手指将香草豆荚各处均匀按平。

把小刀插入香草豆荚中间，向右轻轻划开（两端有涩味，不要划开）。调转180°，以同样手法划开。

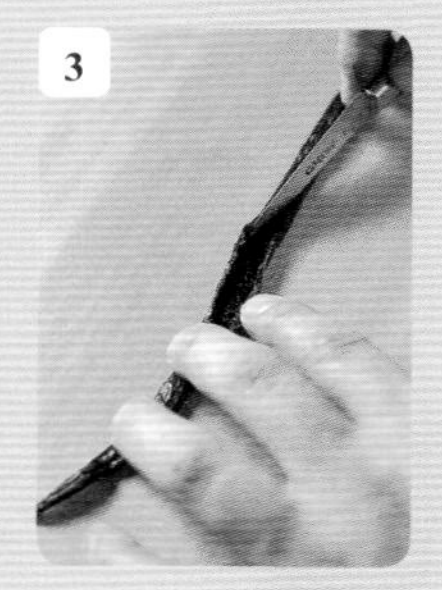

用小刀沿步骤**2**的切口将香草豆荚剖成两半。

用刀背把香草豆荚里的种子刮掉（下刀要轻，不要刮到纤维质），同样从中间向两边刮。

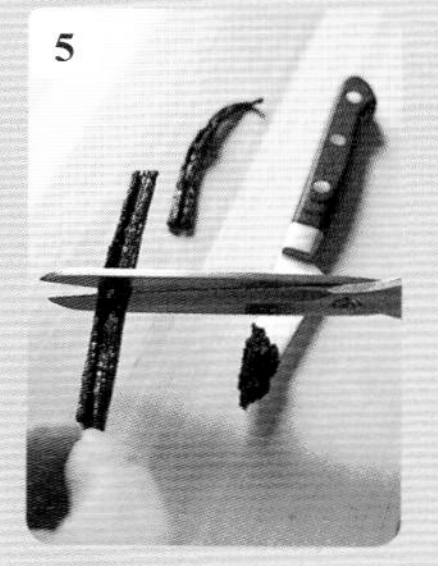

豆荚的纤维质部分香味最强。加1根豆荚时，将纤维垂直剪成3等份时香味最浓。超过4等份会有涩味。

香草糖的做法

香草豆荚用完一次后还有香味残留，可以做成香草糖。
香草糖香味不容易流失，尤其适合烘焙。

用流水把香草豆荚清洗干净（浸泡在水里会损失有效成分），放在烤箱上干燥。折成1厘米左右的长度。保险起见，可以用90℃的温度烤5分钟，烘干消毒。

用咖啡研磨机把处理好的香草豆荚磨碎，用细眼筛筛到钵盆里。

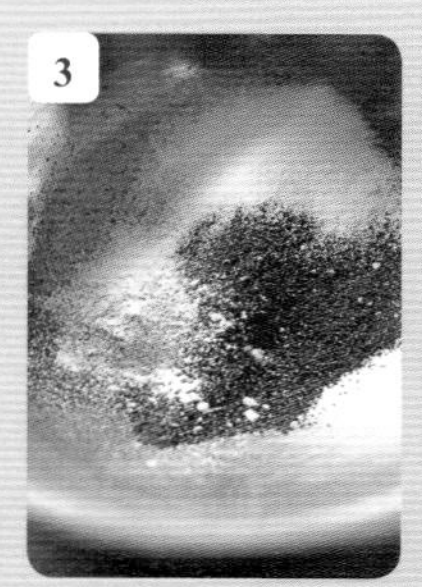

加入等量的白糖，用打蛋器搅拌。为清洁研磨机，可以将其中的十分之一再用咖啡研磨机磨碎一次，之后倒回钵盆里混合。

完成。和干燥剂一起放进密闭容器中保存。

香草豆荚

我使用的是香气最正宗、柔和的马达加斯加产波旁香草。
香草豆荚以富有光泽、呈细针状的结晶体、闪闪发亮的为上品。

香草香精

我使用的是从天然香草豆荚中精心萃取的香草精华。为了不让香味跑掉，我会尽量在最后一道工序前加入。我也常把香草豆荚和香草糖并用。

搅拌

mélanger

"充分搅拌""不过度搅拌"都很重要。

"搅拌"是每道甜点都不可缺少的工序。我会有意识地"充分搅拌"，与此同时也"不过度搅拌"。听起来似乎有些相悖，但为了充分融合各种食材，发挥每种食材原有的味道，这两点都非常重要。以用打蛋器搅拌为例，搅拌奶油、蛋白霜、面糊等不同质地的材料时，我会按照下面的顺序进行，过程大致相同。

1. 首先，取少量食材以画圆的方式搅拌。

可以叫作"牺牲"。不要在意气泡消失，像画圆一样充分搅拌融合。先完成这一步可以让材料不易分离，防止最后搅拌过度。

2. 从底部向上翻拌。

将步骤1中的食材混合后，分成几次一边加入食材一边迅速翻拌，以发挥蛋白霜等食材的原味。左手捏着钵盆边，以一定的速度转动钵盆，同时用打蛋器沿着钵盆的内壁从钵盆底向上搅拌，手腕有节奏地来回移动。

3. 搅拌时转动钵盆的方向。

如果不转动钵盆，搅拌器就不能接触到全部的角落。通过改变钵盆的方向，使食材上下颠倒，可以将整体搅拌均匀。

此外，搅拌工序中还有一道清除残留在钵盆内壁、打蛋器、搅拌机的搅面钩、打蛋头上没有拌开的黄油、粉类、奶油酱的工序，叫作"corner"（清角）。这道工序通常会被看作稀松平常的事情而被忽略，但这一步做得认真与否直接决定了最后成果的好坏。其实我们没搅拌到的地方往往比自己想象中更多，养成"清角"的习惯，这一点非常重要。

打发蛋黄

真正的目的是“让砂糖完全溶解在蛋黄里”。

制作卡仕达奶油酱（p.62）、巴伐利亚奶油酱（p.67）等不可或缺的工序——打发蛋黄，一般操作是在蛋黄里加砂糖，用打蛋器打至发白浓稠。为什么打发后会产生这种变化呢？

这是因为搅拌使砂糖溶解在蛋黄里。如果砂糖没有完全溶解在蛋黄里，加热时砂糖颗粒直接进入蛋黄，蛋黄会结块或者变焦。按照我个人的理解，打发蛋黄是为了让砂糖在蛋黄中化开，用打蛋器充分搅拌至发白浓稠的过程。

先不考虑目的，如果只是为了达到发白浓稠的效果而胡乱打发，只会混杂大量气泡，出现砂糖没有完全化开的状态。如果掺杂多余的气泡，加热时要额外花时间等待气泡膨胀消失，不利于判定黏稠度。另外，多余的气泡会减轻蛋黄醇度，弱化口味。

我打发蛋黄的方法是把打蛋器放在钵盆的内壁上，然后仔细缓慢地刮拌，直到砂糖的颗粒感消失，尽量不要产生气泡。用眼睛、耳朵辨别砂糖是否完全溶解，这一点非常重要。

blanchir

打发蛋黄的顺序

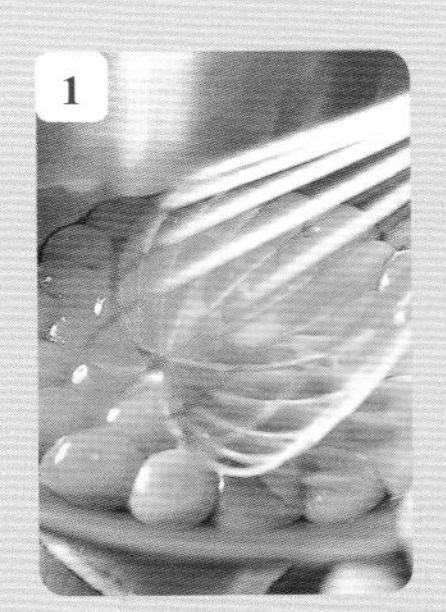

1 蛋黄放入钵盆里，用打蛋器打散。先打破蛋黄的膜，后面的搅拌就更简单了。打全蛋也是一样。

2 打蛋器沿着钵盆缓慢画圆，使整体质地均匀。

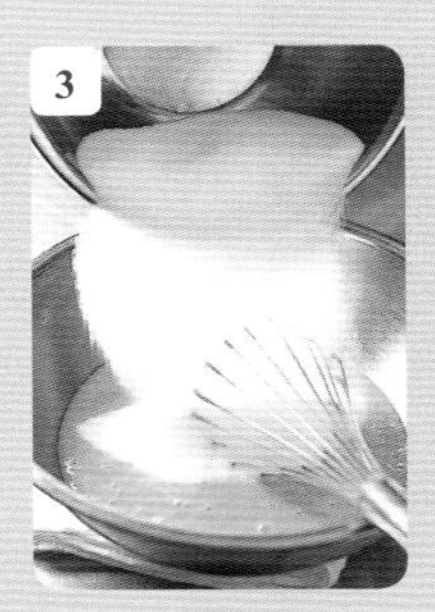

3 加入白砂糖。方法和步骤2相同，以一定的速度静静搅拌。

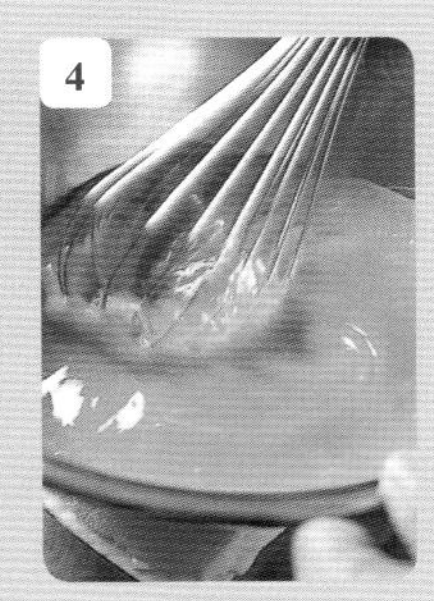

4 砂糖颗粒渐渐消失了。

5 图为砂糖完全溶解的状态。拿起打蛋器，蛋液顺滑流下，颜色偏白。（图以p.64的分量为例，是加入白砂糖后打发约5分钟的状态。）

刷浆

imbiber

用香气突出点心的特点。

我曾经有个疑问，在面团上“刷浆”的目的是什么？我觉得这个步骤既烦琐又让烤好的面团口感黏腻，不知道这一步骤是否真的有意义。

在巴黎“Mie”刚开始实习时，有一天我看到一个法国同事把布里欧修泡在咖啡欧蕾里吃，这让我大感意外。他似乎对我的疑惑感到不可思议：“那还用说吗，当然是因为这样好吃啦！”这时我才突然领悟，确实如此，刷浆也是为了让点心更加美味。

刷浆的作用是给面团保湿，提升化口度，用香味增强点心的特点。做洋梨夏洛特蛋糕（p.112）时在面团上涂一层洋梨白兰地酒，洋梨的香气撩拨嗅觉，在嘴里和水分一起弥散，突出了洋梨的感觉。

“香”是法式甜点最大的特点之一。刚刚进入“Mie”的时候，Mie女士就问过我最喜欢什么香味的点心。

根据香气选择甜点，这让身为日本人的我不知所措。我深深折服于法国甜点在味道表现上的深度。

刷浆可以给点心增加香气。了解了刷浆的意义就不会对糖浆的涂法敷衍了事。基本手法是将刷毛蘸满糖浆，在钵盆边缘压出多余糖浆，自左向右涂在面团上（不要用太大力，把刷毛放在面团上即可）。希望香气淡一点可以轻轻涂抹，希望浓一点可以把刷毛立起来，让糖浆充分浸润面团。不需要涂得非常规则、均匀，而是想象着“香味飘进鼻子”的感觉，这样甜点的完成度就会大不相同。

撒糖

saupoudrer de sucre

根据不同目的选择不同的工具和撒糖手法。

同样是撒糖，因目的不同，会使用不同的工具和撒糖方法。

例如，想在面团表面形成一层糖膜和叫作“珍珠”（p.32）的凸起，先用粉筛瓶不规则地撒一次，静置5分钟后再用滤茶网撒。这样就形成一层程度适中、不均匀的糖粉膜，烤制中膨胀的面团从薄膜中喷出部分水蒸气，形成“珍珠”。

如果想在面团表面进行焦糖化反应，增加光泽（这一工序叫作“淋面”），不能一次性撒太多糖粉，而要用滤网分两次撒。第一次轻筛，利用面团表面的温度将糖粉化开，待其稳定后再筛第二次。第一次的糖粉起到类似化妆时粉底的作用。经过第二次过筛，糖粉和面团充分融合，烤好切的时候不会发生淋面与面团分离的情况。

刷蛋液也是一样。我在做布列塔尼厚酥饼（p.230）时分两次涂蛋液。涂完第一次后，待蛋液充分渗透再涂一次。如果布列塔尼厚酥饼蛋液部分脱落，可能是因为一次涂太多蛋液，蛋液受热膨胀后脱离面团，导致功亏一篑。第一次涂蛋液除了可以让其与面团结合，还有溶解面团表面剩余防粘粉的作用。

回到正题。将装饰用的糖粉用滤网过筛时，我会将小刀的刀背或刀尖放在滤网边缘，边敲边筛。这种比指尖更细微的震动传递给滤网后，能将精准的分量筛到准确的位置。

筛糖的高度、角度也很重要。手握粉筛瓶，使其距离面团10厘米高，与面团呈45°，对着面团表面做敲打的动作。用手撒焦糖反应用的糖时，在面团上方约30厘米的位置晃动手部，根据自己想要的效果，将砂糖有效地在面团上散开。

时间产生醇度

mûrir

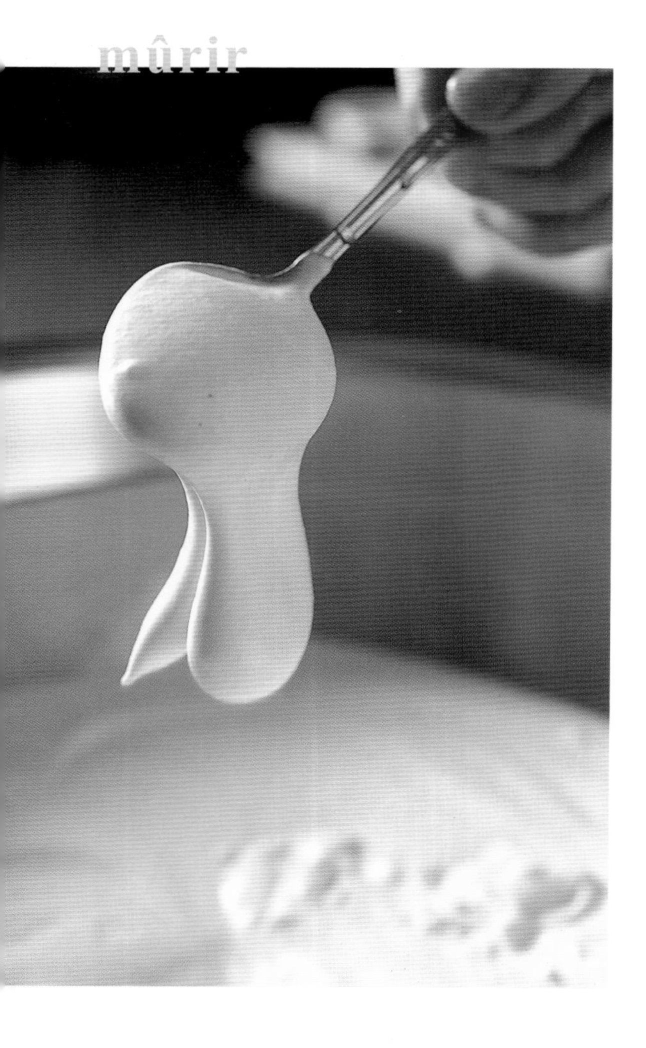

“熬煮”“静置”可加深味道。

在甜点制作理论中，英式奶油霜（p.68）一般要“加热至82℃”，但我认为这样做出来并不是很好吃，因为感觉味道并不协调。我想起实习时的某一天，有客人点了大量的冰激凌，做完英式奶油霜后，冰镇奶油霜的冰块不够了，只能在常温下放一会。这时我随口尝了尝，没想到味道竟然变得更加醇厚。从那之后，我不断研究，终于得出一个结论：将煮好的适量英式奶油霜放入可以适当保温的小口径钵盆中，在75℃以上的环境中静置3分钟左右，这样不但能抑制细菌的繁殖、增加醇度，而且口味也更加协调。我想，这可能是因为在刚煮完的状态下，鸡蛋、牛奶、糖等各种不同种类的食材还没有完全融合。而余热使食材继续受热，于是深层次的味道便被调动出来了。

另外，不少人认为卡仕达奶油酱（p.62）也是“煮至没有韧劲即可”，但我会在韧劲消失后再熬几分钟，然后放进冰箱里冷藏一晚。

熬煮和静置一段时间，可以让食材完全融为一体，鸡蛋的味道转化成醇味。这与咖喱非常类似。刚做好的咖喱味道不是很好，而发酵一晚后美味度则完全不同。而且，英式奶油霜、卡仕达奶油酱都必须严格控制温度，保证卫生条件，以免细菌繁殖。

单纯增加蛋黄的数量会加重成品中的蛋黄腥味，给人厚重的感觉。“醇度”并不是通过添加浓厚的食材产生的，“火候得当”和“时间”才是醇度的来源。

甜点制作的理论固然重要，但是在此基础上加入自己的思考也同样重要。常以“烹饪的心态”思考如何加热、食材如何变化，在思考的同时勤于练习，使制作出的蛋糕在经验积累的过程中越来越美味。这就是我的想法。

美味的炸猪排除了多汁猪肉的鲜味之外，少不了面衣的香脆口感。

同样，甜点入口时的“口感”也在很大程度上决定了它是否好吃。

比如马卡龙（p.245），刚放到嘴里时细腻的表皮轻轻裂开，令食客的神经完全集中，咬到中间湿润黏稠的夹馅，口感的对比像精彩的连续剧一样吸引人，让人一口接着一口，开心地吃到最后。

我在做焦糖奶油酥挞（p.120）的千层酥皮时，一定会把皮折到模具外面切掉，这样烤好时边缘会生动地浮起来，即便同一块面团，侧面和底面也可以给人完全不同的口感。焦糖化反应（p.108）、浇糖液（p.186）、划线（p.198）等手法也能增加口感的丰富度。

另外，在草莓芙蕾杰（p.86）中，使用不同乳脂肪比例的鲜奶油也会使口感产生变化。中间夹一层乳脂肪含量35%的低乳脂肪鲜奶油，表面涂上45%的高乳脂肪鲜奶油，食客吃完整块也不觉得腻，同时还能收获双重口味的满足感。这也是通过乳脂肪的对比让人感到更美味的范例。

在甜点的美味中，“一体感”和“对比”同样重要。如果各元素杂乱无章，如何给人美味的享受呢？比如，我正试图把杰诺瓦士蛋糕（p.38）做成芙蕾杰，调整面糊的纹理，使其和鲜奶油在嘴里一起化开。

面糊和奶油等组成元素奏起心旷神怡的和声，在口中唤起多种愉悦的触动，顺滑地流过喉咙。这就是我所理解的“美味点心的条件”。

对比与一体感

le contraste et l'ensemble

制作美味甜点的两个重要环节。

烘烤

meilleure cuisson

像烤肉、烤鱼一样将面团的鲜美锁住。

我在烘焙时会想象着自己正在烤肉或鱼。可以说，越喜欢吃肉的人就越爱半熟的牛排，他们认为烤得太久牛排会不好吃。烘烤面团也是一样，烘焙过度的面团中水分和油脂挥发了，损失了风味。

在巴黎实习时发生过这样一件事。烤瓦片饼干（薄瓦片形状的曲奇）时要先利用高温形成外膜，锁住面糊风味。我忽然发现这和烤肉时封住牛排的肉汁，不让它流出来的做法是一样的。甜点制作归根结底还是烹饪，我又一次认识到这一点。

我做的每一种面糊都搭配了丰富的原料，并希望在烘焙中不损失任何一种美味。例如制作泡芙皮（p.47），在黄油、牛奶、面粉、鸡蛋融为一体之前，我会有意识地在烘焙中保留它们的味道。

烤千层酥皮（p.42）时，我希望层与层之间多汁的黄油醇度得到累加。烤得半生不熟自然不行，但若连芯也烤成咖啡色，只会给人单一的焦味印象。

判断自己想要面团的含水量为多少，将风味锁在里面（烘烤前喷雾可以避免烤得太干），给甜点增加香味和颜色的附加价值，突显甜点的美味。

以上就是我认为的“美味的烘焙方法”。

搭配之外的美味

meilleure que
la recette

决定阿尔萨斯咕咕霍夫（p.299）是否好吃的关键之一就是模具。一直用来做这道点心的陶模，经过常年的使用，黄油已浸润其中，给点心增加了额外的鲜美和芳香。

这是个特殊的例子，但想借此告诉大家：甜点的美味绝非单纯按照配方制作就能得到，也许更重要的恰恰隐藏在配方的文字背后。配方中每道工序意义何在？如何找出诀窍？怎样细心操作？追问这些问题会让你做出的甜点在口味上有很大提升。

例如，将黄油涂在模具内壁的基本操作叫“beurrer”（涂黄油）。这个操作是为了避免面团粘连在模具上，但涂黄油的效果不仅限于此。如果只是为了面团脱模方便，确实用哪一种油都可以。我曾经实习过的一家甜品店就用起酥油代替黄油涂模。然而，有一天起酥油用光了，改用黄油涂模，结果烤出来的蛋糕浓香扑鼻。因为涂黄油能给面团增加黄油香。这也属于“搭配之外的美味”。

如此说来，用不同状态的黄油也会对味道产生影响。我会将黄油软化至手指可以轻松穿过但绝对不能融化的程度，因为我认为黄油在固体的状态下是最好吃的（p.11）。就算只蘸在刷毛上涂黄油也会化开，要考虑到这一点，调节黄油的硬度。

也许你会认为这会过于繁琐。但认真对待基本操作的细节，才是做出美味甜点不可缺少的第一步。我深信，这些小事的不断积累，甚至会有助于自我个性的表现，帮你寻找真正的美味。

美味的要诀隐藏在配方背后。

第二章

面糊、奶油、酱

La pâte, la crème et la sauce

在实习中的有一段时间我无法从甜点的制作中发现乐趣，因为觉得和烹饪相比，甜点制作比较单调。但有一天我意识到“烹饪的重点在于食材”。如果把面糊和奶油当作肉、蔬菜对待，在制作甜点时就可以用食材塑造出自己期望的东西！不觉得这是一件很棒的事情吗？制作甜点在某种意义上比烹饪更像烹饪！

马卡龙面糊

Pâte à macarons

适度搅碎、最大化打发的气泡可以烤得更柔软。
拥有细腻的口感和入口即化的绵密。

我第一次知道马卡龙是1982年在餐厅实习的时候。可爱的饼身四周露出浪漫的裙边，仅靠蛋白、杏仁粉和砂糖等简单材料即可做出如此美妙的点心，这让我深深着迷。遗憾的是当时我缺乏准确的指导，在挑战制作马卡龙的路上屡战屡败。想要确认马卡龙的做法和制作原理是我赴法国的最主要原因。

我在法国学到了最正确的马卡龙制作方法。法国人喜欢杏仁，因此糕点师为了让人在法式甜点中品尝到高脂肪的杏仁而精心制作了很多甜点。马卡龙也要通过适当消除打发后的气泡在面糊上形成细腻的外膜，通过口感的对比使食客品尝醇厚的杏仁。这和薄皮包豆馅的包子在构造上相似。通过马卡龙，我学到了“口感的对比”这一制作法式甜点的精髓，发现了让甜点更好吃的秘诀。

之后，我开始埋头研究我所追求的口感。我理想中的马卡龙面糊要有膨胀松软的形状，放在面前能闻到杏仁和香草的香甜，表面极为细腻，一碰即散，像日本生果子一样湿润水嫩，在舌尖上立即溶化，弥漫杏仁的浓郁醇香。

在一次又一次的失败试验后我总结出了三个重要技法：

首先，打发蛋白。用座式搅拌机以1.5倍速打泡至最大程度，呈现出哑光的质感。将蛋白的纤维完全打断，完全成为外膜纤薄的微小气泡。这一步可以让化口更明显。

接下来是制作面糊，即适当消除蛋白泡。这个操作执行不充分会导致气泡膨胀过度、容易开裂，而气泡消除过度又会使膨胀不够。搅拌时要打断泡与泡的联结，适当保留细小气泡。这样可以形成细腻的外膜。

最后，烘烤。最终对剩下的细泡进行加热。和肉菜原理相同，肉和蛋白泡都属于蛋白质，加热至高温凝固。用余温加热保持口感柔软，蛋白泡在口中细腻溶解。

为了做出漂亮的裙边，也要注意烘焙温度。挤出面糊后置于室温下，表面会形成极薄的外膜。用烤箱上火高温强化面团的外膜，然后换到下火预热的烤箱中，受热膨胀的蒸汽无法从上方散发，只能从尚处于流质状态的面糊下部散出，形成裙边。烤出裙边后一定要调节温度，防止裙边太大。

蛋白泡的处理方法、搅拌方法、烘烤方法……我从马卡龙面糊中学到很多东西。

马卡龙是我“制作甜点的起点”。

基本分量（直径约 3 厘米，约 140 个）

蛋白……………………………………………… 250 克
白糖……………………………………………… 50 克
食用色素（红色粉末）………………………… 适量
　在覆盆子味马卡龙（p.246）中使用红色食用色素。
香草香精………………………………………… 适量
　以上材料、器具及室内温度都要提前冷却。
杏仁粉…………………………………………… 250 克
糖粉……………………………………………… 450 克

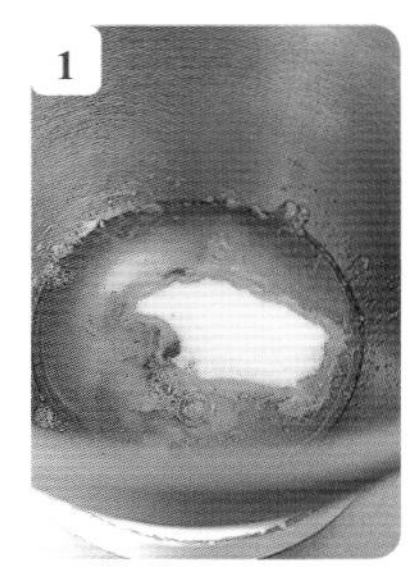

向冷却的座式搅拌缸里加入蛋白、白糖、少量水（分量外）溶解的食用色素、香草香精。

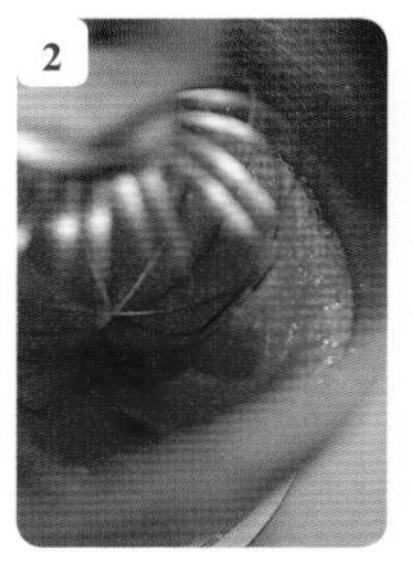

低速粗略搅拌，蛋白浓度均匀后换成高速打发。因为希望马卡龙有圆鼓鼓的形状，所以使用2~3天前打好的蛋白。

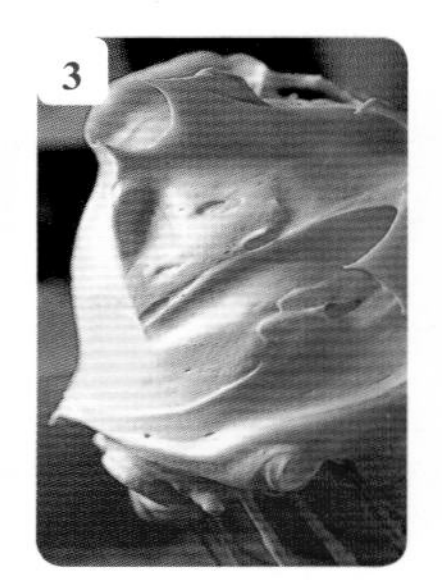

将蛋白最大化打发，打到蛋白霜坚挺抱团、反向转不动打蛋头的程度。

向蛋白霜中加入过筛2次的杏仁粉和糖粉混合物，转动钵盆，用漏勺从底部向上有节奏地翻拌。

将蛋白霜中的粉类混合至适中的状态。

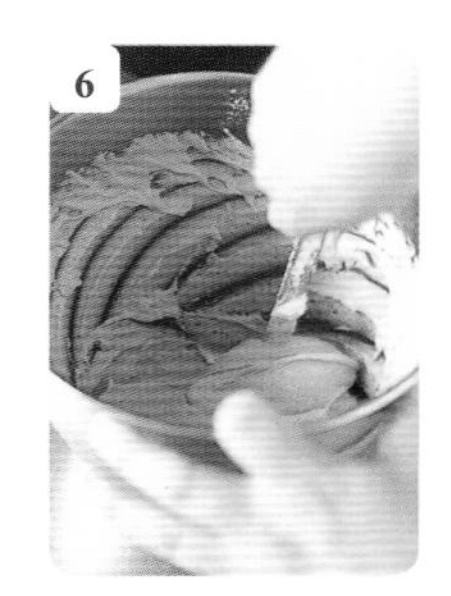

继续搅拌，开始适当消泡。操作重点是一边转动钵盆，一边从中间舀起后翻转手腕，有节奏地搅拌。

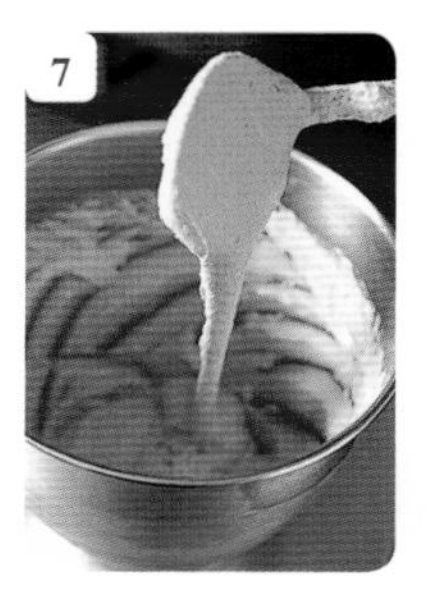

搅拌至颜色均匀，用漏勺捞起后呈黏稠状流下，剩余部分呈倒三角形。此时消泡已经完成80%。

把步骤7的材料从高处倒入另一个钵盆中。面团上下位置调换，可利用面团本身的自然重量适当消泡。

接着开始做消泡的最终调整。一边转动钵盆，一边用刮板的面从外刮拌面团，以画曲线的方式向中间集中。利用面糊本身的自然重量消泡。

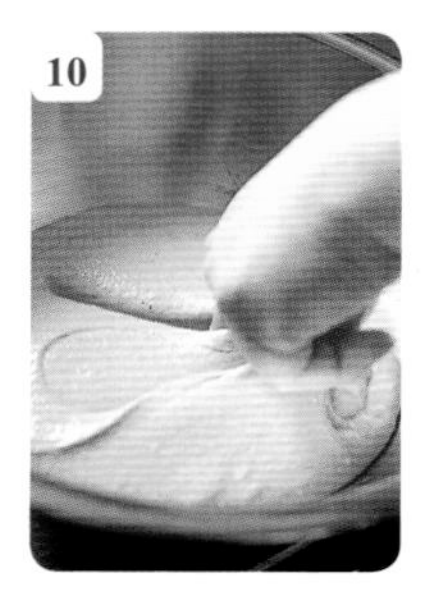

面糊逐渐出现光泽。将手指插入面团后画一条线，痕迹慢慢闭合的状态为佳。

把画有直径3厘米圆形的纸样放在操作台上，上面铺硅油纸。将面糊装入裱花袋，套上口径8毫米的圆形裱花嘴，从距离烤盘1.5厘米的位置（固定裱花嘴不动）挤出面糊。

以固定的高度挤面糊。

裱花嘴保持不动。裱花嘴晃动会破坏多余的蛋白泡，影响面糊的细腻度。

将面糊在烤盘上静置10分钟左右，消除挤面糊时留下的尖角。放至表面干燥，形成薄薄的外膜。注意放置过久会使面糊塌陷，外膜变厚、变硬。

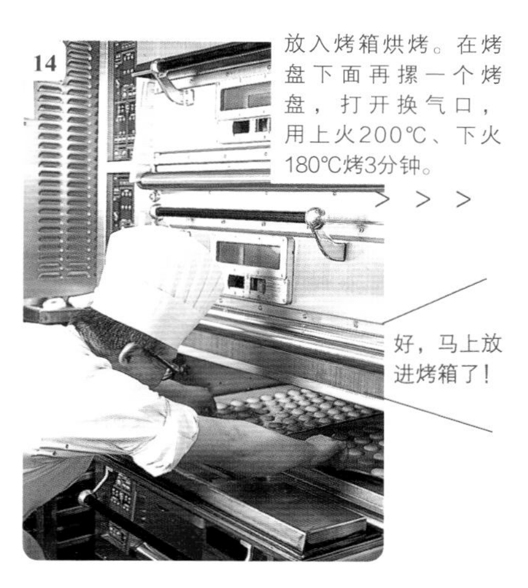

放入烤箱烘烤。在烤盘下面再摞一个烤盘，打开换气口，用上火200℃、下火180℃烤3分钟。

好，马上放进烤箱了！

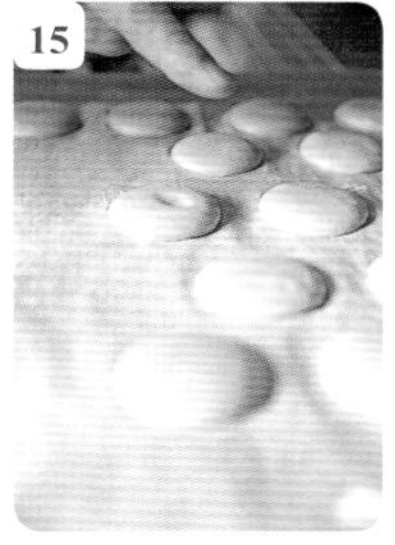

虽然烤3分钟后形成了外膜，但用手指按压一下能够发现，中间还是半生状态。

转移到上火180℃、下火200℃的烤箱中烤6分钟。2分钟后表面膜扩张，因受热膨胀的蒸汽无法从上面散发，所以只能从还是流动状态的面糊下半部喷出，形成裙边。

出现裙边后稍稍打开烤箱门，边用扇子扇边继续烘烤。因裙边太大时中间会出现空心，所以要适当放出烤箱内的热量和水蒸气。

感受肉眼看不到的“热度”非常重要！

在此阶段，裙边宽度增加，面糊大幅膨胀，蒸汽从裙边和表面小洞散出。还没有完全定型，用手一碰会出现晃动。

最后，调换烤盘的方向，放入上下火均为180℃的烤箱中烤1分钟左右，使面糊定型。面糊停止膨胀、裙边有所回缩是烘烤完成的信号。

好！
烤得刚刚好！

从烤箱中拿出，每个烤盘静置10分钟左右，利用余温继续加热。虽然要烤熟饼心，但不要烘烤过度，才能突出杏仁的浓香。之后，把烘焙纸一张张放在网架上降温。

※此处以覆盆子味马卡龙为例，根据种类的不同，放入烤箱前在室温下静置的时间、烘烤温度、烘烤时间等都会有一些区别。要积累经验，适当调整。

裙边的组成

Pied

马卡龙饼身四周的裙边是马卡龙最可爱的部分。
下面用图示总结做出漂亮裙边的步骤。

※烘烤时间以覆盆子味马卡龙的例子为准。

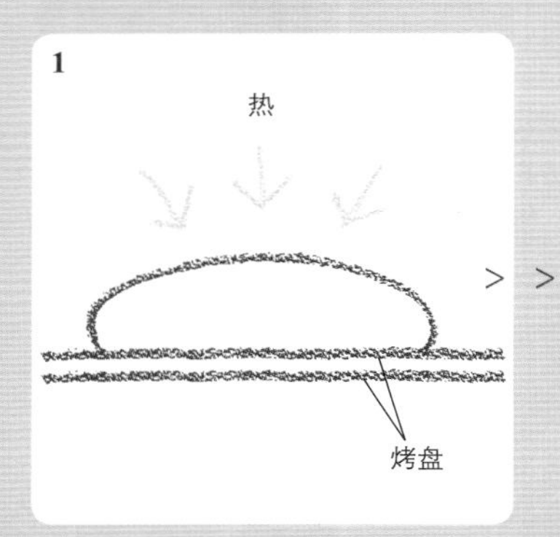

两个烤盘重叠（相同），上火200℃、下火180℃，用略强上火强化表面的薄膜。

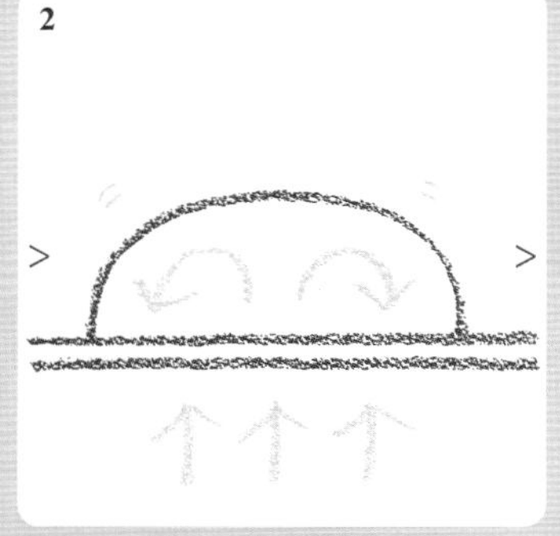

上火180℃、下火200℃，因升高了下火的温度，所以蒸汽会从下部膨胀上升。但是因为表面已经有了外膜，所以蒸汽只能在下面找出口。

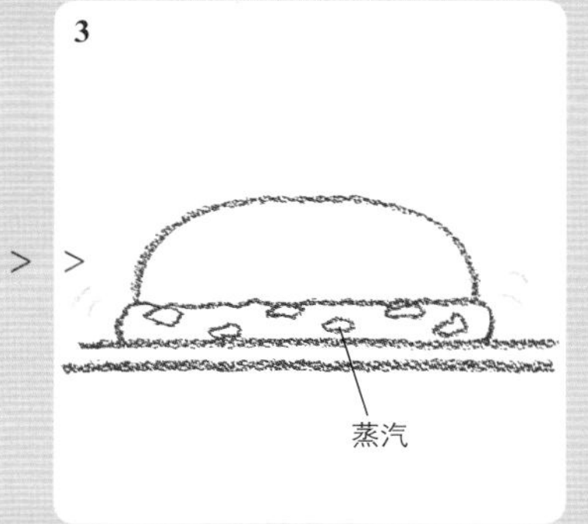

中间流动状的面糊也会和下部的蒸汽一起排出，一小部分会形成裙边。出现裙边后打开烤箱门，使外部空气进入烤箱，降低温度，适当去除湿气。用手碰一碰，面糊还可以晃动。

蒸汽从裙边和面糊里跑出来！

4

上火180℃、下火180℃，调换烤盘方向，降低下火温度，烘烤定型。蒸汽膨胀减少，饼身稍稍塌陷。裙边也有所收缩。

如果在步骤3不降低温度继续烘烤

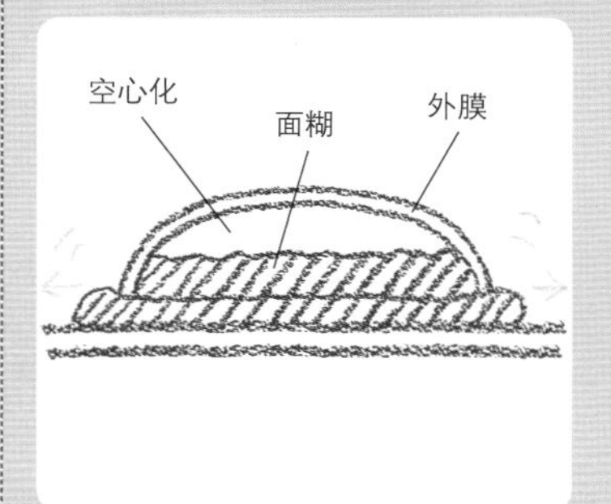

裙边太多并不好看。另外，中间的面糊大量流失，造成空心。表面的外膜也会变厚、变硬。

关于法式蛋白霜

Meringue française

制作法式甜点不可或缺的材料是蛋白霜。

通过研究马卡龙面糊，我可以随心所欲地操控蛋白霜（泡）了。下面将我制作蛋白霜的要点介绍给大家。

温度

要打出丰富绵密的蛋白泡，最基本的一点是保持冷却的状态。因为气温升高后气泡会膨胀破裂，所以材料、器具都要冷却，室温设定在20℃，制作手法要迅速。只要遵循这个原理，就能根据蛋白霜纹理适当调整温度、打发时间等。

搅拌机

搅拌机根据用途可分为很多种类。想要得到马卡龙面糊、手指海绵饼干等的最大气泡量，我在制作时使用了1.5倍速的座式搅拌机。

蛋白

考虑到蛋白霜普遍具有易发泡性，一般使用打发1周左右且发生了水溶反应（弹性降低）的蛋白。但我希望利用蛋白的韧性做出松软的蛋白霜，再加上卫生层面的问题，基本上我会使用破壳后在冰箱冷藏2~3天的新鲜蛋白。尤其是在需要利用蛋白韧性的饼干类面团里，我会使用当天现打的鸡蛋。

盐

盐有弱化蛋白韧性的作用。尤其是想要做出质地酥脆、入口即化的蛋白霜（p.162的苏克歇面团、p.272的手指海绵饼干等），一定要少加盐。可以给味道增加张力。

砂糖

分不同用途使用白糖和糖粉。虽然有时和打泡方法也有关系，但基本用白砂糖打粗泡、糖粉打细泡。同一等级（颗粒尺寸）的白砂糖颗粒的大小也会有误差。注意平时细心观察试验，根据颗粒大小对打泡方式进行微调。

加糖的时机与搅拌的速度

在蛋白中加糖，会使蛋白产生黏性、不易出泡，而且砂糖也有令蛋白泡纹理细腻、稳定气泡的功效。基于这一原则，一开始向蛋白中加入少量砂糖，包裹住蛋白泡，之后遵循“少量多次”的原则，以免影响打发。例如，想打出椰子乳酪球（p.250）不均匀的粗泡，可以运用加少量砂糖后将蛋白打发至最大程度的方法。一般搅拌的速度为低速去除蛋白的韧性后再加速，但如果想要不均匀的粗泡，需要一开始就高速打发，之后再根据蛋白霜的打发程度进行调整。

手指海绵饼干

Biscuit à la cuillère

将气泡锁在饼干里形成膨松口感。
表面的外膜与一颗颗小珍珠突出了口感上的乐趣。

手指海绵饼干属于经典面糊，但对我来说它是新鲜的。其魅力在于可以表现丰富多彩的口感，特色是蛋白泡产生的弹性和轻盈感。

我追求的是可以“最大程度包裹气泡”的面糊。打发蛋白时，为了形成纹理细密的气泡，使用1.5倍速的座式搅拌机（p.31）。分多次加入少量白砂糖，以免影响起泡，同时用高速一气呵成地打发。

在处理这种蛋白霜的一连串操作中，非常重要的一点是“控制温度”。温度过高会导致气泡膨胀破裂，发生分离，面团塌陷。越是冷却的状态，越能使小而扎实的气泡大量抱团。材料、器具、室内都要提前充分降温，在气泡受到室温的影响之前迅速操作，这是成败的关键。

顺便提一下，奶油面包干（p.272）中用到的手指海绵饼干与此相反，需要面糊在室温下稍微静置一会，让气泡膨胀，面糊适度塌陷，形成口感上的节奏感。只要把握“控制温度”的原则就能让面糊的纹理达到预期。

接下来，普通的蛋白霜通常会加糖和打发的蛋黄，但我的做法是不加糖，只加不打散的蛋液。因为我认为进入气泡会降低蛋黄的醇度。我的想法是做出“蛋黄味的蛋白霜”，所以采取了这种方法。并且，我还在蛋黄里加入了香草，以遮盖蛋腥味。

加入蛋黄和低筋面粉，不要打散蛋白霜的气泡，趁消泡之前快速挤完面糊。

因在此介绍的洋梨夏洛特蛋糕（p.112）的“帽子”是其突出的部分，所以要在面团状态最佳时先挤出来，这个顺序也很重要。

接着，烘烤之前的重点步骤是向面团里撒糖，做出外膜。这个操作使面团表面裂开，给中间增加了松软的口感。我会在此时花心思进一步增加口感的附加价值，即被叫作“珍珠”（法语：perle,英语：pearl）的小凸起。这是让人切身体会法式甜点细腻度的工作之一。

最后，用顶部带有很多小孔的粉筛瓶粗略筛糖。静置5分钟左右，部分糖粉会吸收面团的水分形成薄膜。接下来用滤网过筛全部糖粉，在烘烤的过程中，膨胀面团里的部分水蒸气会从薄膜中像水泡一样喷出，形成凸起。第二次用滤网筛糖的另一个作用是降低面团的热度，防止开裂，烘烤方式变成间接加热，烤出的面团更加膨松。

将烤出的手指海绵饼干切成盒子形状，主要用于夹慕斯等。糖浆和慕斯的水分渗入饼干后产生和谐的口感、柔软的化口度，这也是该饼干独有的美味。既有存在感，又能瞬间散开，以烘托出内馅的味道。我把这种饼干叫作“可以吃的宝石箱”。

基本分量（p.112 洋梨夏洛特蛋糕中直径约 12 厘米的帽子部分 14 块，或 60 厘米 ×40 厘米的烤盘 1 个）

蛋白……………………………………………………8 个

使用当天现打新鲜鸡蛋。

白糖…………………………………………………200 克

蛋黄……………………………………………………8 个

香草香精……………………………………………适量

低筋面粉……………………………………………200 克

糖粉…………………………………………………适量

所有材料、器具、室内都要提前降温。

粉筛瓶

顶部有很多小洞的糖粉筛。可以适当筛出不均匀的糖粉。在面团表面做“珍珠”（小珍珠状凸起）时少不了的工具。

在冷却座式搅拌缸中加入蛋白、1/4的白糖。为了打出绵密的气泡，要在冷却的状态下操作。

用高速一气呵成打发。重点是在蛋白受到室温的影响之前，快速将蛋白打发到最大程度。

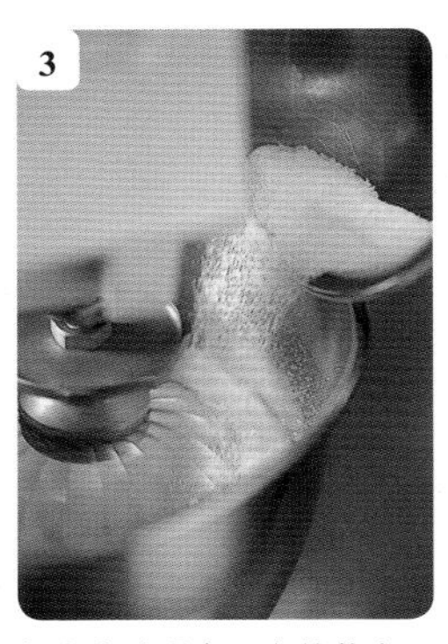

打发中途观察蛋白的状态，大约分3次加入白糖。因加糖后会产生黏性，影响气泡量，所以要分几次加入，打出绵密、不易消泡的气泡。

即将分离前打发的状态。提起打蛋头，蛋白呈坚挺尖角、哑光质感，蛋白霜就完成了。

钵盆中加入冷却好的蛋黄，打散。因为要利用蛋黄的醇度，所以不要打发。为了去掉蛋黄的腥味，给味道增加深度，可加一些香草香精。

向步骤**5**的盆中加入少量步骤**4**的蛋白霜，用打蛋器轻轻画圆搅拌。先少量融合，可以让整体更容易搅拌。

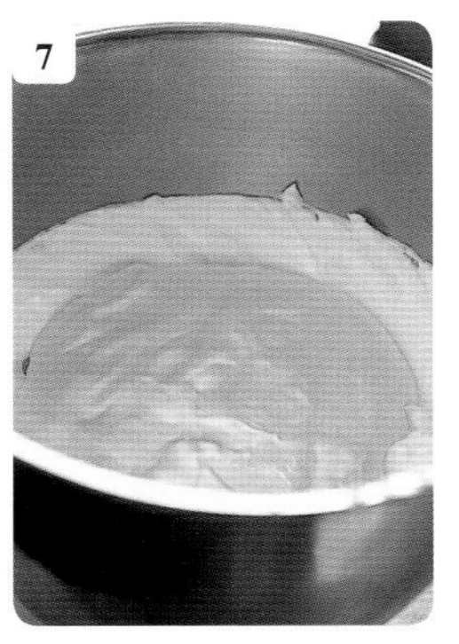

把步骤**6**的材料倒回步骤**4**的盆里。一边转动盆，一边用漏勺从底向上缓慢翻拌混合。

趁蛋黄没有完全融合，逐渐倒入过筛2次的低筋面粉，以相同手法搅拌（搅拌过度会引起消泡）。最大程度利用气泡，缓慢而有节奏地搅拌，不要浪费气泡。

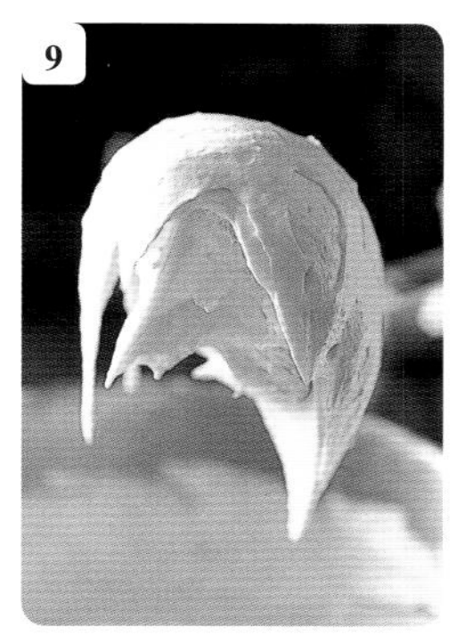

图为搅拌完毕的状态。如果搅拌过度，面糊会塌陷，挑起来会向下滴落。要在面糊塌陷之前迅速挤面糊。

把帽子的纸样铺在烤盘上，上面垫一张烤盘纸。用口径9毫米的圆形裱花嘴将面糊从圆的外侧向中心挤，中间挤成小半球的形状。烤盘、裱花袋都要提前冷却。

将过筛的糖粉装到粉筛瓶高度的1/3左右，从上方约10厘米处以倾斜45°的角度自左向右逐一筛糖。接下来将烤盘左右旋转180°，用同样手法把没有筛到的地方筛满。

静置5分钟，部分地方的糖粉吸收了面团里的水分，而部分地方没有。需要注意，静置5分钟以上面团会出现塌陷。

用滤网过筛全部糖粉。

用滤网过筛的糖粉会固定挤好的形状，还有缓和受热的作用。再用烤箱以185℃烤20分钟左右。

饼干底部不容易烤熟，确认一下底部的状况，从烤箱中拿出。把烤盘在操作台上震一震，使热空气散出，防止饼干回缩。虽然火候已经够了，但要适当保留水分，保证饼干的鲜美滋味。

表面烤出充足小珍珠的效果。烤制时部分面糊里的水蒸气从薄膜中喷出而形成凸起。除了能形成整体细腻的外膜，这些凸起也能在口中产生律动感。

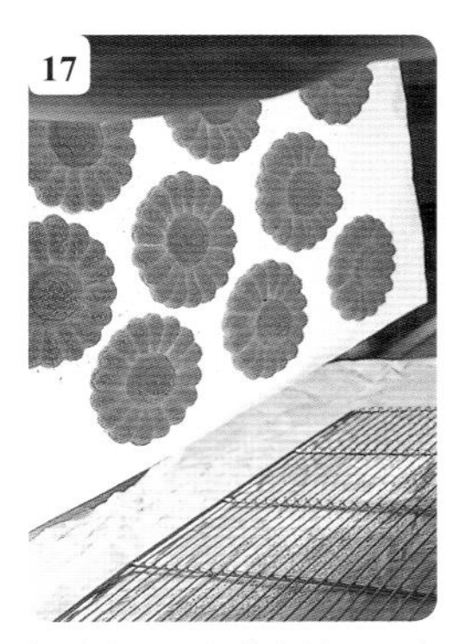

把烤盘纸全部放在烤网上冷却，抖落残留在纸上的糖粉。

把饼干从烤盘纸上取下。因使用了不容易剥掉的烤盘纸，饼干背面会剥落薄薄的一层，这样可以让糖浆、慕斯等的水分更容易渗透，形成柔软易化的口感。

边缘的白线是受热膨胀的面团碰到了纸上的糖粉产生的。这也是给口味与口感增加韵律和对比的搭配之外的美味。

饱满松软的半球形中心是手指海绵饼干的一大特色。想成功做出这种效果，怎样挤面糊才能够烤出这样可爱的形状就需要思考了。

杏仁海绵蛋糕

Biscuit Joconde

事先冷却材料是烤出柔润蛋糕的诀窍。

杏仁海绵蛋糕是我最喜欢的蛋糕底之一。我认为它的特色在于浓郁的杏仁味和略带薯类的绵软口感。杏仁海绵蛋糕通常表面纹理较粗，有些干燥，需涂糖浆后使用。但因希望能最大程度保证它的鲜美口感，所以我将蛋糕烤得更加细腻湿润。即使不涂糖浆，蛋糕本身也清香可口，柔软甜美。理解蛋糕底的定义虽然重要，但切勿不加消化、囫囵吞枣，要重视自己的喜好，并依此去设计、尝试，我认为这也是很重要的。

想烤出湿润的杏仁海绵蛋糕，最重要的一点是“冷却材料”。杏仁海绵蛋糕一般是将750克面糊倒入60厘米×40厘米的烤盘，烤箱高温快速烘烤。因为面糊比较稀，所以很快就能烤熟，稍有疏忽就会使鲜味和水分一起蒸发。因此，提前冷却材料可以减慢面糊受热的速度，这是我在牛排店工作的经验。为了将牛排煎到理想状态，需根据煎烧时间提前把肉从冰箱取出。我把这个法则也运用到了甜点中。

因为面糊是冷却的状态，所以最后加的液化黄油需要煮沸，否则加的时候会导致面糊结块。只要是热的液化黄油就可以分散在面糊里，最后烤出的蛋糕就会既湿润又不黏牙。

如小鹿背脊般的柔润质感就是“A POINT”的杏仁海绵蛋糕品质的证明。

基本分量（60 厘米 ×40 厘米烤盘，4 块）

T.P.T

- 杏仁粉……625 克
- 糖粉……625 克

低筋面粉……150 克

全蛋……16 个

蛋白……535 克

使用当天现打新鲜鸡蛋。

白糖……214 克

以上材料、器具及室内温度都要提前冷却。

煮沸液化黄油……113 克

将过筛2次的T.P.T和低筋面粉一起放进搅拌缸里，分多次加入少量全蛋，同时用打蛋头低速搅拌。低速搅拌是为了防止打发过度，使蛋糕缝隙更密。

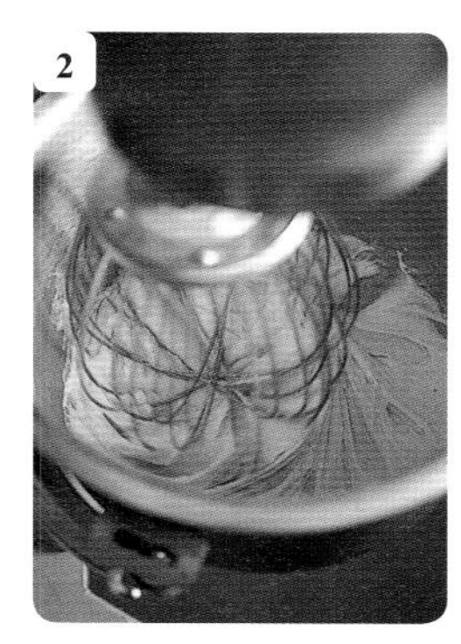

全部搅拌完后换成中速。搅拌中将搅拌机停下几次，清理打蛋头上的面糊，从盆底把面糊捞起再均匀搅拌。

提起打蛋头，面糊像细密的缎带一样流下，面糊上的痕迹很快消失，此时是打发的最佳状态。如果像“缎带”一样堆叠在一起说明打发过度了。进入过多气泡会让口味变淡。

让面糊充分包裹空气。

另一个搅拌缸里加入蛋白、1/4的白糖，高速打发。分3次加入剩余的白糖，打发至提起打蛋头可以看到直立的尖角。

向步骤**4**的材料中少量多次加入步骤**3**的材料，用漏勺从底部向上迅速翻拌。

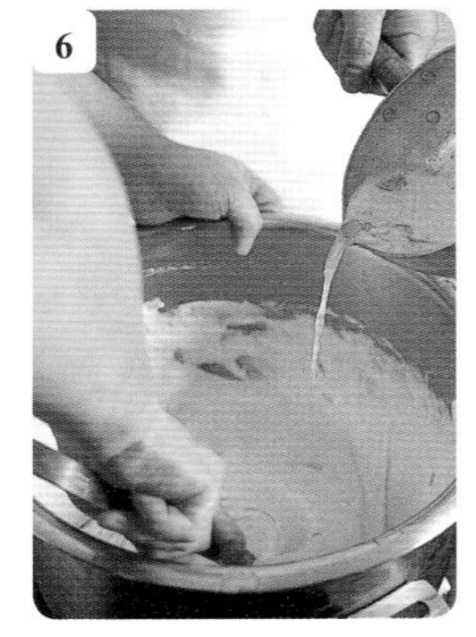

加入煮沸液化黄油后进行同样搅拌。因为面糊已经冷却，所以冷却的液化黄油容易使其结块，而热的液化黄油可以均匀分散到面糊中。

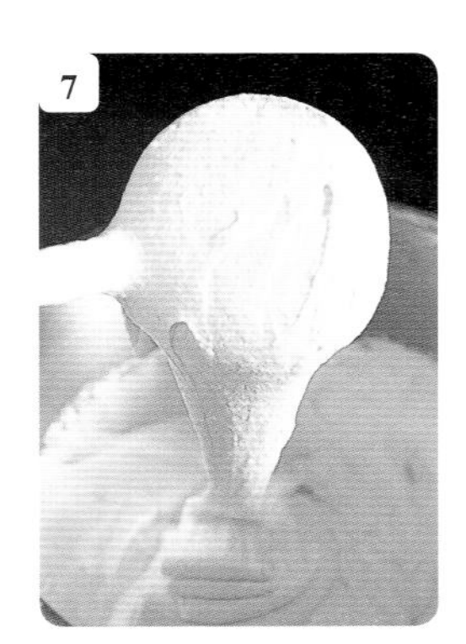

含有适量气泡的顺滑效果。

以p.145的做法将750克的步骤**7**的材料缓慢均匀地倒入铺有硅油纸的烤盘内，手指伸进烤盘边缘擦一下面糊。这是为了避免面糊粘连在烤盘上而将边缘烤焦。

打开换气口，在预热至210℃的烤箱里烤12分钟左右，中途调换烤盘方向，使其均匀受热。烤好后把每块烤盘在操作台上震一震，散出热空气，防止回缩。把硅油纸全部放在烤网上晾凉。

杰诺瓦士蛋糕

Pâte à génoise

达成柔软轻盈化口度的秘诀是中速缓慢揉面。

杰诺瓦士海绵蛋糕就是芙蕾杰（草莓芙蕾杰，p.86）用的蛋糕底。草莓芙蕾杰蛋糕的美妙之处在于草莓、鲜奶油和杰诺瓦士蛋糕的和谐美味，所以我把杰诺瓦士蛋糕的主题定为可以和鲜奶油一起扩散、柔软温和的化口度。

为了达到这个效果，必须打出充满空气、细腻绵密的气泡。加糖蛋液直接用火加热容易打发，加入饴糖，搅拌机高速打发到最大程度后换成中速，慢慢搅拌15分钟，使气泡质地均匀。用温热的蛋液高速打出的气泡纹理不均匀，在中速缓慢搅拌的过程中温度会下降，膨胀的气泡缩小，纹理变细。蛋液中加入的饴糖不仅能让面糊保持湿润，还有使气泡稳定的作用。通过这种方法打出的气泡绵密结实，与低筋面粉混合也不会损失太多，残留在麸质之间，能让人感到适中的弹性（小麦粉的蛋白质和水结合生成的网状组织，能产生黏性和弹力），又能让蛋糕入口即化。

在杰诺瓦士蛋糕里加香草香精的做法比较少见，但我的目的是去除鸡蛋的腥味。操作的重点是在蛋液基本打发完成后再加香草香精，这样可以唤醒香草的香气。另外，将牛奶、黄油一起煮沸加入面糊，可以加强面糊的风味。

把面糊倒在摆好方模的烤盘里，做成厚蛋糕。厚一些可以突出湿润柔软的感觉。除了看是否上色，面糊烤好与否，还可以靠声音来判断。不仅是杰诺瓦士蛋糕，其他蛋糕也是如此。轻轻弹一弹蛋糕，如果发出“唰唰”的声音，表示还有多余的水分，没有完全烤熟；如果发出“啪啪”声，表示烤得刚刚好。烤好的蛋糕在冰箱中放2个晚上，待其成熟即可。将厚厚的蛋糕切成3片，最适合做草莓蛋糕，而且最好吃的是中间部分。

说起质地细密湿润的蛋糕，很容易让人想起卡斯特拉蛋糕或长崎蜂蜜蛋糕。和卡斯特拉的厚重感不同，杰诺瓦士蛋糕不会在口中结成一团，而是轻盈化开，清晰地扩散，香味弥漫，余味无穷。这才是我心中法式甜点应具有的特点。

基本分量（60 厘米 ×40 厘米的方模，2 个）

全蛋…………………………………………… 1720 克
白糖…………………………………………… 1280 克
饴糖……………………………………………… 100 克
香草香精………………………………………… 适量
发酵黄油（1.5 厘米厚切片）…………………… 300 克
常温回软。
牛奶……………………………………………… 450 克
低筋面粉………………………………………… 1120 克

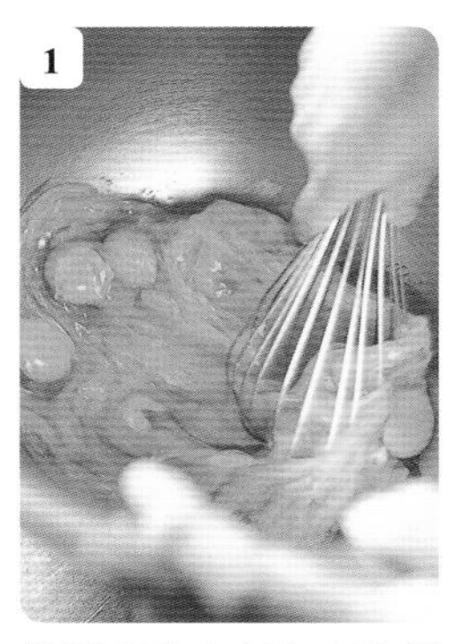

搅拌缸里加入全蛋，用打蛋器充分打散。先打散蛋黄可以让整体更均匀。

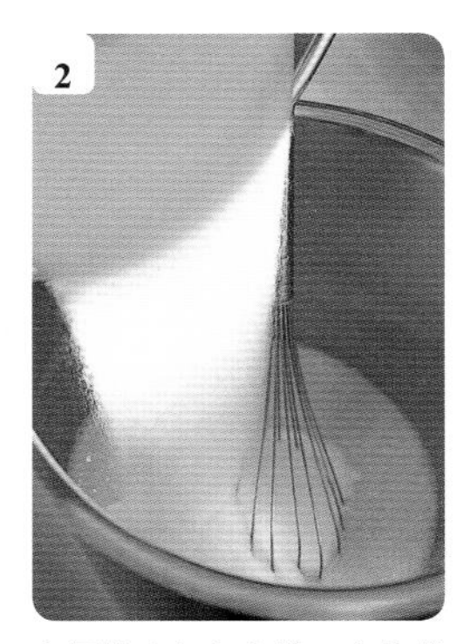

向蛋液中加入白糖，充分搅拌。

把步骤**2**的材料放在小火上搅拌。倾斜搅拌缸，一边转动一边慢慢搅拌至砂糖的颗粒完全溶解，加热至35℃左右。通过加温降低鸡蛋表面的张力，利于打发。

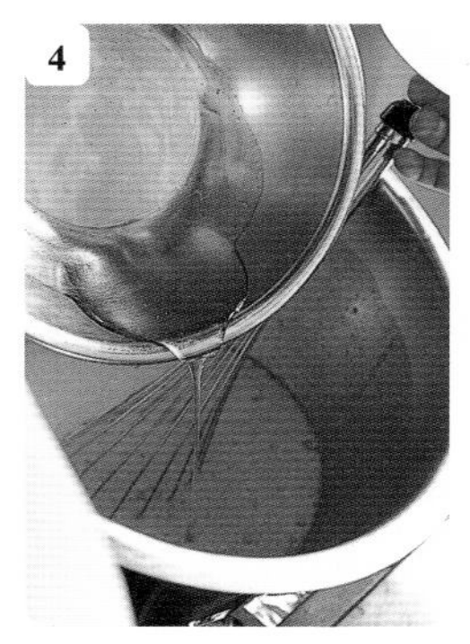

向蛋液中加入隔水软化的饴糖，搅拌均匀。加入饴糖是为了让蛋液保湿，并且稳定气泡。

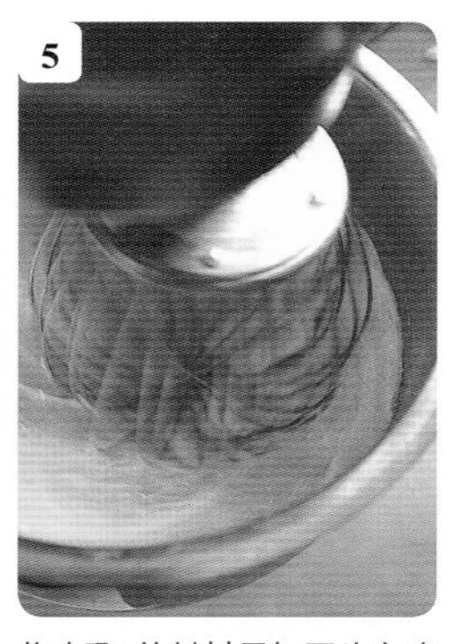

将步骤**4**的材料用打蛋头高速搅拌。

搅拌约5分钟后，即为打发到最大程度的状态。因高速打发的气泡纹理不均匀，所以再换成中速缓慢搅拌10~15分钟，使气泡均匀。

中速缓慢搅拌时温度下降，膨胀的气泡缩小，变得绵密。快完成时加入香草香精拌匀。

图为富有光泽的效果。提起打蛋头，蛋糊像缎带一样层层堆叠，痕迹保持一会才消失。气泡细密结实，再加入低筋面粉等揉面也不会消失。

将常温下软化的黄油放入锅里，倒入牛奶煮沸。加牛奶是为了使面糊湿润，同时增添奶香味。

向步骤**8**的材料中倒入过筛2次的低筋面粉，用刮板从底部向上翻转手腕搅拌。动作要迅速，以免消泡。

11 向盆里加入步骤**10**的材料的1/5，倒入煮沸的步骤**9**的材料，用打蛋器搅拌。先少量混合可以让材料更易融合。

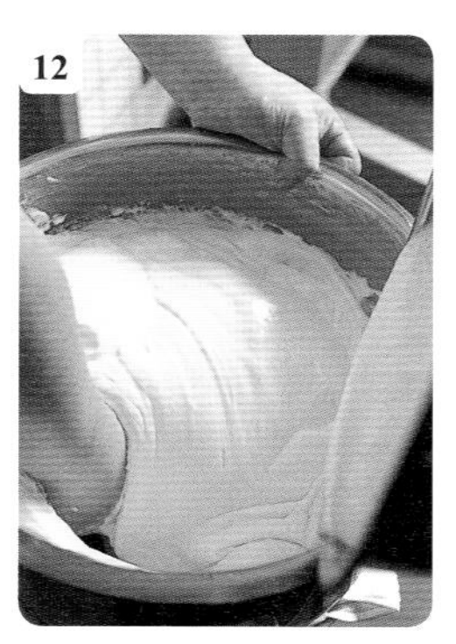

12 将剩余步骤**10**的材料倒回步骤**11**的材料，用与步骤**10**相同手法搅拌。因为牛奶和黄油是在热的状态下倒入，所以更容易扩散到整体中。多揉一会，使面的气孔更细密。

13 揉完后应为顺滑的面糊。

14 在烤盘上铺烤盘纸，扣上方模。倒入面糊，用刮板把表面刮平。

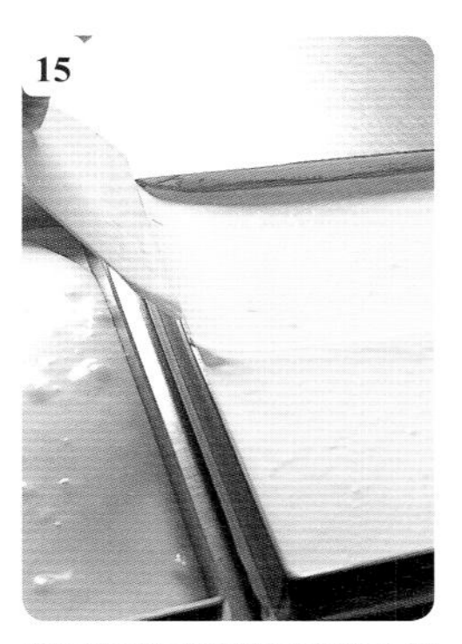

15 刮至面糊可以延展到烤盘侧面的程度。

16 中途调换几次烤盘的方向，使整体烘烤均匀。

17 烤好的蛋糕呈棕黄色，通过声音也可以判断。轻轻拍打蛋糕表面，如果发出“啪啪”的声音，则说明水分流失适中，蛋糕可以出炉了。

集中五感很重要。

18 图为均匀上色的效果。从烤箱中取出后立刻将烤盘在操作台上震几下，放出热空气，防止回缩。

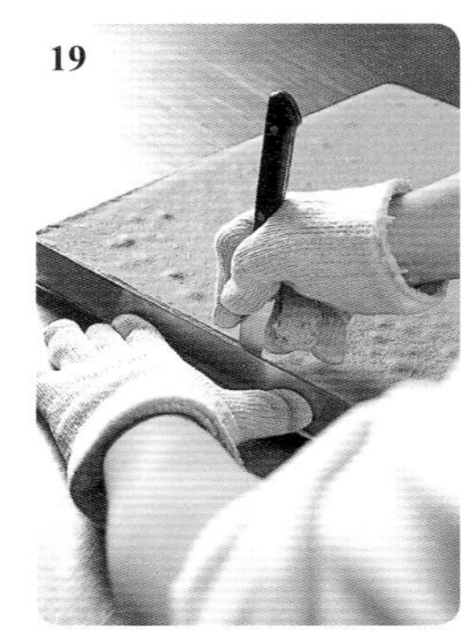

19 把小刀插入烤盘边缘，卸下方模。

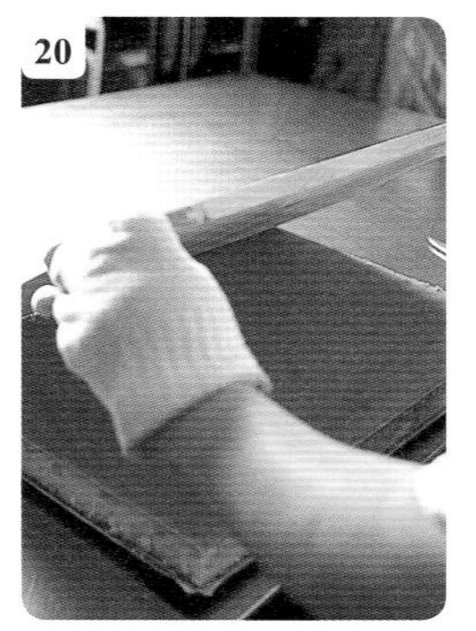

20 蛋糕上面再铺一层烤盘纸和砧板，上下颠倒拿下烤盘，晾凉。放在砧板上晾凉不会导致水分流失过多。完全冷却后把蛋糕放入塑料袋，放进冰箱冷藏2个晚上，待其成熟。

千层酥皮

Pâte feuilletée

要想做出口感轻盈酥脆、风味丰富的派皮，关键是“不要给面团施压”。

我想做的千层酥皮是要吃进嘴里清脆膨松，黄油香味充盈唇齿。硬脆的派皮给人的印象过于深刻，会遮盖住所搭配奶油的味道。而我的派皮口感密实、有适当嚼劲，而且酥松清脆。烤好的派皮散发的焦香并非单一，而是有丰富的风味。以这种感觉的派皮为目标，最终我确定了现在的制作方法。

最重要的是“不要给面团施压”，也就是不要产生多余的麸质，那样容易使派皮回缩变硬。

黄油酥皮（包黄油的面团）的一般做法是将面团从搅拌缸里取出后马上揉圆面团并放进冰箱松弛，但我不是这样操作。我是把面团从搅拌缸里取出，直接用拧干的湿布包起来，再用塑料袋包好，放在室温环境下，让面团里的麸质保持张开的状态，使其不会受冷变硬。面团完全松弛需要约2个小时，在此期间，面团会充分吸收水分，更易延展。

干燥也是面团变硬的主要原因，所以用湿布和塑料袋包裹起来，既可以保湿，又能使面团松弛。如果这一步面团松弛得好，后面的操作就会相应顺利。分割面团、揉成圆形后用刀切小口，立刻擀平，包上冷却的黄油，密闭保存在冰箱里1个小时左右。这期间黄油的凉气会传给面团，二者达到同样的硬度和温度，更利于延展。

前面所说的裹入用黄油要切得方方正正、厚度均匀，多清理几次防粘粉。准确耐心地完成这些基本操作其实是做出漂亮分层的最大秘诀。2天内总计3折6次。折完后成形时也不要给面团施压。例如，用压面机压面后一定要让面团松弛一会儿，缓解紧绷，这一步骤叫做舒压。

要以较低的温度慢慢烘烤。为了发挥使用发酵黄油、添加牛奶的面团的风味，一定要充分烘烤，但注意不能过度。面团经过舒压，充分融合了水分，自然膨松，因没有过多面筋，所以不会排斥裹入的黄油，而是将其适度吸收进面团里。在烤制拿破仑蛋糕（p.116）时，用烤盘压着烤，烤出的派皮既能形成密层，又口感清脆、风味浓郁。

为了增加拿破仑蛋糕用的千层酥皮的风味并防止受潮会在表面撒糖粉，使烤好的酥皮带有光泽，我也会在背面撒糖。这样可以让口感略硬，富于变化，让食客享受到酥皮咸与甜形成反差的乐趣。与奶油相融时产生的味道也是“搭配之外的美味”。

基本分量（3份）

1份为用800克裹入黄油做的派皮分量。
1份可得到4块2毫米厚、60厘米×40厘米的派皮。

盐……………………………………………………70克
白糖…………………………………………………60克
水……………………………………………………680克
牛奶…………………………………………………680克
低筋面粉……………………………………………1.5千克
高筋面粉……………………………………………1.5千克
温热的液化黄油……………………………………300克

也可以换成硬一点的蜡状黄油。黄油香味足，烤出的派皮口感柔和。

发酵黄油（裹入用）…………………………800克×3块
拿破仑蛋糕（p.116）用
白糖…………………………………………………适量
糖粉…………………………………………………适量

黄油酥皮（包有黄油的面团）

1 在盆里加入盐、白糖、水、牛奶，用打蛋器搅拌至完全化开。将1/5的液体混合物加入搅拌缸中，分2次加入过筛的低筋面粉和高筋面粉。

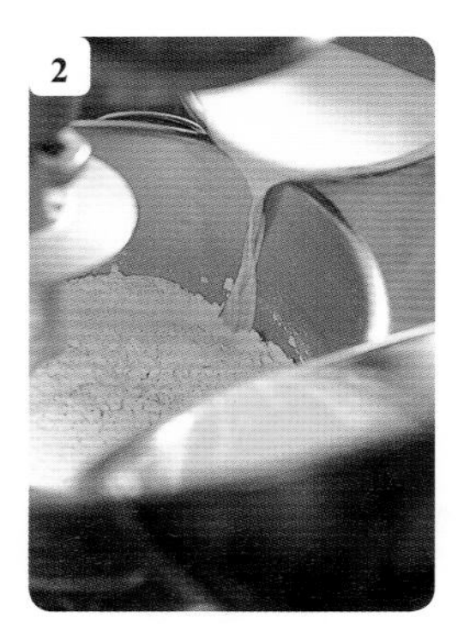

2 将搅拌机放入搅拌缸中中，少量多次地加入热的液态黄油和剩余步骤1的液体，同时用拌料棒低速搅拌。液体黄油可以抑制麸质的形成，让派皮酥脆。

3 面糊慢慢成团，有一些粘在拌料棒上。中途关掉搅拌机，把残留在底部的面糊翻上来，再次搅拌。当加完液态黄油和剩余步骤1的材料后面团质地均匀即可。

4 将面团揉到发亮会产生过多麸质。要注意，多余麸质容易令面团烘烤回缩、变硬。从搅拌缸中取出面团，在用力拧过的湿布上铺开。

5 图为刚取出面团的状态。拉一下，面团不延展，而是在中间断开，表明麸质的弹性很强。

6 用湿布包住面团，再用塑料袋包好保湿，室温下松弛2个小时左右。这是为了放松搅拌产生的麸质。因高温潮湿环境下容易发霉，所以要放在低温场所。

裹黄油＞

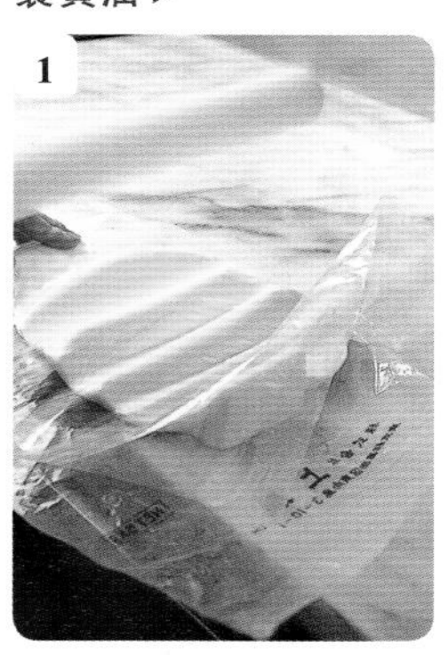

1 用厚一点的塑料袋把冷的裹入用黄油包裹起来，用擀面杖两面敲一敲，使硬度均匀。

2 最终将黄油在塑料袋里整理成约7毫米厚、18厘米×26厘米的长方形。把厚度压匀、边缘修成直角是做出漂亮分层的重点。放入冰箱冷却。

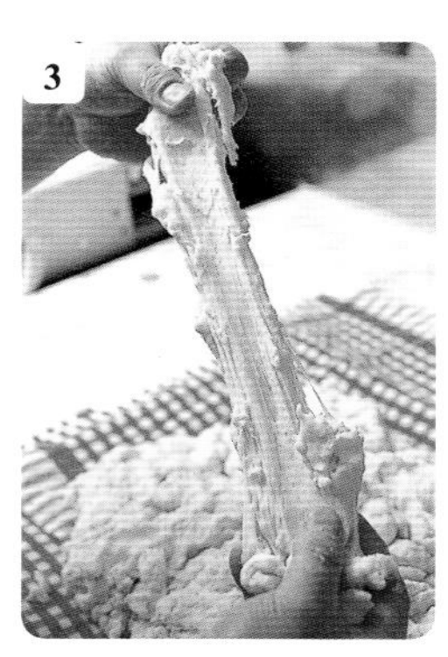

3 图为2个小时后黄油酥皮的状态。拉伸面团延展良好，因为面团松弛，水分充分融合。

将黄油酥皮分成3份，在大理石台面上撒适量防粘粉（高筋面粉，分量外），以A~C的顺序揉圆面团。

A：两手拿住面团两端，在大理石台上摔2~3次，再揉进靠近自己一侧。

B：揉好的部分再朝里侧的方向，继续从四周向中心揉面团。

C：将接合的部分朝下，两手轻揉搓圆面团。不要用很大的力，这种整合方法让面团适度保留面筋、变得光滑。

图为揉成圆形的状态。表面光滑，按一下，面团的弹性可以让压痕恢复3/4。

用菜刀在面团上切1个深“十”字。可以在面团的断面看到分层。通过揉面的动作、从中间切开螺旋状麸质，使面团变得舒展。

用手掌从中间向四面按压，用擀面杖将面团擀平整。要将步骤**6**中切好的麸质压平，再让其舒展。

在面团上拍适量防粘粉，用压面机将面团压成7毫米厚的长方形薄片。

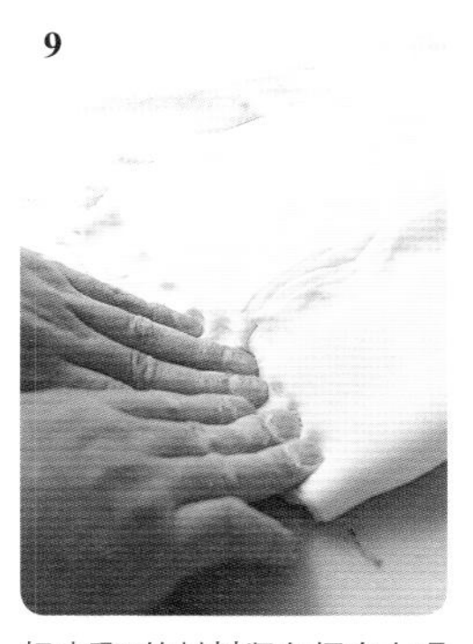

把步骤**8**的材料竖向摆在大理石台上，把步骤**2**中的冷却黄油放在面团中间包住。中间封口处稍微重叠。沿黄油的侧面用手指压出面团两侧的空气。

用擀面杖将面团的边缘擀平，翻折过来。

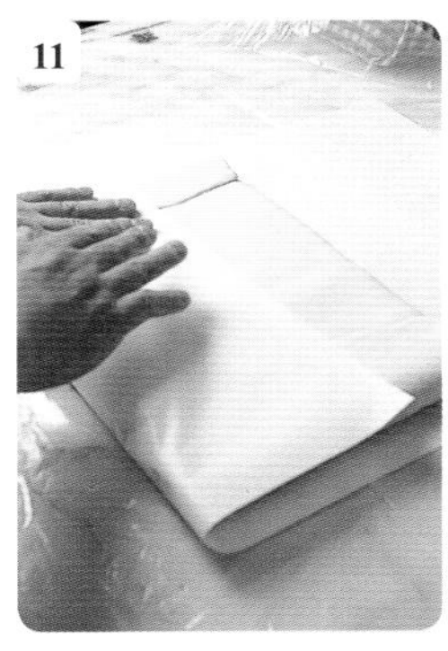

用烤盘纸包上面团。把放置在室温下的面团放进冰箱会使面团凝结水珠，包烤盘纸是为了吸收湿气。再包一层塑料袋，防止干燥。放入冰箱冷藏大约1个小时。

待黄油的温度传递给面团，大约冷却至相同温度，将面团折成3折。取出面团，接口朝上，先用擀面杖压一压。这种面团的好处是不会特别硬，容易延展。

用擀面杖将步骤**12**的材料擀成长方形，接口朝下，放入压面机。因考虑到面团可能出现断裂，所以将接口一面向下。多抹一些防粘粉，以免面团刮在滚筒的眼上。

将面团压成7毫米厚的长方形面皮，用刷子小心拂去正反两面多余的防粘粉。面皮上残留防粘粉的部分会变硬，影响口感。

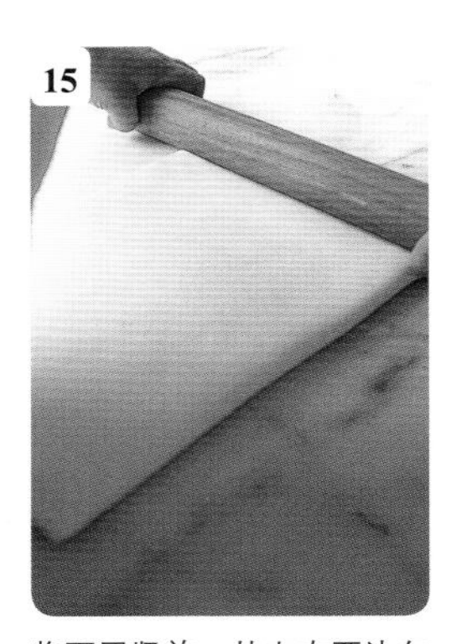

将面团竖放，从左右两边向中间折成均等的3层（第一次）。每折一次，都要用擀面杖在面皮外侧压一压，保持两条边成直角。

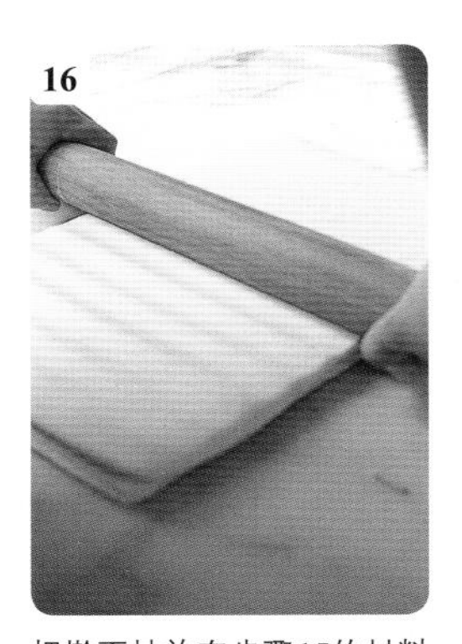

把擀面杖放在步骤**15**的材料的表面按压，使折好的分层固定。调转90°方向，再用压面机延展面团一次，要领与之前相同，再折成3折（第二次）。

用手指给面团戳一个记号，表示“已完成3折2次”。因记号很快会消失，所以要立起手指戳得深一些。以步骤**11**的方法包起来，放进冰箱松弛1小时左右。

以相同方法再3折2次，同样包起来，放进冰箱松弛1个晚上。第二天取出，在室温下放置30分钟左右，再3折2次（总计3折6次），放进冰箱松弛1小时左右。

接着就是烘烤拿破仑蛋糕了。将步骤**18**的材料（1份）以十字形切成4等份。用擀面杖敲一敲面皮，使其厚度均匀，再放进压面机压成2毫米厚、60厘米×40厘米的薄片。

为了舒展压好的面皮，先将面皮松散摊开再铺平，可以防止回缩。这个动作叫作舒压（p.42）。

把面皮放在烤盘纸上，为了不让面皮扩张，以中间为界，在里侧和靠近自己的一侧分别戳孔，进行第二次舒压。盖上烤盘纸，松弛约30分钟后放进冰箱冷藏1小时，使面皮收紧。

将步骤**21**的材料对半切开（每份40厘米×30厘米，1/8份），放在烤盘中，均匀撒一层白糖。白糖可以给整体的口感和味道增加律动。用烤箱以185℃烤15分钟左右。

图为15分钟后派皮膨胀的样子。在派皮上再扣两个烤盘，翻转过来，因派皮的中心部分不易烤熟，所以拿掉上面的烤盘再烤10分钟左右。烤上色后，盖1块烤盘压缩面皮，再烤15分钟左右。

从烤箱中取出派皮，拿掉上面的烤盘，用滤网分2次筛糖粉。第一次轻筛，糖粉开始化开时再筛第二次。

用200℃的烤箱烤2分钟左右，焦糖化反应使派皮表面产生光泽（糖渍，p.42）。

让泡芙坚挺膨胀、风味香浓有嚼劲是我的目的。

好吃的奶油泡芙需要满足的条件是扎实的泡芙皮和里面顺滑的奶油要形成对比。我的目标是做出有存在感、“有筋骨”的泡芙，并用牛奶、白糖、盐强化泡芙的风味。

扎实泡芙皮的特点是让麸质（p.38）充分伸展，产生扎实的嚼劲。第一个重点是将黄油提前回软到常温。软化冷黄油需要一段时间，这样会导致水分额外蒸发。另外，和黄油一起加热的成分中，牛奶和水的用量相同。牛奶虽然可以提升风味，但由于乳脂肪（油脂）成分有抑制麸质形成的效果，所以牛奶与水按1：1的比例勾兑即可。

待黄油化开、水煮沸后立刻离火，加入低筋面粉搅拌均匀，这个过程要一气呵成。这一步的关键是让水和面粉完全混合在一起，形成完整的面团。加热面团、揉面、强化麸质的网状组织，这样烘烤时面团会更有力地膨胀。之后加的鸡蛋无须打散，这是为了把蛋白中的蛋白质直接和面团里的面筋联结在一起。

涂在面团上的蛋液作为最初接触到嘴巴的部分同样不能忽视。需在鸡蛋里加入白糖和盐增加风味，再放置一晚。

为了发挥面团的风味，烤箱的温度稍稍设定得低一些。这样可使烤出来的泡芙皮外面焦黄酥脆，里面还能保留扎实口感。

泡芙皮
Pâte à choux

基本分量（直径约 6 厘米，约 50 个）

发酵黄油（切成 2 厘米的方块）··················400 克
常温软化。
水···500 克
牛奶··500 克
白糖··20 克
盐···10 克
低筋面粉··600 克
全蛋···16~20 个
涂面团蛋液
　全蛋 ··2 个
　蛋黄 ··4 个
　白糖 ··2 克
　盐 ···1.2 克

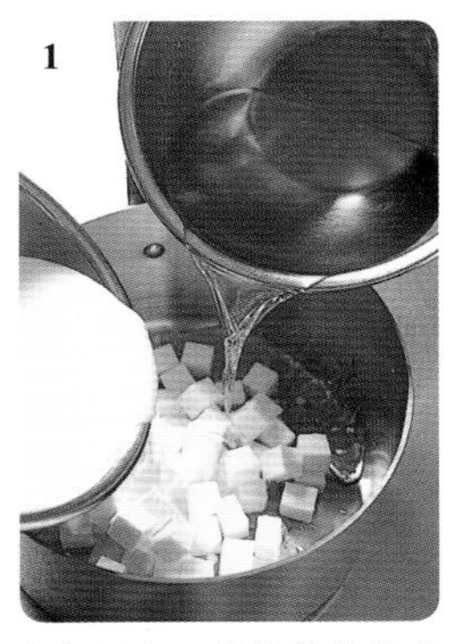

铜锅里加入常温软化的黄油、水和牛奶。牛奶要和等量的水勾兑使用。

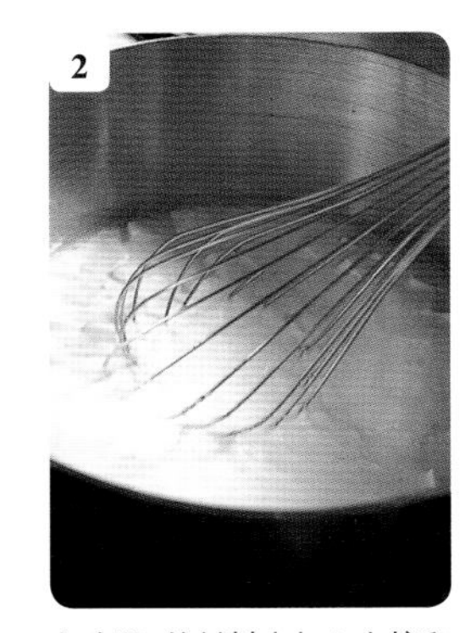

向步骤**1**的材料中加入白糖和盐，开中火，用打蛋器快速搅拌，加速沸腾。

图为煮沸的状态。一定要保证这时的黄油、白糖和盐已经完全化开。为了避免水分过多蒸发，需要在短时间内煮沸。

把步骤**3**的材料从火上端下，气泡迅速下坠，立刻加入过筛2次的低筋面粉。

紧接着用木铲插入锅底搅拌。为防止结块，用木铲从底部向上用力翻拌。

图为面糊搅拌后的状态。这一阶段的重点是让面粉和水分完全融合，形成一个整体。再次转为略强的中火，以相同要领继续大力和面，排出多余水分。

锅底形成一层膜，发出轻微“吱”的声音时从火上端下锅，这是水分适度流失的标志。到这一阶段之前，通过用力和面来让面团带有适中的韧性，使其烘烤时向上膨胀。

图为取出步骤**7**的面团后的锅底。以粘连一层薄膜的状态为完成的标准，证明适当蒸发了水分。

将面团倒入搅拌缸中，少量多次加入全蛋，用拌料棒低速搅拌。鸡蛋不需打散。

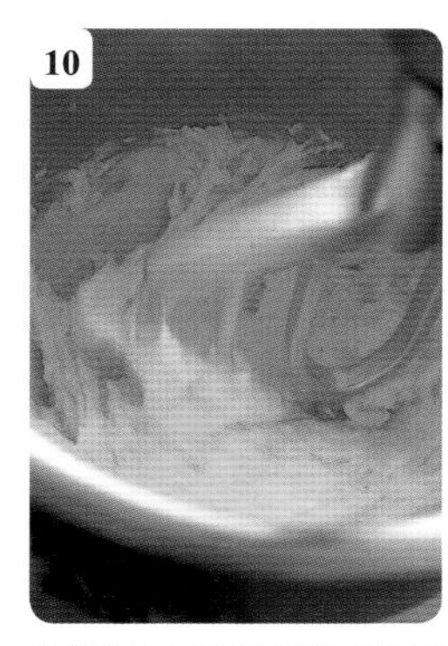

直接加入未搅拌的鸡蛋是为了将蛋黄中有乳化作用的卵磷脂与蛋白分离，让蛋白中的蛋白质直接与面团中的面筋结合。为避免面团中的黄油硬化，要使用常温的鸡蛋。

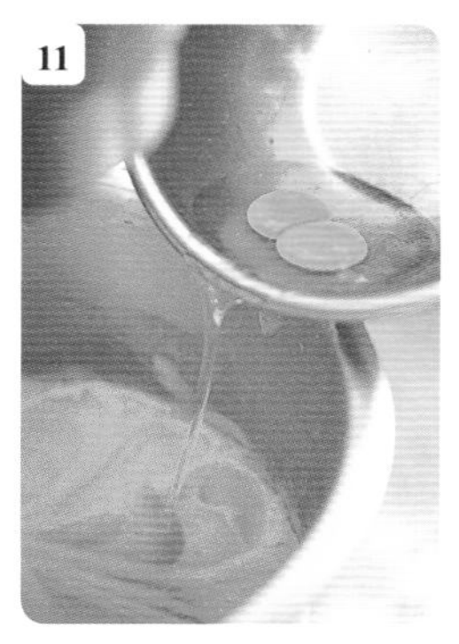

当面糊搅打至上劲、呈现顺滑的状态时，拿出拌料棒，面糊里还有线条的痕迹就说明完成了。鸡蛋不必全部加入，按实际需要调整用量即可。

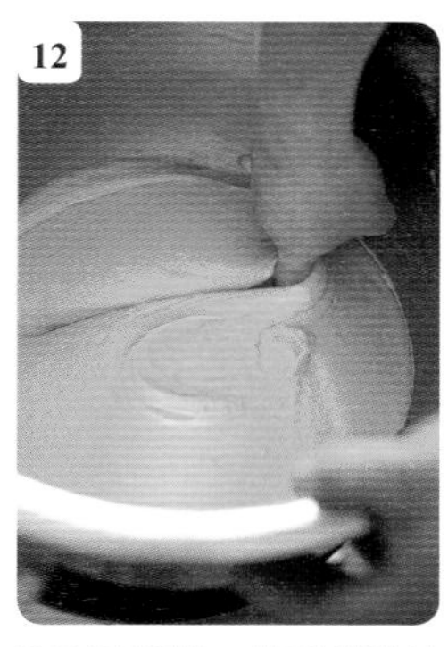

除了靠目测外，也可以借助以下方法判断是否搅拌完成。将食指前两个关节插入搅拌均匀的面糊里画一条线，面糊的沟随着手指的痕迹闭合就说明搅拌得比较好。

把画有直径6厘米圆形的纸样放在烤盘上，上面再铺一张硅油纸。将面糊装入裱花袋内，套上口径15毫米的圆形裱花嘴，在距离烤盘2厘米的位置保持裱花嘴固定不动，挤出饱满的半球形。

用毛刷在面团表面涂蛋液。注意动作要迅速，放入烤箱时要保持面团温热的状态，这样才能烤出饱满浑圆的形状。

在步骤**14**的材料上喷雾。通过喷雾可以让雾气聚集在烤箱内，缓和面团受热程度，使其更易膨胀。

用烤箱以180℃烤面团50分钟左右。烤到裂纹也变成均匀的棕黄色，用手按一按两边，如果略硬就说明已经烤好了。

泡芙香气扑鼻，表面质地扎实，内部虽然完全烤熟，但还留有一些白色，质地湿润，能保留面团的鲜美滋味。这种对比提升了泡芙皮的美味。

涂面团蛋液 >

盆里加入全蛋和蛋黄，用打蛋器充分搅打。加入白糖和盐充分搅拌，盖上保鲜膜，在室温下放置10分钟左右，使白糖和盐完全化开。

再次将步骤**1**的材料搅拌，用滤网过滤到另一个钵盆里。盖上保鲜膜，放进冰箱一晚，待其成熟。

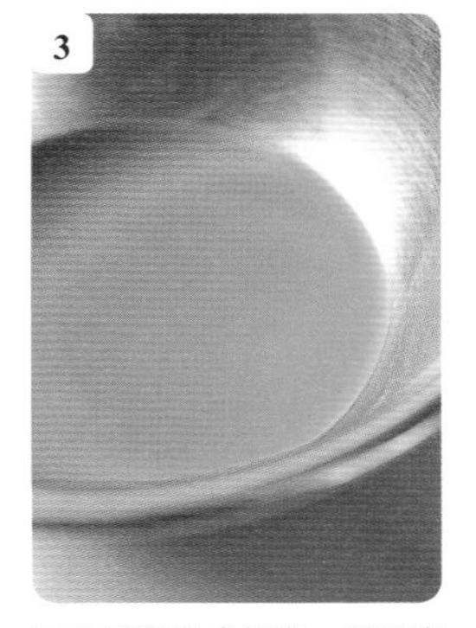

图为蛋液完成状态。刷蛋液可起到增加光泽、增进食欲的作用，同时也有防潮的效果。成熟的蛋液延展性好，涂的时候呈现出不一样的亮度。应先拿到常温下回温后再使用。因为蛋液容易腐坏，所以要现用现做。

布里欧修面团

Pâte à brioches

布里欧修小挞

定位为“点心”。既要有弹性，又能在舌尖化开，散发黄油的芳香。

与其说我做的面包是“面包”，倒不如说是用酵母做的“点心”。也许因为我口味较重，所以对法式长棍一类清淡口味的面包兴趣不大，而对布里欧修这种中间夹馅的面包毫无抵抗力！布里欧修有浓浓的黄油和鸡蛋味，切开之后呈现漂亮的金黄色，能给人幸福的感觉。成功的布里欧修面团像丝绵一样纹理细密，虽然加了大量的黄油，但主要还是归功于面团里包裹黄油的面筋。我的目标也正是如此——“既有像肉一样扎实的弹性和嚼劲，又能在舌尖化开，黄油的香味弥漫整个口腔”。这才是我要的布里欧修。

为了增加面团的韧性，分多次加入少量鸡蛋，慢慢揉和，让麸质完全伸展（p.38）。鸡蛋不用打散，直接倒入即可，使蛋白中的蛋白质可以直接发挥作用，与面团中的面筋结合。另外，要加的黄油须提前与白糖和盐混合。因砂糖的黏性会影响麸质的形成，所以要避免白糖和面粉直接接触。

当面团产生韧劲，需要很大力气才能拉伸时就可以加黄油了。注意不要化开黄油，应把黄油放在面团的中间，低速揉面，减少黄油与搅拌机因摩擦发热而发生反应。化开的黄油不如固态黄油香浓，相反，会给人油腻之感。并且，油脂溶解后会阻断面团的面筋，令口感较为粗糙。

加黄油后揉好的面团在整形手法上也要有助于形成面筋。将面团从左右两侧向中间折叠，再将手边和里侧的面皮也叠成3层，然后再揉圆，可以想象成这是在给面团“加强肌肉（麸质）”。等待面团一次发酵，再次将面团左右3折、从里侧向靠近自己一侧卷成蛋糕卷的形状，再揉圆，冷藏发酵，进一步给面团增加弹性。

下面，我将介绍用布里欧修面团制作的具有代表性的面包——布里欧修小挞。市面上售卖的布里欧修小挞一般外形小巧，但我觉得体积太小容易烤焦，会损失黄油的香味，所以做得比较大，圆滚滚的形状既有分量感又很可爱。面团的接口与模具底部的中心重合是令形状饱满、浑圆的关键。同时也要注意成形方法。

烤完布里欧修后，厨房的每个角落都充溢着黄油的迷人芳香。虽然整个布里欧修都很好吃，但口味最佳的还要数把“头”（面包上部）撕开后露出的中间部分，能让人感受到扑面而来的黄油浓香。

基本分量（成品重量约 8325 克。口径 15 毫米的布里欧修模具，29 个）

发酵黄油	2.4 千克
白糖	360 克
盐	60 克
生酵母	150 克
牛奶	300 克
转化糖	120 克
脱脂牛奶	135 克
高筋面粉	2475 克
低筋面粉	525 克
全蛋	36 个
布里欧修小挞用	
蛋白	适量
涂面团蛋液（p.48）	适量
发酵黄油（切成 7 毫米的方块）	6 块 / 份

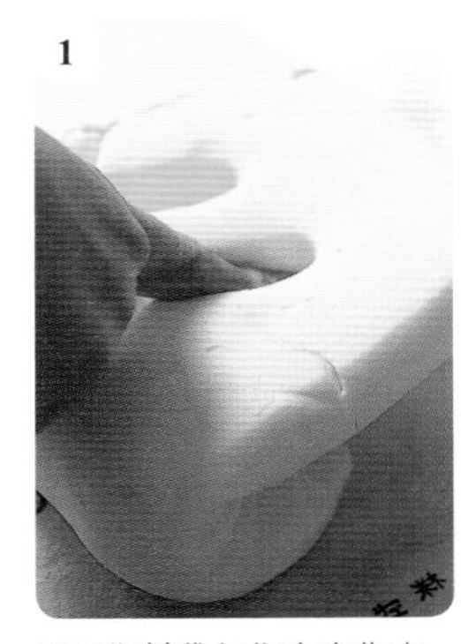

用厚塑料袋包住冷冻黄油，用擀面杖将黄油敲软。手指按一下，可以按出手印的软度即可。

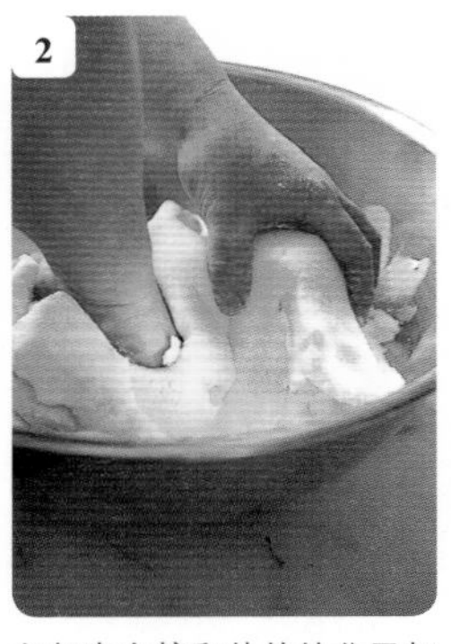

向加有白糖和盐的钵盆里加入步骤**1**的材料，用拳头按压混合。因砂糖的黏性会影响麸质的形成，所以用黄油包裹白糖，防止白糖和面粉直接接触。

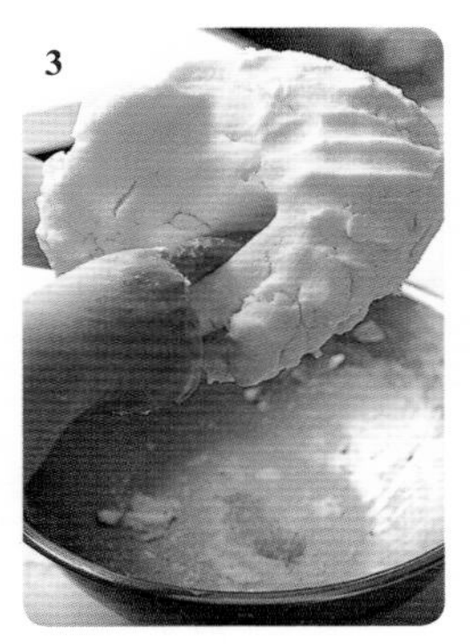

混合完白糖和盐后仍保持颗粒状态亦可，揉面过度会让水分析出。放进冰箱。

另取一个盆，加入生酵母，用打蛋器打碎。生酵母不易溶解，一定要耐心地搅打成小颗粒。倒入牛奶，充分混合使其完全溶解。用牛奶溶解酵母可以增加香味。

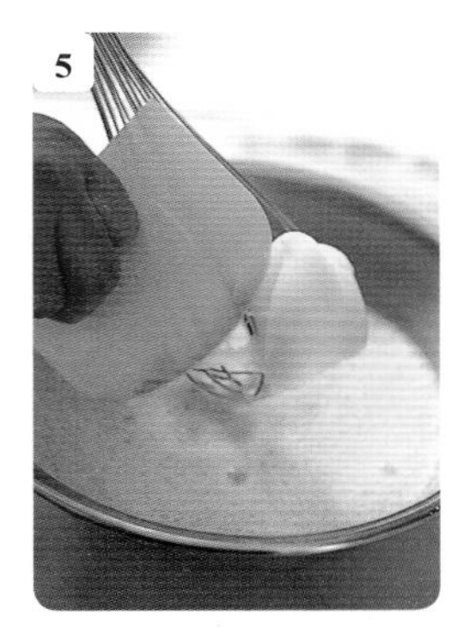

按顺序加入转化糖、脱脂牛奶，混合。用转化糖增加保湿性，让烤出来的面包颜色更深、更诱人。加脱脂牛奶是为了使面团奶香更浓。

将步骤**5**的材料搅拌顺滑后倒进搅拌缸中，加入过筛2次的高筋面粉和低筋面粉。通过先加液体的方法可以使面粉更容易吸收水分，搅拌更方便。

用拌料棒低速搅拌步骤**6**的材料，同时少量多次加入全蛋。全蛋不需打散，直接加入即可，因为需要蛋白中的蛋白质直接与面团中的面筋结合。

在加入近一半鸡蛋的时候面团逐渐成形。少量多次加鸡蛋是希望延长时间，让面团产生充足面筋。清理拌料棒、搅拌缸上粘连的面团，搅拌均匀。

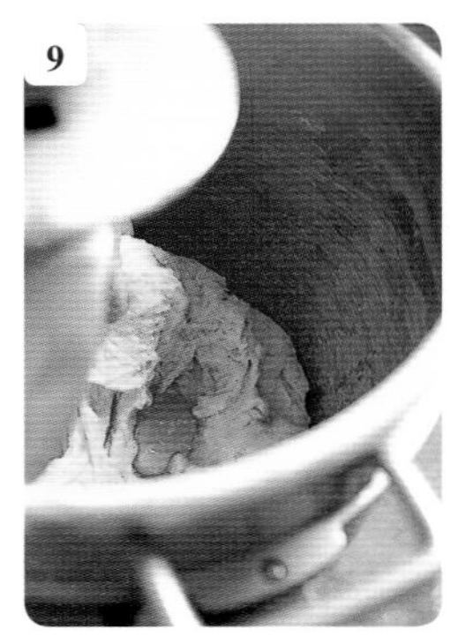

面团完全成形后换成中速，继续一点点地加入剩余的鸡蛋，形成麸质密实的网状组织。为了搅拌方便，通常将鸡蛋加在面团中间。

产生黏性的面团随着麸质的加强会从搅拌缸壁脱离，挂在拌料棒上。在揉面时要多清理几次挂在钩上的面团。

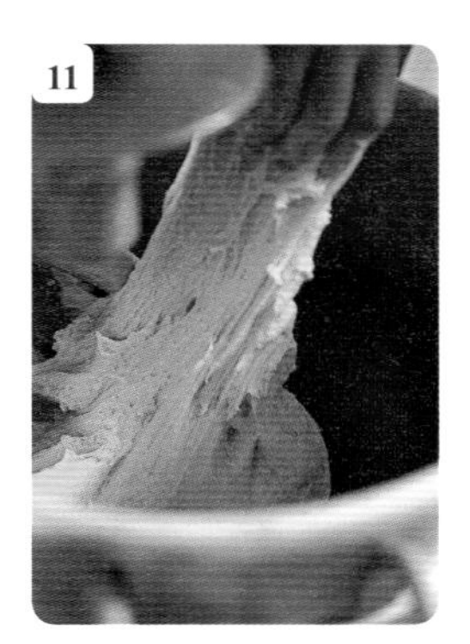

最后5~6分钟用低速揉面来调整质地。面团上劲后需要很大力气才能抻开，图为已经形成了可以包裹大量黄油的密实的麸质网眼。

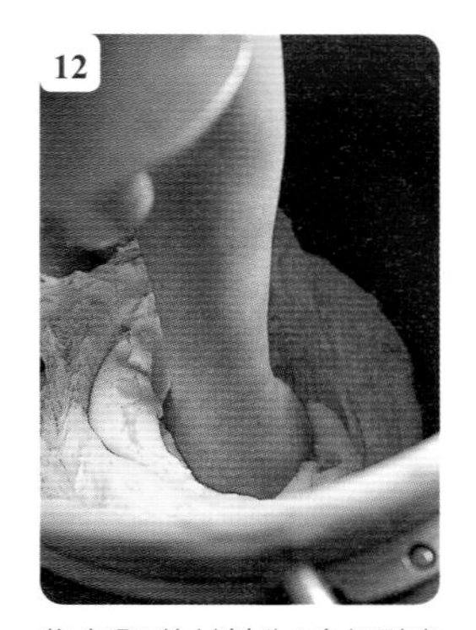

将步骤**3**的材料分4次加到步骤**11**的材料中，低速搅拌。把黄油放在中间，用拳头按压，用周围的面团包裹后继续揉和。这样更容易混合，也可以防止搅拌机的摩擦热化开黄油。

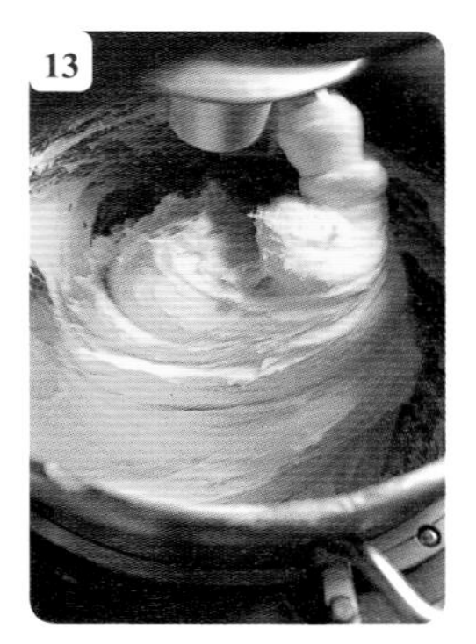

黏性渐渐增强。多清理几次拌料棒上附着的面团，调换上下面团的位置使搅拌更均匀。搅拌至面团成形，从缸壁脱离即可。

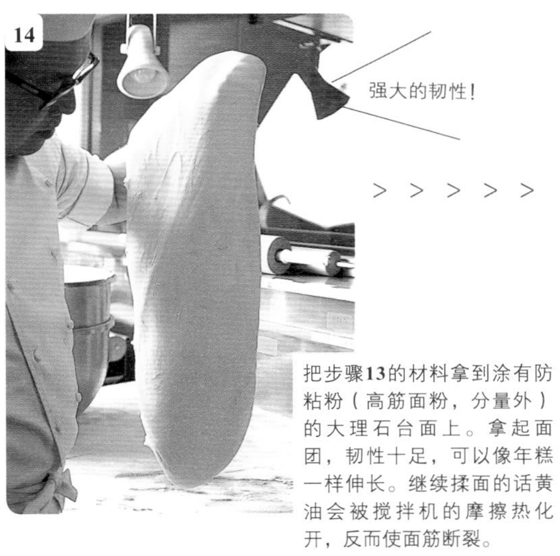

强大的韧性！

> > > > >

把步骤**13**的材料拿到涂有防粘粉（高筋面粉，分量外）的大理石台面上。拿起面团，韧性十足，可以像年糕一样伸长。继续揉面的话黄油会被搅拌机的摩擦热化开，反而使面筋断裂。

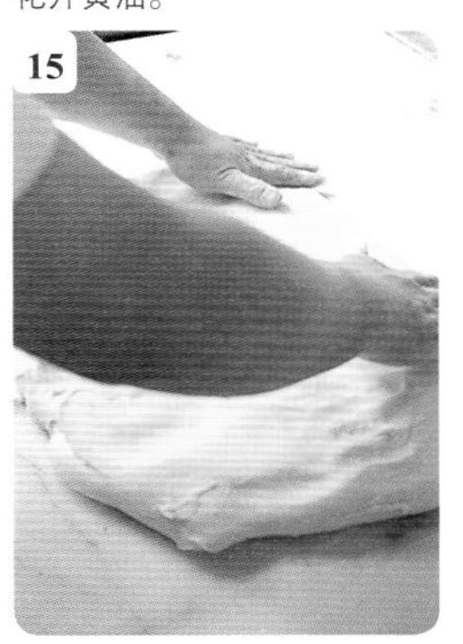

双手轻轻拍打面团，拍出多余的气体，同时整理成平整的长方形。

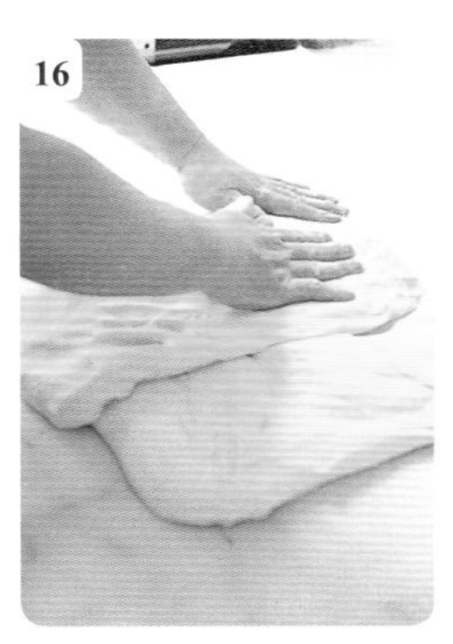

将面团从左右两侧向中间叠成3折。

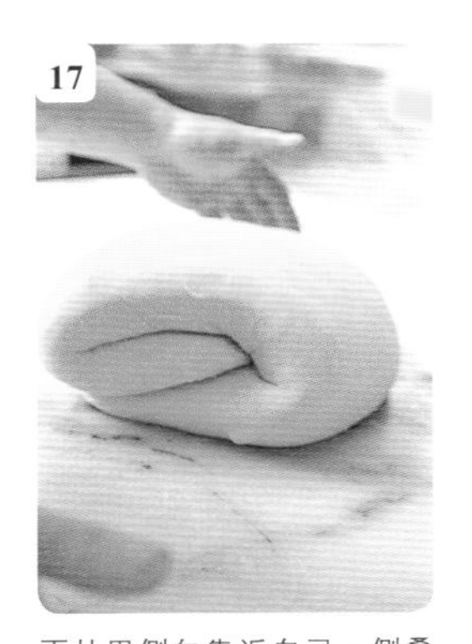

再从里侧向靠近自己一侧叠成3折。2次3折进一步给面团增加韧性和弹力。感觉就像强化面筋的“肌肉（麸质）”。

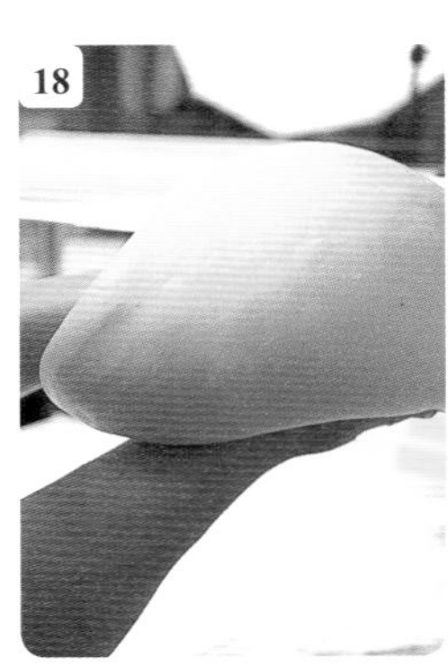

拿起折好的面团，从四面向底部集中，整理成圆形。这种整形方式充分舒展表面，让通过发酵产生的气体不易散逸出去。

将面团放入涂有防粘粉的钵盆里，整理形状，再拍一层防粘粉，以免粘在布上。

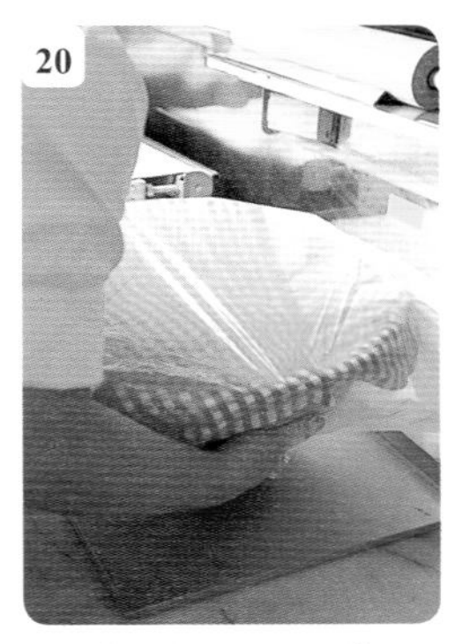

用干布盖住面团，再盖一层塑料袋，防止干燥。在室温（湿度约为70%）下，一次发酵90分钟左右。

图为一次发酵后的状态，膨胀到发酵前的2倍大小。自然发酵避免了过度拉伸面团，发酵状态较好，也可以防止黄油从面团里漏出。

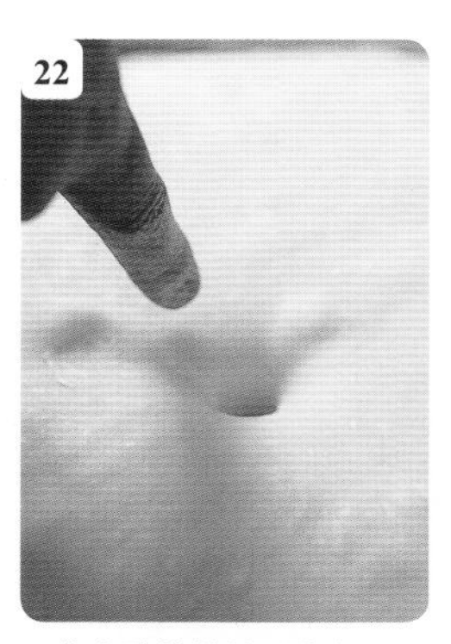

用粘有防粘粉的手指插入面团，拔出后会留下痕迹则说明发酵状态良好。

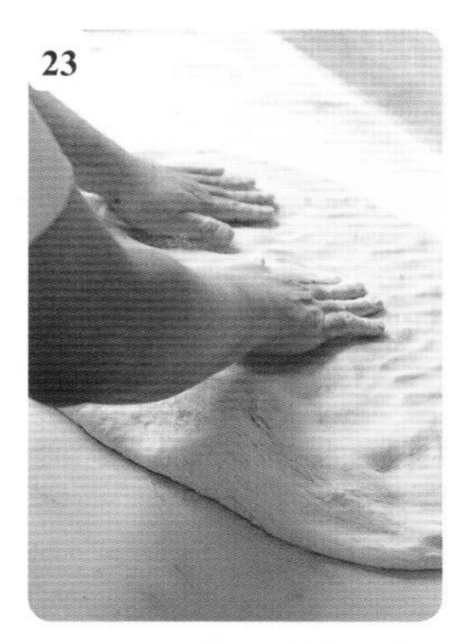

取出面团，放在涂抹了防粘粉的大理石台面上，再次轻轻敲打，拍出面团中多余的气体，压成扁平状。不做好排气的话，面团里会产生很多空隙，也会残留生酵母的腥味。

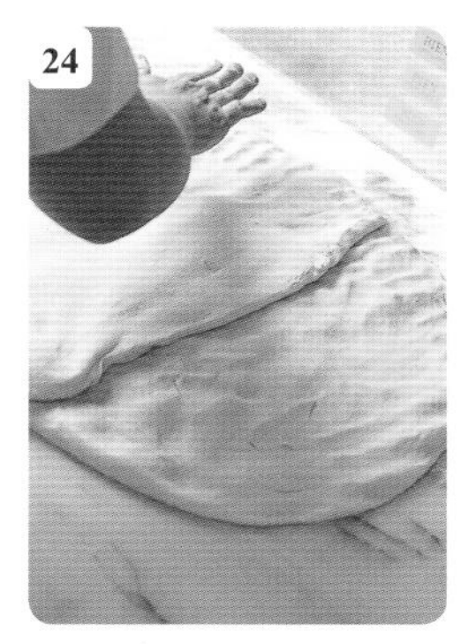

轻轻拍打面团排出气体，从左右向中间叠成3折。

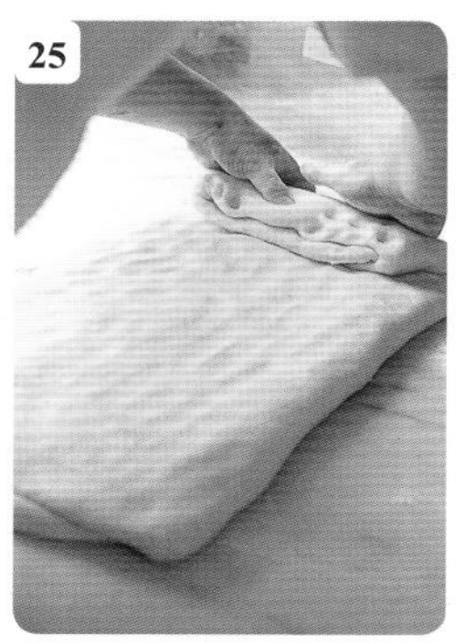

再把面团从里侧向靠近自己一侧卷成卷。

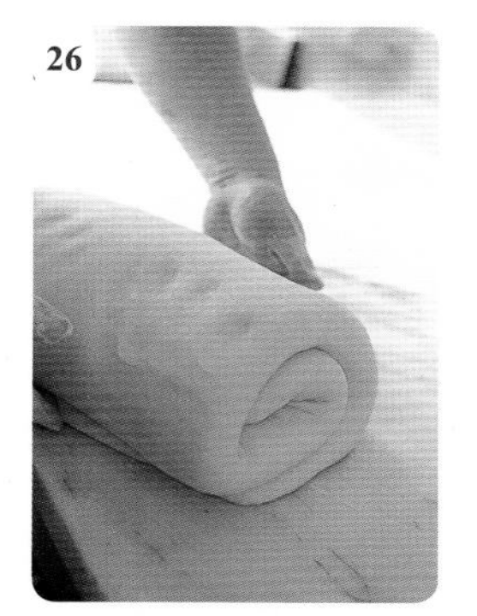

卷成蛋糕卷的形状。这种整形方法也给面团进一步增加韧性和弹力。

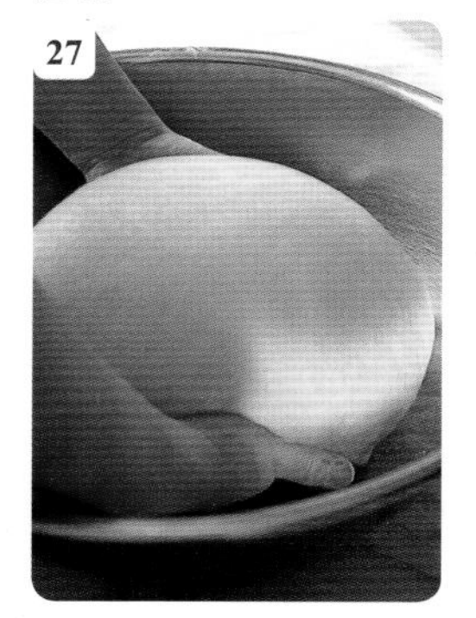

以和步骤**18~20**相同的方法揉成球形，放入盆里，用干布和塑料袋盖住。冷藏发酵一个晚上。

图为面团膨胀至之前的1.5倍大小。

以和步骤**23**同样的手法取出面团并排气。再用擀面杖擀走多余气体，面团的质地更紧密。接下来就是将要做的东西成形即可。

布里欧修小挞 >

按照每个布里欧修230克面包身、56克头来分割面团。“A POINT”风布里欧修会把头做得大一点，看起来比较可爱。

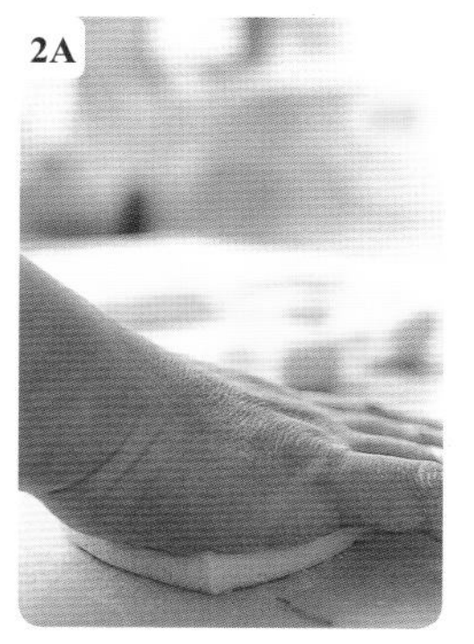

一边给制作面包身的面团拍上防粘粉，一边以A~E的顺序成形。

A：首先用手掌压扁面团。

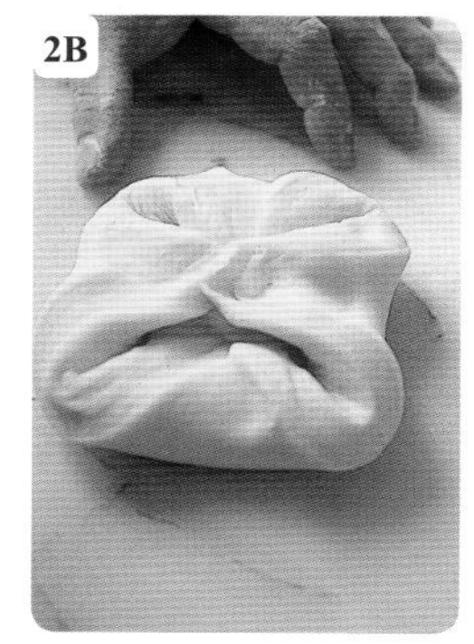

B：从四角向中心折叠。

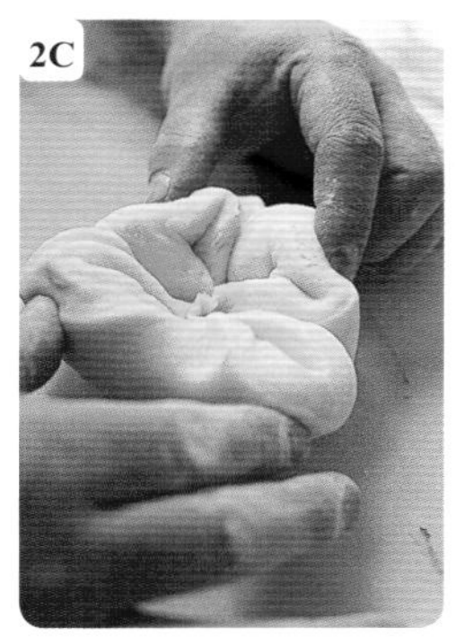

C：用两手把面团从周围向中间靠拢。

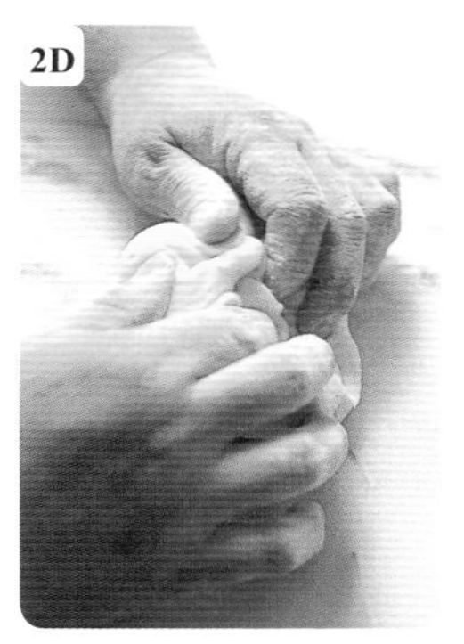

D：翻到背面，把接口放在底部。

E：双手包住面团，将接口置于中心，轻轻转动面团，揉成球状。
将面团按A~E的顺序操作，是让面团更有弹性、更筋道的成形手法。

用一只手包裹住制作头部的面团，轻轻转动揉成球状，把接口放在右侧转动，整理成细长的纺锤形。把头部和步骤**2E**的材料一起摆在涂有防粘粉的砧板上，盖上干布，松弛10分钟左右。

把面包身放在布里欧修模里，接口朝下，对齐模具的中心点。用拳头轻轻按压，再用小钵盆压一压，将面团压出模具的形状。

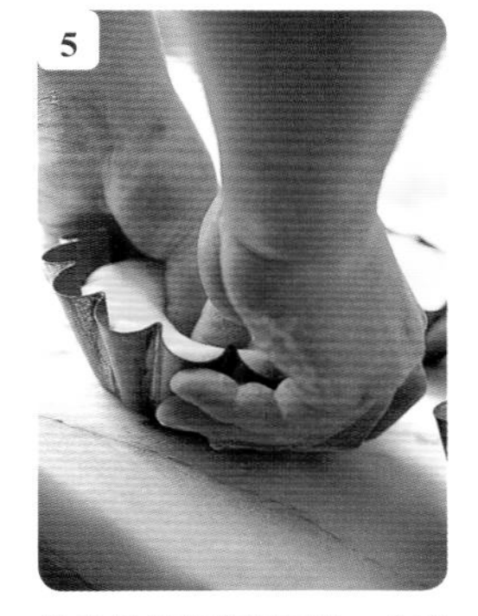

双手拇指在中间压出一个直径约3厘米的洞。

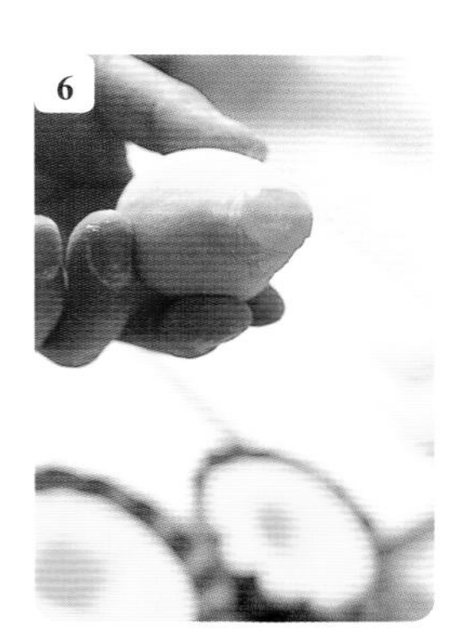

以打散的蛋白作为黏合剂，用小刷子蘸取蛋白涂在面团的洞里。将面包头部的尖稍稍压扁，插入中心的洞。

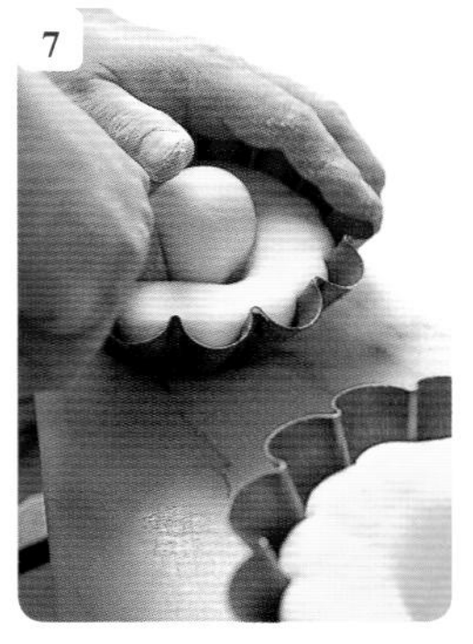

用蘸有防粘粉的食指和中指交替插入面包头的周围，把头部完全填进面包身里。

再用双手拇指从上方轻轻按压头部，用小钵盆压实。喷雾，在室温下成形，发酵90分钟左右。

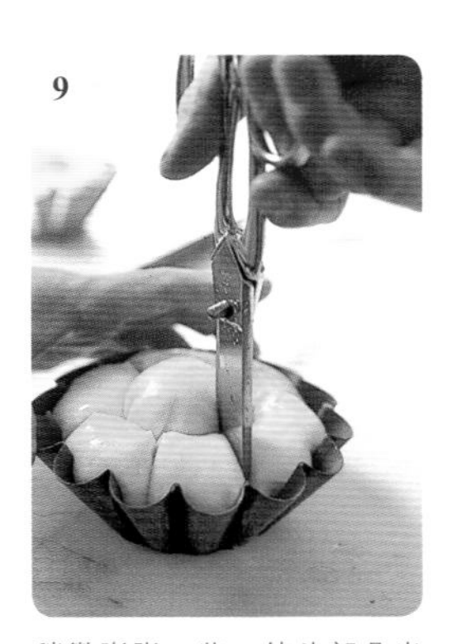

稍微膨胀一些，使头部凸出来，用毛刷在表面涂一层鸡蛋液。为了让面包均匀膨胀，用水沾湿剪刀，在面包身上剪6个口，剪刀插入面包的八成深。

在每个剪口和头部的交界处放1块7毫米见方的黄油丁。黄油化开在接缝处后吃起来会更香浓。把面包放在加热的烤盘上喷雾，用烤箱以190℃烘烤40分钟。

放在加热的烤盘上是为了迅速提高热度，使面包膨胀。烤好的布里欧修高高隆起。把模具放在操作台上震几次，散出热空气，防止回缩。将面团取下，放在烤网上晾凉。

牛奶可颂面团

Pâe â croissants au lait

牛奶可颂 Croissant au lait

锁住黄油香味，让人大呼满足的分量感。

你是否遇到过咬一口就掉渣不止的可颂呢？我是食量较大的人，不喜欢这种填不饱肚子的、像在咀嚼空气一样的空心可颂。我想要的是有浓郁黄油香味、口感鲜嫩柔软、有饱腹感的可颂。为了达到这个效果，在搭配和制法上就需要下一番功夫了。

首先是使用大量的黄油。每1500克面粉中加1000克黄油，和一般的配方相比，加大了黄油的比例。作为“点心店的面包”，制胜的关键在于比面包店更丰富的原料配比。

另外一个特点是加了脱脂牛奶。在面团中增加香浓牛奶，美味更升一级。我原本就非常喜欢牛奶，因此，作为“A POINT”的一贯做法，给这个面团取名为“牛奶可颂面团”。加入脱脂牛奶可以让其他材料吸收更多水分，减慢热度的传导，把面团的风味牢牢锁在里面。

要控制高筋面粉的用量，主要还是以低筋面粉为主体。虽然有的配方会只使用高筋面粉，但那样会导致麸质过于紧绷，难以与裹入的黄油结合，在烘烤的过程中黄油蒸发，面包最终变得干干巴巴。所以，要以低筋面粉为主，不要过分和面，让麸质适度拉伸，在面团里适当保存部分黄油，烤出带有黄油香味的可颂。

切记要让裹入的黄油完全渗透到面团的各个角落。如果哪个地方没有渗透到黄油，那部分就会烤得很硬。

这里向大家介绍牛奶可颂面团从和面到烘烤的全部步骤。牛奶可颂的成形手法也有一些需要注意的地方，即把多余的面团切成三角形，放在面团中间卷起来。这一步可以让可颂的中心部分更有嚼劲，同时还突出了黄油的香味。成形的时候切忌拉伸面团。尽量不要给面团施加压力是让面团在烘烤时延展更好、更松软的窍门，同时也要做好面团的保湿工作，防止干燥。

要保证完全烘烤成熟，但也要保留面团的新鲜度，避免烘烤过头。烤好的可颂外皮酥脆、内部湿润，黄油的香气扑鼻而来，让大食量的人也吃得心满意足。

基本分量（成品重量约为 3683 克。13 厘米 ×7 厘米的牛奶可颂，44 个）

生酵母……………………………………………… 75 克

可颂面团制作步骤较多，到烘烤完成需要一些时间，所以也可以使用比生酵母稳定性更好的干酵母。干酵母的分量为生酵母的 1/3（25 克）。

脱脂牛奶…………………………………………… 80 克
白糖……………………………………………… 170 克
水………………………………………………… 750 克
低筋面粉……………………………………………1 千克
高筋面粉…………………………………………… 500 克
盐………………………………………………… 33 克
热的液态黄油……………………………………… 75 克
发酵黄油（裹入用）…………………………………1 千克
牛奶可颂用
涂面团蛋液（p.48）………………………………适量

黄油酥皮（包有黄油的面团）>

盆里放入生酵母，用打蛋器搅成碎末。生酵母不易溶解，要耐心碾碎。

向生酵母中加入脱脂牛奶和白糖，充分搅拌。加脱脂牛奶可以让面团带有奶香味。再分3次加水充分混合，完全溶解白糖和生酵母。

向另一个钵盆里加入过筛2次的低筋面粉和高筋面粉、盐，用双手混合。可以逐渐捕捉到两种面粉混合在一起的感觉，在工作中培养五感也是很重要的。

在搅拌缸里加入1/4的步骤**2**的材料，倒入步骤**3**的材料，用拌料棒低速搅拌。先加入少量液体，可以让面粉更容易吸收水分，搅拌更顺利。

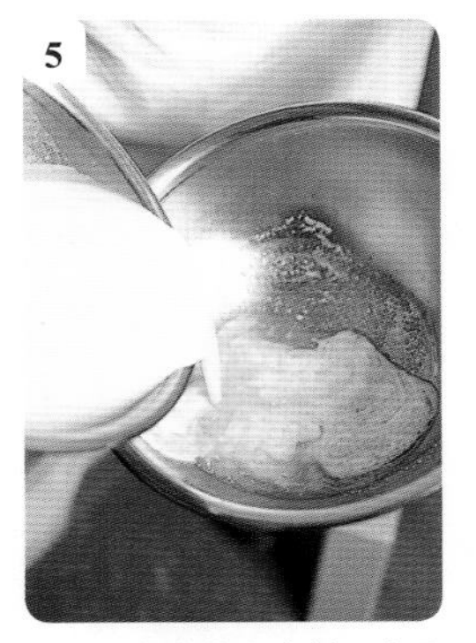

向热的液体黄油中倒入步骤**2**的材料的1/4混合，再倒入步骤**4**的材料混合。经过步骤**2**的溶解，黄油变得更好搅拌。加热液体黄油也是为了让面团容易分散。

再分多次加入剩余的步骤**2**的材料，低速搅拌。

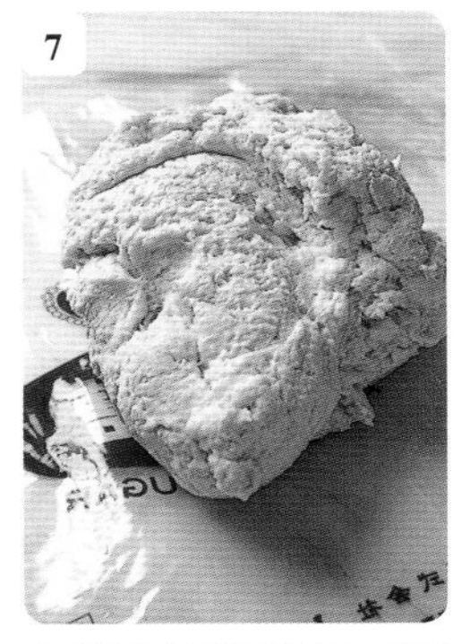

水分混合在面粉里即可。把面团取出，放在厚塑料袋上。因想要一定程度的“伸展性”，但又希望面团可以在口中化开，所以整形时不要揉面，以免将麸质过度拉伸。

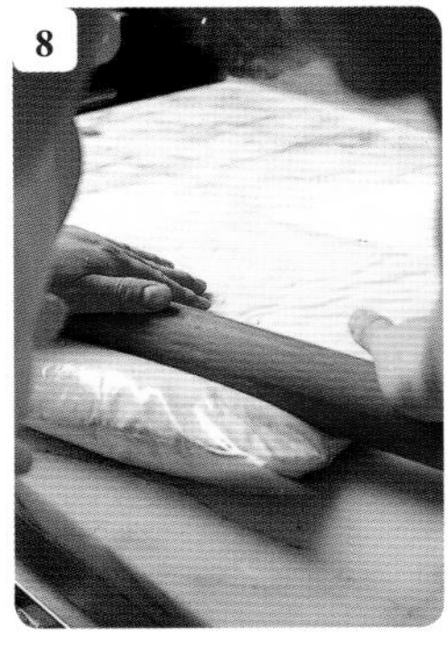

用塑料袋包住步骤**7**的材料，用手轻压，再用擀面杖擀成30厘米×20厘米，厚4厘米左右的面片，放进冰箱冷藏松弛约3个小时。

裹黄油＞

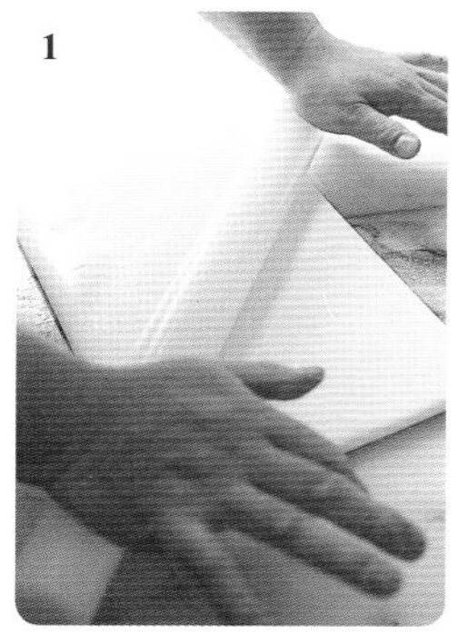
1
以p.44（裹黄油）中步骤**1~2**的方法把裹入用黄油整理成厚7毫米、18厘米×26厘米的长方形，放入冰箱冷藏备用。

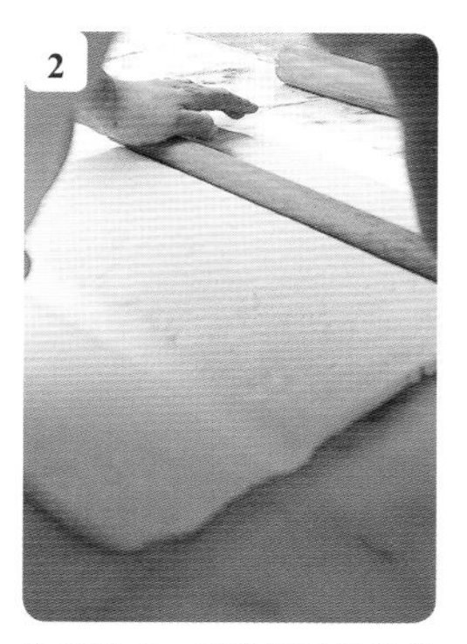
2
取出酥皮，用擀面杖轻轻敲打，排出气体。涂抹适量的防粘粉（高筋面粉，分量外），同时用压面机压成1厘米厚、45厘米×30厘米的大小。将面团纵向放置，根据步骤**1**的材料的大小用擀面杖将面团压出两道线。

3
在横线内放入步骤**1**的材料（裹入用黄油）。压线是为了避免包黄油之后黄油两侧的折痕变厚，导致黄油无法融进折痕内，使这部分烤出来偏硬。

4
将靠近自己一侧和里侧的酥皮向中间折叠，包住黄油。中间的接缝处稍微重叠。

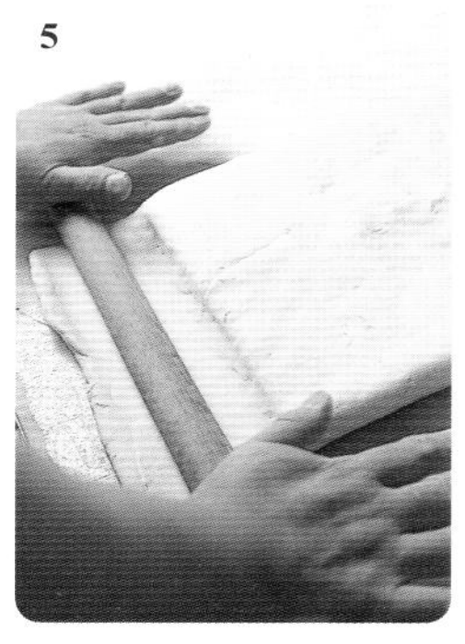
5
将步骤**4**的材料纵向放置，用手指沿两个短边的侧面压出空气，再用细擀面杖擀一擀，向上翻折。

6
把擀面杖放在步骤**5**的材料的表面按压，使酥皮和黄油紧密结合。

7
用压面机将步骤**6**的材料压成8毫米厚的长方形。用刷子小心刷去多余的防粘粉。

8
把步骤**7**的材料横向放置，从左右两边向中间折成均等的3份。每折一次都要用擀面杖按一下周围，以免面团滑动。把擀面杖压在面团表面，固定折好的层。

9
将面团的方向调转90°，再次重复步骤**7**之后的操作。3折2次后在面团上做一个记号。可以用立起的手指按压出记号，但一定要压得深一点，确保发酵后不会消失。

10
拂去多余的防粘粉，以p.45步骤**11**的方法用烤盘纸和塑料袋包好面团，确保面团没有丝毫干燥，然后放入冰箱松弛1个小时左右。

11
从冰箱中取出步骤**10**的材料，室温下放置大约20分钟。用擀面杖略微拍打，使面团柔软。

12
再次将面团方向调转90°，以步骤**7~8**的方法3折（共计3折3次）。

牛奶可颂＞

用压面机将面团压成4毫米厚、约45厘米宽的薄片。为了舒缓面团的紧绷感，先将面皮松散摊开，再铺平（舒压见p.42），防止回缩。

将步骤1的材料切成44块底边长9厘米、高22厘米的三角形。“A POINT”的做法是将一半用于做牛奶可颂，剩余一半用于做阿尔萨斯可颂（p.324）。

在每个三角形的底边中间切出3厘米的切口。

用剩余面皮切出相等个数的边长4厘米的三角形。

按从A到E的顺序逐个成形。

A:沿着步骤3的材料的切口将底边向左右拉伸，然后向自己面前翻折。

把步骤4的三角形面皮放在中间。

B:翻折小三角形底边的两角。

C:将面皮从对边向自己方向卷。此时不要拉伸面皮，尽可能不给面皮施力。

D:完成状态。经过加上小三角形的面皮一起卷，可以让可颂中间更密实，增加饱腹感。可颂形状更饱满，看起来很漂亮。

将面包坯摆在铺有硅油纸的60厘米×40厘米的烤盘上。喷雾（烤盘罩也要喷雾）后再罩在烤盘上，室温（湿度约70%）下发酵约90分钟（成形）。烤盘上最好放12个面包。

图为成形发酵后的状态。用毛刷轻轻在面包表面涂刷蛋液，再喷雾一次，用烤箱以200℃烤20分钟左右。

烘烤完成，香气诱人。为了保留黄油的香味，不要烘烤过度。把烤网放在有孔烤盘上晾凉。“A POINT”是直接这样摆在店里售卖。

膨松隆起的分层。中心细密，有浓郁的黄油香。表面松脆，中间湿润，形成令人舒服的对比。

看起来很好吃的样子啊。
烤出满意作品的日子里整天都是幸福的。

卡仕达奶油酱

Crème pâtissière

"A POINT"引以为豪的镇店之宝。
切断面筋后再熬煮几分钟，让粉块消失，味道更加醇厚香浓。

正如它的名字"Crème pâtissière"（甜品店的奶油）一样，卡仕达奶油酱是法式甜品店里不可或缺、极为重要的奶油。想知道一家甜品店的实力，品尝它的卡仕达奶油酱就可以了。我做的卡仕达奶油酱给人以被母亲抱在怀里般温柔的感觉，这是我几经探索后，最终得到的原创之作。

制作卡仕达奶油酱的关键是"彻底去掉粉块"，也就是炖煮充分。炖煮不充分的奶油酱被粉块包裹，让人感受不到醇厚的口感。那么，炖煮充分的标准又是什么？"面筋消失即可""起泡即可"等说法不一，但我现在已经有了自己的判断标准。通过每天积累经验，潜心研究，加上对配方、火候等条件的调节，我的心得是面筋消失后，最好再继续煮几分钟。

向蛋黄里加入白糖，打发蛋黄（p.17），倒入低筋面粉搅拌，加入热牛奶和白糖搅拌，煮至沸腾，达到一个整体缩紧的阶段。这是热度开始进入粉块的状态。再继续搅拌就到了面筋断裂的阶段，这是热度完全进入粉块的状态。一般来说，这个阶段通常会将奶油酱离火，但是我还要再煮几分钟。通过这个过程让材料融为一体，提高醇度。这是受制作法国料理中贝夏美沙司手法的影响。我曾经在一家餐厅工作过，他们制作贝夏美沙司时就是先用锅炒好黄油和面粉，然后再用烤箱煮一会。通过这个"浓缩"（réduire）的过程，可以使味道产生宽度和深度，因此我将这个手法引入进来。

在煮之前，以及加白糖或向打发的蛋黄中加低筋面粉搅拌的阶段，我一般都会静置20分钟左右。这是让粉块充分吸收水分，煮得更加顺滑的小窍门。

接下来，将煮好的卡仕达奶油酱放进冰箱冷藏一晚，这样可以让味道更浓郁。

平时我会一次性做5千克的卡仕达奶油酱，因为我觉得多做一点可以煮得更好吃。不过，煮的过程费时费力，有时在缩紧阶段持续搅拌会让人有手臂快断了的感觉。但是，全神贯注工作的时刻也是让职业甜点师感到幸福的瞬间，花费精力完成的事情所获得的满足感更强烈。

我的卡仕达奶油酱除了会作为组成要素之一加在吉布斯特奶油里面，基本上都是与香醍奶油酱（在乳脂肪含量47%的鲜奶油中加入白糖，打发至产生直立坚挺气泡）一起使用的。因为鸡蛋和牛奶调和在一起能增加饱满度，可以达到我所追求的口味。卡仕达奶油酱中加入打发的鲜奶油就叫作"Crème diplomate"（卡仕达鲜奶油酱），我希望这个奶油能成为象征"A POINT"的镇店之宝，所以取名为"A POINT卡仕达奶油酱"。

基本分量（卡仕达奶油酱完成后约为 3.8 千克）

牛奶…………………………………………… 3 千克
香草豆荚………………………………………… 3 根
白糖…………………………………………… 675 克
蛋黄…………………………………………… 30 个份
低筋面粉………………………………………… 255 克
香草香精………………………………………… 适量

A POINT 卡仕达奶油酱

香醍奶油酱

鲜奶油（乳脂肪含量 47%） ……………… 约 1.9 千克

分量为卡仕达奶油酱的一半。

白糖……………………………………………约 190 克

分量为鲜奶油的 10%。

香草香精………………………………………… 适量

铜锅中倒入牛奶，以p.15的方法将香草豆荚剖开后加入锅中，用打蛋器搅拌，使其散开。

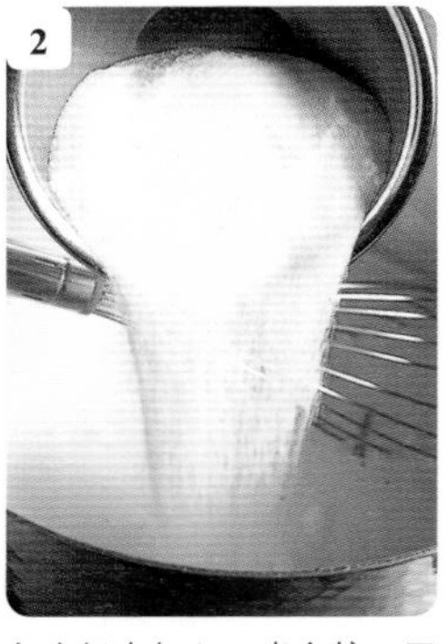

向牛奶中加入一半白糖，开小火，时不时搅拌几下，直到即将沸腾。白糖可以减导热速度，防止煳锅。

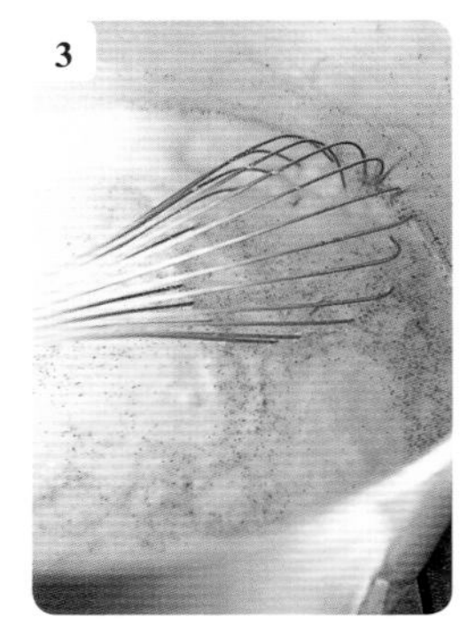

图为马上沸腾的状态。关火，盖上盖子。在步骤**9**使用前再次加热至即将沸腾。

开始加热步骤**2**中的牛奶，向盆里加入蛋黄后充分打散，倒入剩余的白糖，搅打至颜色发白（蛋黄打发p.17）。

向步骤**4**的材料中加入过筛2次的低筋面粉。倒面粉时避开打蛋器也是防止结块的关键。

为减少多余麸质（p.38）的产生，也为了混合更充分，要握住打蛋器的手柄下方缓慢搅拌。

搅拌至肉眼看不到粉类即可。包上保鲜膜，静置20分钟左右，让水分充分渗透进面粉中。这样煮的时候更容易去除粉块，同时增加醇度。10分钟之后搅拌一次，使质地均匀。

图为搅拌约20分钟后的状态。相当黏稠，呈现光泽感。再次缓慢搅拌，使质地均匀。

用长柄勺向步骤**8**的材料中舀入5勺步骤**3**的材料。先加少量搅拌可以使二者更易融合。

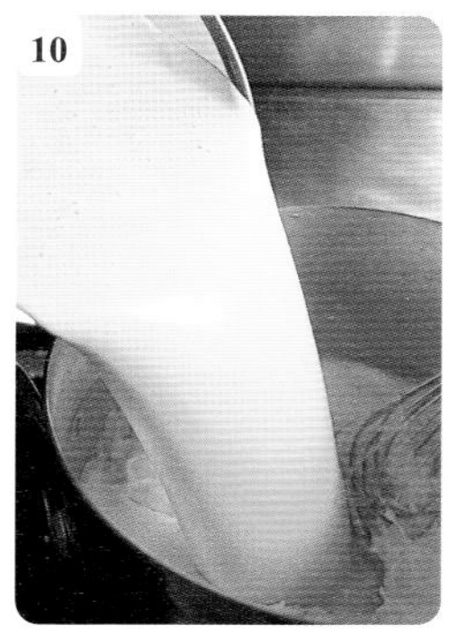

为避免产生黏性，要慢慢地搅拌步骤**9**的材料，再倒回步骤**3**的锅里，用大火煮。在这一步换成铁丝较粗的打蛋器可以加大搅拌的力度，增强锅里液体的对流，煮得更均匀。

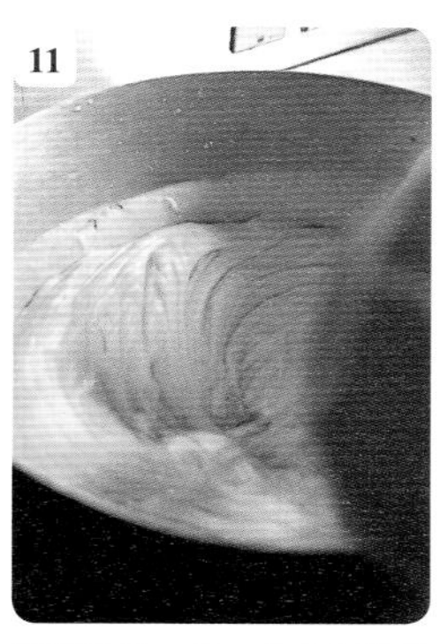

缓慢画圆，有一定节奏地搅拌。面粉黏度增加，呈现哑光状态。虽然需要相当大的力气，但还是要保持节奏不变，耐心地擦着锅底搅拌。

小泡逐渐变大至乒乓球大小，开始沸腾。继续搅拌会出现光泽，到某一个瞬间面筋会突然断开。这是水分充分浸透面粉的状态。

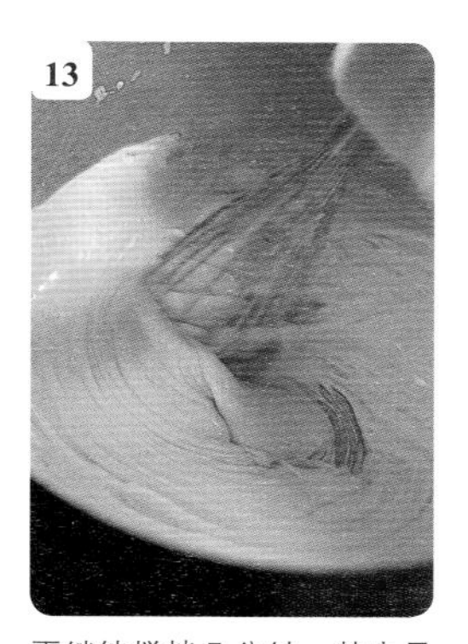

再继续搅拌几分钟。其中最初1/3的时间是让面粉充分受热，最后2/3的时间是浓缩，加强醇度的过程。渐渐可以看到打蛋器摩擦的锅底。

图为煮好的效果。用打蛋器舀起，混合物顺滑地流淌下来。把低筋面粉换成玉米淀粉可以更易受热，缩短加热时间，但味道的深度以及整体感会逊于低筋面粉。

将步骤**14**的材料端下火。浓缩可以增加醇度，颜色也更深。考虑到加热造成的挥发，加一些香草香精补充香草的香味。

为避免细菌繁殖，将步骤**15**的材料急速冷却。把材料倒入干净的方盘。另取一个方盘，喷洒酒精制剂，再密实地贴一层保鲜膜，里面注入冰水，把装有材料的方盘放在里面。上面再压一个相同的方盘，可以全方位降温。

把步骤**16**的材料放进冰箱冷藏一个晚上，待其成熟。一晚过后粉块完全消失，醇度进一步增加。图为冷藏一晚后的状态。

18

用滤网过滤步骤**17**的材料。在这个步骤中去掉香草豆荚的荚。

A POINT卡仕达奶油酱 >

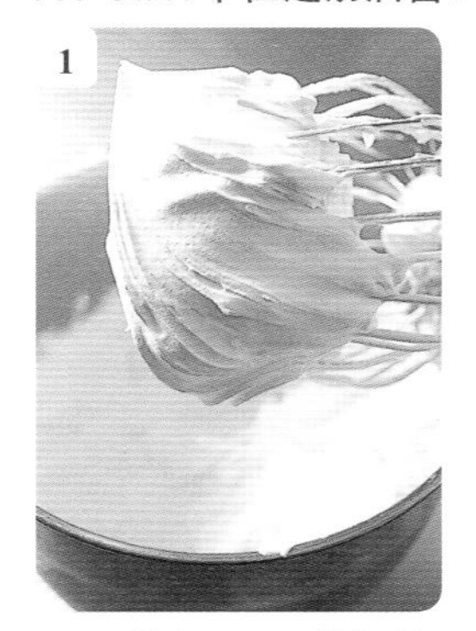

以p.90的步骤**17~18**的方法向鲜奶油中加入白糖和香草香精打发。最后拿起打蛋头时气泡须呈现直立硬挺的尖角。

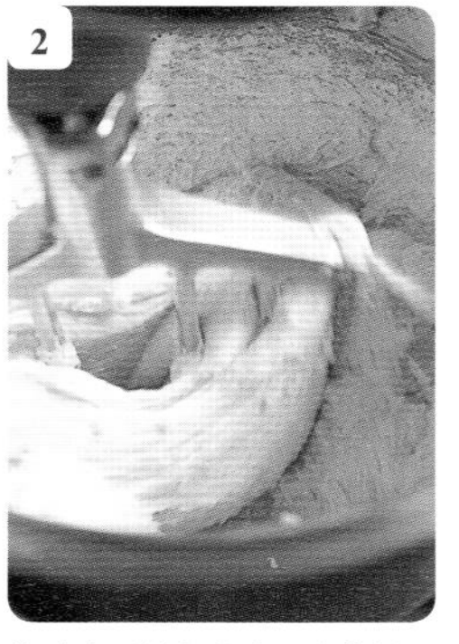

将过滤后的卡仕达奶油酱倒入搅拌缸内，分多次加入少量的步骤**1**的材料，同时用拌料棒低速搅拌。搅拌均匀即可。

将步骤**2**的材料倒入另一个钵盆中，用刮刀轻轻搅拌。鲜奶油已经打发至即将分离的状态，口味醇厚饱满，口感轻盈爽滑。

A POINT卡仕达奶油酱是怎样炼成的

要想煮出美味的卡仕达奶油酱，关键就是判断状态！从蛋黄的阶段一直到奶油酱的完成，我追踪记录下其状态和颜色变化的全过程。

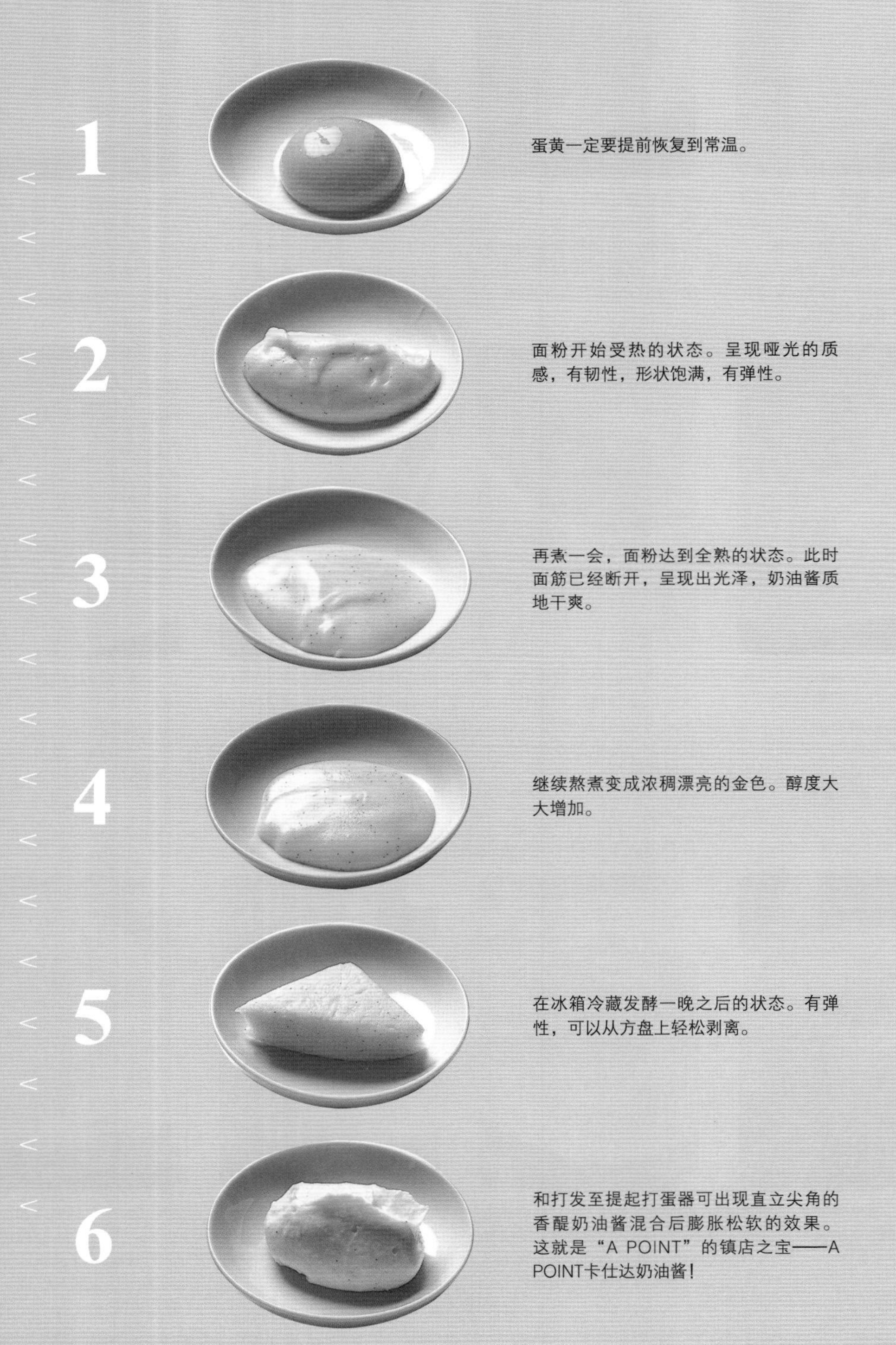

1 蛋黄一定要提前恢复到常温。

2 面粉开始受热的状态。呈现哑光的质感，有韧性，形状饱满，有弹性。

3 再煮一会，面粉达到全熟的状态。此时面筋已经断开，呈现出光泽，奶油酱质地干爽。

4 继续熬煮变成浓稠漂亮的金色。醇度大大增加。

5 在冰箱冷藏发酵一晚之后的状态。有弹性，可以从方盘上轻松剥离。

6 和打发至提起打蛋器可出现直立尖角的香醍奶油酱混合后膨胀松软的效果。这就是“A POINT”的镇店之宝——A POINT卡仕达奶油酱！

巴伐路亚奶油酱

Crème bavaroise

利用余温继续加热，是制造绝妙醇度的秘诀。

在蛋黄、砂糖、牛奶中添加香草，熬成英式奶油霜，再加入明胶片和鲜奶油就能得到巴伐路亚奶油酱。也许是因为巴伐路亚崇尚简单和经典吧，这种甜点并不多见，但我对有着向阳角落般温暖的英式奶油霜点心有着超乎寻常的偏爱，所以从开店之初就将草莓巴伐路亚（p.92）作为了主打甜点。

在制作巴伐路亚的过程中，我认为最重要的是把煮好的英式奶油霜在室温下静置3分钟左右。通过余温让整体受热更完全，使醇度进一步增加。

不过，“以余温加热”的过程中也不可忽视温度控制和卫生管理。英式奶油霜容易繁殖细菌，一旦暴露在75℃以下的环境中就有细菌增殖的风险。煮好英式奶油霜后，立刻倒入经过消毒的钵盆里，插入消毒的温度计，放在室温下。这个时候必须要使用与奶油霜分量、大小相称的钵盆。钵盆过大则奶油霜的表面积扩大，容易使温度下降过快。以“A POINT”的分量计算，奶油霜在大小适中的钵盆里、75℃环境下可以保存3分钟以上。使用的打蛋器、漏斗、长柄勺等也要提前消毒。

利用余温加热的英式奶油霜带有明显的蛋黄醇香，即便和鲜奶油等混合在一起也不会减轻其醇度，反而让浓醇的口味温润蔓延，余味绵长。

基本分量（p.92 的草莓巴伐路亚中口径 7 厘米的容器，47 个）

英式奶油霜

牛奶	700 克
香草豆荚	1½ 根
白糖	30 克
蛋黄	280 克
白糖	195 克
脱脂牛奶	14 克

明胶片	17 克
香草香精	适量
鲜奶油（乳脂肪含量 35%）	1050 克

1 制作英式奶油霜。将牛奶倒入铜锅中，以p.15的方法剖开香草豆荚，加入牛奶，用打蛋器搅拌，使其分散。

2 向牛奶中加入30克白糖，开中火。

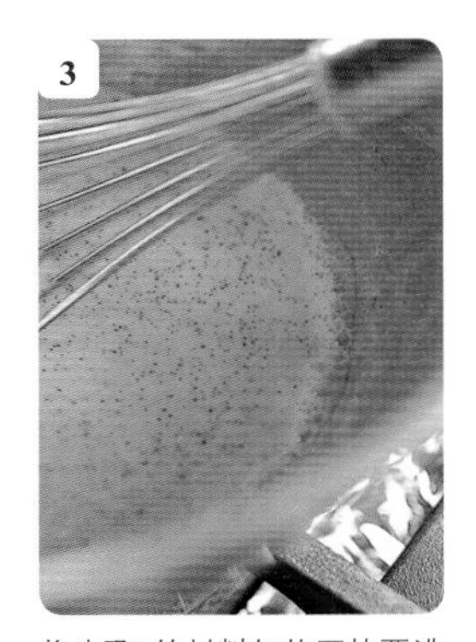

3 将步骤2的材料加热至快要沸腾、边缘开始冒泡的状态后关火。盖上盖子，静置15~20分钟，让香草的香味充分融入牛奶中。在步骤6使用时再煮到即将沸腾的状态。

4 将蛋黄倒入另一个钵盆中，加入195克白糖，打发蛋黄（p.17）。因掺杂多余的气泡会使煮的时候消泡困难，也会降低醇香的口感，所以要安静地搅拌。

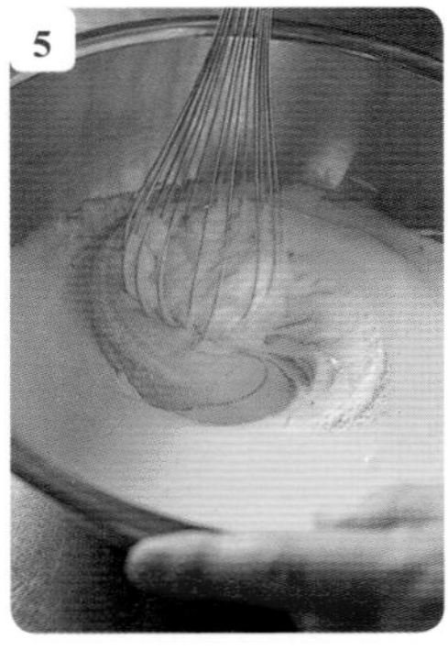

5 砂糖的颗粒感消失、呈现顺滑的状态后再倒入脱脂牛奶。脱脂牛奶有增加加奶香和突出蛋黄醇厚的作用。

6 用长柄勺向步骤5的材料中舀入1勺步骤3的材料，充分搅拌。开始先少量混合会使其不易分离，不易结块。

7 向步骤3的材料中加入步骤6的材料后充分搅拌。开稍大中火，插入温度计，边搅拌边煮至温度到达82℃。火开得稍大一些可以缩短熬煮时间，奶油酱不易产生铁锈味，口味更佳。

8 将步骤7的材料离火，倒入另一个已经消毒的钵盆里。插入消毒的温度计，不时搅拌几下，静置3分钟左右。使用的钵盆要与分量相符，避免温度降低。须注意75℃以下时细菌容易滋生。

图为静置3分钟后的状态。还有一定黏性。放置3分钟左右，利用余温使热度完全进入整体，增加醇度。

向步骤**9**的材料中加入泡软并沥干水的明胶片，充分搅拌溶解。使用的打蛋器、漏斗、长柄勺等也要提前消毒，严格执行卫生管理。

用漏斗将步骤**10**的材料过滤到另一个钵盆里。用长柄勺轻压残留在漏斗里的液体，用力太大会让香草豆荚产生涩味。

向步骤**11**的材料中加入香草香精搅拌。这是为了补充香草香精的香气，达到提香的效果。

把步骤**12**的材料放在冰水里，搅拌至温度降到20℃。为防止细菌繁殖，要快速降温。

倒掉步骤**13**的冰水，加入1/3用搅打器打发到最大程度的鲜奶油，用打蛋器以画圆的方式搅拌。事先将鲜奶油打发到最大程度是为了使化口更分明。

剩余的鲜奶油分2次加入步骤**14**的材料，同时从底部向上翻拌。

搅拌至八成后倒入另一个钵盆中，将上下层奶油酱位置调换，用与步骤**15**相同的方法搅拌均匀。

图为搅拌至膨胀饱满的效果。质地轻盈，醇厚浓郁。倒入大小适合的容器或模具中冷却凝固。

牛奶杏仁奶油酱

Crème d’amandes au lait

具有湿润感和丰富风味，脱脂牛奶是关键。

在法国第一次吃“帝王蛋糕”时，我十分惊讶于派皮中的蒸烤杏仁奶油酱湿润的口感和浓郁的醇香。我猜想应该就是杏仁馅吧！在杏仁里加大量鸡蛋、黄油和砂糖后和成的馅。从那以后，我就开始摸索制作湿润香浓的杏仁奶油酱，最终形成了现在的配方。

最重要的是加入脱脂牛奶。脱脂牛奶可以吸收鸡蛋等食材的水分，减慢热量传导，把湿润感和风味牢牢锁住，并且脱脂牛奶可以让奶香更浓。因此，我将它命名为“牛奶杏仁奶油酱”。

再向里面加入香草香精和盐，进一步延展风味，产生张力。

制作的重点是一定不能使材料分离，并且要保证材料温度一致。鸡蛋一定要提前恢复至常温。其次，糖粉、鸡蛋要少量多次地加入，充分混合。如果没有完全乳化，烤的时候黄油会溢出来。一定要低速缓慢搅拌，因为进入多余气泡会让酱口味变淡，难以感受其风味。

需要注意，黄油化开后口感油腻。接近蜡状质地的黄油更好搅拌，也能发挥黄油的鲜美。

基本分量（成品约 5.7 千克）

发酵黄油（2 厘米厚切片）…………………… 1.5 千克

室温下回软至手指可以轻松插入的程度。

糖粉………………………………………………… 1.5 千克

全蛋…………………………………………………… 24 个

盐…………………………………………………………适量

香草香精…………………………………………………适量

杏仁粉……………………………………………… 1.5 千克

脱脂牛奶…………………………………………………适量

黄油切成2厘米厚的片，在室温下回软至手指可以轻松穿过。注意不要使其化开，化开的黄油会让口感油腻。

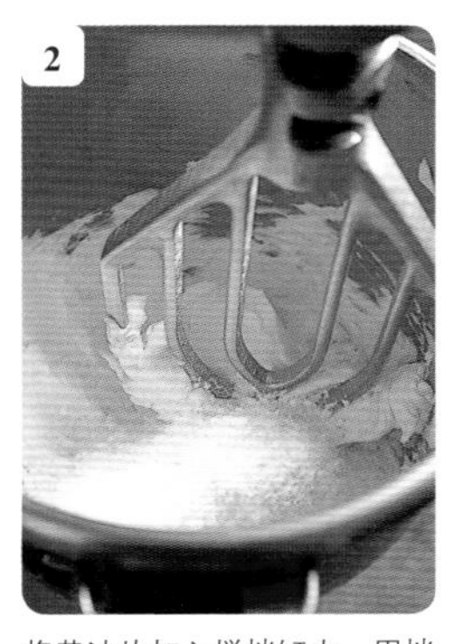

将黄油片加入搅拌缸内，用拌料棒低速搅拌均匀。因黄油已经软化，所以尽量不要搅拌过度。进入多余的气泡会使口味变淡。加入1/3的糖粉，同样以低速搅拌。

其间不时停下搅拌机，清理挂在拌料棒上的黄油和糖粉，用刮刀从搅拌缸底部向上翻拌，使整体均匀。完全混合后，以同样方法分2次加入剩余糖粉搅拌。

在钵盆里加入全蛋，用打蛋器充分搅打，打散后加盐继续搅拌。盐可以给味道增加张力。

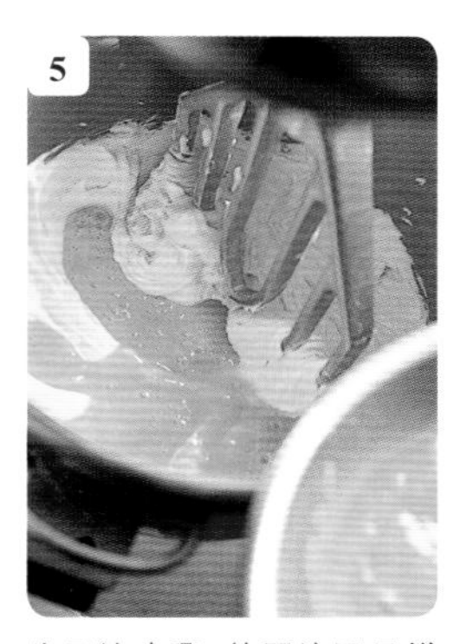

为了让步骤**4**的蛋液更易搅拌，隔水蒸至接近人体体温，分4次向步骤**3**的材料中倒入蛋液，同时以低速搅拌。每次都要完全拌匀再加下一次。

把最后的1/4蛋液倒入放有香草香精的钵盆里，搅拌混合。和加糖粉时方法相同，清理几次拌料棒及钵盆底。

将过筛2次的杏仁粉倒入另一个钵盆里，加入脱脂牛奶后用手充分混合。脱脂牛奶能吸收其他材料的水分，减慢热量的传导，烤出湿润的效果，风味也得到增加。

将步骤**7**的材料倒入步骤**6**的搅拌缸内，用木勺略微混合后低速搅拌。

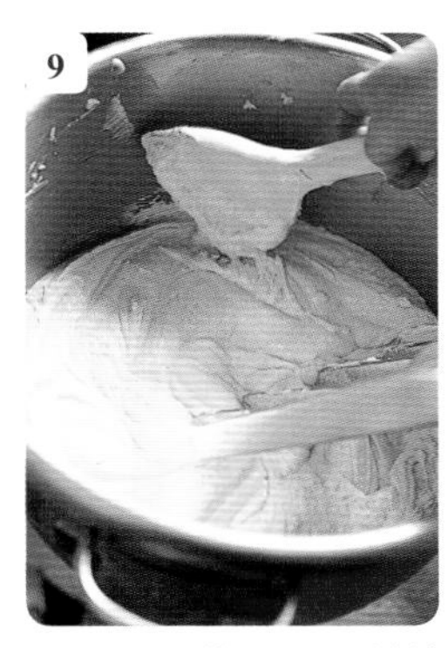

间歇关掉搅拌机，清理拌料棒和缸壁。倒进另一个钵盆里，使上下层调换位置，搅拌均匀，完成。放进冰箱发酵一晚，醇香更加突出。吃的时候先加热。

焦糖汁

Sauce caramel

为达到自己需要的浓度，砂糖要少量多次加入并溶解。

焦糖汁是主要用于制作焦糖布丁（p.77）的糖浆。根据个人口味，我希望做出带有微微苦味的焦糖汁。苦到难以下咽的焦糖汁会掩盖鸡蛋的温和味道，反之，过于甜腻会暴露鸡蛋的腥味。形成与面糊有适当反差的苦味非常关键。另外，我也希望它的苦味能让每个人接受。

想达到所需要的浓度，要把白糖分成5~6次加入。一次性加入全部的白糖是无法完全溶解的，会有颗粒残留，而且熬煮过度便无法修正。

将白糖小心地倒入缸底，用木勺慢慢搅拌溶解，防止白糖飞溅到缸壁上。需要注意，搅拌过度会导致再次结晶。等到加进去的糖完全溶解（变成琥珀色）后再加下一次。要谨慎、准确地辨认砂糖颗粒和气泡。这些不能只靠眼睛判断，而要靠实际经验的积累进行判断。

加入全部白糖并完全溶解后，再煮一会就会开始冒气泡，搅拌一下，某个瞬间气泡会迅速下沉。当糖浆变成像火焰一样的红褐色时就可以加开水了，我想要的焦糖汁也就完成了。每一次熬砂糖时颜色变化的过程都让我感动不已，我为这通透美丽的作品而骄傲。

基本分量（p.77 的焦糖布丁中口径 9 厘米的布丁模具，30 个）

每个布丁模具内分装 3 毫米深的焦糖汁。

白糖…………………………………………………… 350 克
煮沸的热水……………………………………… 100~150 克

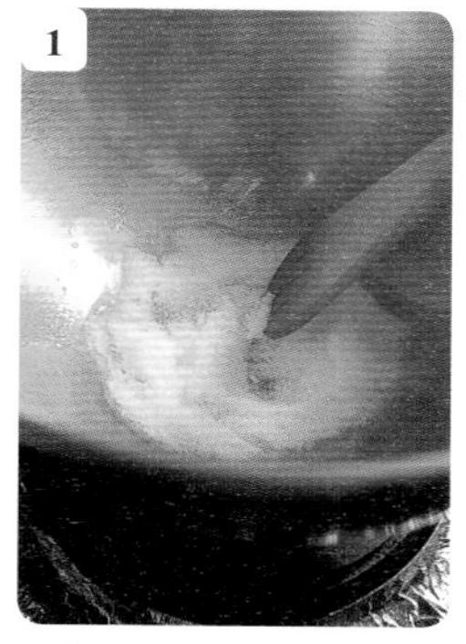

用中火稍稍加热铜锅，在锅的底部倒入约1/6的白糖，改成小火。当四周的白糖开始溶解后，用木勺缓慢搅拌至化开。

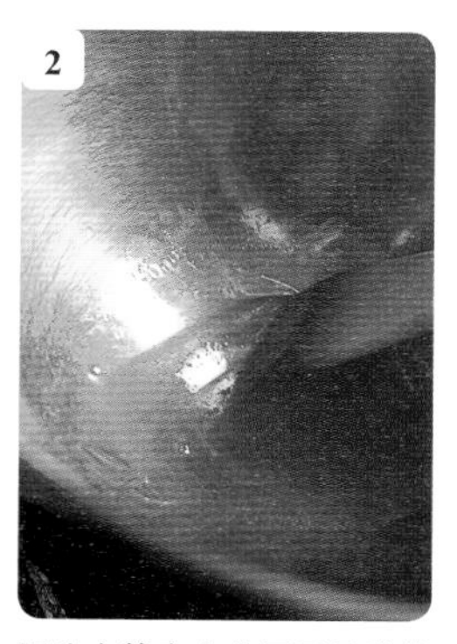

图为白糖完全化开后呈现浅琥珀色的状态。要注意分辨白糖颗粒和气泡。残留白糖颗粒会影响化口度。

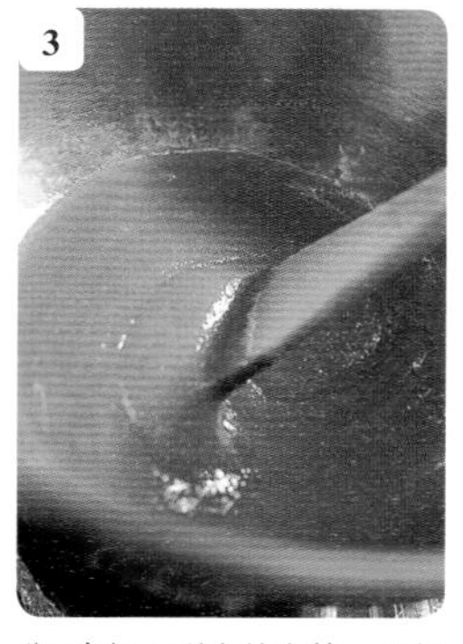

分5次加入剩余的白糖，以相同手法完全溶解，熬至变成浅琥珀色。图为加完全部白糖后熬煮的状态。

用木勺翻拌步骤**3**的材料，当材料可以顺滑地滴下，证明白糖颗粒没有残留。

再静静地搅拌熬煮一会，开始有气泡喷出并冒烟。

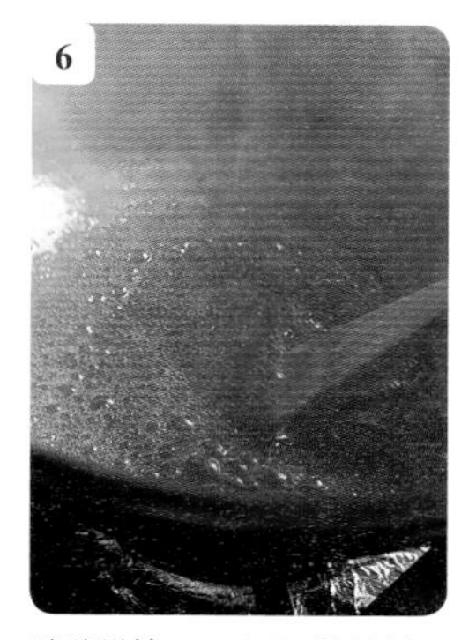

稍稍搅拌一下步骤**5**的材料，气泡马上下沉。

根据熬煮的状态向锅中倒入沸腾的开水，充分搅拌后离火。此时，焦糖汁的温度大约为185℃。小心糖浆溅出。

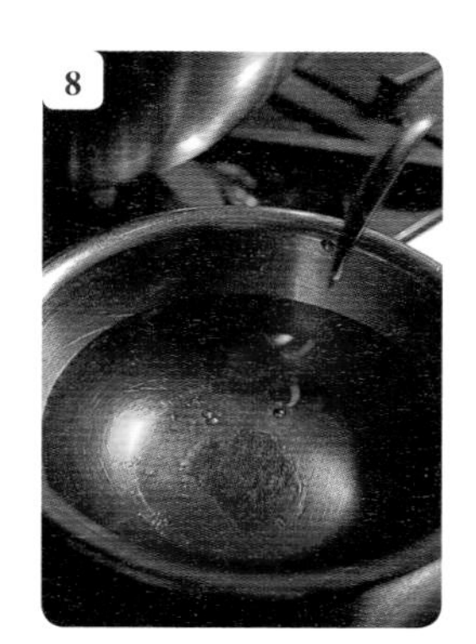

用大汤勺将熬好的焦糖汁舀入水中搅拌，糖液向四周散开，但有六成停滞在中间。这就是我想要的带有适中苦味焦糖汁的硬度。

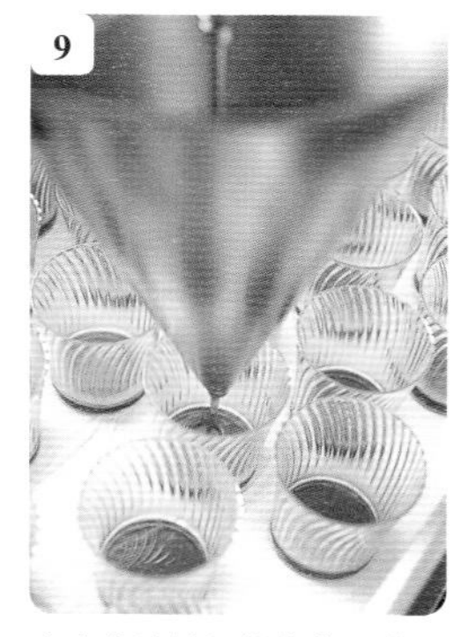

在余热继续加热焦糖之前迅速过滤进注馅机，分别注入模具。考虑到砂糖颗粒可能残留的情况，一定要经过过滤的环节。温度略微降低后，放进冰箱冷却凝固。

从冰箱取出，通透漂亮的琥珀色焦糖汁就做好了。

第三章

A POINT 的甜点

Les pâtisseries d'À POINT

我店里的广告标语是“A POINT的法式甜点，给你放松一刻”。我的甜点不会让你有正襟危坐般的紧张感，食用后可以让你放松身体、沉静心灵。即使甜点的外观看起来简单朴素，吃下去要让人惊叹。这是我希望呈献给大家的点心。“把平凡的甜点做得不平凡”是我的信条。我想传达的讯息已经凝结在了我的甜点中。

1

Tout le monde les aime et les déuste avec le sourire

人见人爱的微笑甜点

吃一口就让人心情舒畅，仿佛回到了儿时，这便是我想吃的甜点。我认为提供这样的甜点是甜品店的职责所在。希望把实习时学到的技术和思想融入人尽皆知的经典甜品中，做出独家秘制的口味呈献给大家。

焦糖布丁

Crème caramel

焦糖布丁

Crème caramel

这道甜品的原型是我小时候第一次吃的烤布丁。扎实的弹性和只有蒸烤才能凝缩出的密度和浓郁感使我深受感动。所以，我制作布丁的重点也放在了以鸡蛋弹性和醇度特性为基础的蒸烤手法上。

把小勺插进布丁，表面的膜瞬间弹开，表现出刚刚好的弹性。这要归功于使用了全蛋。虽然里面也有蛋黄，但蛋白是这道甜品的主角。我认为以蛋白中的蛋白质为骨架产生的弹性才是布丁应有的特色，如果没有这一点，布丁就和其他甜点没有分别了。

要想突出鸡蛋、乳制品母性般的丰富口味，最关键的一点就是使食材之间充分融合。让做好的面糊在蒸烤之前静置10分钟左右，烤完后要放进冰箱冷藏一晚，这样可以进一步加深味道的深度。另外，用牛奶和鲜奶油浸煮香草豆荚时，离火后还要静置约1小时，彻底煮出香草的香味。

蒸烤的温度要根据鸡蛋的凝固温度而定。蛋黄和蛋白分别从64℃、56℃开始凝固，但加了牛奶后温度需要再高一点。面糊注入模具时温度约为50℃。根据这个温度调整隔水蒸布丁的热水温度、烤制温度和时间。烤箱内温度过高会使布丁出现结块，温度过低又无法去除蛋腥味。

每一道工序都须耐心谨慎，“把平凡做成非凡”，这就是一道将我的信条具象化的甜品。再结合苦味适中的焦糖汁，我相信它将成为“永远受到喜爱的味道”。

基本分量（口径 9 厘米的布丁模具，30 个）

面糊

- 牛奶……………………………………………… 1.7 千克
- 鲜牛奶（乳脂肪含量 35%） …………………300 克
- 白糖…………………………………………………420 克
- 香草豆荚……………………………………………2 根
- 全蛋………………………………………………… 16 个
- 蛋黄………………………………………………… 10 个

焦糖汁（p.73）…………………………………… 全量

提前向布丁模具中倒入 3 毫米深的焦糖汁，放进冰箱凝固。

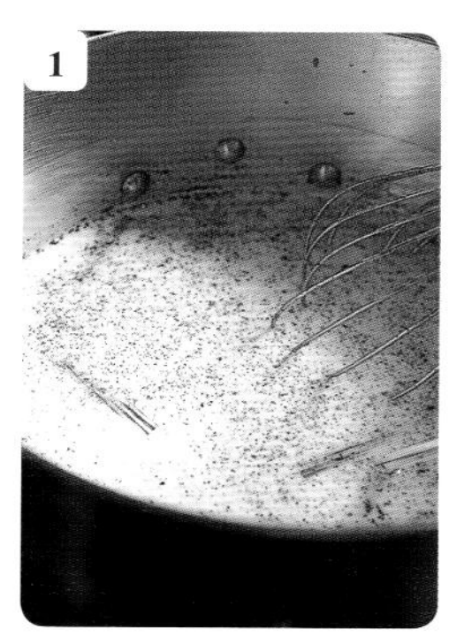

向铜锅中倒入牛奶、鲜奶油、一半白糖，参照p.15的手法将香草豆荚剖开加入。开小火，不时搅拌几下。

温度达到80℃后离火，盖上盖子，不时搅拌几下，静置1个小时左右，充分浸煮出香草的香味（p.68）。图为静置完成后的状态。香草的种子完全扩散到牛奶中，香气怡人！

在钵盆里加入全蛋和蛋黄，用打蛋器搅打蛋黄，慢慢地搅拌，以免进入空气。搅拌至抬起打蛋器时蛋液可以“唰”地流下。要注意，如果进入多余的气泡，容易发出“嘶”的声音。

向步骤**3**的材料中加入剩余的白糖，以相同手法充分搅拌至砂糖颗粒消失。

用长柄勺向步骤**4**的材料中加1勺步骤**2**的材料，同样慢慢搅拌。

继续加入剩余步骤**2**的材料的1/4左右，以同样方法搅拌。再倒回步骤**2**的材料中，同样搅拌。先加入少量更利于搅拌。

用漏斗过滤步骤**6**的材料。香草豆荚的豆荚、纤维、鸡蛋的卵带等会留在漏斗上。过滤使牛奶变得顺滑。用小网眼的漏勺捞走表面的气泡。静置10分钟左右。

图为静置约10分钟之后的状态。食材互相融合，稍稍出现黏性，味道变得柔和。用打蛋器轻轻搅拌，让沉淀的香草籽扩散均匀。

在食品箱内铺好厨房纸，吸收少量的水。摆入装有焦糖汁的模具，倒入步骤**8**的材料。垫厨房纸的作用是缓和热量的传导，使热量吸收均匀。

撤掉两端的模具，注入至模具一半高度的50℃热水。放回模具，喷酒精制剂，消除表面的气泡。用烤箱以130℃烤50分钟左右。

用手晃一晃，不容易滚动，从侧面看焦糖汁界线平坦，这就说明烘烤成功了。把模具从食品箱中拿出，室温下冷却1个小时左右。

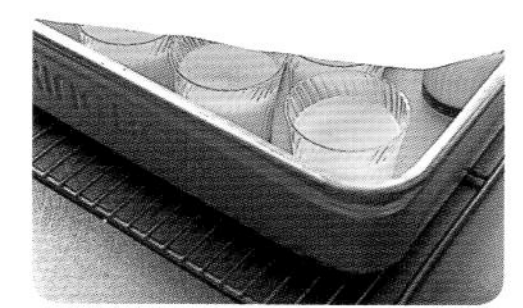

把模具放入另一个食品箱中，铺一层纸，盖上盖子，放入冰箱冷藏一晚。铺纸的目的是防止表面的膜干燥变硬。放置一晚可以令味道更好融合，增加风味。

奶油泡芙

Chou à la crème

鹳鸟泡芙

Cigogne

奶油泡芙给人的感觉就像是“宝物”。戳破酥脆的外皮，甜美的奶油即刻溢出来。因我希望带给大家满满的喜悦感，所以泡芙的重量几乎是普通甜品店里的一倍。经过精心钻研制作的泡芙皮和卡仕达奶油酱具有一种“A POINT”特别的味道。

这道鹳鸟泡芙的起源是小时候只有在特殊时刻才能吃到的天鹅泡芙。在实习的阿尔萨斯地区，鹳鸟被看作幸福的象征，所以我给它取了这个名字。上面的奶油是这道甜点的序曲，直接用泡芙皮羽毛舀一口香浓的鲜奶油，会让人瞬间温柔起来。卡仕达奶油酱的醇香更有让你嘴角上扬的神奇功效。

基本分量（直径约 6 厘米，约 50 个）

泡芙皮（p.48）……………………………………全量
涂面团蛋液（p.48）…………………………………适量
A POINT 卡仕达奶油酱（p.64） … 约 4750 克
糖粉…………………………………………………适量

填充奶油酱后泡芙充满生命感。

1 用小刀在泡芙皮的底部切一个口。

2 把A POINT卡仕达奶油酱装入裱花袋，套上口径12毫米的圆形裱花嘴，插入泡芙皮的切口，每个泡芙内挤入约95克奶油酱。用滤网在泡芙上筛糖粉。

基本分量（长径 6 厘米，约 20 个）

泡芙皮（p.48）…………………………………… 约 900 克
步骤 1~11 以相同要领制作，分出约 900 克左右。
涂面团蛋液（p.48）………………………………… 适量
粗砂糖………………………………………………… 适量
A POINT 卡仕达奶油酱（p.64） …………约 1.5 千克
香醍奶油酱（p.89）……………………………… 约 120 克
草莓（去蒂，切成两半）………………………… 2 块 / 份
糖粉…………………………………………………… 适量

1 把画有长径6厘米的椭圆形的纸样放在烤盘内，上面铺一张硅油纸。将泡芙皮面糊倒入裱花袋，套上口径14毫米的锯齿形裱花嘴，挤出鹳鸟的身体。收尾处像雨滴一样稍稍拉长一点。

2 用毛刷在表面小心涂上蛋液，要涂到每条纹路里。

喷雾。通过喷雾让烤箱内充满蒸汽，缓和热度的传导，使面团更柔软，烤制中不易裂开。

把泡芙皮面糊装入圆锥形裱花袋，尖端剪成直径约3毫米的小口，挤在铺有硅油纸的烤盘上。鹳鸟的头大一点、嘴长一点会更逼真。

和步骤**4**同样用圆锥形裱花袋挤成心形。因为鹳鸟是幸福的象征，所以用心形则锦上添花，使外观更可爱。

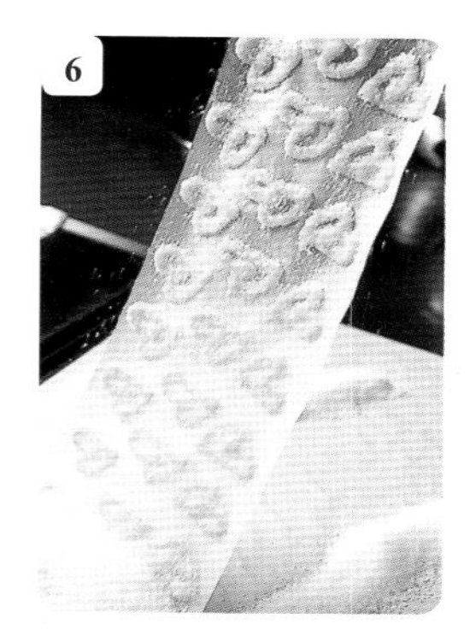

只在心形面糊上筛糖粉，去掉多余的砂糖。鹳鸟的身体、头、脖子及心形面糊下面再放置2个烤盘。用160℃的烤箱烤鹳鸟身约40分钟，头、脖子、心形烤10~15分钟。取出后放在烤网上晾凉。

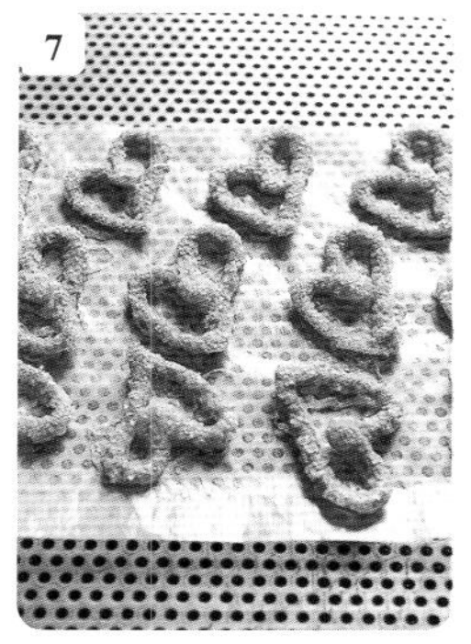

烤好的心形部分。将粗砂糖适度化开，除了会让味道更加香甜，外观、口感也更加出色。

烤好的鹳鸟身。每一条纹路都饱满地隆起。挤面糊收尾时延长的动作让尾巴非常逼真。

烤好的头和脖子。硅油纸有隔绝油分的性质，所以面团在硅油纸上容易膨胀，头也可以烤成左右均等、近似于球的形状。

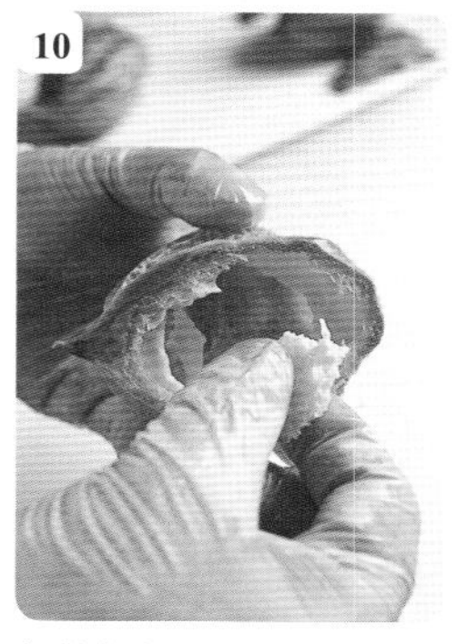

把鹳鸟身的上部1/3水平切开，挖出下半部分的泡芙。不过需要注意，掏出太多面团会影响风味。

将步骤**10**中切下的上半部分分成2等份，制作鹳鸟的翅膀。

用裱花袋装入A POINT卡仕达奶油酱，套上口径12毫米的圆形裱花嘴，在每个泡芙中挤75克左右，用口径12毫米锯齿裱花嘴给每个泡芙挤6克左右。把草莓插在步骤**11**的材料上。用草莓稳定整体重心。

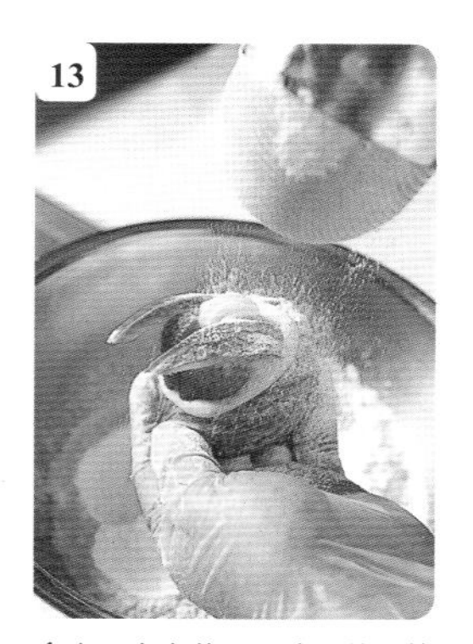

拿出一个泡芙，用滤网筛上糖粉。不要机械地筛，要考虑筛在哪里看起来更可爱，这样做出的泡芙才会与众不同。

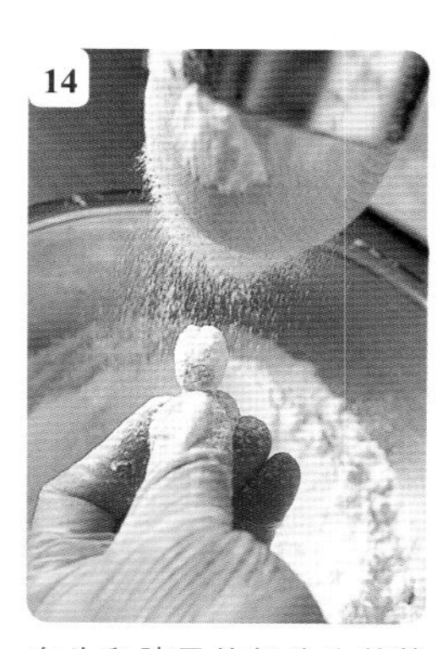

在头和脖子的部分也筛糖粉。分别在两个侧面、上面仔细地筛。头的接缝处也要筛到。插入步骤**13**的材料和心形装饰即成。

菠萝闪电泡芙

Éclairs ananas

在表面盖一片薄曲奇烘烤而成的泡芙叫作瑞典泡芙。上面的曲奇和泡芙皮搭配完美，含有较多黄油。这样既可以防止泡芙表面的曲奇产生裂纹，让泡芙像气球一样烤得浑圆饱满，又能为泡芙增添酥脆的独特口感。我利用了布列塔尼厚酥饼（p.230）的多余面团，形状就像小号的萩饼（注：由粳米和糯米掺和揉制成的小团）一样可爱。

将泡芙和菠萝组合在一起是因为联想起在阿尔萨斯超市里的面包店看到的菠萝闪电泡芙。这在当时还是一种比较少见的闪电泡芙，里面含有罐头菠萝丁，虽然看似粗糙，但它新鲜水嫩的口感却给我留下了很深的印象。每次去超市我都会买上一个，在回家的路上就迫不及待地大口吃掉了。我在这道甜点中使用了糖浆浸渍的新鲜菠萝。

基本分量（长径约 6 厘米，约 20 个）

布列塔尼厚酥饼面团（p.230）………………… 约 260 克

步骤 **1~11** 以相同方法制作，分出约 260 克左右。用擀面杖敲打硬面团，再用手揉至硬度均匀。

粗砂糖…………………………………………………… 适量

泡芙皮（p.48）………………………………… 约 500 克

步骤 **1~11** 以相同方法制作，分出约 500 克左右。

A POINT 卡仕达奶油酱（p.64） ……………约 1.2 千克

樱桃酒…………………………………………………… 适量

糖粉……………………………………………………… 适量

翻糖……………………………………………………… 适量

菠萝香精………………………………………………… 适量

食用色素（黄色，液体）…………………………… 适量

糖渍菠萝…………………………………………… 基本分量

金菠萝……………………………………………………2 个

恢复至常温。

波美度 30° 的糖浆（p.5）………………………… 适量

柠檬汁…………………………………………………… 适量

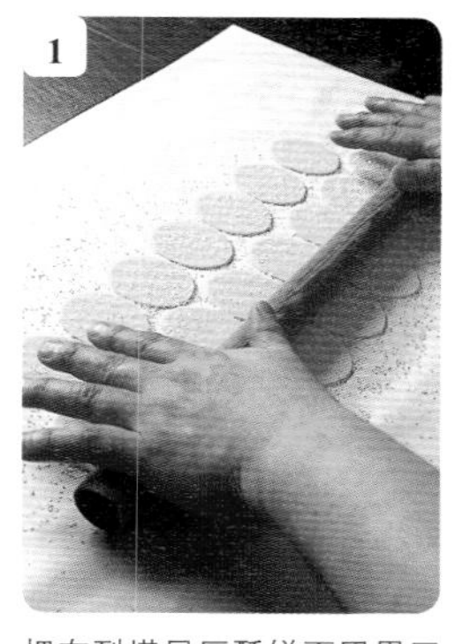

把布列塔尼厚酥饼面团用压面机压成2.6毫米厚的面皮。用6厘米×5厘米的椭圆模具把面皮压成小块，放在烤盘纸上撒粗砂糖，用擀面杖使其与面团黏着紧密。

将画有6厘米×3.5厘米的椭圆形纸样铺在烤盘内，上面再铺一张硅油纸。把泡芙面糊倒入裱花袋，套上口径14毫米的裱花嘴。挤完后把步骤**1**的材料放在面糊上，用手指轻轻按压边缘固定。

用烤箱以180℃烤40~50分钟。取出后放在烤网上晾凉。布列塔尼厚酥饼面团的酥脆口感、未化开的粗砂糖和甜度都令人十分愉悦。

将面团的上部1/4水平切开后做盖子，挖出部分泡芙的芯。在A POINT卡仕达奶油酱中加入樱桃酒，挤进泡芙里，再摆上4~5块糖渍菠萝（见下方）。

再从上方向泡芙内注入满满的A POINT卡仕达奶油酱（每个泡芙约注入60克），盖上盖子。把1厘米宽的条纵向盖在泡芙顶部，用滤网筛糖粉。

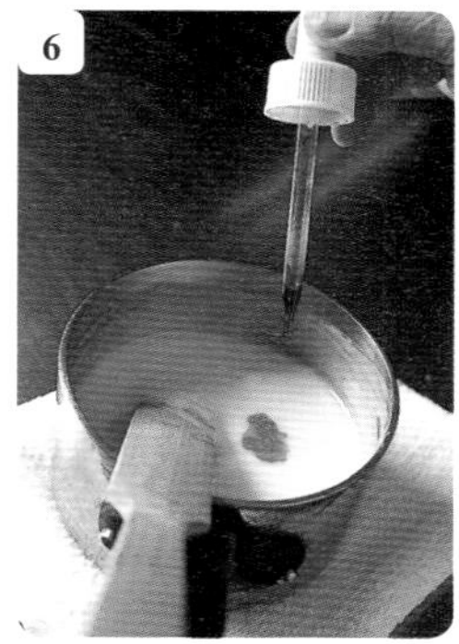

铜锅里倒入翻糖，滴入菠萝香精搅拌，加热到60℃。离火，加入食用色素，用木勺充分拌匀。

将步骤**6**的材料用12毫米宽的扁平裱花嘴挤在泡芙没有筛糖粉的地方。翻糖加热到60℃会呈现哑光质感，口感酥脆，和多汁的菠萝形成对比。

糖渍菠萝

把菠萝挖成环形，切成一口大小，放入钵盆里。倒入高度刚刚好的煮沸糖浆，静置晾凉，根据个人喜好加入柠檬汁，包上保鲜膜冷藏。第三天食用最为美味。

草莓芙蕾杰

Fraisier

甜瓜夹层蛋糕

Melon

草莓芙蕾杰

Fraisier

甜瓜夹层蛋糕

Melon

夹心蛋糕给我的印象是“豪华大餐”。你小时候有没有在过生日时吃过夹层蛋糕呢？夹层蛋糕对日本人来说就是带有怀旧情结的蛋糕。法国没有夹层蛋糕，比起法式甜点的框架，我更希望将法式甜点的技术融入我的夹层蛋糕中，于是草莓芙蕾杰就这样应运而生了。

它最大的特点是使用了乳脂肪含量不同的鲜奶油。在两块杰诺瓦士蛋糕之间夹入满满的鲜奶油，令人意想不到地甜而不腻，回味悠长。秘密就在于使用的是风靡法国的乳脂肪含量35%的低脂鲜奶油。

在法国，吃鲜奶油的感觉像吃奶泡一样。因为脂肪含量低不易打发，所以要用搅拌器使气泡充分包裹空气，但形状又不好保持。因此，我用煮沸的牛奶溶解一种叫作“GELÉE DESSERT”的明胶粉，再倒入鲜奶油中，让它最大限度地保持形状，使夹层的鲜奶油口感更加轻盈新鲜。不过，只做到这一步的话，其整体的印象感仍然较弱，需要再在上面涂一层乳脂肪含量47%的高脂肪鲜奶油形成对比，这样就可以大大提高食客的满足感了。

还有一点，我认为好的夹层蛋糕需要满足草莓、鲜奶油、杰诺瓦士蛋糕的一体性，相得益彰。要达成这一点，关键是组合完毕后要在冰箱里冷藏一晚。放置一晚后，鲜奶油和草莓流失部分水分，蛋糕湿润，草莓和鲜奶油略微吸收彼此的香气，构成浑然一体的美味。

甜瓜夹层蛋糕在夹层蛋糕的基础上更添豪华感，会将大块香瓜高高堆砌在蛋糕上。经常有顾客对蛋糕的香味比甜瓜更香感到惊讶，询问我是否在里面加了果汁，但其实我仅使用了果肉而已。曾经我也考虑过在涂蛋糕的糖浆里加果汁，但结果是味道过于甜腻，而且令蛋糕的质地变得潮湿。我想，如果要加那些东西，还不如干脆吃甜瓜。甜瓜夹层蛋糕芳香的秘密也和草莓芙蕾杰一样，在组合完毕之后静置一晚。

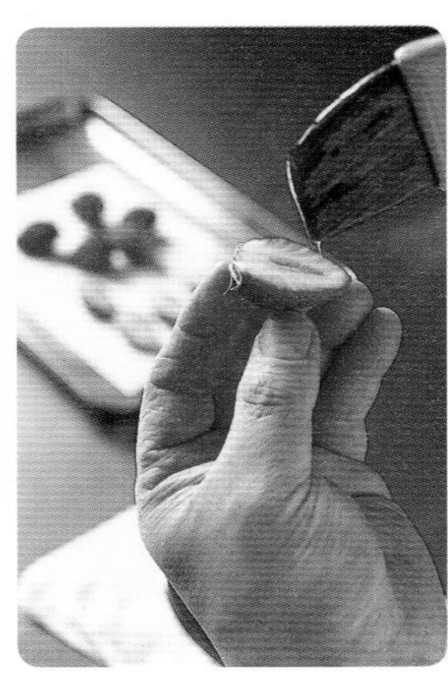

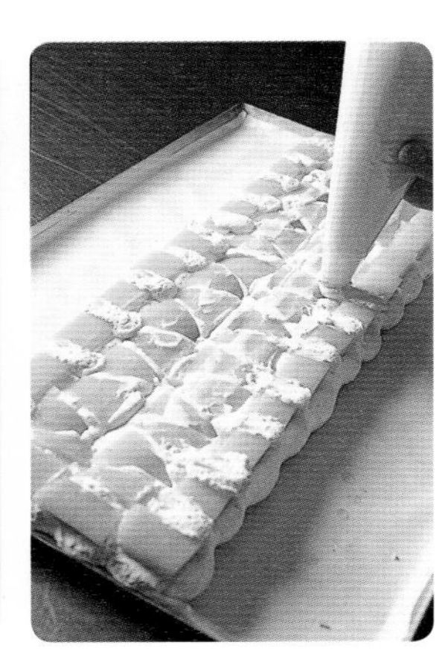

基本分量（5 厘米 ×5 厘米，33 个）

杰诺瓦士蛋糕（p.40）…………………… 方模 1/2 个的量

樱桃酒味糖浆（蛋糕用）

波美度 30° 的糖浆（p.5）…………………… 25 克

樱桃酒…………………………………………… 25 克

将以上材料混合。

明胶粉…………………………………………… 100 克

明胶中添加砂糖、淀粉等混合而成的粉末状凝固剂。可令口感柔软，不影响鲜奶油的新鲜度。

白糖……………………………………………… 100 克

牛奶……………………………………………… 100 克

香草香精………………………………………… 3 克

鲜奶油（乳脂肪含量 35%）…………………… 1 千克

草莓（夹在蛋糕里，去蒂，切成两半）……… 约 90 块

香醍奶油酱

鲜奶油（乳脂肪含量 47%）…………………800 克

白糖……………………………………………150 克

香草香精…………………………………………适量

草莓（放在蛋糕顶部，半块）………………… 33 块

苹果果冻（p.178）………………………………适量

把杰诺瓦士蛋糕金黄色面朝上，用波纹刀切成60厘米×17厘米，面切下上面的蛋糕皮。根据个人喜好，也可以不切掉蛋糕皮，这样会更有怀旧感。

将蛋糕切片，取1.3厘米厚的蛋糕3片，先用2片最好吃的正中心部分。

在两块蛋糕的一面以描画的方式轻轻涂上樱桃酒味糖浆，以达到把蛋糕拿到嘴边时香气扑鼻的效果。考虑到鲜奶油对温度变化敏感，涂完糖浆要迅速冷冻。

制作含明胶粉的香醍奶油酱。在钵盆里加入明胶粉和白糖，倒入煮沸的牛奶搅拌。

向步骤4的材料中加入香草香精搅拌。香草可以去除奶膻味，这是对口味平衡的细节考量。

用搅拌器将乳脂肪含量35%的鲜奶油打发至最大程度，再倒入钵盆里。将1/4的量加入步骤5的材料中，以画圆的方式搅拌。这一步之后，需要在阴凉的室内使用冷却的工具操作。

将含有明胶粉的奶油倒回鲜奶油的钵盆中，从底部向上翻拌。再倒入另一个钵盆里，以相同要领轻快地搅拌均匀。

在铝烤盘上铺烤盘纸，把步骤3的两块蛋糕中烤好时位于正中间的1块放在上面，使涂有糖浆的一面向上。用口径22毫米（口径须适合摆放草莓）的圆形裱花嘴将步骤7的材料挤在上面。

将去蒂后切成两半的草莓均匀摆成直线，用刮平刀按压平整。在草莓与草莓之间的缝隙里薄薄地填入步骤**7**的材料，再次刮平。

再在步骤**9**的材料的上方挤入步骤**7**的材料，这次使用口径15毫米的圆形裱花嘴。

再在上方用刮平刀以45°的角度轻轻刮平。

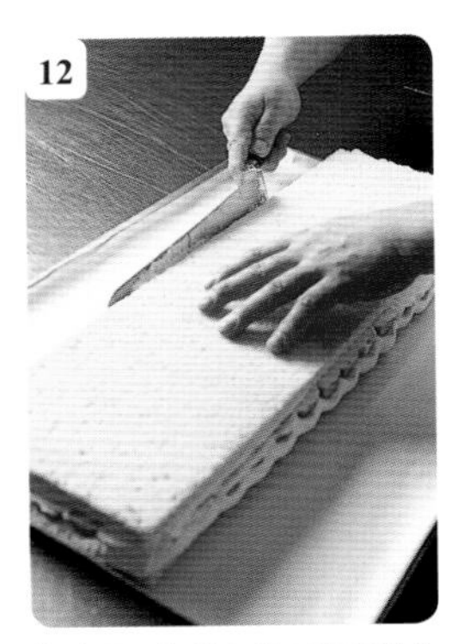

将步骤**3**中剩余的1块蛋糕的涂糖浆面朝下，与步骤**11**的材料重叠，轻轻压牢。

把硅油纸和砧板放在步骤**12**的材料上面。

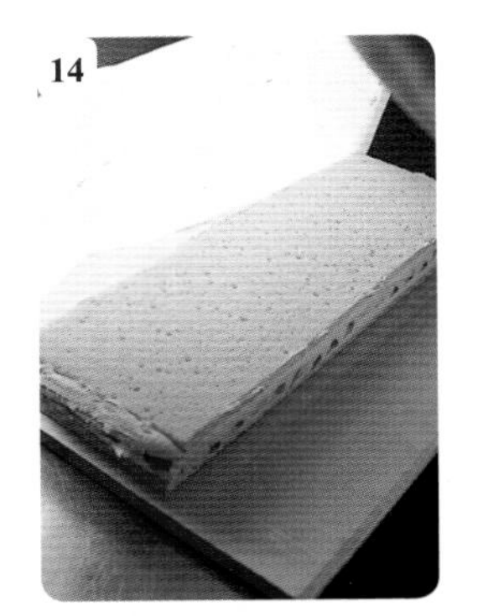

再翻面，取下铝烤盘和烤盘纸。这样，烤好的时候正中间的蛋糕在上层，接近蛋糕皮的部分在底部，可以吸收鲜奶油的水分，令口感湿润。

用刮平刀平整侧面，再次以步骤**3**的要领在表面轻轻涂抹糖浆。

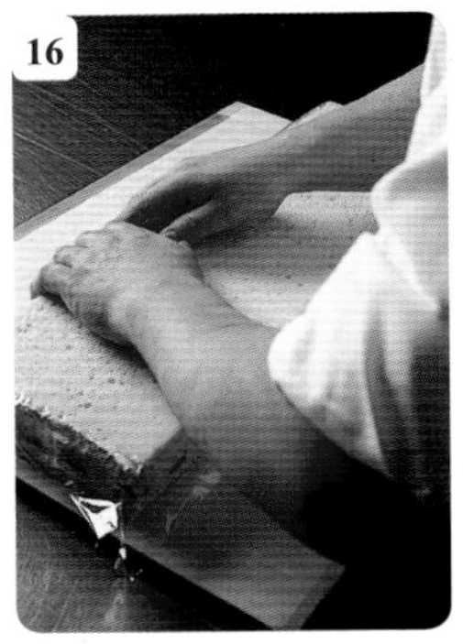

用保鲜膜包好蛋糕，放入冰箱冷藏一晚。通过冷藏可以让蛋糕吸收鲜奶油和草莓的水分，使其变得湿润。香味也能渗透进去。

制作香醍奶油酱。向座式搅拌机的钵盆里加入乳脂肪含量47%的鲜奶油和白糖，轻轻搅拌，放进冰箱冷藏约30分钟后高速打发。中途加入香草香精。

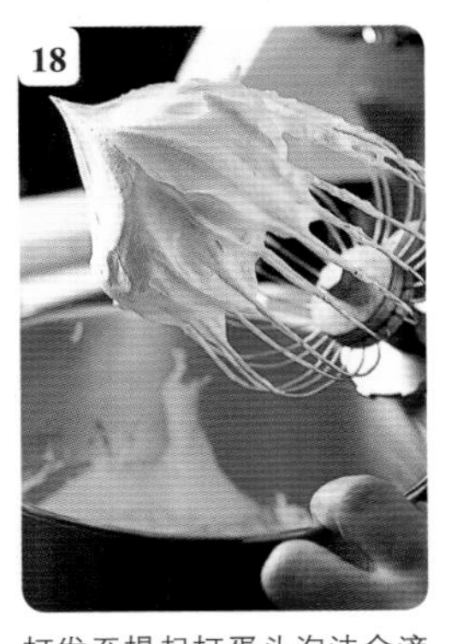

打发至提起打蛋头泡沫会滴下来的程度后，改用手拿打蛋头打发（为避免打发过度）。打发至气泡的角变软但可以直立的硬度即可。

将蛋糕从冰箱中取出，运用p.91中步骤**6**的方法把步骤**18**的香醍奶油酱涂在蛋糕的表面并抹平。用波浪刮板从里侧向自己一侧左右滑动，画出波浪花纹。

用波纹刀（每切一次后蘸一下热水并擦干）平整蛋糕边缘，切成5厘米的方块。用毛刷在露出半块草莓的横截面上涂刷苹果果冻，再把1个对半切开的草莓放在表面进行点缀。

基本分量（6 厘米 ×4 厘米、36 个）
和草莓芙蕾杰（p.89）相同。把蛋糕上的草莓换成 1¾ 个甜瓜夹心。另外，表面涂的香醍奶油酱在鲜奶油（乳脂肪含量 47%）中还添加了食用色素（绿色，液体）。表面没有其他装饰。

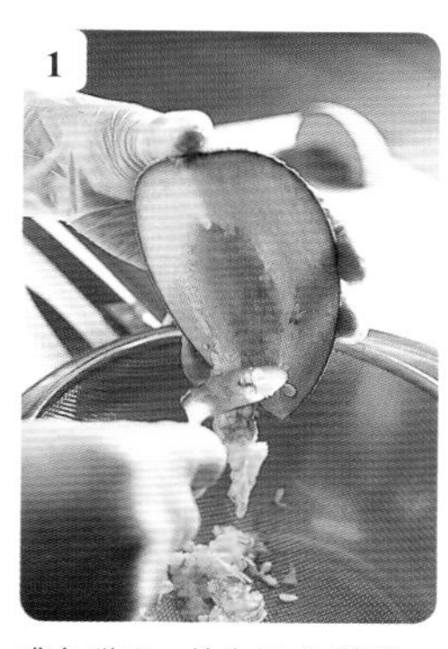

准备甜瓜。首先切成4等份，去籽，再切成两半。

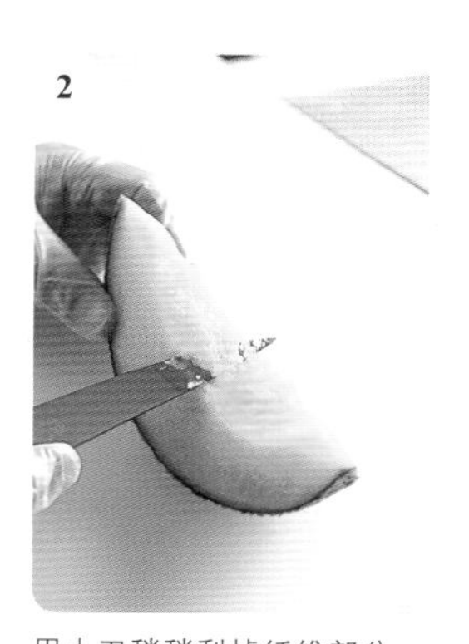

用小刀稍稍刮掉纤维部分。种子和纤维中含有很多水分，需要耐心去掉，但这部分也是最香、最甜的地方，所以尽量不要剔除太多。

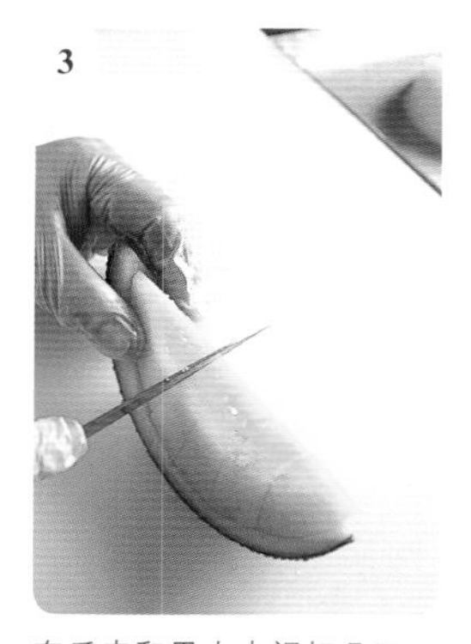

在瓜皮和果肉中间切几刀，把果肉6等分（总计可切出48块）。注意要切成大块而不是薄片，这样吃的时候更有满足感。

和草莓芙蕾杰做法相同，分别将蛋糕、奶油、甜瓜堆叠在一起。不过，甜瓜内侧水分较多，需要朝下摆放。这样完成时上下颠倒，底部的蛋糕不容易变得潮湿。

在甜瓜的凹凸缝隙中填满奶油，再在整体上均匀补充奶油。以p.90中步骤**10~16**的手法挤奶油、叠蛋糕，放进冰箱冷藏一晚。

取出步骤**5**的材料，在表面涂匀香醍奶油酱。先将奶油分成3堆会更利于涂抹。以p.90中步骤**19~20**的方法在奶油上画出更细的纹路类似香瓜的花纹，切成方块。

草莓巴伐路亚

Bavarois aux fraises

口感饱满，带有母性光辉的巴伐露亚搭配轻松随意的杯子。不管是大人还是小孩都会喜爱的“A POINT”高人气甜品之一，里面还暗藏杰诺瓦士蛋糕。

儿时的记忆中，我会在草莓上淋上牛奶和砂糖捣碎吃。以此为基础，再搭配新鲜草莓酱，每次出炉都会当天售罄。

基本分量（口径 7 厘米的容器，47 个）

杰诺瓦士蛋糕（p.40）……………………方模 2/3 个的量

樱桃酒味糖浆（蛋糕用）

波美度 30° 的糖浆（p.5）……………… 25 克

樱桃酒………………………………………… 25 克

将以上材料混合。

巴伐路亚奶油酱 (p.68)……………………… 全量

草莓酱

草莓……………………………………… 约 90 个

白糖…………………………………………适量

柠檬汁………………………………………适量

浓缩君度甜酒………………………………适量

草莓（半块）…………………………… 2 块 / 份

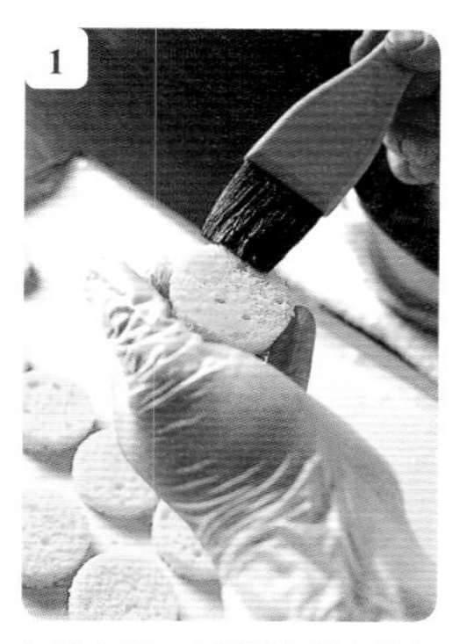

切掉杰诺瓦士蛋糕金黄色的部分，切成1.3厘米厚的切片，取其中3片。使用一片最好吃的正中间部分。用直径5厘米的圆模压成圆形，用毛刷轻轻涂抹樱桃酒味的糖浆。

糖浆少涂一些，靠近蛋糕能略闻到樱桃酒的味道即可。因为要面向从儿童到老年人的广泛群体，所以含酒糖浆要控制用量。

将巴伐路亚奶油酱装进裱花袋，套上口径12毫米的圆形裱花嘴，挤到杯子的一半高度。

将步骤**2**的材料涂糖浆的一面向上，在每个步骤**3**的材料的中间放一片，按压蛋糕片，使蛋糕周围的巴伐路亚奶油酱溢出少许。

再将巴伐路亚奶油酱挤到杯子的2/3高度，把湿布垫在台上，用杯子轻轻敲打台面，使其均匀。放进冰箱冷却凝固。

制作草莓酱。草莓切成1厘米的方块，其中一半用搅拌棒打成糊状。尝尝味道，加入适量的白糖、柠檬汁，加入浓缩君度甜酒，锁住味道。

在剩余一半草莓中加入步骤**6**的草莓糊混合。用勺子舀在步骤**5**的材料上，每个杯里放2个半块草莓装饰。

炭烤芝士蛋糕

Fromage cuit

用大量奶油奶酪蒸烤的重芝士蛋糕虽然好吃，但口感也会太过厚重，以至于叉子都不容易穿透，咬一口粉块还会粘在嘴边。在我思考怎样既发挥芝士的味道又能让芝士蛋糕顺滑轻盈时，一个灵感闪过我的脑海——在餐厅工作时学到的做舒芙蕾的方法。做舒芙蕾时，在进烤箱之前会用平底锅把面粉炒熟，我想把这个做法用在芝士蛋糕上，最终大获成功！

关键步骤是把鲜奶油、低筋面粉、白糖混合加热，使面粉中的淀粉糊化（α化），也就是在放入烤箱之前就把面粉热熟。通过这个步骤可以消除粉末颗粒感，令口感顺滑。

另外，这种芝士蛋糕的另一个特征是加蛋白霜混合后不隔水蒸，而是直接烘烤胀大。从烤箱中拿出，在冷却之前蛋糕就会塌陷，这反倒产生了轻盈绵密的口感。

叉子轻轻一插就能戳透，能让人充分感受芝士的醇香和口味。这就是我理想中的炭烤芝士蛋糕。

基本分量（直径 15 厘米的无底圆模，6 个）

奶油奶酪（2 厘米厚的切片）…………………… 680 克

室温下回软至手指可以轻松插入的程度。

发酵黄油（2 厘米厚的切片）…………………… 180 克

室温下回软至手指可以轻松插入的程度。

白糖……………………………………………… 60 克

蛋黄……………………………………………… 180 克

柠檬汁…………………………………………… 30 克

鲜奶油（乳脂肪含量 47%） …………………… 550 克

低筋面粉………………………………………… 135 克

白糖……………………………………………… 105 克

杰诺瓦士蛋糕 (p.40)……………………方模 1/3 个的量

切掉金黄色蛋糕皮，切成 5 毫米厚的片，用直径 15 厘米的圆模压成圆形。

朗姆酒浸渍葡萄干（苏丹娜葡萄）…………… 180 克

将奶油奶酪切成2厘米厚的片，室温软化到手指可以轻松穿透的程度。黄油也一样。裁出1块高度高于模具的硅油纸，沿着模具铺在内壁上。

用滤网过滤步骤**1**的奶油奶酪，放入钵盆里，用打蛋器搅拌。多次少量地加入60克白糖，充分混合。

再少量多次地加入蛋黄，搅拌均匀。

中途多清理几次挂在打蛋器铁丝上的奶酪、蛋黄，可以使搅拌更均匀。

图为蛋黄完全融合、富有光泽的状态。

在另一个钵盆里倒入柠檬汁，加入少量的步骤**5**的材料，用打蛋器搅拌。加柠檬汁容易与混合物分离，所以先混合少量更利于融合。

将步骤**6**的材料倒回步骤**5**的钵盆中，以画圆的方式充分搅拌。

将步骤**1**的黄油放入另一个钵盆里，用打蛋器搅拌成蜡状。加入1/3量的步骤**7**的材料搅拌，再倒回步骤**7**的钵盆里，以画圆的方式搅拌。倒入另一个钵盆里，上下调换位置，以相同要领搅拌均匀。

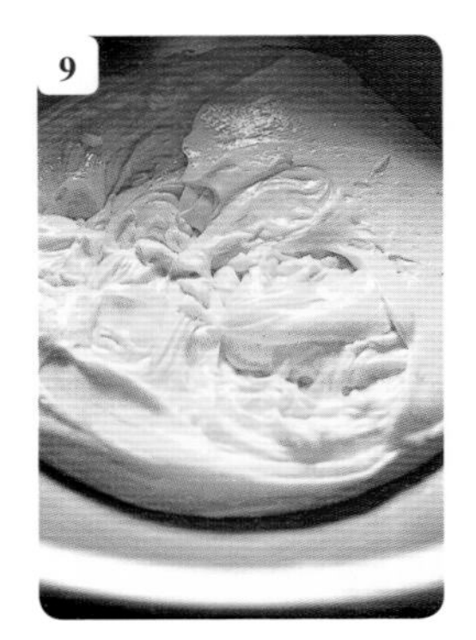

图为材料没有分离、完全融合的状态。

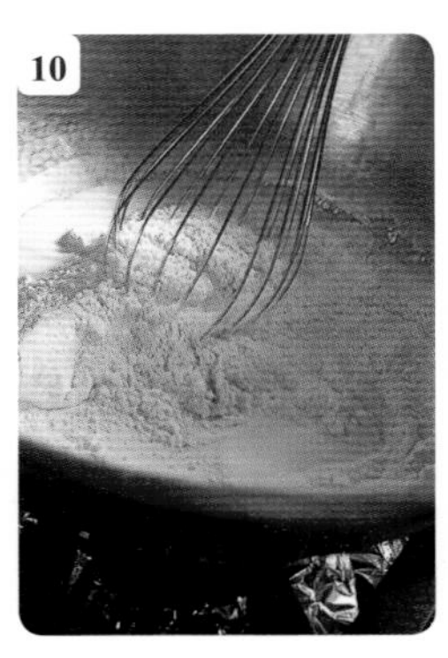

将鲜奶油放入铜钵盆中，开中火，加入过筛2次的低筋面粉和105克白糖。用打蛋器画圆搅拌，使其受热。

变成半透明的黄油面酱状即可。关火，让面粉的淀粉发生糊化反应（α化），粉块消失。类似于制作泡芙皮的手法。

向步骤**11**中少量多次地加入步骤**9**的材料，搅拌融合，倒入步骤**9**的钵盆里。

和步骤**10**同时制作蛋白霜。将蛋白倒入座式搅拌机的缸里，分多次加入150克白糖，打发至提起打蛋器呈自然下垂的角。

将步骤**13**的材料分3次加入步骤**12**的材料中，用打蛋器搅拌。第一次以画圆的方式搅拌，第二次之后从底部向上翻拌，动作要轻，避免蛋白霜消泡。

将步骤**14**的材料倒入另一个钵盆里，上下颠倒，同样从底部向上翻拌。搅拌至有光泽即可。

将准备好的步骤**1**中的模具放在烤盘上，在每个模具底部铺一块切成圆形的杰诺瓦士蛋糕，撒上30克朗姆酒浸渍葡萄干。葡萄干有提升口味的作用。

每个步骤**16**的材料中倒入370克的步骤**15**的材料，平整表面。用烤箱以160℃烤40分钟左右。

烤好后表面稍稍出现裂纹，饱满而有活力。

把步骤**18**的材料放在大小适中的罐头上，撤掉模具。

揭下硅油纸，把蛋糕放在有孔的烤盘上晾凉。降温的过程中会轻微塌陷。任其膨胀、塌陷，反而会产生刚刚好的绵密感。放入食品箱，盖上盖子，放入冰箱冷藏。3天后味道全部浓缩在蛋糕中，美味无与伦比。

水果挞

Tarte aux fruits frais

说到水果挞，常见的类型是把杏仁奶油酱挤在挞皮上焙烤，再在上面用水果装饰，只是略显单调乏味。“A POINT”则以牛奶杏仁奶油酱打底，用焦糖香蕉和油封葡萄柚皮填满挞皮，顶层装饰水果，从人见人爱的草莓到异国风情的杨桃一应俱全，犹如一场水果沙拉的盛宴。

正中的百香果扮演了“酱汁”的角色。用手把百香果的汁挤到整个水果挞上食用。有的朋友想把水果挞切开，但不知从何下手，没关系，大胆下刀吧！看着水果滚落在碟子上，心绪也随着它们飞回了故乡。

基本分量（直径 15 厘米的环形挞皮模，3 个）

牛奶杏仁奶油酱（p.71）…………………… 约 600 克

恢复至常温。

甜酥面团（p.234）………………………… 约 400 克

参照朗姆甜饼干中甜酥面团的做法，但是不加葡萄干、榛子粉，换成 250 克杏仁粉。步骤 **1~10** 以相同方法制作，分出 400 克左右。直接用擀面杖敲打硬面团，再揉面使硬度均匀。把面团放进压面机，压成 2.6 毫米厚的面皮。放进冰箱收缩后用滚针刀轻轻戳孔，放在直径 21 厘米的奶油酥盒模上，用小刀切成 3 片。以 p.206 千层酥步骤 **2~3** 的方法，把挞皮铺在涂有黄油（分量外）的环形挞皮模里，放入冰箱收缩，之后把其余面皮切至挞皮模的高度。

焦糖香蕉（p.268）………………………… 11 块 / 份

油封葡萄柚皮（p.158）…………………… 约 6 根

杏子酱………………………………………… 适量

小火煮沸，冷却至不烫手的程度。

油桃（去核，切成 6 等份）……………… 约 5 块 / 份

草莓（去蒂）………………………………… 4~5 个 / 份

麝香葡萄……………………………………… 4~5 个 / 份

巨峰葡萄……………………………………… 3~4 个 / 份

猕猴桃（切片）……………………………… 2~3 块 / 份

杨桃（切片）………………………………… 1~2 块 / 份

红醋栗（带枝）……………………………… 1 串 / 份

蓝莓…………………………………………… 约 12 个 / 份

欧洲醋栗……………………………………… 约 8 个 / 份

覆盆子………………………………………… 约 5 个 / 份

撒适量糖粉。

黑醋栗………………………………………… 约 5 个 / 份

百香果（半个）……………………………… 1 块 / 份

薄荷…………………………………………… 适量

将甜酥面团在环形模中铺平，把牛奶杏仁奶油酱装入裱花袋，套上口径12毫米的圆形裱花嘴，挤出200克螺旋状奶油酱。

在每个奶油酱上摆11块焦糖香蕉，油封葡萄柚皮切成1厘米宽，在香蕉的缝隙里散开着放12块左右。用烤箱以180℃烤约40分钟。

从环形模中拿出挞皮，放在烤网上晾凉。温度降低至不烫手后用小刀将挞皮表面边缘刮整齐。

趁挞皮还热，将准备好的杏子酱涂在表面。杏子酱可以将挞皮的香味锁住，也是固定装饰水果的黏合剂。把水果摆在挞皮上，散放几片薄荷。

香橙沙瓦琳

Savarin à l’orange

沙瓦琳对我来说是“品尝糖浆的点心”。它的主题是将易吸收糖浆的蛋糕和有穿透力的橙子香结合在一起。沙瓦琳面糊的重点是多次搅拌，先充分扩张淀粉的网状组织，然后再加水搅拌。

这些步骤让每一个网状结构纵横扩张，不仅容易结合糖浆，还更容易形成质地较粗的扎实口感。

另一个重点是使糖浆最大程度发挥橙子的新鲜香味。使用100%浓缩还原橙汁，再加入橙皮和柠檬皮。面糊中除了有葡萄干之外，还含有橙子蜜饯和柠檬皮碎，最后嵌入糖浆橙肉。橙子果汁的香气其实是略淡的，所以我用橙皮、橙子蜜饯、柠檬等直接的刺激作为补充。

柑橘类水果最可贵的地方是外皮散发的香气。不妨回想一下，被剥掉皮后橘子的香气是不是大打折扣？糖浆的温度控制在55℃以内，这是为了防止面糊变得易碎，也避免橙子的香气跑掉。

把浸过糖浆的沙瓦琳蘸一遍杏子酱。这一步也是非常重要的，只有蘸过甜甜的果酱，橙子新鲜多汁的风味才得以呈现，二者之间的对比也是沙瓦琳的美妙之处。

基本分量（口径 5 厘米的沙瓦琳模，约 150 个）

沙瓦琳面糊
- 生酵母……66 克
- 牛奶……240 克
- 低筋面粉……540 克
- 高筋面粉……540 克
- 白糖……96 克
- 盐……24 克
- 柠檬皮碎……10 克
- 全蛋……14 个
- 水……240 克
- 温热液体黄油……336 克
- 葡萄干（无核小粒葡萄干）……240 克
- 橙子蜜饯（切成 2~3 毫米见方的块）……240 克

橙子糖浆
- 矿泉水……100 克
- 橙皮……2 个的量
  用削皮刀削成约 1 厘米宽。
- 柠檬皮……1 个的量
  用削皮刀削成约 1 厘米宽。
- 橙汁（100% 浓缩还原果汁）……900 克

浓缩君度甜酒……适量
杏子酱……适量
柠檬汁……适量
A POINT 卡仕达奶油酱（p.64）……约 6 克 / 份
香醍奶油酱（p.89）……约 6 克 / 份
草莓（半块）……1 块 / 份
苹果果冻（p.178）……适量

糖渍橙子
- 基本分量（香橙沙瓦琳约 90 个的量）
- 矿泉水……1000 克
- 白糖……450 克
- 橙皮……1 个的量
  用削皮刀削成约 1 厘米宽。
- 柠檬皮……1 个的量
  用削皮刀削成约 1 厘米宽。
- 橙子……10 个
  恢复至常温，取出果肉。
- 浓缩君度甜酒……150 克

沙瓦琳面糊＞

将生酵母放入钵盆里，用打蛋器打成颗粒状（生酵母不碾碎很难溶解），倒入牛奶搅拌。为了提升风味，用生酵母代替干酵母、牛奶代替水。

将过筛2次的低筋面粉和高筋面粉、白糖、盐、柠檬皮碎加入座式搅拌缸中充分混合。使盐与面粉结合，避免直接接触生酵母。

将装有食材的搅拌缸组装在搅拌机上，加入全蛋总量的2/3，用拌料棒低速搅拌。为了让蛋白中的蛋白质直接与面筋结合，直接加入未打散的全蛋。

搅拌完毕后，一边倒入步骤**1**的材料一边继续搅拌。加一些蛋液后再倒入酵母溶液是为了利用水分防止麸质扩张过度。鸡蛋的油脂有抑制麸质的作用。

少量多次地倒入剩余的全蛋并搅拌。不时关掉几次搅拌机，从底部把面糊翻上来，清除粘连在拌料棒上的面糊。当拌料棒上的面糊开始缠绕则说明面糊开始上劲了。

面糊变得顺滑均匀、有光泽是麸质的网状组织充分扩张的表现。

分3~4次向步骤**6**的材料中加水，充分浸透面糊。

如图形成松弛的面糊。用水将麸质的网状结构纵横张开，令面糊更易吸收糖浆，让不均匀的面糊质地产生有律动的口感。加水也有稀释面糊的厚重度、突出糖浆的效果。

待温热的液化黄油温度降至不烫手后，分4次倒入搅拌缸。不要在液化黄油热的时候加，以免生酵母发酵过度。

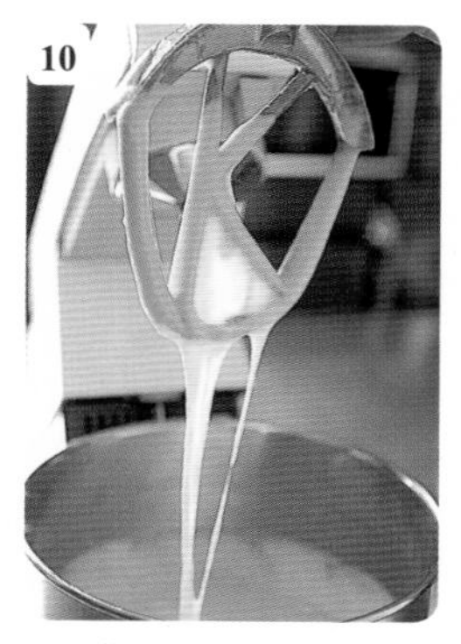

图为黄油融于面糊的状态。黄油以液态加入，更容易渗透进面糊的网状组织，产生颗粒感。另外，因液态黄油和固态黄油相比不易给人醇厚的感觉，所以不会影响糖浆的味道。

在另一个钵盆里加入葡萄干和切成2~3毫米见方的橙子蜜饯块，再加入适量的步骤**10**的材料一起搅拌。若葡萄干、橙子蜜饯结块粘在一起，需要用手拌开。

将步骤**11**的材料倒回步骤**10**的材料中，用拌料棒低速搅拌，搅拌均匀即可。

13 把模具放在烤网上，用PAM有机菜籽油烘焙喷雾（分量外）喷油。因黄油味道过重会影响糖浆的味道，所以选择植物油。为让面糊均匀贴合模具的凹凸部分，要从4个方向喷。

14 将步骤**12**的材料倒入裱花袋，套上口径12毫米的圆形裱花嘴，挤至模具的六分满。

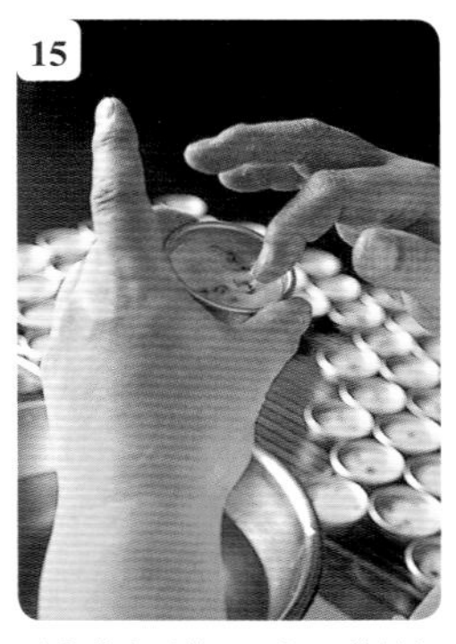

15 手指蘸水后按压面糊，使其与模具完全贴合、厚度一致。将中心的葡萄干、橙子蜜饯移到模具左右两边（因为后面用到的中间穿孔模会把蛋糕芯穿透）。

16 给烤盘喷雾，将步骤**15**的材料放在烤盘上，再喷一遍。室温（湿度约为70%）下发酵1个小时。

17 面糊膨胀到模具的边缘。喷雾，打开烤箱的换气口，用200℃烤20分钟左右，彻底烤干。因完全烤透可以增加香味，所以温度设定得略高。

18 图为烤完的效果。用力震几下烤盘，震出热空气，防止回缩。立刻将蛋糕脱模在操作台上，翻过来，放在有孔的烤盘上。

19 晾凉至不烫手后，放入冰箱冷冻，使蛋糕收紧。

组合 最后工序 >

1 取出沙瓦琳，用直径13毫米的圆模压掉蛋糕芯。因为经过冷冻，所以压得非常整齐。适当削一削底面，使蛋糕全部在一个高度。

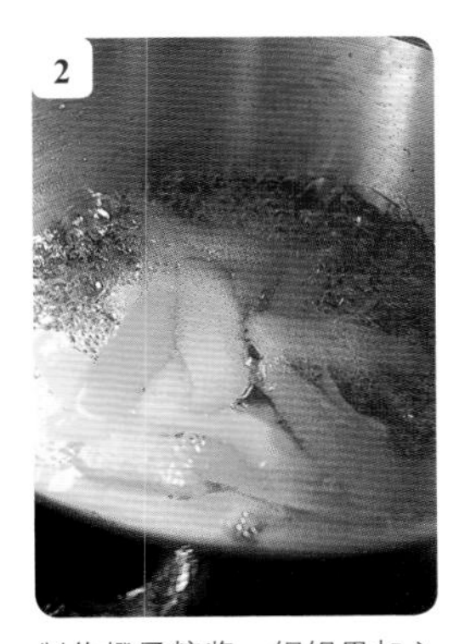

2 制作橙子糖浆。铜锅里加入除橙汁之外的全部材料，煮至沸腾，离火，盖上保鲜膜晾凉。因橙汁煮沸后香味会跑掉，所以要先煮出橙皮的香味。

3 将橙汁和步骤**2**的材料倒入铜钵盆，小火煮出香味，温度控制在55℃左右（超过55℃蛋糕会急速吸收糖浆而变成碎渣）。离火，放在电热器上，使其温度保持在55℃。

4 为防止破碎，沙瓦琳底部朝下地进行浸渍（上部朝下浸渍时表皮易碎，蛋糕容易塌散）。用漏勺下压蛋糕，使糖浆充分包裹。

5 捞出后放在烤网上，沥干多余的糖浆，室温下彻底晾凉。放进冰箱冷藏，再冷冻保存。这样保存可以使蛋糕不起霜。

将冷冻的步骤5的材料快速裹一层君度酒，在含有柠檬汁、加热过的杏子酱里蘸一遍，放到容器中。利用柠檬汁的酸中和蛋糕的甜，给味道增加线条感。

把糖浆橙肉（见下方）切成8毫米宽左右，在每个步骤6的材料中塞入5~6块。

把A POINT卡仕达奶油酱装入裱花袋，套上口径12毫米的圆形裱花嘴，挤在沙瓦琳蛋糕上，再用口径12毫米的锯齿形裱花嘴把约6克的香醍奶油酱挤在上面。高脂肪的奶油和橙子的酸味形成很好的对比。

香醍奶油酱上面用草莓装饰，用毛刷在草莓的横截面涂上足量的苹果果冻。

糖渍橙子

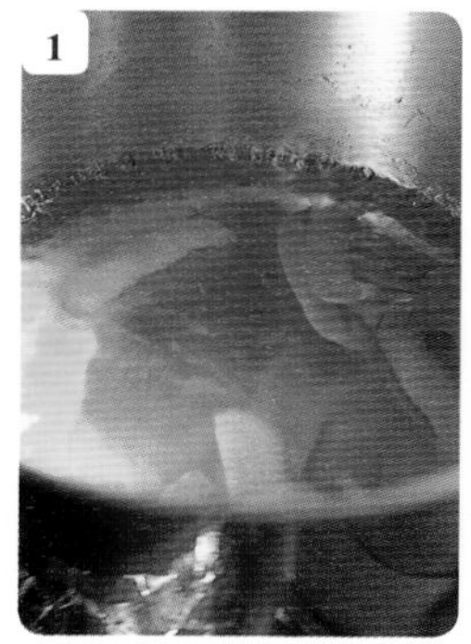

铜锅中加入矿泉水、白糖、橙子和柠檬皮，煮沸离火，包上保鲜膜，放置半天，充分提取香味（浸煮，p.68）。

将步骤1的材料再次煮沸，加入剥好的橙子肉。开中火，加热至锅边开始冒泡，离火，晾凉。

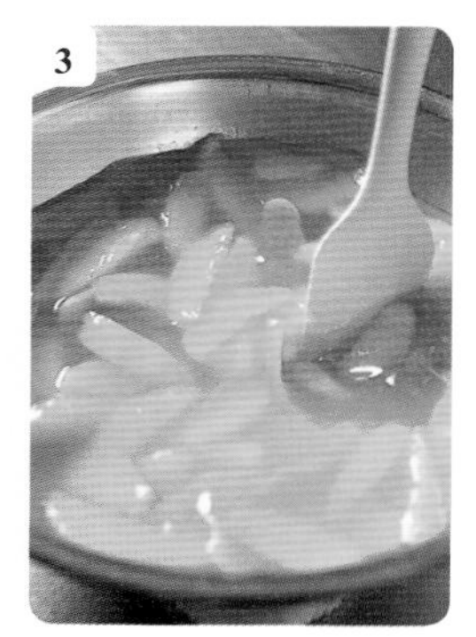

温度降至35℃后倒入钵盆，倒入君度酒，在冰箱内放置3天。图为第三天充分融合后的状态。

吸收糖浆前（右）和充分吸收糖浆后（左）的蛋糕状态。不整齐的蛋糕孔给人一种有节奏的口感。

2

La pâisserie françise classique:l'esprit françis

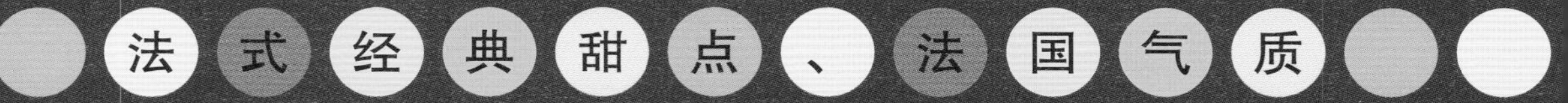

在法国实习时我注意到一件事，即过去流传下来的简单甜点往往最受大家的欢迎。这些甜点跨越多个时代，屹立于不败之地，朴实无华但实力不容小觑，他们的存在深深吸引着我。在这一章里，我用自己的方式将传统甜点介绍给大家。

原味芙蓝蛋糕

Flan nature

在法国，最受孩子们喜爱的甜点就是“芙蓝蛋糕”。装入挞皮烘烤的面糊和卡仕达奶油酱极为相似，像奶油面包里的夹馅，口感略有弹性。它是能够诱发乡愁的独特美味，是好吃不贵的家乡美食。

在巴黎实习时曾看到过这样的画面，妈妈对着在面包店前讨要“巧克力面包（加巧克力的可颂面包）”的孩子说：“吃的时候巧克力面包会掉得到处都是，还是要芙蓝蛋糕吧！”孩子听了后嘤嘤地哭了起来。

芙蓝蛋糕金黄的色泽与切口处鸡蛋柔和的颜色结合在一起，看起来很舒服。我也希望自己做出的蛋糕可以轻柔温暖，给人留下这样愉快的回忆。

基本分量（直径 15 厘米的无底圆模，3 个）

咸酥面团（按以下配方从成品中取出 500 克左右）

- 低筋面粉……1.5 千克
- 高筋面粉……500 克
- 发酵黄油（切成 2 厘米的方块）……1 千克
- 全蛋……200 克
- 白糖……50 克
- 盐……50 克
- 牛奶……470 克

和 p.240 做法相同（不加埃达姆芝士粉、香料、香草类、浓缩芝士酱），分出 500 克左右。擀面杖直接敲打面团，用手揉面至硬度均匀。用压面机将面团压成 2.6 毫米厚的面皮，室温下放置 30 分钟，然后放进冰箱收缩面团，用滚针刀轻轻戳孔，放在直径 24 厘米的奶油酥盒模具上，用小刀切成 3 片。以 p.206 的千层酥皮步骤 **2~3** 的做法，把面团铺在涂有黄油（分量外）的模具上。放进冰箱收缩之后再以 p.206 千层酥皮步骤 **5** 的方法把小石头压在面团上，喷雾，用 180℃的烤箱烤 40 分钟。

涂面团蛋液（p.48）……适量

芙蓝面糊

- 牛奶……1千克
- 香草豆荚……1根
- 白糖……150克
- 全蛋……125克
- 蛋黄……50克
- 粗糖……38克
- 盐……适量
- 低筋面粉……85克
- 香草香精……适量
- 发酵黄油（切成7毫米的方块）……20克

以p.64中步骤**1~15**的方法制作。步骤**4**除了加蛋黄之外还要加入全蛋，除了加白糖还要加粗糖和盐，搅拌至颜色发白，在步骤**8**时去掉香草豆荚。另外，在步骤**15**时加入香草香精后添加黄油搅拌。用盐为面团增加张力（味道的对比效果，和年糕小豆汤里加盐原理相同）、营造怀旧的感觉。之后倒入咸酥面团烘烤，这一步的要点是彻底去掉粉块。

1 咸酥面团烤至八成熟后拿掉小石子和铝箔，刷蛋液，用烤箱以180℃烤3分钟左右。晾凉，以p.135中步骤**1~2**的手法将面皮拉至与模具同高，去掉多余的面皮。

2 再次把面团放在铺有硅油纸的烤盘上，倒入芙蓝面糊。烤盘下面再垫2个烤盘，用185℃的烤箱烤40分钟左右。

3 烤至颜色金黄即可。虽然看起来像舒芙蕾一样膨胀，但在温度降低的过程中会有一定程度的塌陷。

表面颜色烤得恰到好处，切口处的鸡蛋呈暖暖的淡黄色。这就是一块好吃的芙蓝蛋糕的标志。

圣马可蛋糕
Saint-Marc

在巴黎实习时，最受家庭主妇青睐的蛋糕就是“圣马可蛋糕”。无论多讲究的蛋糕主妇们的评价都是“还差一点”，但唯有品尝到圣马可蛋糕后她们会赞不绝口，那场景至今令我记忆犹新。

杏仁风味蛋糕中夹着鲜奶油和巧克力味鲜奶油，表面焦糖化反应，结构极为简单，但却能让人体验到什么是传统的美味。我认为制作中最重要的是在蛋糕上进行焦糖化反应。

通常大家将焦糖反应的焦点都放在糖稀的焦香上面，而我觉得焦糖化反应的效果并不仅限于此。所谓焦糖反应，除了砂糖之外，砂糖下面的蛋糕、奶油、圣马可蛋糕及表面涂的炸弹面糊都要经过烘烤，它们的风味也很重要。因此，撒糖的诀窍是撒得均匀，但要撒得稀疏一些。这样，砂糖焦化的地方及蛋糕、奶油、炸弹面糊直接焦化的部分可以产生味道上的反差。

制作圣马可表面的蛋糕时，我会根据不同目的更换工具和糖的种类，总计焦化反应6次。

用烙铁直接烫化砂糖会产生有别于焦糖汁的复杂烟熏香，类似于炭火烘烤的感觉。含大量奶油夹心而不腻口，很大程度上要归功于烟熏的香味。

基本分量［60厘米×40厘米的方模，2个（7厘米×3厘米，192个）］

炸弹面糊

基本分量（成品约800克）

蛋黄	20个的量
波美度30°的糖浆（p.5）	500克

杏仁海绵蛋糕(p.37)	全量
白糖	适量
粗糖	适量
糖粉	适量

黑巧克力香醍奶油酱

鲜奶油（乳脂肪含量35%）	2.2千克
黑巧克力（可可含量55%）	1.1千克
黑巧克力（可可含量66%）	440克
香草糖（p.15）	5克
香草香精	5克

与p.146的步骤**1~4**做法相同。但步骤**1~2**中不加君度酒，而是加入全部的打发奶油，步骤**3**向化开的巧克力中和鲜奶油一起加入香草糖和香草香精。

含明胶粉的香醍奶油酱

明胶粉（p.89）	50克
白糖	150克
牛奶	200克
香草香精	5克
鲜奶油（乳脂肪含量35%）	2.5千克
香草糖（p.15）	5克

与p.89的步骤**4~7**做法相同。但在步骤**6**的最后会加香草糖混合搅拌。

炸弹面糊＞

1 钵盆里加入蛋黄，用打蛋器充分搅打至质地均匀。一边倒入煮沸的波美度30° 的糖浆，一边充分拌匀。

2 将步骤1的材料用90℃的水隔水煮，放置5分钟左右，一边确认浓度一边搅拌。到达64℃~70℃时开始凝固。

3 图为凝固约1个小时后的状态。用木勺舀起来会像缎带一样缓缓流下。

4 用漏勺过滤步骤3，倒入座式搅拌机的搅拌缸中。为了漂亮地涂在杏仁海绵蛋糕上，要搅拌至顺滑，不要有结块。

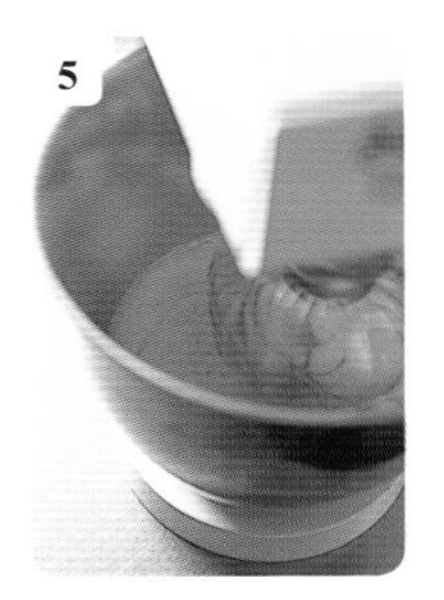

5 将搅拌缸组装在搅拌机上，高速搅拌至黏稠。

6 图为搅拌完成状态。提起打蛋头，蛋糊像缎带一样滴落重叠，痕迹迅速消失。这是已经完全冷却、易于延展的状态。

组合 最后工序＞

1 将杏仁海绵蛋糕的上色面朝上，放在翻过来的烤盘上。每块上面放150克炸弹面糊，用刮平刀抹开。

2 把规尺放在蛋糕上，从里侧滑向手边。为了后面顺利地进行焦糖化反应，将蛋糕刮平。

3 大约半天时间后，蛋糕干燥至不会粘在手指上的程度。这种炸弹面糊可提升风味，也可作为外膜。焦糖反应时直接把烙铁放在蛋糕上会让蛋糕的水分流失。

4 将步骤3中的4块杏仁海绵蛋糕焦糖化。糖需使用白糖、粗糖、糖粉3种。粗糖可以增加独有的鲜味。

5 烙铁平时放在瓦斯炉上备用。用过之后马上用钢丝刷清理表面，再搭在火上。

6 首先对做蛋糕底的2块进行处理。混合相同比例的白糖和粗糖，撒在蛋糕上。撒糖不需要很规矩，可以空出一些地方不撒。

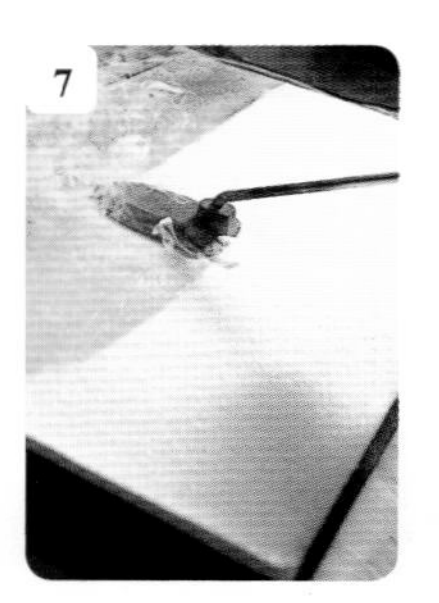

7 把烧热的烙铁放在步骤6的上方烧焦。因为糖撒得不均匀，有的地方出现焦糖，有的地方直接烙在炸弹面糊上，产生味道和香味的变化。

8 再一次以相同手法焦糖化反应。在步骤7还热的时候进行反应，此时砂糖易化开、定形。颠倒蛋糕的方向，把糖撒在刚才没有撒上的地方。

9 以同样手法把烙铁放在蛋糕上。这两次焦化的目的是给蛋糕增添风味和烟熏香。底部2块蛋糕就完成了，分别放到铝烤盘中，套上方模晾凉。

表面用的2块蛋糕也以相同做法焦化，再仅用白糖进行2次焦糖化反应。3~4次焦化的目的是增加饴糖的厚度和强度。

为了进一步增加光泽，对2块蛋糕表面进行焦糖化反应。这一次使用糖粉。用滤网在整体均匀筛糖粉。

把烧热的电烙铁放在步骤**11**的材料上。用强火力（1200瓦）的电烙铁可以让蛋糕产生“镜面”（法语：comme un miroir）光泽。

再重复一次**11~12**的步骤，总计6次焦糖化全部完成。饴糖的厚度增加到1.2毫米左右。冷却后放入冰箱冷冻。

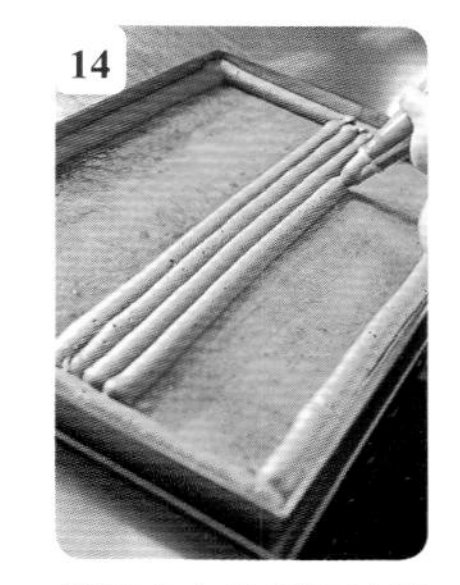

黑巧克力香醍奶油酱装入裱花袋，套上口径14毫米的圆形裱花嘴，挤在步骤**9**中晾凉的2块蛋糕上。先挤四边，再从中间向里侧挤。

用刮平刀快速抹平步骤**14**的材料，放入冰箱冷冻10分钟左右硬化。

以同样手法把含明胶粉的香醍奶油酱挤在步骤**15**的材料上。

把用作表面的步骤**13**中的蛋糕焦糖面朝上分别摆好，急速冷冻凝固。

把直接用火烧热的面包刀放在蛋糕上，每7厘米划一道，然后沿着痕迹切蛋糕。再以同样手法切成3厘米宽的块。

洋梨夏洛特蛋糕

Charlotte aux poires

把表情丰富的手指海绵饼干搭成盒子的形状，里面装上洋梨慕斯。法语中的“Charlotte”（夏洛特）是女性的帽子之意，给人的感觉就像印象派绘画中可爱少女的帽子。

洋梨慕斯和巴伐路亚一样，做好英式奶油霜后离火静置3分钟，利用余温继续加热。经过这一步，奶油霜即使和含有意式蛋白霜的鲜奶油混合也不会失去存在感，并且口感饱满香醇。在“用余温加热”英式蛋白霜的工序中，为了防止细菌繁殖，必须严格贯彻温度和卫生条件的把控（p.67）。

把罐装洋梨错落有致地放在洋梨慕斯中。虽然这一步很容易被忽视，但确实很重要。也许有人觉得用新鲜洋梨代替洋梨罐头更好吃，但实际上用洋梨会模糊这道甜品的焦点。在我看来，与其说是品尝洋梨果肉的鲜美，不如说是给予甜品清凉感的画龙点睛之笔。

洋梨的切法也很重要。一般是把洋梨切成半月形后摆在慕斯上，但半月形的洋梨一旦打滑就会从蛋糕上掉下来。我把洋梨切成1厘米的方块，错落地散放在慕斯里。这样洋梨丁可以在口中滚动，产生有趣的节奏感，洋梨的新鲜更突出了主角——洋梨慕斯。即使作为一道配菜，也要考虑效果，钻研尺寸和切法等细节，这样甜点才会给人鲜明的印象。

基本分量（直径 12 厘米的无底圆模，20 个）

手指海绵饼干（p.34）……5 倍量

直径 12 厘米的帽和底各 20 块，60 厘米 ×40 厘米的烤盘 2 个。因为饼干容易塌陷，所以面团要分 5 次做，分别烘烤。饼干帽按照 p.34~35 的方法制作。

洋梨味糖浆（面团用）
- 波美度 30° 的糖浆（p.5）……125 克
- 洋梨白兰地……125 克

将以上材料混合。

洋梨慕斯
- 英式奶油霜
  - 洋梨（罐头）汁……600 克
  - 香草豆荚……1 根
  - 蛋黄……120 克
  - 白糖……120 克
  - 脱脂牛奶……60 克
- 明胶片……30 克
- 洋梨白兰地……136 克
- 鲜奶油（乳脂肪含量 35%）……900 克
- 意式蛋白霜按以下配方从成品中取出 400 克
  - 糖浆
    - 水……94 克
    - 白糖……376 克
  - 蛋白……210 克

    使用当天现打的新鲜鸡蛋。
  - 白糖……42 克

    与 p.141 的步骤 **1~5** 做法相同。但不加柠檬汁、香草香精。从中分出 400 克，以 p.150 中步骤 **5** 的做法冷却至 0℃。

洋梨（罐头，切成 1 厘米方块）……1365 克
糖粉……适量
蓝莓……约 5 个 / 份
覆盆子……约 3 个 / 份
雪维菜……适量
薄荷……适量

手指海绵饼干＞

1 饼底的面团和饼干帽以同样方法制作、烘烤。用口径8毫米的圆形裱花嘴从中间开始螺旋式挤成直径12厘米的圆形。

2 侧面的面团也用与p.34中步骤**1~16**的方法制作、烘烤。将烤盘纸铺在烤盘上，用口径8毫米的圆形裱花嘴挤成条状。先挤正中间的线，以其为界，分别挤在里外两侧。将烤盘纸逐一放在烤网上晾凉。

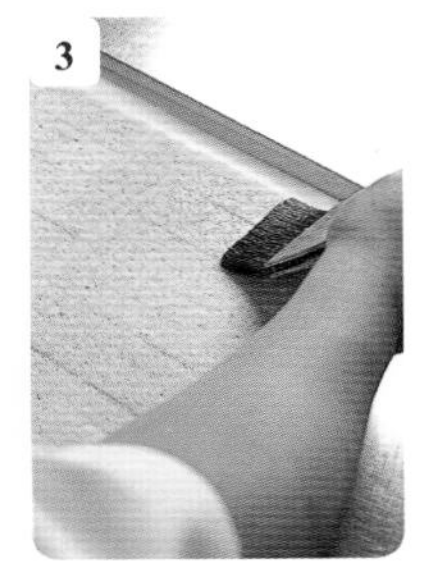

3 将步骤**2**的材料竖着放置，横切成4.2厘米×36.5厘米的带状。切得比模具高（4厘米）宽一些，利于后面平整慕斯。将饼干翻面，撕掉烤盘纸，在饼干上涂满洋梨味糖浆。

4 把面团放在铺好烤盘纸的铝烤盘上，使步骤**3**的材料中带状面团上色面朝外。先松散地放进去（如图中右上模具），再对齐边缘，面团就可以卷成模具的形状了（如图中左下模具）。

5 在烤盘中铺好烤盘纸，放入面团，反面朝上，用直径10厘米的圆模压成圆形。从反面压模不容易变形。在饼干上涂满洋梨味糖浆。

6 将步骤**5**的材料涂有糖浆的一面向上，嵌入步骤**4**的材料的底部。盖上烤盘纸，避免干燥。

＞ ＞ ＞ ＞ ＞

洋梨慕斯＞

1 铜钵盆里倒入罐头洋梨汁、香草豆荚（参照p.15的做法剖开），用小火加热到82℃（注意，继续加热香气会跑掉）。关火，包上保鲜膜，静置15分钟。待步骤**3**使用时再加热到82℃。

2 在另一个钵盆中倒入蛋黄，加白糖打发蛋黄（p.17），再加入脱脂牛奶搅拌。用脱脂牛奶代替牛奶能令味道更饱满。

3 用长柄勺向步骤**2**的材料中舀1勺步骤**1**的材料，充分搅拌后再加1勺。

4 将步骤**3**的材料加入步骤**1**的材料中充分搅拌。开略大的中火加热到82℃。

5 表面的气泡膨胀后消失并开始冒蒸汽时就说明接近82℃了。达到82℃后离火，倒入另一个已消毒的钵盆里，插入消毒温度计并搅拌，静置3分钟。

6 图为约3分钟后的状态。稍微带一点黏性。用余温加热，使慕斯更浓醇。一定要放在75℃以下的环境中，避免细菌滋生。

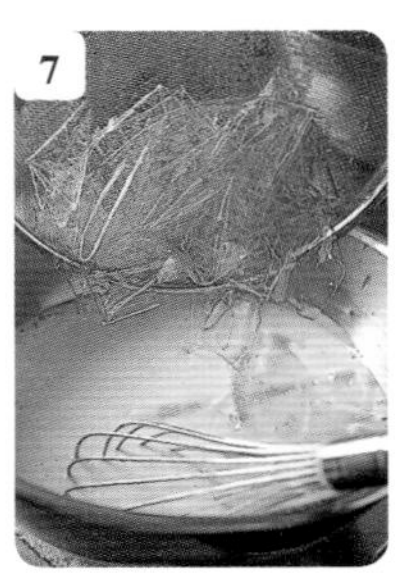

7 将明胶片泡软，沥干水分，加入步骤**6**的材料中，用打蛋器搅拌溶解。打蛋器、漏斗等也要经过消毒，严格保证卫生。

8 用漏斗过滤步骤**7**的材料，倒入另一个钵盆中，隔冰水搅拌，冷却到35℃。在另一个钵盆里倒入洋梨白兰地，倒入步骤**7**的材料，搅拌均匀，再冷却到20℃。

用搅打器将鲜奶油打发到最大程度，放入另一个钵盆中，加入意式蛋白霜，用打蛋器从底部向上翻动，快速混合。

撤掉步骤**8**下面的冰水，加入1/5的步骤**9**的材料，以画圆的方式搅拌。再将剩余的步骤**9**的材料分4次加入，从底部向上翻动，快速搅拌。

将步骤**10**的材料倒入另一个钵盆里，上下位置调换，同样从底部向上翻拌均匀。通过气泡的作用使慕斯质地膨松。

组合 最后工序 >

帽的饼干背面涂满洋梨味糖浆。特别是最厚的中间部分要多涂一些。饼干边缘残留的糖粉溶解在糖浆里，也是一种加分的美味。

将洋梨慕斯装入裱花袋，套上口径10毫米的裱花嘴，挤入放有手指海绵饼干的模具中七分满。挤完之后用铝烤盘在操作台上轻轻敲打，使慕斯均匀。

将切成1厘米见方的洋梨块散放在慕斯上，用勺子轻轻按压填入慕斯中。重点是洋梨要切成1厘米的方块，这个大小恰好能让洋梨在口中翻转，产生节奏感和清凉感。

再在步骤**3**的材料上面挤入洋梨慕斯，用刮平刀刮平，并把慕斯向中间略微推高（这样可以防止解冻时中间凹陷）。

用刮平刀在步骤**1**的材料上涂少量洋梨慕斯，盖在步骤**4**的材料上面。慕斯可以作为黏合剂，使饼干帽和主体不易分离。

双手轻压饼干帽，使其贴合紧密。因侧面的饼干比模具略高，所以饼干帽也比较容易扣上。冷冻保存。

垫在大小适中的罐头上，撤掉模具。用滤网筛糖粉，用蓝莓、筛有糖粉的覆盆子、雪维菜、薄荷装饰。

拿破仑蛋糕

Mille-feuille

用于做拿破仑蛋糕的千层酥皮控制了膨松度，表面用糖粉焦糖化形成镜面的效果，背面撒有白糖，保留部分砂糖颗粒来增加口感的变化。

这样做的目的之一是防潮。在蛋糕店，必须设想到早上做的甜点客人晚上才吃到的情况。另外，饼底的咸和砂糖的甜构成对比，两种砂糖的不同口感也是一种美妙享受。和防潮效果矛盾的是，需要让饼底接触奶油，体现砂糖融化时的独特美味。

虽然潮湿是派的天敌，但我认为未必如此。干脆的派当然好吃，但也许是个人偏爱软仙贝的原因，我觉得“半软”的派也会有市场。面团和奶油结合的“灰色地带”的美味也是这道甜点的精彩之处。“A POINT”的千层酥皮因质地细密、分层轻盈，所以即便受潮也不粘口，可以在口中柔软化开。

这道拿破仑蛋糕中隐藏的主角是装饰用的一口酥。图片中最顶端除了卡仕达奶油酱外，还在下面铺了很多覆盆子果冻。和派主体形成对照的小派高高隆起，轻轻咬碎小派，会露出果冻，惊喜的同时也进入了拿破仑蛋糕的正题。这是一个特别的附加性设计。

基本分量（7 厘米 ×3 厘米，8 个）

千层酥皮（p.44）…………………………………… 1/8 份

按照基本方法制作，撒白糖烘烤，最后用糖粉糖渍。

糖粉……………………………………………………… 适量

A POINT 卡仕达奶油酱（p.64） ………… 约 400 克

一口酥…………………… 基本分量（约 70 个的量）

千层酥皮（p.44）……………………………… 1/4 份

以 p.44~46 中步骤 **1~17** 的方法制作，取出 1/4 份。用擀面杖轻轻敲打面团使硬度均匀，用压面机压成 3.6 毫米的正方形。以 p.46 中步骤 **20** 的手法舒压，放在烤盘纸上，盖上烤盘纸，室温下松弛 30 分钟左右，再放进冰箱冷藏 1 个小时收紧面团。

糖粉……………………………………………… 适量

覆盆子果冻（p.246） ………………… 约 5 克 / 份

A POINT 卡仕达奶油酱（p.64） …… 约 5 克 / 份

组合 最后工序 >

1 千层酥皮放在砧板上，将撒糖粉、糖渍的一面向上，用波纹刀切开，取一块36厘米×14厘米大小的酥皮。尺子放在酥皮上，用小刀划出记号，用波纹刀切成24块7厘米×3厘米的酥皮。

2 小心切开，不要划裂表面。

切千层酥皮这种略硬的面团时，把食指放在刀背上比较好施力。垂直下刀可以避免破坏酥皮层。每份拿破仑用3块。

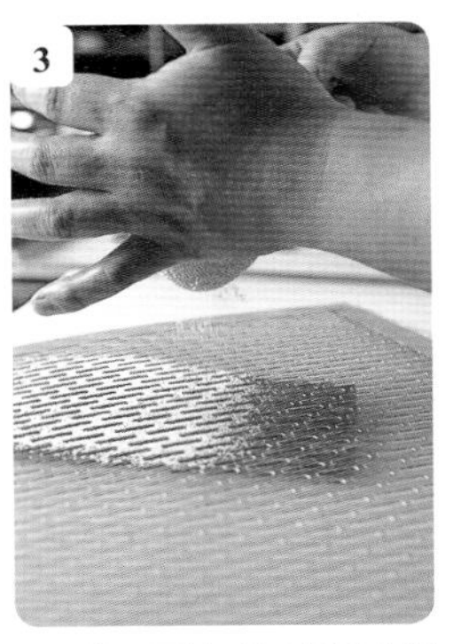

3 给用作上层的8块千层酥皮制作花纹。把面团连续摆放在一起，把花纹模板放在上面。用滤网筛糖粉，形成花纹。

4 图为做好花纹的样子。上层的千层酥皮也可以使用步骤**1**中分出的最漂亮的中间部分。

5 将A POINT卡仕达奶油酱装入裱花袋，套上口径14毫米的裱花嘴，在除上层外的其余16块酥皮上分别挤23克奶油酱。

6 将步骤**5**中的8块酥皮叠在剩余做底的8块上。

7 轻轻摞上，不要碰到奶油。

再将带花纹的步骤**4**的材料小心地叠在上面。

8 在一口酥（制作方法详见右页）的背面挤上少量A POINT奶油酱，粘在步骤**7**的材料上。

一口酥>

1

从冰箱中取出千层酥，用直径3厘米的菊花模压花形。

2

小锅内倒入少量色拉油（分量外）后略加热，将直径1.5厘米的圆模浸入油中。

3

将步骤**1**中压好的面皮翻面（压过的面皮是张开的下摆形，翻面烤可以让侧面漂亮地隆起，如p.267图示），分别用步骤**2**的模具在中间压出痕迹。

4

用小刀在压出的痕迹周围8处、中心1处戳孔。这些孔非常重要，蒸汽可以适量从洞中穿过，使面团膨胀均匀。

5

在烤盘上喷雾，放上步骤**4**的材料，也给面团喷雾。用烤箱以200℃烘烤。

6

20分钟后面团膨胀，取出，用滤网筛糖粉。在烤盘下面再垫一个烤盘，再放进210℃的烤箱烤3分钟左右。

7

产生漂亮的分层，糖渍过的效果很有光泽。放在烤网上晾凉。

8

用小刀沿步骤**3**中压出的痕迹挖掉上表面的中心部分，再将芯整齐地挖出来。注意不要破坏派层。挖掉的部分用作盖子。

9

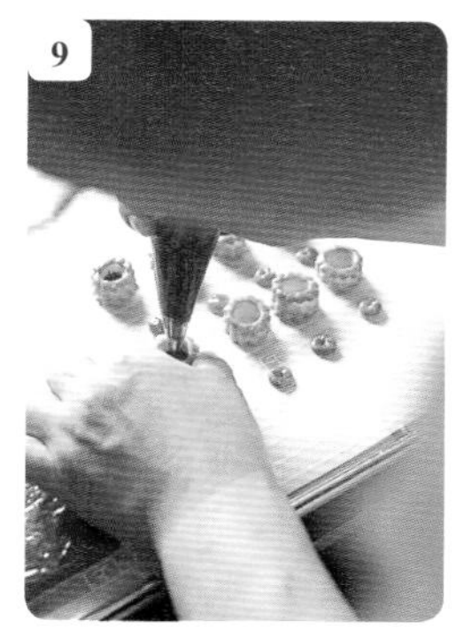

将覆盆子果冻装进裱花袋，套上口径10毫米的裱花嘴，向每步骤**8**的材料内挤入5克左右。

10

再将A POINT卡仕达奶油酱装入裱花袋，套上口径10毫米的圆形裱花嘴，每个挤5克左右，盖上盖子。

焦糖奶油酥挞

Puits d'amour

这是一款在千层酥皮的容器里填满A POINT卡仕达奶油酱，再将表面焦糖化的点心。其实它的构成非常简单，但每一个部件的美味都堪称极致，组合在一起后绽放出极品甜点的光芒。

关键步骤是在模具里铺面皮时，把面皮的边缘翻到模具外侧，剪掉多余部分。经过这个工序，面皮边缘产生生动的分层，和底部、侧面的面皮呈现完全不同的感觉。

为了让大家品尝到招牌的A POINT卡仕达奶油酱，选择了宽口径的半球小蛋糕模。因为口径比较宽，所以可以感受奶油中的焦糖部分。焦糖化反应总计5次，开始的3次使用了相同比例的白糖和粗糖，加强风味，4~5次使用糖粉，形成镜面般的光泽。

焦糖化反应的有趣之处在于不仅焦化了砂糖，同时也加热了下面的奶油。给予点心复杂的“烟熏香味”，产生更深层的味道。另外，用大火力的电烙铁可以使奶油瞬间沸腾，同时产生酱汁一样浓稠的新鲜质地。

在面团和奶油的搭配中，哪怕只做出小小的改进，食客所能品尝到的风味和口感也会大大拓展。

基本分量（口径8厘米的小蛋糕模，12个）

千层酥皮（p.44）…………………………1/4份

以p.44~46中步骤**1~17**的方法制作，分出1/4份。用擀面杖轻轻敲打面团，使硬度平整，用压面机压成2.6毫米厚的正方形面皮。

涂面团蛋液（p.48）…………………………适量

A POINT卡仕达奶油酱 (p.64) ……………约960克

白糖……………………………………适量

粗糖……………………………………适量

糖粉……………………………………适量

发酵黄油（模具用）…………………………适量

室温下回软至手指可以轻松插入的程度。

千层酥面皮>

1

以p.46中步骤**20**的手法舒压，放在烤盘纸上，用滚针刀戳孔。将针扎到面皮底部，避免派层过于膨胀。再舒压一次。

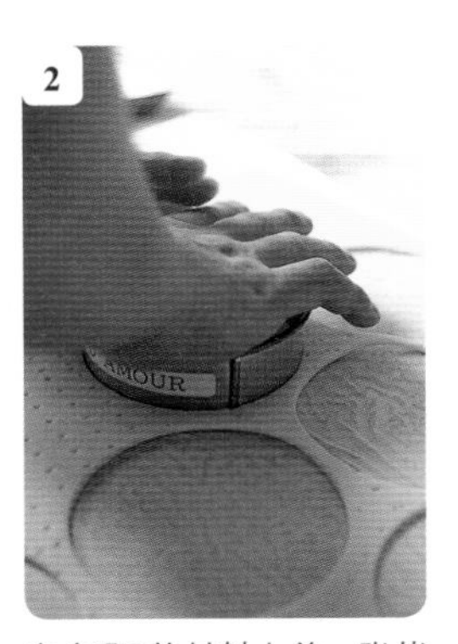

2

在步骤**1**的材料上盖一张烤盘纸，室温下松弛30分钟左右，再放进冰箱1个小时收紧面团。取出后用直径10厘米的圆模压出12块圆形。

3

图为压模完毕的状态。事先将面团擀成正方形是为了可以烤成圆形。如果压成长方形，烘烤回缩后容易变成椭圆形（p.201的图2）。

4

用毛刷在模具内壁上薄薄地涂一层室温软化的黄油，把步骤**3**的材料先轻轻放在模具上。

5

一边旋转模具，一边慢慢地放下面皮，用手指轻轻压成模具的形状，注意不要立起指甲。

6

用拇指的指腹将面皮的边缘折到模具外侧。

7

图为面皮完全铺进模具的样子。非常重要的一点是铺的过程中不要改变面皮的厚度，而且操作时注意面皮不要歪斜。

8

在步骤**7**的材料上盖一张烤盘纸，再盖上烤盘罩（干燥会影响面皮膨松）。放入冰箱冷藏1小时左右收紧面团。

9

将步骤**8**的材料从冰箱中取出。把小刀的刀尖插入模具外下侧3毫米处转一圈，直接切掉边缘的面皮。

10

图为切完的样子。把面皮边缘折到模具外侧，可以让边缘生动地膨起来，形成和底部、侧面不同的口感。

11

在步骤**10**的材料上铺一层铝箔，填入小石子。放在烤盘中，喷雾，用烤箱以200℃烤45分钟左右。

12

放入烤箱约30分钟后取出，从上方轻轻按压，控制面皮膨胀。

13

烤好前5分钟小心地取下石子和铝箔纸，注意不要碰坏挞皮。挞皮内呈现白色即可。如果在这个阶段就烤成焦黄色，最后烤完会有点焦。

14

在步骤13的挞皮内侧涂蛋液，再放入烤箱烤5分钟。

15

挞皮烤好了。从模具里取出挞皮，放到烤网上晾凉。内外两侧都烤成金黄色。边缘的挞皮分层表情丰富。

组合 最后工序 >

1

把挞皮放在铺有烤盘纸的铝烤盘上，将A POINT卡仕达奶油酱装入裱花袋，套上口径14毫米的圆形裱花嘴，满满地挤在挞皮上（平均每个挤80克左右）。慢慢挤，尽量不要有缝隙。

2

用小铲刀刮平。盖上烤盘罩避免干燥，放入冰箱冷藏1小时使表面凝固，以便焦糖化反应。

3

对表面焦糖化处理。先混合相同比例的白糖和砂糖，撒在步骤2的材料表面。放在大小适中的环形模上。

4

用烧热的电烙铁烤焦表面。以同样手法焦糖化反应2次。把奶油和砂糖一起烤焦，可以使奶油黏稠，增加独特的烟熏香味。

5

用毛刷仔细扫去挞皮边缘的砂糖。

6

3次焦糖化反应后用滤网过筛糖粉。

7

以相同方法用电烙铁再进行一次焦糖化反应，表面出现镜面一样的光泽。边缘残留化开的糖粉也会使味道产生张力。

摩嘉多蛋糕

Mogador

在去法国实习之前，我曾在书上看到过这道法式甜点。覆盆子和巧克力的组合在当时是很少见的，这给我带来强烈的冲击，让我憧憬不已。在巴黎见到这款甜点的时候，我像重逢百年前的恋人一样激动。

尽管如此，我还是怀有疑问："为什么是覆盆子和巧克力呢？"直到在巴黎待了一年后我才明白。进入初夏，巴黎的市场成了覆盆子等浆果的海洋。法国全民喜爱的巧克力和上帝恩赐的浆果组合在一起，仿佛是再自然不过的事情，根本无须思考。

实际上，有着强烈酸味和轻微涩味的覆盆子确实和酸中带苦的巧克力是天生一对。巧克力包裹在打发鲜奶油和巧克力香醍奶油酱上，再搭配新鲜覆盆子果冻，烘托出轻盈精致的美味。下部的蛋糕底是巧克力磅蛋糕。磅蛋糕恰当的醇香给巧克力香醍奶油酱的轻盈增添了存在感。

在法国把"天作之合"叫作"bon mariage"（良缘）。这道甜点中各个部件的组合就是"bon marriage"。

基本分量（直径 15 厘米的无底圆模，10 个）

巧克力磅蛋糕

（60 厘米 ×40 厘米的方模，6 个的量，使用其中 2 个）

- 发酵黄油……2250 克
  室温回软至手指可以轻松插入（接近流质的固体）的程度。
- 糖粉……1125 克
- 蛋黄……900 克
- 蛋白……1440 克
- 白糖……1125 克
- 低筋面粉……1800 克
- 可可粉（无糖）……450 克

覆盆子味糖浆（饼底用）

- 波美度 30° 的糖浆（p.5）……80 克

黑巧克力香醍奶油酱

- 鲜奶油（乳脂肪含量 35%）……1150 克
- 覆盆子白兰地……150 克
- 黑巧克力（可可含量 55%）……440 克
- 黑巧克力（可可含量 66%）……160 克
  以 p.146 中步骤 **1~4** 的方法制作。但使用覆盆子白兰地。

覆盆子果冻（p.246）……适量

苹果果冻（p.178）……适量

覆盆子……约 4 个 / 份

糖粉……适量

蓝莓……7~8 个 / 份

牛奶巧克力装饰（p.157 的 a）……适量

薄荷……适量

雪维菜……适量

巧克力磅蛋糕＞

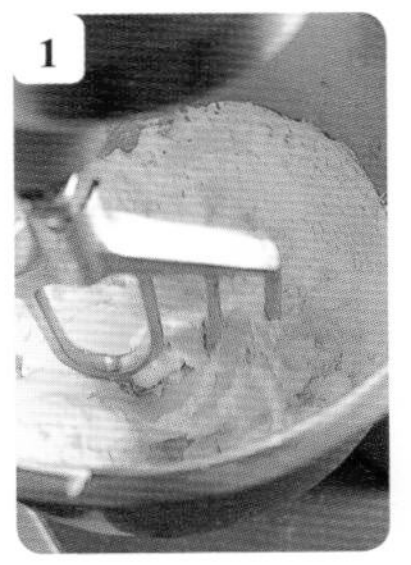

把室温软化的黄油（接近流质的固体状态）放入搅拌缸中，用拌料棒低速搅拌。分3次加入糖粉搅拌。

将蛋黄倒入另一个钵盆中，用打蛋器搅打，一边隔水煮一边搅拌。

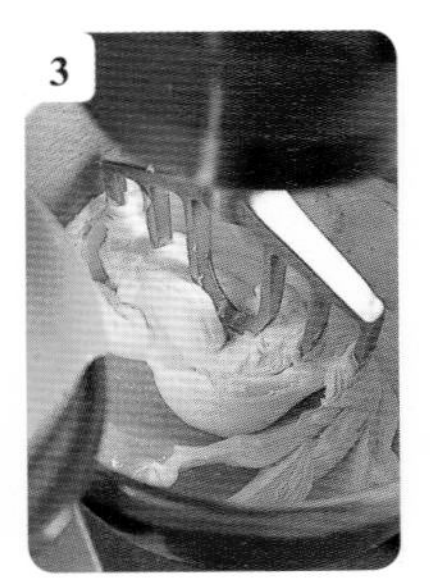

向步骤**1**的材料中加入1/3的步骤**2**的材料混合。用喷枪加热缸的外侧。这是为了让缩紧的面团烤得硬一些，起到松弛面团的作用。

无论何时都要细致耐心地工作。

中途多清理几次粘在拌料棒上的黄油、蛋黄，搅拌均匀。

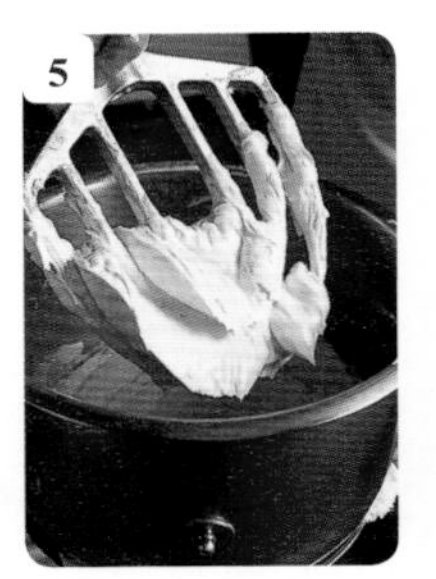

搅拌后呈膨胀松软的慕斯状。

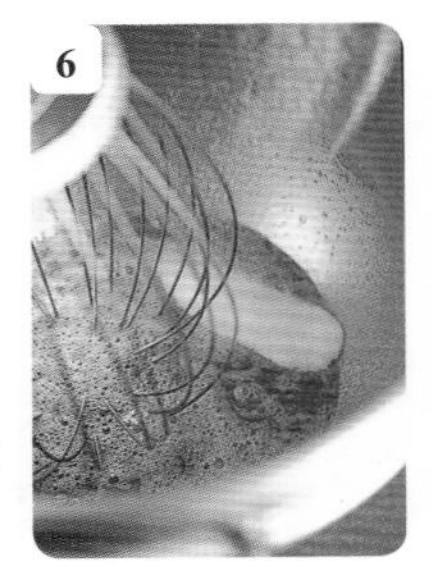

向另一个搅拌缸中加入蛋白和1/4白糖。先低速搅拌至蛋白浓度均匀后再高速打发。一开始加糖打出的气泡更坚挺，和黄油混合也不易消失。

分3次倒入剩余的白糖，打发至提起打蛋头时蛋白呈直立尖角的状态。泡沫绵密丰富、易混合的蛋白霜就完成了。

向步骤**5**的材料中加入1/4的蛋白霜，用刮板从底部向上翻拌。蛋白霜的白色部分还保留大理石花纹。

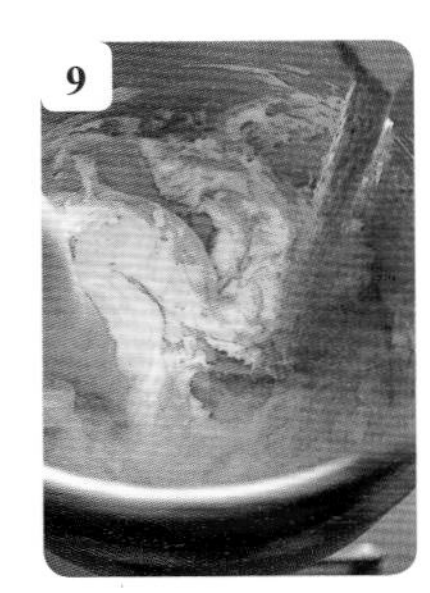

向步骤**8**的材料里倒入过筛2次的低筋面粉和可可粉，以相同手法搅拌。这时面团会骤然缩紧，不要着急，混合八成即可（可以看见少量粉末的状态）。

将剩余的蛋白霜分3次加入步骤**9**的材料，同时以同样手法搅拌。因加可可粉会让面团缩紧，所以动作要迅速。搅拌中发挥了气泡的作用。图为搅拌完毕的状态。

在烤盘上铺硅油纸，每个烤盘上放1.5千克的步骤**10**的材料，用刮平刀粗略刮平，套上方模，刮齐边缘。因为需要蛋糕厚一些，所以套上方模。

将步骤**11**的材料用烤箱以165℃烤20分钟左右。轻敲蛋糕表面，如果有蒸汽跑出的声音就说明已经烤好了。

不同蛋糕烤好的声音不一样。

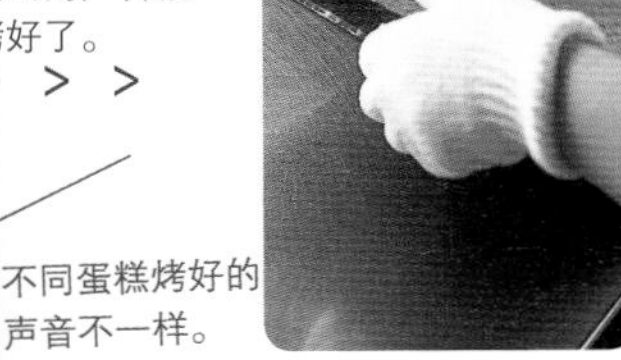

将蛋糕从烤箱中取出，马上将每个烤盘在操作台上震一震，震出热空气，防止回缩。用小刀从边缘插入，卸下模具。

图为烤好的效果。把烤盘纸分别放在烤网上晾凉。因蛋糕里含有足量黄油，所以口感醇厚、入口即化。

> > > > >

组合 最后工序 >

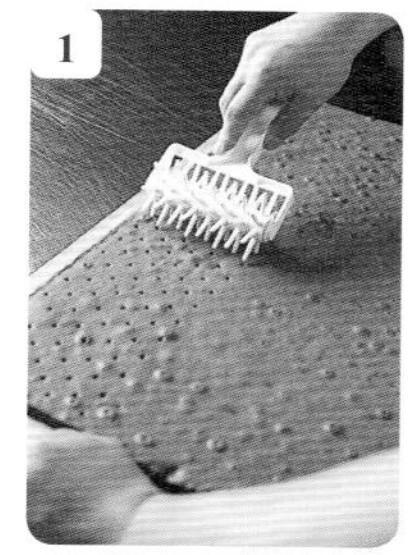

撕掉巧克力磅蛋糕的烤盘纸，上色面朝上，放在铺有烤盘纸的砧板上戳孔，这是为了让糖浆容易渗透进去。

将蛋糕翻面，用10个直径15厘米的圆模压模（上色面朝下可以令蛋糕不易碎）。上色面朝上，放在铺有烤盘纸的铝烤盘上。剩余的蛋糕会在步骤**9**使用，先保留。

分两次在步骤**2**的材料上涂满覆盆子味糖浆。毛刷在蛋糕上停一下，让糖浆彻底渗入蛋糕。令蛋糕湿润，增强覆盆子的提香作用。

把无底圆模放在铺有烤盘纸的铝烤盘上，把步骤**3**的材料放在模具底部。用口径14毫米的圆裱花嘴将黑巧克力香醍奶油酱挤在上面。

将每个铝烤盘在操作台上震几下，震出空气，用铲刀平整表面，放入冰箱冷冻保存。

取出步骤**5**的材料，在表面放上覆盆子果冻，用铲刀平整。多放一些果冻，让巧克力香醍奶油酱不要透过来。再急速冷冻凝固。

取出步骤**6**的材料，用毛刷轻轻涂上苹果果冻，增加光泽。再急速冷冻一次凝固。

将步骤**7**的材料放在大小适中的罐头上，用喷枪烤热圆模的四周，撤掉圆模。

用食物料理机将剩余蛋糕打成粉末，用手心涂在步骤**8**的材料的侧面。

用覆盆子、蓝莓、牛奶巧克力、薄荷、雪维菜等装饰。使用撒过糖粉和没有撒糖粉的两种覆盆子让蛋糕的外形更丰富。

香蕉蛋糕

Bananier

“Bananier”的原意是香蕉树。用黄油和砂糖煎制的香蕉散发出焦香味，这是一道令人印象深刻的优质甜点。

搭配的是生杏仁膏和加了黄油的卡仕达奶油酱。虽然结合了多种醇厚口味，属于最传统、有厚重感的奶油，但生杏仁膏不会令奶油过分甜腻，而且杏仁油所含的油分也使口感更加顺滑。此外，香蕉和奶油的比例也很重要。因我希望这道点心中的香蕉能让食客们食欲大增，故将香蕉与奶油的比例设定为7：3。制作时要注意香蕉的切法，将香蕉纵切为2等份，再切成大约4厘米长的大块，每份点心内放一块。和香蕉一起加入的朗姆酒浸渍葡萄干成为整款甜品的亮点，它不但可以烘托香蕉的香味，而且让奶油更易入口。

侧面和底部的饼底使用了杏仁味浓郁的杏仁海绵蛋糕。侧面的蛋糕用巧克力切割工具切成了带状。用这个秘密武器切出来的蛋糕造型更漂亮，效率也更高。为避免蛋糕粘在切割器上，可以事先把砂糖撒在饼底上，事后再喷涂巧克力，也可以增添细腻的口感。这也是这道甜品在食材搭配之外难以言喻的魅力。

基本分量（直径6厘米的24个圆形模具，24个）

杏仁海绵蛋糕（p.37）……烤盘1个的量
白糖……适量
朗姆酒味糖浆（面糊用）
- 波美度30°的糖浆（p.5）……25克
- 朗姆酒……25克

混合以上材料。

杏仁慕瑟琳慕斯
- 生杏仁膏（1.5厘米厚切片）……300克
  室温下软化至手指可以轻松穿过的程度。
- 发酵黄油（1.5厘米厚切片）……300克
  室温下软化至手指可以轻松穿过的程度。
- 卡仕达奶油酱（p.64）……240克
  与步骤1~17做法相同，分出240克。
- 朗姆酒……60克

朗姆酒浸渍葡萄干（苏丹娜葡萄）……2个/份
喷涂用巧克力
- 牛奶巧克力（可可含量41%）……1千克
- 色拉油……100克
- 核桃油……100克

开心果（半颗）……1块/份
黑巧克力淋面酱
- 苹果果冻(p.178)……1千克
- 鲜奶油（乳脂肪含量35%）……550克
- 饴糖……425克
- 黑巧克力（可可含量66%）……750克
- 黑巧克力（可可含量55%）……450克

焦糖香蕉（p.268）
- 香蕉（纵切两半）……5根
  装进食品箱内，盖上盖子，放在烤箱上面或其他地方蒸。
- 发酵黄油……50克
- 白糖……70克
- 白糖……160克
- 香草香精……适量
- 柠檬汁……适量
- 朗姆酒……适量

杏仁海绵蛋糕＞

将杏仁海绵蛋糕切成40厘米×17.5厘米的条，取其中2块，在上色面撒糖粉。在巧克力切割器上也撒一些糖粉，这是为了防止糖粉粘在上面。

将步骤**1**中的2块杏仁海绵蛋糕上色面朝下，横向放在巧克力切割器上，用毛刷涂上朗姆酒味糖浆。

用巧克力切割器将蛋糕切成3厘米宽的条。利用巧克力切割器效率更高，形状整齐美观。

切成17.5厘米×3厘米条状的杏仁海绵蛋糕。上色面上的白糖是口感和甜度的亮点。

在铝烤盘上铺上硅胶垫，摆上圆模，将步骤**4**的材料上色面朝外，沿着模具的形状放进去。作为底部的蛋糕，用直径4厘米的圆模压模，在上色面刷涂朗姆酒味糖浆，冷藏备用。

杏仁慕瑟琳慕斯＞

将室温下回软的生杏仁膏放入搅拌缸，分3次加入室温下回软的黄油，用拌料棒低速搅拌。

不时停下搅拌机，清理粘在拌料棒上的生杏仁膏和黄油，从钵盆底部向上翻拌均匀。

向步骤**2**的材料中分3次加入用滤网过滤的卡仕达奶油酱，同时低速搅拌。

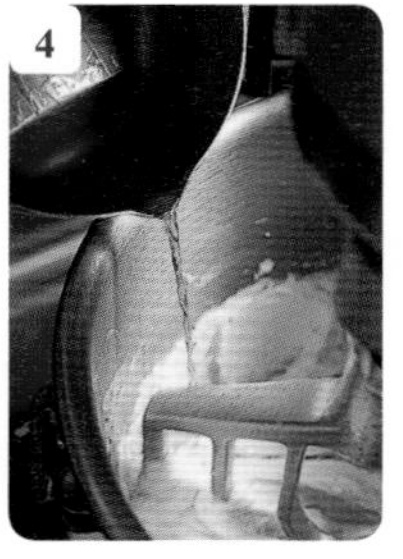

再少量多次倒入朗姆酒，以同样手法搅拌。将一半朗姆酒加热至40℃后倒入。因酒加热后容易与材料融合，香味会散发掉，所以只加热总量的一半。

图为搅拌顺滑的效果。

组合 最后工序＞

在杏仁海绵蛋糕外套上无底圆模，使蛋糕贴合模具的形状。用口径10毫米的圆形裱花嘴向蛋糕内挤入杏仁慕瑟琳慕斯，高度约为模具的1/3。

把焦糖香蕉（p.131）切成4厘米宽后填在步骤**1**的材料中，将圆一些的铺在下面。在香蕉两侧各放入1颗朗姆酒渍葡萄干。

再在步骤**2**的材料的上方挤入杏仁慕瑟琳慕斯。

将用作底的杏仁海绵蛋糕上色面朝下，放在模具里，用木模轻轻压牢，急速冷冻使其凝固。这期间香蕉的香味会转移到奶油中，口味融为一体。

把铺有烤盘纸的铝烤盘放在步骤**4**的材料上，翻面撤掉硅胶垫。用口径10毫米的圆形裱花嘴将杏仁慕瑟琳慕斯挤在边缘。再急速冷冻一次使其凝固。

钵盆中加入切碎的牛奶巧克力和两种油，用45℃~48℃隔水蒸至化开。装进喷枪，在步骤**5**的材料的斜上方45°喷涂。

变换烤盘方向180°，再均匀喷一次巧克力。冷冻保存。

取出步骤**7**的材料，放在纸盘上，把巧克力淋面酱（见下方）用注馅机在中心灌入10克左右。装饰半块开心果。

黑巧克力淋面酱 >

锅里加入苹果果冻，加热到40℃。将鲜奶油和隔水蒸软的饴糖加入铜锅煮沸，倒入加有两种黑巧克力碎的钵盆中。

用打蛋器静静搅拌巧克力使其乳化，不要进入气泡。

分3次向步骤**2**的材料中倒入加热过的苹果果冻，以同样手法搅拌。

用漏斗过滤步骤**3**的材料，倒入另一个钵盆里，钵盆浸在冰水里冷却。

图为顺滑状态的巧克力。用保鲜膜包好，在冰箱放置1晚，待其成熟后再冷冻保存。分装到合适的钵盆里，隔水蒸至体温左右使用。

焦糖香蕉 >

可参照p.207的“焦糖苹果”。把苹果换成香蕉、酒换成朗姆酒，其他做法相同。把烤网垫在铝烤盘下面，放上香蕉，沥干汁水。放入冰箱冷藏。

苹果吉布斯特

Chiboust aux pommes

“吉布斯特”工序复杂，是一道很费工夫的甜点。把鸡蛋面糊倒进千层酥皮烘烤，再涂上卡仕达奶油酱加意式蛋白霜而成的吉布斯特奶油酱，表面进行焦糖化反应。这道甜点即便在法国也不是很常见，但我实习的“Mie”甜点店每天都会做加苹果的吉布斯特，我在那里亲身体验了这道点心的美味。

有人说“虽然苹果挞制作简单，但是吉布斯特并非特别好吃”，吉布斯特浓稠独特的醇香靠苹果挞是无法表现的。我个人认为，吉布斯特奶油酱是在过去没有冰箱的年代为了让人少量吃一点卡仕达奶油酱（也为了延长保存时间）才产生的。但是，在鲜奶油不再稀缺的现代它仍然魅力不减。吉布斯特奶油酱的淡淡醇香被焦糖的烟熏香封锁，更能产生多层次的美味。因我希望让食客充分感受吉布斯特奶油酱，所以特别定制了3厘米高的方模。

对我来说，吉布斯特是极具法式风情的甜点。各种元素叠加的复杂口感，能让人感受到法国这个国家厚重的历史。

调味时的首要重点是一定要将卡仕达奶油酱彻底煮熟，残留粉块会使味道被掩盖，吉布斯特奶油酱也无法呈现清晰的味道。

基本分量［35 厘米 ×9 厘米 ×3 厘米的方模，3 个（9 厘米 ×3 厘米、33 个）］

千层酥皮（p.44）……1/2 份

以 p.44~46 中 1~17 的方法制作，分出 1/2 份。

用擀面杖轻轻敲打面团使其硬度均匀，用压面机压成 2.6 毫米厚、50 厘米宽的长方形。以 p.46 中步骤 **20~21** 的手法舒压、戳孔，戳孔时为了避免面糊漏洞，力道要轻，不要戳到背面，再舒压一次，室温下松弛后放入冰箱收紧面团。

涂面团蛋液（p.48）……适量

焦糖苹果（p.204）……45 块

乡村面糊（p.204）……约 2/3 量

用柑曼怡代替卡尔瓦多斯。

吉布斯特奶油酱

- 卡仕达奶油酱
  - 牛奶……360 克
  - 香草豆荚……2/3 根
  - 白糖……80 克
  - 蛋黄……150 克
  - 低筋面粉……24 克
- 明胶片……10 克
- 意式蛋白霜
  - 糖浆
    - 水……70 克
    - 白糖……280 克
  - 蛋白……135 克

    使用当天现打的新鲜鸡蛋。
  - 白糖……13.5 克

    以 p.141 中步骤 **1~5** 的方法制作，但不加柠檬汁、香草香精。

粗糖……适量

白糖……适量

糖粉……适量

发酵黄油（模具用）……适量

室温下回软到手指可以轻松插入的程度。

千层酥皮>

1

取出千层酥皮，使用3块46厘米×18厘米的条状面皮。在方模内侧薄薄地涂一层黄油，将面皮戳孔后铺在模具里。先根据模具的宽度折叠后再放进去。

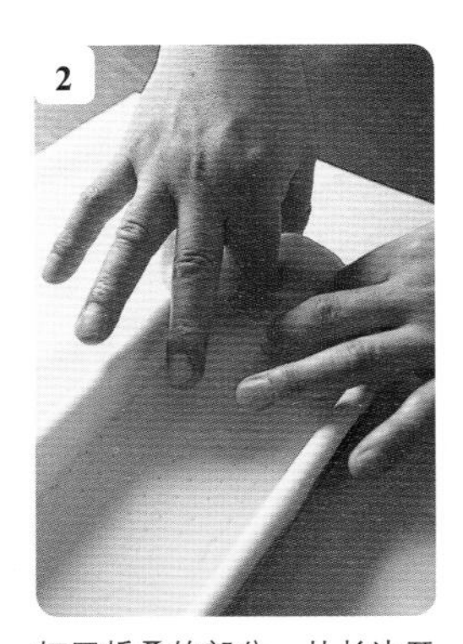

2

打开折叠的部分，从长边开始放入，使面皮贴合模具的侧面。在拐弯处仔细折成直角。

3

将面皮边缘向模具外侧翻折。铺完后先放入冰箱缩紧。

4

将步骤**3**的材料从冰箱中取出，在方模10毫米下方切掉边缘多余的面皮。向外侧翻折面皮是为了防止烘烤时面皮回缩掉落。

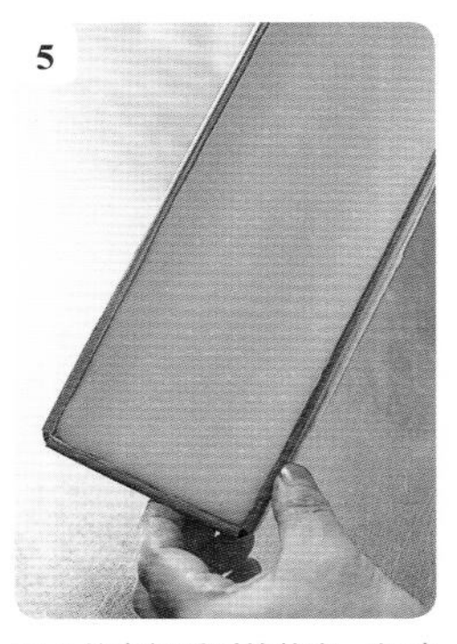

5

图为从底部看到的状态。紧贴模具的直角是我作为一个专业甜点师对细节的讲究。放入冰箱冷藏1小时左右缩紧面团，再放到铺好硅油纸的烤盘上。

6

在面团上铺铝箔纸，用小石子填满，喷雾，放入烤箱，用195℃烤50分钟左右。放入烤箱40分钟左右的时候，从上面轻轻按压，控制面皮浮起。

7

结束烘烤5分钟之前，用长柄勺舀走小石子，仔细撤掉铝箔纸。用毛刷在面糊内侧涂刷蛋液，每一个角落都要刷到。

8

再放入烤箱，用195℃烤5分钟左右。内侧和底部都烤成均匀的金黄色。

苹果吉布斯特>

1

在烤完的面皮内摆上15块焦糖苹果。用注馅机向面皮里注入乡村面糊，使苹果稍稍被盖住。

2

在下面再垫3个烤盘，一共4个，用烤箱以180℃烤30分钟，烤至金黄色(不彻底烤透就无法突出味道）。取出，静置冷却。

吉布斯特奶油酱>

1

以p.64中步骤**1~14**的做法制作卡仕达奶油酱（在步骤**8**去掉香草豆荚），离火。明胶片泡软，沥干水，加入卡仕达奶油酱中充分搅拌溶解。倒至另一个钵盆里。

2

向步骤**1**的材料中加入1/4的意式蛋白霜，画圆搅拌，剩余的分3次加入，同时从底部向上快速翻拌。倒入另一个钵盆里，使上下位置调换，以相同要领快速搅拌。

组合 最后工序>

切掉晾凉的千层酥皮边。先从方模的上方用波纹刀垂直切几个口。

保持刀在与模具水平的方向上整齐地切，不要破坏酥皮。一定要在冷却之后再切，否则面皮会回缩掉落。

将模具提起撤掉，在酥皮两侧放一个12毫米厚的铁棒。在方模内壁涂刷黄油，再将方模嵌在铁棒上，使方模比酥皮高出一个铁棒的高度（可根据个人喜好选择铁棒的厚度）。

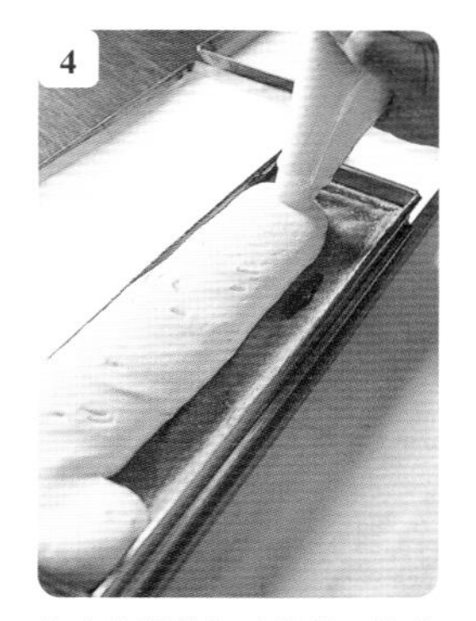

将吉布斯特奶油酱装入裱花袋，套上口径20毫米的圆形裱花嘴，挤在步骤**3**的材料上。用粗口径的裱花嘴避免碰破奶油酱的气泡，小心挤入。

用铲刀刮平表面。大致刮平后，考虑到后面奶油酱会略微下沉，刀要与奶油酱成一定角度，将奶油酱刮成鼓起的形状。

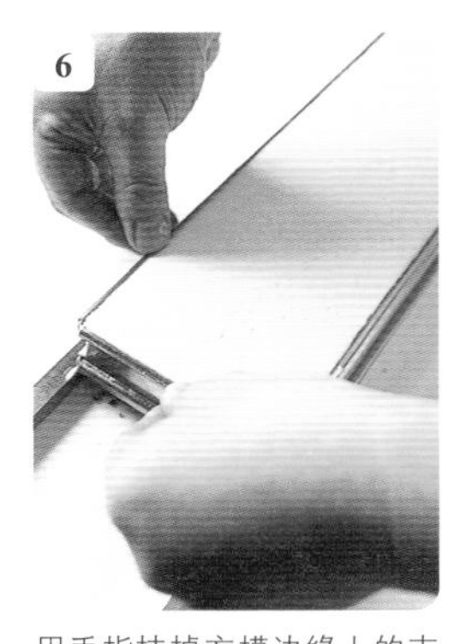

用手指抹掉方模边缘上的吉布斯特奶油酱。焦糖化反应的时候，如果奶油酱变焦，黏在方模上会不好脱模。

对步骤**6**的材料表面进行焦糖化反应，撒粗糖。使用粗糖是为了加强风味。

以p.110中步骤**5**的要领把烙铁放在步骤**7**的材料上烫焦。撒粗糖后再烫焦2次，接着再用白糖进行2次焦糖化反应。

再用糖粉进行焦糖化反应。用滤网将糖粉不留空隙地筛在步骤**8**的材料中，用烧热的电烙铁（p.111）焦糖化反应，增加镜面光泽。

把充分加热后的面包刀（p.111）放在方模边缘的内侧使糖化开，撤掉方模。用烧热的面包刀每3厘米切一个切口，再沿着切口切开。

3

De l'imagination à la rélisation de pâisseries uniques

让想象成型

在味道上做减法胜过做加法。我希望我的甜点不是标新立异的装饰性甜点，而是可以用简单的材料制造惊喜，有明确的传递信息。以这种思想为基础，我将从材料、传统甜点、模具、电影等各种事物中汲取灵感，创造出属于我自己的独家甜点，下面就在这一章细细介绍。

柠檬红醋栗迷你挞

Tartelette au citron et aux groseilles

柠檬红醋栗迷你挞

Tartelette au citron et aux groseilles

记得小时候全家都喜欢吃铝箔盘装的美式柠檬派，受此启发，我做了这道充分利用柠檬的甜点。因为其外形圆滚滚的，有人给它取了“雪屋”的日系名字，也受到了大家的认可。而我认为也可以称其为“法式甜点”，因为它充满了我心中法式甜点应有的魅力，如“口感与风味的对比”“给人惊喜”等。第一眼看到会觉得分量十足，在享用的过程中又呈现出多样面貌，让人不知不觉地就全部吃完了。

基底是在甜酥面团上挤牛奶杏仁奶油酱做成的小挞。将口感轻盈、柔和的甜酥面皮厚度增加，提升存在感。把柠檬酱凝固后放在基底的上面。因这种酱会散发浓郁的黄油香，让人感到柠檬的酸味更温和，所以可提前在烤好的挞上刷涂柠檬味糖浆，以增加清晰的酸味。

将意式蛋白霜挤成圆形，覆盖柠檬酱。意式蛋白霜在打发蛋白时也要加入少量的白糖，这是为了稳定气泡，使其保持形状不变。我一直把意式蛋白霜作为口感轻盈的奶油使用，这道甜点也利用了柠檬和香草的香气。

在意式蛋白霜里撒糖粉烤成的“珍珠”（p.32）、焦糖反应过的杏仁是绝妙的亮点。意式蛋白霜中混合的红醋栗也承担了给整体增加节奏感的重要角色。要注意用量，这样更能演绎出如宝藏般的感觉。

基本分量（口径 6 厘米的迷你挞模，12 个）

柠檬酱…………………………………… 基本分量
（口径 4.5 厘米的圆顶树脂模 90 个的量）
- 全蛋…………………………………… 10 个
- 白糖…………………………………… 540 克
- 柠檬汁………………………………… 336 克
- 柠檬皮碎……………………………… 20 克
- 柠檬油…………………………………1 克
- 发酵黄油（切成 2 厘米的方块）………… 650 克
  冷却备用。

甜酥面团按以下配方从成品中取出 250 克左右。
- 发酵黄油（1.5 厘米厚切片）……………… 600 克
  室温下软化至手指可以轻松插入的程度。
- 糖粉…………………………………… 450 克
- 全蛋……………………………………3 个
- 盐……………………………………… 适量
- 香草香精……………………………… 适量
- 香草糖（p.15）………………………… 适量
- 杏仁粉………………………………… 250 克
- 低筋面粉……………………………… 1000 克
- 烘焙粉………………………………… 10 克
  与 p.236 中步骤 **1~11** 做法相同（不加葡萄干、榛子粉），分出 250 克左右。

牛奶杏仁奶油酱（p.71）…………………… 约 15 克 / 份
室温软化。

柠檬味糖浆（面团用）
- 波美度 30° 的糖浆（p.5）……………… 30 克
- 柠檬汁………………………………… 30 克
  将以上材料混合。

柠檬味意式蛋白霜
- 糖浆
- 水……………………………………… 47 克
- 白糖…………………………………188 克
- 蛋白…………………………………105 克
  使用当天现打的新鲜鸡蛋。
- 白糖…………………………………… 21 克
- 柠檬汁…………………………………适量
- 香草香精………………………………适量

红醋栗（冷冻）…………………………… 80 克
杏仁片…………………………………… 3 片 / 份
糖粉……………………………………适量
发酵黄油（模具用）………………………适量
室温下软化至手指可以轻松插入的程度。

柠檬酱 >

将全蛋倒入钵盆，用打蛋器先打散蛋黄，再充分搅打。加入白糖轻轻搅拌，避免进入过多气泡。

搅拌至没有砂糖的颗粒感后，分3次倒入柠檬汁。直接在柠檬汁里加全蛋会有涩味，但砂糖可以起到缓冲作用。

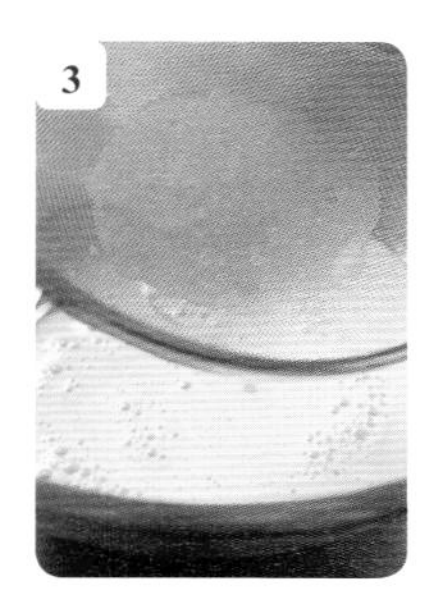

用笊篱将步骤**2**的材料过滤到铜钵盆中。为打出顺滑的奶油，一定要进行过滤。

向步骤**3**的材料中加入柠檬皮碎，开中火煮。

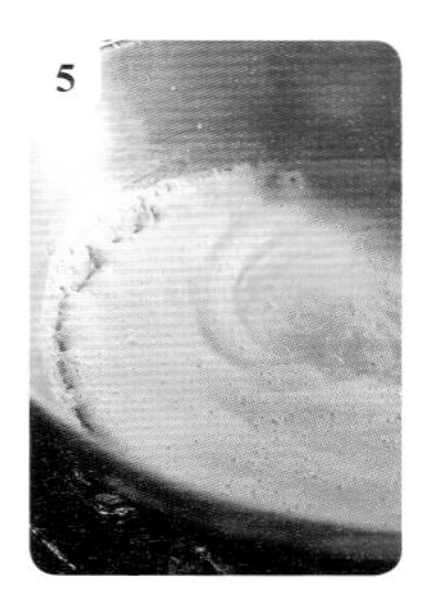

用打蛋器轻轻搅拌防止飞沫四溅。沸腾后会出现大气泡并开始膨胀，过一会儿下沉（图为刚开始下沉的状态）。因糖液容易熬焦，所以要不断搅拌并继续加热。

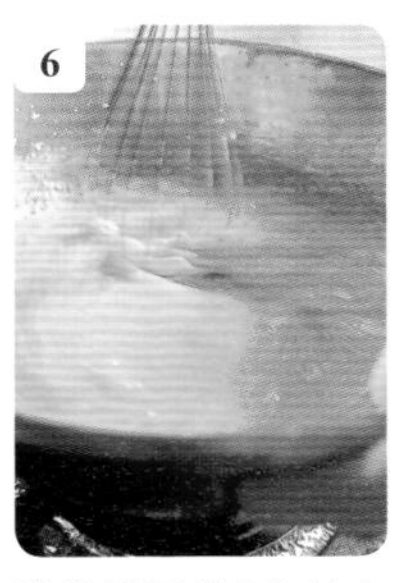

沸腾后再熬3分钟左右，产生黏性后加入柠檬油混合。

离火，倒入另一个钵盆中。放入另一个倒有冰水的钵盆中水浴，快速冷却到38℃。

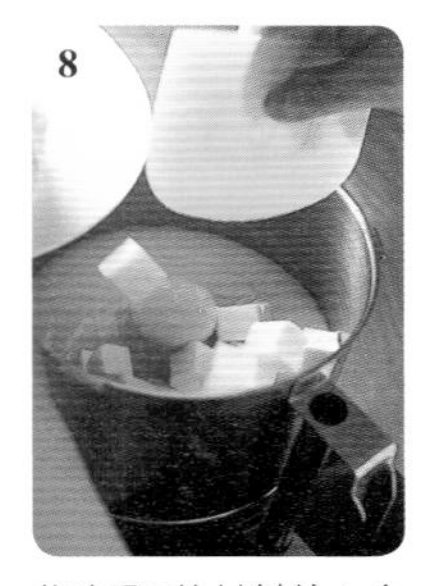

将步骤**7**的材料放入食物料理机，黄油切成2厘米的方块，提前冷却，分5次加入搅拌。

适当倾斜食物料理机进行搅拌，可以保证每一块黄油都被搅拌到。

图为搅拌至顺滑黏稠的效果。加入冷却的固体黄油是为了将黄油的鲜香发挥到最大程度（p.11）。化开的黄油给人油腻感。

将步骤**10**的材料装入裱花袋，套上口径10毫米的圆形裱花嘴，挤在圆顶树脂模里，高度达到模具边缘。急速冷冻使其凝固。

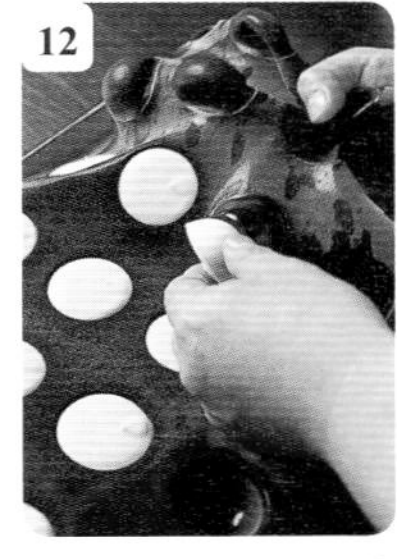

凝固后撤下模具，放进冷冻室保存。

> > > > >

甜酥面团 >

用擀面杖敲打硬面团，再用手揉至硬度均匀。用压面机压成2.6毫米厚的面皮。为了增加存在感，压得稍厚一些。用滚针刀戳孔。

孔要戳到面皮的背面，这样更容易烤熟，口感酥脆。另外，由于空气可以从孔中通过，面皮更易贴合模具。冰箱冷藏收紧后再用直径7.5厘米的圆模压模。

3 用毛刷在迷你挞模内侧厚厚涂一层室温软化的黄油，摆在铝烤盘上。把步骤**2**的材料轻轻放在模具上。

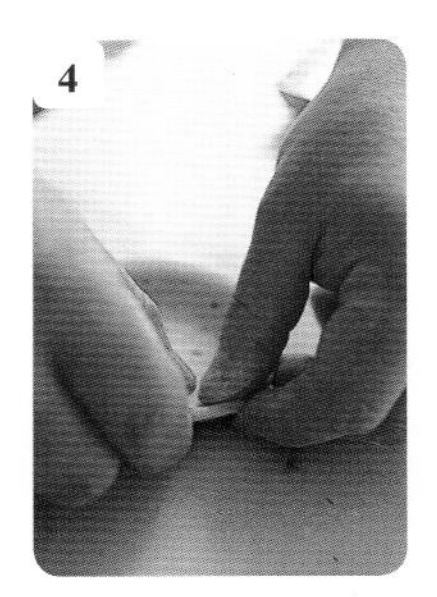

4 一边转动模具一边缓缓放下面皮，轻轻按压使其成形。注意不要立起指甲，不要划破面皮，也不要改变它的厚度。

5 图为铺好面皮的状态。因为面皮非常柔软，所以使用侧面呈浅斜坡形的迷你挞模。在呈直角的深挞模中铺面皮的时候容易将面皮拉破。

6 在上面盖一张烤盘纸，以防干燥，放进冰箱收紧面皮。

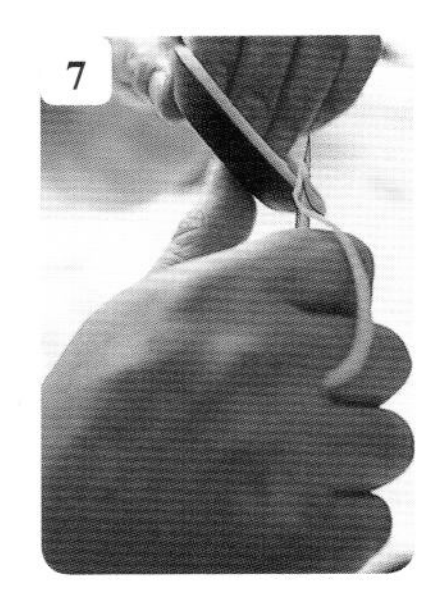

7 将步骤**6**的材料从冰箱中取出。使刀尖与模具边缘成45° 角，切掉多余的面皮。这样下刀切口比较整齐。

8 将牛奶杏仁奶油酱装入裱花袋，套上口径10毫米的圆形裱花嘴，在每个步骤**7**的材料中挤入15克。放在烤盘上，用180℃的对流烤箱烤20分钟。

9 图为烤完的效果。因为想要酥脆一些的口感，所以使用对流烤箱。外侧脱水后颜色金黄，避免了内部烘烤过度，保留了挞皮和牛奶杏仁奶油酱的鲜美。

10 将每个模具在操作台上震一震，震出热空气，撤掉模具。放在烤网上晾凉。

11 用毛刷在表面涂刷2次柠檬味糖浆。第一次涂刷整体，第二次只涂中间部分，这样可以增强柠檬的滋味。

12 把冷冻过的柠檬酱放在步骤**11**的材料的中间。急速冷冻。

> >

柠檬味意式蛋白霜＞

1 制作糖浆。在铜锅里加入水和白糖，插入温度计，开中火。中途开始冒气泡时撇去浮沫，继续熬煮至117℃。气泡变小说明温度已经接近117℃了。

2 当步骤**1**的材料开始沸腾后，将蛋白和白糖倒入搅拌缸，加入柠檬汁和香草香精。与前面的酱和奶油同理，用柠檬和香草增加意式蛋白霜的风味。

3 以中速搅拌，蛋白浓度均匀后，再用高速一气呵成打发。也有为了避免分离和消泡而降低打发程度的做法，但因我不希望奶油太厚重，所以打发到最大程度。

4 打出的蛋白呈弯弯的角后改成中速，分多次加入少量步骤**1**的材料后搅拌。倒入全部糖浆，低速打发3分钟，使气泡稳定。

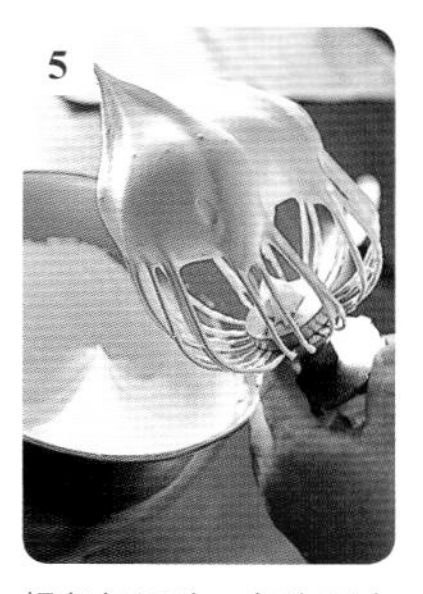

5 提起打蛋头，气泡呈直立的尖角。有轻盈醇厚、美味奶油的感觉。

6 向步骤**5**的材料中直接加入冷冻红醋栗，用漏勺快速搅拌，不要碰破气泡。红醋栗给整体增加节奏感。像放入宝物一样在蛋白霜中撒入少量红醋栗。

7 将迷你挞放在烤网上，烤网下铺一张纸。把步骤**6**的材料用口径18毫米的裱花嘴挤在柠檬酱上方。

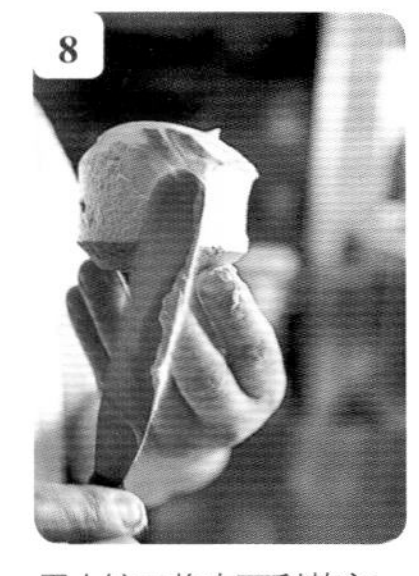

8 用小铲刀将表面刮整齐。

9 在每个小挞顶端插3片杏仁片。杏仁片要竖起来插，因为稍后会撒糖粉，烤出来的杏仁片两面可以发生焦糖化反应，虽然只有3片，却也能散发诱人香气。

10 一手拿小挞，一手用粉筛瓶在斜上方45°为意式蛋白霜整体筛糖粉。静置5分钟，再以相同手法筛一次，放在烤盘上。

11 用粉筛瓶筛糖可以使糖粉均匀、稀疏地分散开。

12 在烤盘下面再垫4个烤盘，一共5层，用220℃的烤箱烤4分钟上色。部分水蒸气从薄薄的外膜中喷出，形成珍珠。

巧克力王子

Prince

因我个人不太喜欢巧克力的厚重口感，所以我做的巧克力蛋糕会避免给人以厚重感。轻盈而清凉的巧克力蛋糕是我的主题。

与这样的巧克力蛋糕最搭配的不是巧克力拌热鲜奶油的高密度甘纳许，而是混合了打发鲜奶油和巧克力的化口清晰的巧克力香醍奶油酱。这道甜点中加有炸弹面糊，将增加醇度的黑巧克力做的牛奶巧克力香醍奶油酱和含有2种黑巧克力的巧克力香醍奶油酱组合在一起。

为了不让人感到厚重、腻口，其他地方也花费了很多心思。比如，在涂面团的糖浆、黑巧克力做的巧克力香醍奶油酱中加入高酒精度数的浓缩君度甜酒，增加清凉感。另外，牛奶巧克力做的巧克力香醍奶油酱中组合了橙子蜜饯和杏仁做的独家秘制杏仁脆饼（Craquelin）、巧克力淋酱焦糖杏仁脆片，增加了香味和口感的变化。即便是不喜欢巧克力的朋友，也会在不知不觉的变化中大口吃光。

这里有两个小故事。一是固定了数个圆顶模的砧板（p.147）可以在挤奶油时起到稳定作用，这是我父亲给我做的工具，承载了我的回忆；二是“Prince”是王子的意思，因“A POINT”所在的八王子市而得名，凑齐8个的话……是的，就是“八王子”了！

基本分量（直径 6.5 厘米，130 个）

杏仁巧克力蛋糕……基本分量

60 厘米 ×40 厘米的烤盘 6 个的量。使用其中 3 个。

- 生杏仁膏（1.5 厘米切片）……800 克
  室温下回软至手指可以轻松插入的程度。
- 糖粉……1.2 千克
- 蛋黄……32 个的量
- 全蛋……8 个
- 蛋白……32 个的量
- 白糖……512 克
- 玉米淀粉……500 克
- 可可粉（无糖）……250 克
- 煮沸液态黄油……300 克

君度酒味糖浆（蛋糕用）

- 波美度 30° 的糖浆（p.5）……80 克
- 水……80 克
- 浓缩君度甜酒……40 克
  混合以上材料。

牛奶巧克力香醍奶油酱

- 牛奶巧克力（可可含量 41%）……1150 克
- 炸弹面糊……适量
  - 波美度 30° 的糖浆（p.5）……360 克
  - 蛋黄……12 个份
  - 鲜奶油（乳脂肪含量 35%）……1.3 千克
- 巧克力淋酱杏仁脆饼（p.154）……180 克
- 橙子蜜饯（切成 2~3 毫米方块）……240 克

巧克力淋酱焦糖杏仁脆片（p.154）……3 个 / 份

黑巧克力香醍奶油酱

- 鲜奶油（乳脂肪含量 35%）……2740 克
- 浓缩君度甜酒……136 克
- 黑巧克力（可可含量 55%）……1 千克
- 黑巧克力（可可含量 66%）……365 克

黑巧克力淋面酱（p.128）……适量

牛奶巧克力装饰（p.157 的 c）……3 片 / 份

杏仁巧克力蛋糕>

将室温下回软的生杏仁膏放入座式搅拌机的搅拌缸，分3次加入糖粉，并用拌料棒低速搅拌。

因为很容易结块，所以中途要多清理几次粘连在拌料棒上的杏仁膏和糖粉。

搅拌成油酥状（细密的松状）即可。

分4次向步骤**3**的材料中加入少量蛋黄和全蛋搅拌。

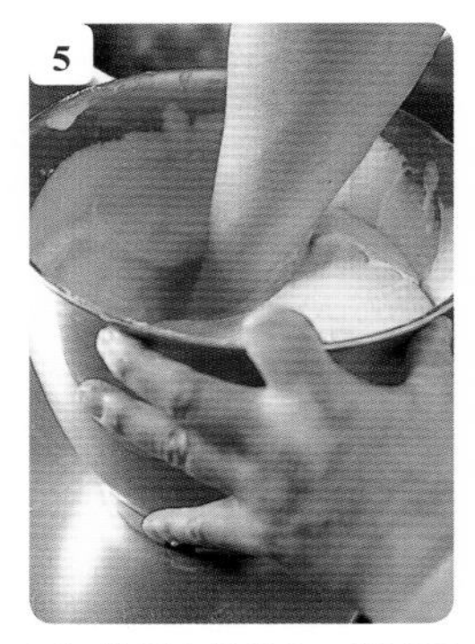

因还是很容易结块，所以要多清理几次粘连在拌料棒上的杏仁膏，用刮板从搅拌缸底部向上均匀翻拌。

搅拌成顺滑的奶油状即可。因长时间过度搅拌会使油分从生杏仁膏中析出，所以打成奶油状就要马上停止。

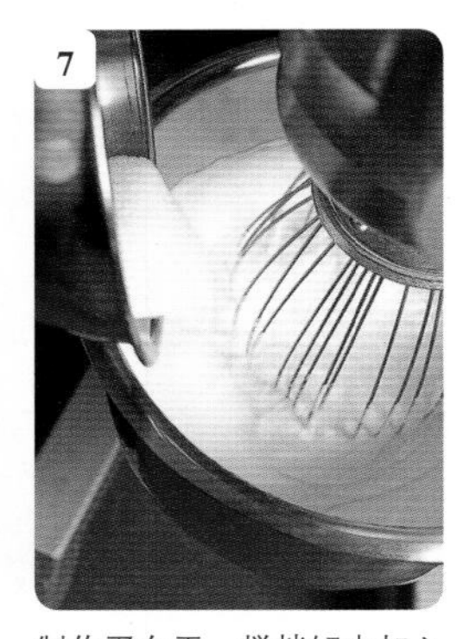

制作蛋白霜。搅拌缸中加入蛋白和1/3的白糖。以中速将蛋白搅拌至浓度均匀后，改用高速打发。中途分2次加入剩余的白糖，打成绵密的蛋白霜。

图为打好的蛋白霜。蛋白呈现直立的尖角状态。

向步骤**8**的材料中加入步骤**6**的材料，用刮板从底部快速翻拌。

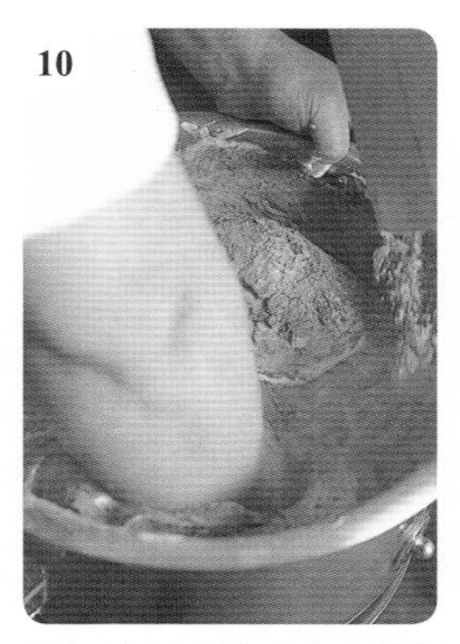

蛋白霜还保留部分白色的状态即可。玉米淀粉和可可粉总计过筛2次，每次加入1/3，还是一样从底部向上翻拌。

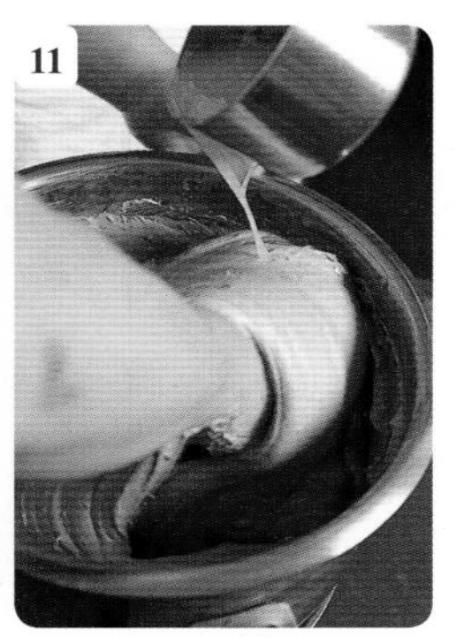

粉类全部加完后，少量多次倒入煮沸的黄油，以同样手法搅拌。

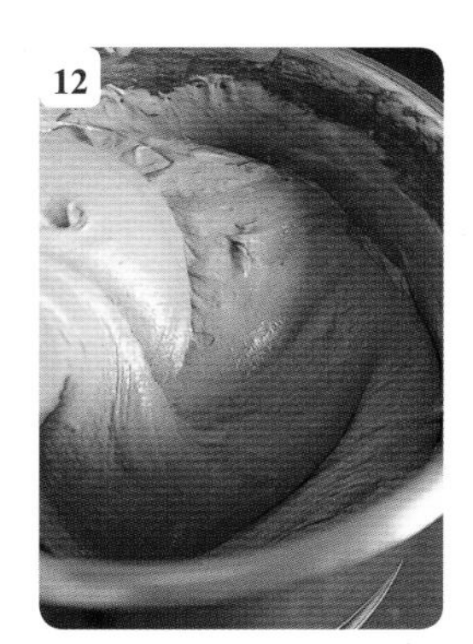

搅拌成膨松、有光泽的面糊。用玉米淀粉而不用低筋面粉的原因是希望口感轻盈。

13 将硅油纸铺在烤盘上，每个中间倒入900克面糊，用刮平刀刮匀。先在对角线上刮，接着在手边、里边、左右两边刮，这样效率比较高。

14 将手指插入烤盘边缘，擦掉面糊，防止面糊从烤盘溢出，也避免粘在烤盘边缘的面糊烤焦。用烤箱以180℃烤15分钟。

15 烤完后，将每个烤盘在操作台上震一震，震出热空气，防止回缩。将全部蛋糕都放在烤网上晾凉。使用其中3块蛋糕。

16 在砧板上铺硅油纸，将蛋糕的上色面朝下，撕掉硅油纸。撕的时候把左手放在蛋糕上，避免蛋糕裂开。为方便脱模急速冷冻。

17 用直径5.5厘米（底部用）、直径2厘米（中层用）的圆模将步骤**16**的材料压出130块。多余蛋糕备用。

18 在做底部用的蛋糕上色面涂君度甜酒味糖浆。让毛刷中的糖浆滴落在蛋糕上，充分浸润，可使人直接感受到君度酒的香气，还能使上色面的硬度得到软化。放入冰箱冷藏。

牛奶巧克力香醍奶油酱 >

1 钵盆中加入牛奶巧克力碎，隔水煮至55℃。使用牛奶巧克力是为了给点心增加柔和轻盈的口感。

2 制作炸弹面糊。铜锅中加入波美度30°的糖浆，熬至117℃。钵盆里加入蛋黄，用打蛋器充分打散，多次少量加入117℃的糖浆搅拌。

3 用漏斗过滤步骤**2**的材料，倒入座式搅拌机中。小长柄勺下压着过滤，去掉蛋黄膜、卵带（p.79）等。

4 用打蛋头打发步骤**3**的材料。先一口气高速打发至质地黏稠，再换成中速打发10分钟左右，固定气泡的大小。中途清理几次钵盆底部，均匀搅拌。

5 完成打发。提起打蛋头，面糊呈黏稠的缎带状流下并堆在一起，痕迹过一会才消失，此为最佳状态。

6 将步骤**5**的材料倒入另一个钵盆，加入1/4用搅打器打发到最大程度的鲜奶油。用打蛋器从底部向上快速翻拌，不要碰碎气泡。

将步骤1的巧克力加入步骤6的材料中，用打蛋器以画圆的方式搅拌。

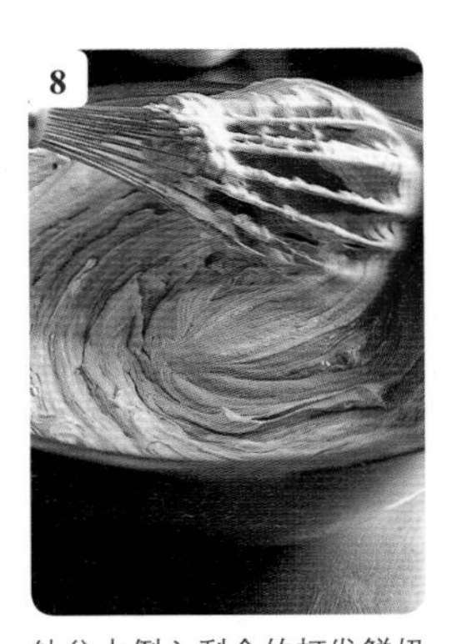

钵盆中倒入剩余的打发鲜奶油，加入步骤7的材料。从底部向上翻拌，不要碰破气泡，搅拌至八成均匀。

再加入巧克力淋酱杏仁脆饼、切成2~3毫米方块的橙子蜜饯，同样从底部向上翻拌。巧克力淋酱杏仁脆饼和橙子蜜饯可以增添清凉口感，产生律动。

将步骤9的材料加入另一个钵盆中，使上下部分的奶油调换位置，以同样手法搅拌均匀。

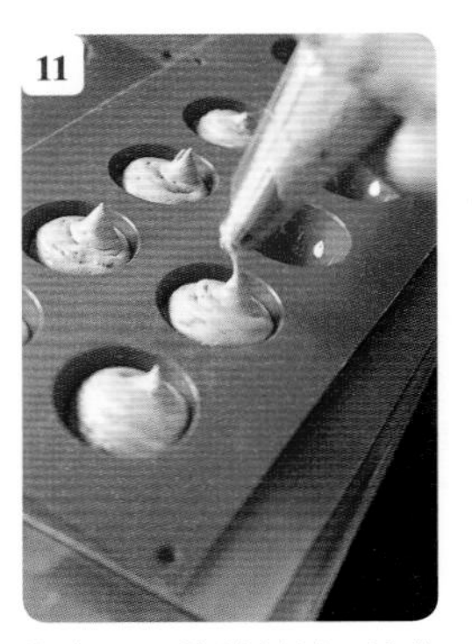

将步骤10的材料倒入裱花袋，套上口径10毫米的圆形裱花嘴，在圆顶树脂模中挤到七分满。

将压成直径2厘米的圆形杏仁巧克力饼干上色面朝下放入面糊中。向下按一按，避免烘烤中浮起来。

在每团面糊外圈填入3个巧克力淋酱焦糖杏仁脆片。因量少会变得更珍贵，而且奇数比偶数更让人有“是不是还有下一个”的期待，所以选择放3个杏仁脆片。

再向步骤13的材料中挤一点步骤10的材料，用小刮平刀刮平。急速冷冻凝固。

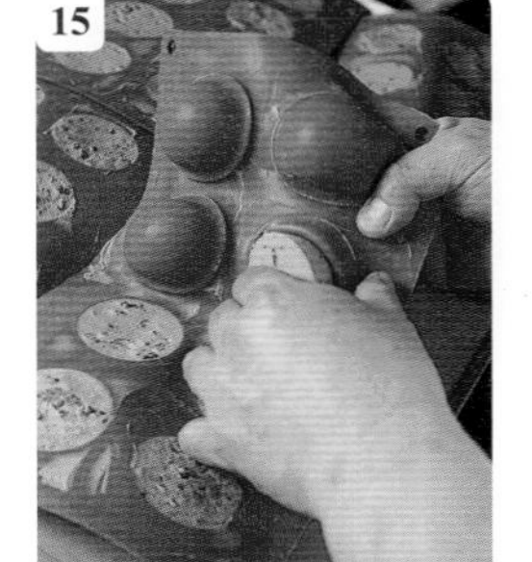

定型后撤掉模具，放入冷冻库保存。

黑巧克力香醍奶油酱 >

用搅打器将鲜奶油打发到最大程度。钵盆里倒入浓缩君度甜酒和1/5的打发鲜奶油，画圆搅拌。用君度酒给味道增加线条感。

将剩余的打发鲜奶油倒入钵盆中，加入步骤1的材料，从底部向上翻拌，不要破坏气泡。先少量混合可以让搅拌更容易。

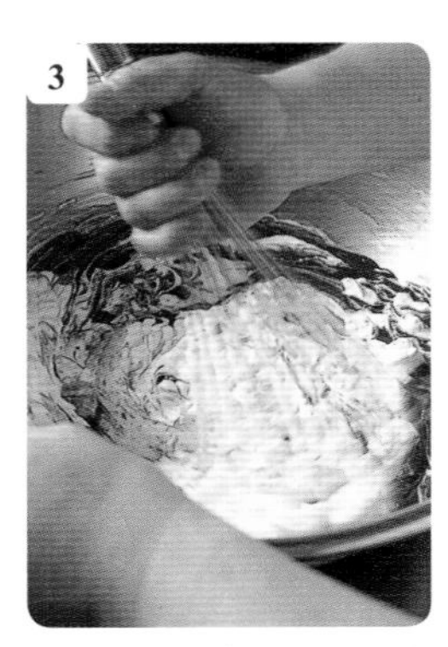

步骤1~2同时进行，向另一个钵盆中加入2种黑巧克力碎，隔水煮至55℃。从水中撤掉钵盆，加入步骤2的材料的1/3，大力搅拌，使其乳化。

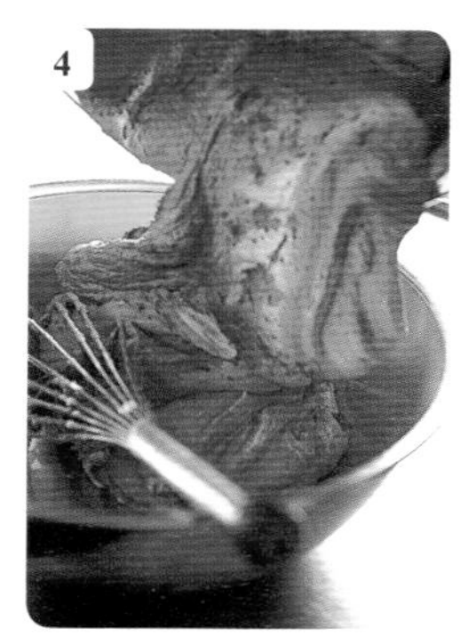

将步骤**3**的材料倒回步骤**2**的材料中，从底部向上翻拌，拌匀八成时倒入另一个钵盆里，以相同手法搅拌均匀。

将步骤**4**的材料装入裱花袋，套上口径10毫米的圆形裱花嘴，挤至口径6厘米的圆顶模高度的一半。

把冷冻过的牛奶巧克力香醍奶油酱放在步骤**5**的材料的中心。

再在步骤**6**的材料上挤一点步骤**4**的材料。

用小刮平刀刮平表面。

> > > > >

要多清理几次迷你挞模上的奶油，耐心地刮平。

将底座的杏仁巧克力蛋糕涂糖浆的一面朝下，放在步骤**9**的材料上，向下按压。为了淋酱方便，底部面糊要比模具的直径小一圈。放入冰箱冷冻保存。

完成 >

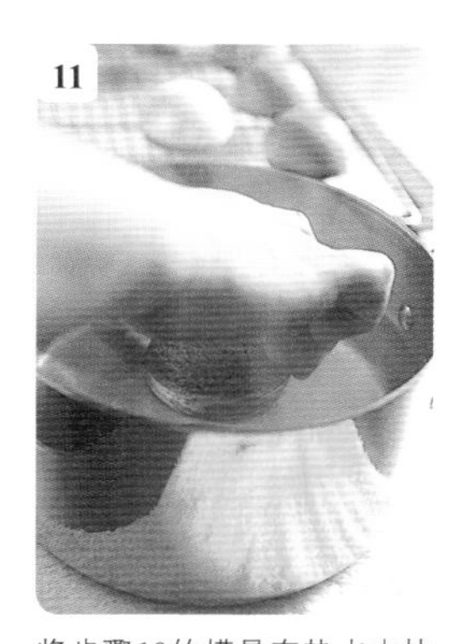

将步骤**10**的模具在热水中快速浸2次，脱模。

图为脱完模的状态。放入冰箱急速冷冻定型。为了方便淋酱，将定型后的蛋糕排列在垫有铝烤盘的烤网上。

将加热至体温的黑巧克力淋面酱倒进注馅机，从上方淋在蛋糕上。凝固后再淋一遍。第一次的目的是打底，第二次的目的是增加光泽。

多余的杏仁巧克力蛋糕用食物料理机粉碎。在步骤**1**的材料的边缘粘上2毫米宽的蛋糕碎，给蛋糕增加有温度的感觉。周围贴上牛奶巧克力装饰。

森林草莓柠檬舒芙蕾

Soufflé au citron avec fraises des bois

让人充分体验柠檬、草莓、野草莓3种酸甜口味的水果的完美结合。草莓慕斯中使用的是意式蛋白霜，其中所加的糖浆用草莓果冻代替了水，和白糖一起熬煮至117℃，通过熬煮可以使意式蛋白霜中草莓的风味更浓。另外，用明胶粉加固慕斯也是我注重的一个细节。这样可以做出不紧绷、有弹性的意式蛋白霜和舌尖即可轻轻碰碎的慕斯，让人享受柠檬味吉布斯特奶油酱的口感和细腻的和谐感。

迷你蛋白球保留收尾时的尖角，烤好后摆在舒芙蕾周围。不仅增加口味上的变化，还给甜点增加了温暖的表情。

基本分量（直径约7.5厘米，180个）

草莓慕斯

草莓味意式蛋白霜

糖浆

白糖……400克

草莓果冻（冷冻）……200克

食用色素（红色，粉末）……适量

蛋白……190克

白糖……19克

草莓果冻（冷冻）……800克

柠檬汁……60克

草莓果冻（冷冻）……300克

明胶粉（p.89）……160克

鲜奶油（乳脂肪含量35%）……800克

野草莓（冷冻）……3~4个/份

柠檬杏仁海绵蛋糕……基本分量

（60厘米×40厘米的方模，3个的量）

T.P.T

杏仁粉……780克

糖粉……780克

低筋面粉……190克

柠檬皮碎……20克

全蛋……685克

蛋白……685克

使用当天现打的新鲜鸡蛋。

白糖……274克

以上材料、器具以及室内温度都要提前冷却。

煮沸液化黄油……142克

与p.37做法相同。但在步骤**1**的粉类中加柠檬皮碎，向每个套有方模的烤盘内倒入1000克，烘烤15分钟。将小刀插入边缘，撤掉方模，把每张纸放在烤盘上晾凉。

柠檬味糖浆（蛋糕用）

波美度30°的糖浆（p.5）……100克

柠檬汁……100克

混合以上材料。

柠檬味吉布斯特奶油酱

柠檬汁……810克

柠檬皮碎……27克

发酵黄油（切成2厘米的方块）……200克

常温回软。

鲜奶油（乳脂肪含量35%）……600克

蛋黄……576克

白糖……202克

玉米淀粉……75克

明胶片……51克

柠檬油……适量

意式蛋白霜

糖浆

水……143克

白糖……574克

蛋白……850克

使用当天现打新鲜鸡蛋。

白糖……85克

与p.141中步骤**1~5**做法相同。但不加柠檬汁、香草香精。

苹果果冻（p.178）……适量

开心果（片）……2块/份

迷你蛋白球……基本分量

（直径约2厘米，约200个的量）

蛋白……140克

白糖……50克

香草香精……适量

糖粉……200克

全部材料、工具以及室内温度都要提前冷却。

草莓慕斯＞

1 制作草莓味意式蛋白霜。铜锅里加入做糖浆用的白糖，加入在冷藏室解冻的草莓果冻、用少量水（分量外）溶解的食用色素，开大火，一边搅拌一边加热。用漏勺撇去浮沫。

2 将步骤1的材料熬到117℃。因容易煳锅，所以要不停地用打蛋器搅拌。图为达到117℃的状态。

3 步骤1的材料开始沸腾后在搅拌机的搅拌缸中倒入蛋白和白糖，中速搅拌，蛋白浓度一致后改成高速打发。蛋白呈现弯角的时候换成中速，分多次倒入少量的步骤2的材料搅拌。

4 倒完糖浆后，再用低速打发3分钟左右，使气泡定型。蛋白呈直立的尖角即可。

5 将步骤4的材料倒入铝烤盘，用宽一些的刮板以波浪状推开。这样可以增加表面积使之更快冷却。马上放进冷冻库冷却至0℃。

6 在钵盆中加入800克在冷藏室中解冻的草莓果冻和柠檬汁，用打蛋器搅拌，隔水蒸，时不时搅拌几下，加热至45℃。柠檬汁的作用是锁住颜色和增加酸味。加热过度会使香气跑掉，需要注意。

7 铜锅中加入300克在冷藏室中解冻的草莓果冻，开中火。沸腾后倒入加有明胶粉的钵盆里，用打蛋器隔冰水搅拌，冷却至35℃。

8 将步骤7的材料加入步骤6的材料中搅拌，放在装有冰水的钵盆里搅拌，冷却至20℃。

9 用搅打器将鲜奶油打发到最大程度，倒入另一个钵盆里，加入1/3的步骤5的材料，用打蛋器从底部向上快速翻拌。将混合物的1/3加入步骤8的材料中，画圆搅拌。

10 剩下的步骤9的材料也加入步骤8的材料中，从底部向上翻拌，不要碰碎气泡。再加入剩余的步骤5的材料，以同样手法搅拌。

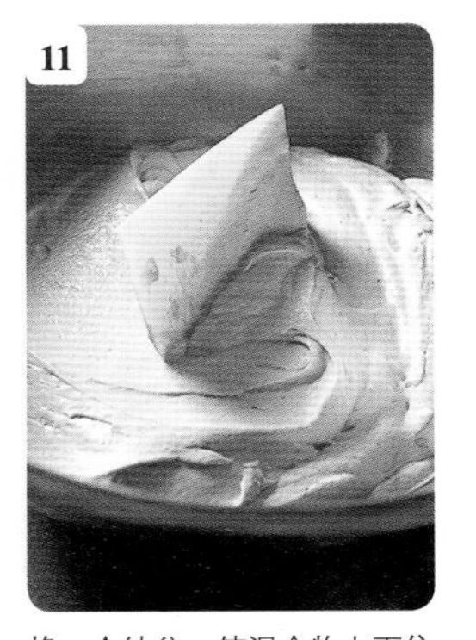

11 换一个钵盆，使混合物上下位置颠倒，以同样手法搅拌均匀。图为草莓慕斯搅拌完的效果。控制了鲜奶油的比例，可以使草莓风味更突出。

12 将草莓慕斯装入裱花袋，套上口径10毫米的圆形裱花嘴，挤至直径4厘米、高2厘米的圆柱形树脂模的八分满。不要留下空隙，将裱花袋垂直于模具。

13

向每个慕斯中加入3~4个冷冻的野草莓，填在慕斯里。

14

再挤少量步骤**11**的材料，用小刮平刀将表面刮匀，急速冷冻凝固。定型后撤掉模具，冷冻保存。

柠檬杏仁海绵蛋糕 >

在烤盘上铺硅油纸，将柠檬杏仁海绵蛋糕上色面朝下放在烤盘上，撕掉蛋糕上的纸。用直径4.5厘米的圆模压出180块蛋糕。上色面朝下可以令蛋糕更柔软，利于脱模。

铝烤盘上铺好硅油纸，将压模完的蛋糕上色面朝上摆放。立起毛刷，将柠檬风味的糖浆像滴落的水滴一样涂满整个蛋糕。放入冷藏室备用。

柠檬味吉布斯特奶油酱 >

铜锅中加入柠檬汁、柠檬皮碎、切成2厘米方块常温回软的黄油，中火煮至沸腾。同时在另一个铜锅中加入鲜奶油，小火煮至沸腾。

钵盆里加入蛋黄、白糖，打发蛋黄（p.17）。再加入玉米淀粉搅拌，加入步骤**1**的材料中煮沸的1/3鲜奶油。

将步骤**2**的材料倒回步骤**1**中鲜奶油的钵盆里，开略大的中火，一边搅拌一边加热。加玉米淀粉的原因是它比低筋面粉更易受热变熟。缩短加热时间是为了让柠檬汁的酸味不要跑掉。

当步骤**3**的材料开始出现黏性的时候，加入步骤**1**中沸腾的柠檬汁搅拌。因直接混合鲜奶油和柠檬汁容易发生分离，所以像这样缓冲一下再混合。煮2分钟。

将步骤**4**的材料离火，加入泡软并沥干水的明胶片搅拌，也倒入柠檬油。

将步骤**5**的材料倒入另一个钵盆中，加入1/3的意式蛋白霜，画圆搅拌。

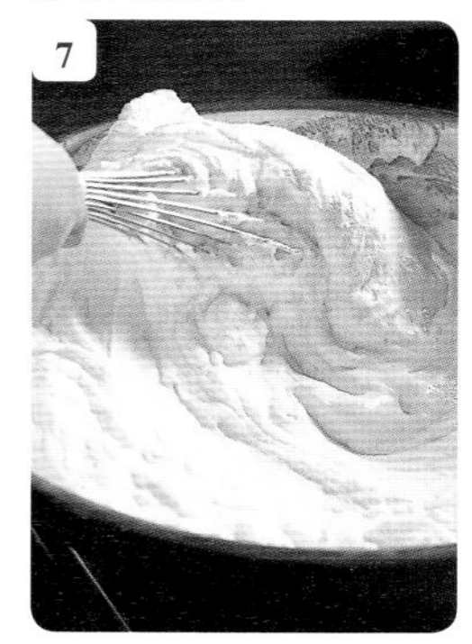

将剩余的意式蛋白霜分2次加入步骤**6**的材料中，从底部向上翻拌，不要碰破气泡。再倒入另一个钵盆里，使上下顺序颠倒，以相同要领搅拌均匀。

在铝烤盘上铺硅胶垫，摆放直径5厘米×高4.5厘米的无底圆模。将步骤**7**的材料装入裱花袋，套上口径10毫米的圆形裱花嘴，挤到模具的一半高度，轻轻挤入，不要破坏气泡。

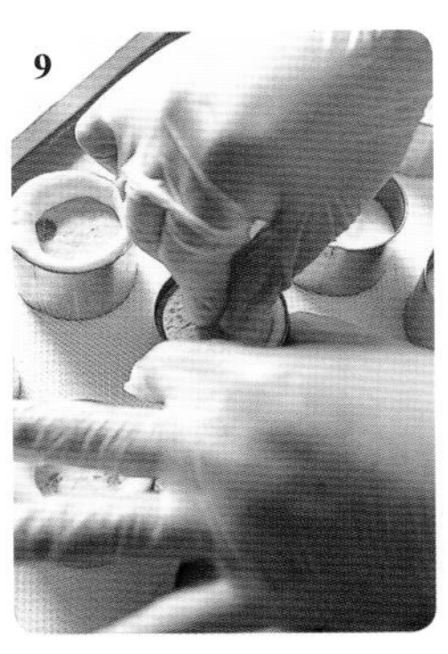

将冷冻好的草莓慕斯填进步骤**8**的材料的中心。用手压住模具，以免奶油溢出。为了从外侧看不到慕斯，吃的时候更有惊喜感，要把慕斯完全压到蛋白霜中。

再挤入步骤**7**的材料，用小刮平刀将表面刮平。从模具中间向外侧、里侧刮效率更高。

柠檬杏仁海绵蛋糕涂有糖浆的一面朝下，把步骤**10**的材料放在上面。因为压模时把蛋糕的直径压得比模具小5毫米，所以后面脱模更容易。急速冷冻使其凝固。

组合 最后工序＞

柠檬风味的吉布斯特奶油酱凝固后，翻过来放在铝烤盘上，撤掉硅胶垫。冷冻保存，取出适量。用喷枪加热圆模、脱模，用毛刷在上表面涂满苹果果冻。

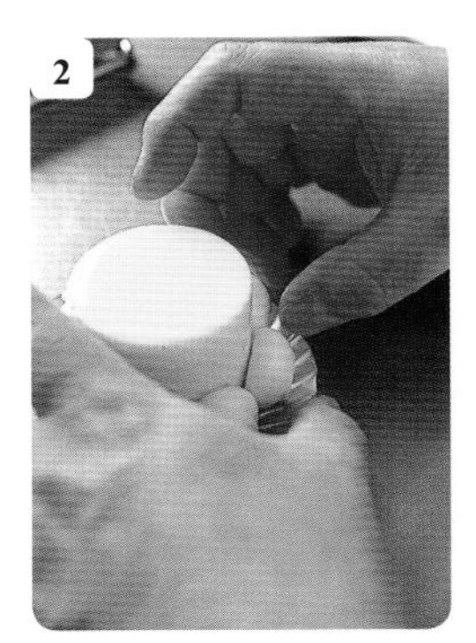

把步骤**1**的材料放在纸盘上，并在每一个的周围摆8个迷你蛋白球。这种蛋白球给冷冰冰的圆柱形增添了温暖的感觉。把开心果片装饰在上面。

迷你蛋白霜＞

冷却的座式搅拌机缸中加入蛋白、白糖和香草香精，轻轻打散。

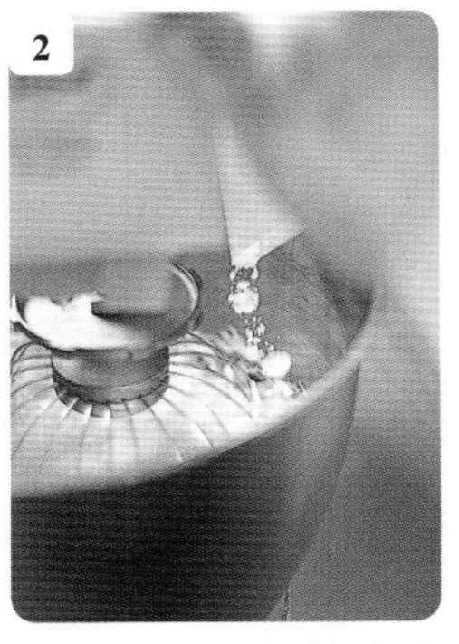

高速打发步骤**1**的材料。打出一定气泡后，分多次加入少量糖粉，低速打发使纹理一致。加入糖粉可以使气泡绵密，烤出的蛋白霜比较松脆。

中途清理搅拌缸内壁，打发均匀。图为打发完成的最佳状态，即气泡成弯角。

在烤盘上铺一层硅油纸。将蛋白霜装入裱花袋，套上口径8毫米的圆形裱花嘴，挤成直径2厘米的圆球，保留收尾时的小角，增加丰富的表情。用90℃的对流烤箱烤一个晚上。

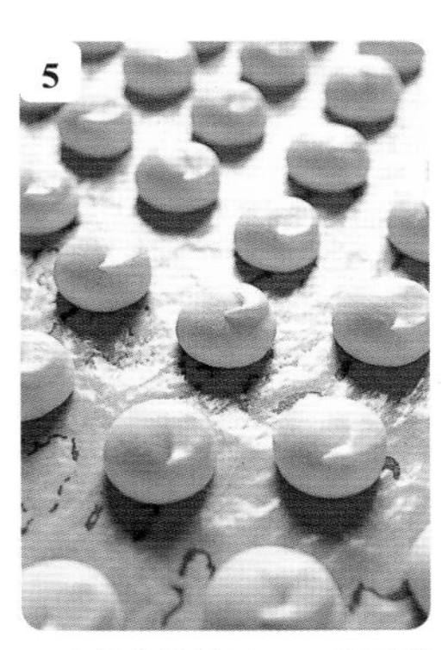

图为烤完的效果。一定要烤成微微的焦糖色。给口味、表情增加附加值。

彩色粉笔色调般的颜色搭配非常可爱。每一个部分都使用了蛋白霜，口感更显轻盈。

瑞秋蛋糕

Rachel

瑞秋蛋糕

Rachel

我是雷德利・斯科特导演的科幻电影《银翼杀手》的铁杆粉丝。受这部电影的启发，我设计了这道心形巧克力蛋糕甜点。

“瑞秋”正是这部电影中登场的复制人的名字。我在电影院第一次看到瑞秋的时候，完全被她的美丽震惊了。心形蛋糕的左半部分就是以瑞秋为蓝本，设计成包裹在复古黑衬衫下的涂着红唇的女人形象。右半部分的装饰来自复制人罗伊口中诗一般的美丽独白。我在细丝带形的巧克力中撒了一些银珠糖，做成螺旋状，以此来表现“发生在遥远宇宙另一端中的事情”。

光泽的黑巧克力淋面酱内侧是口味饱满的牛奶巧克力香醍奶油酱和杏仁巧克力饼干的组合。杏仁巧克力饼干上涂有香草味糖浆，进一步强调整体轻柔纯净的印象。

给整体带来顺滑浓稠口感的最重要的一个部分是散发杏仁焦香的杏仁脆饼和焦糖杏仁脆片，二者都用巧克力包裹，防止受潮。松状的杏仁脆饼和切成正方体的焦糖杏仁脆片呈现截然不同的口感，给整道甜点带来轻快的节奏感，让人满怀期待地一口一口吃到最后。

基本分量(约20厘米 × 18厘米的心形无底圆模，16个)

杏仁巧克力蛋糕（p.142）…………… 烤盘 4 个的量

与 p.144 中步骤 **1~16** 的做法相同。

香草风味糖浆（蛋糕用）

- 波美度 30° 的糖浆（p.5）…………………… 170 克
- 水…………………………………………… 170 克
- 香草豆荚…………………………………… 1/4 根
- 香草香精…………………………………… 适量

波美度 30° 的糖浆、水、香草豆荚（以 p.15 的手法剖开）加入铜锅煮沸，用漏斗过滤冷却，加入香草香精搅拌。

牛奶巧克力香醍奶油酱（p.142）………………… 全量

与 p.145 中步骤 **1~10** 的制作手法相同，但不加巧克力淋酱杏仁脆饼、橙子蜜饯。

黑巧克力淋面酱（p.128）……………………… 适量

牛奶巧克力装饰（p.157 的 b）………………… 适量

但要用波浪刮板边用力压巧克力边移动，然后撒上适量银珠糖。

杏仁膏玫瑰…………………………………… 1个 / 份

雕花用的杏仁膏（Marzipan）做成小水滴的形状，作玫瑰花心。将雕花用杏仁膏压平做成玫瑰花的形状，在每个花心四周各贴 4 片，做出玫瑰花形。用水溶解黄色食用色素，用喷枪上色，再用水溶解红色的食用色素以相同做法上色，点缀适量金箔。在 p.55 的步骤 **6** 中，把用液体黑巧克力黏合的部分放在牛奶巧克力装饰上（p.157 的 c）。

开心果（片）…………………………………… 适量

糖粉……………………………………………… 适量

巧克力淋酱杏仁脆饼

- 杏仁碎…………………………………… 300 克
- 水………………………………………… 100 克
- 白糖……………………………………… 300 克
- 香草豆荚………………………………… 1/2 根
- 黑巧克力（可可成分 55%）………………… 适量

巧克力淋酱焦糖杏仁脆饼

- 杏仁碎…………………………………… 300 克
- 饴糖………………………………………75 克
- 白糖……………………………………… 750 克
- 柠檬汁…………………………………… 适量
- 香草香精………………………………… 适量
- 黑巧克力（可可成分 55%）………………… 适量

杏仁巧克力蛋糕 >

将杏仁巧克力蛋糕用长20厘米（底部用）和10厘米（中部用）的心形模压出16块。仅在底部用的蛋糕的上色面上涂满香草味的糖浆。

组合 最后工序 >

将烤盘纸放在铝烤盘上，将无底圆模摆在烤盘上。将做底部用的蛋糕涂糖浆面朝上，将牛奶巧克力香醍奶油酱用口径14毫米的圆形裱花嘴挤在上面。

用小刮平刀将奶油抹到模具边缘。在中间堆满3层巧克力淋酱杏仁脆饼（具体做法见下）。

把中部用的蛋糕紧紧压在上面，周围撒7个巧克力淋酱焦糖杏仁脆片（p.156）。因若撒在心形的中心线上，切的时候不太方便，所以要避开。

再把柠檬巧克力香醍奶油酱挤在步骤**3**的材料上，用刮平刀刮匀表面。冷冻保存，取出适量。

用喷枪加热步骤**4**的模具，脱模，放在垫有铝烤盘的烤网上。将黑巧克力淋面酱倒入注馅机，从上方挤在蛋糕上。先从周围开始挤比较均匀。

用铲刀刮平表面，光泽度很高。用巧克力淋酱杏仁脆饼、牛奶巧克力装饰，杏仁膏玫瑰、开心果等点缀，撒上糖粉。

巧克力淋酱杏仁脆饼 >

把杏仁碎放到烤箱中以160℃烘烤至其轻微着色，然后再将烤箱调至80℃保温。在铜锅里放入水和砂糖充分搅拌，放入温度计以中火将锅加热。

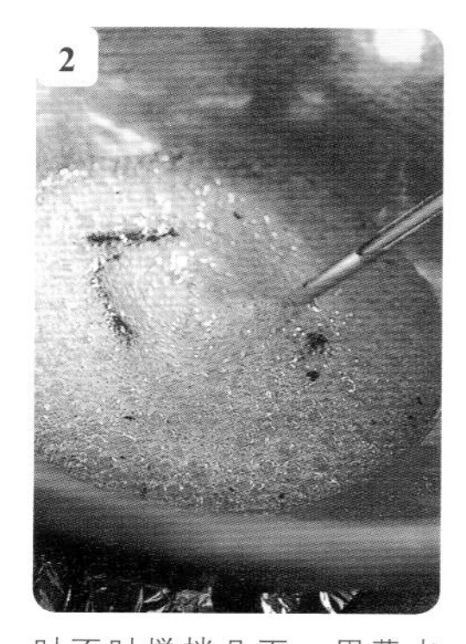

时不时搅拌几下。用蘸水的毛刷擦掉飞沫。煮沸后撇去浮沫，剖开香草豆荚（p.15），加入搅拌，煮至112℃。香草拓宽了香味的宽度。

步骤**2**的材料到达112℃后离火，加入热好的杏仁碎，用木勺充分搅拌。砂糖再次结晶，颜色稍稍泛白。

用大网眼筛将步骤**3**的材料过筛。

再把步骤**4**的材料（过筛和残留在筛子上的都用，可以增加口感上的变化）倒入铜锅，开小中火翻炒，使其焦糖化。颜色金黄后离火。

再用大网眼筛把步骤**5**的材料筛在烤盘纸上，和留在筛子上的部分一起晾凉。炒至金黄色香味会更加突出。

将碎黑巧克力隔水煮至50℃~55℃，以p.164“组合 最后工序”中步骤**2~3**的做法回火（在步骤**3**加热到29℃~31℃）。倒入装有步骤**6**的材料的钵盆中，一边转动钵盆，一边用木勺混合均匀。

巧克力的外膜可以保持酥脆的口感，也不会让杏仁的香气和鲜味跑掉。倒在烤盘纸上完全凝固，和干燥剂一起装进塑料袋后冷冻保存。

巧克力淋酱焦糖杏仁脆片 >

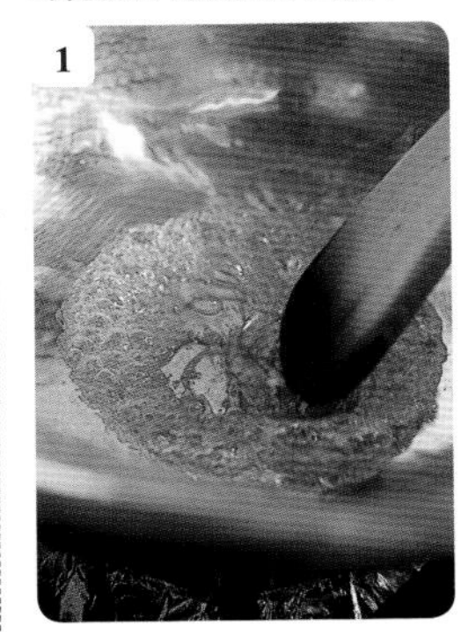

和巧克力淋酱杏仁脆饼的步骤**1**做法相同，将杏仁碎炒干，加热备用。铜钵盆中加入饴糖，开小火，不时搅拌几下，直至沸腾。加饴糖可以避免硬度过硬。

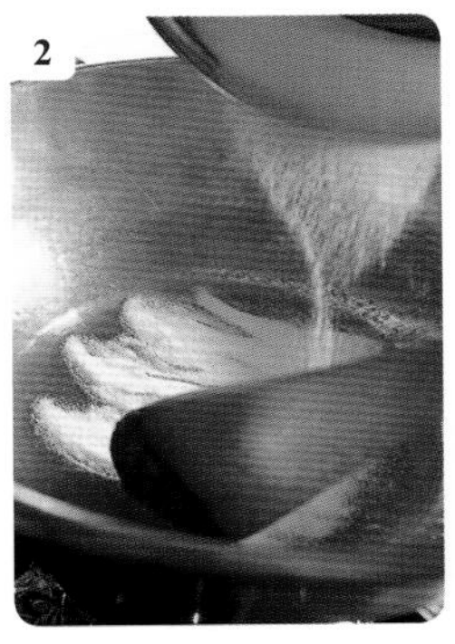

每次向步骤**1**的材料中加1/5白糖，以p.73中步骤**1~4**的手法完全化开。因为会再次结晶，所以不要搅拌过度。

加入全部的白糖至完全化开后，加入柠檬汁和香草香精。柠檬汁起到防止口感过硬的作用。太硬会给人过于强烈的印象，打破甜点整体的平衡。

因我希望焦糖不要太苦，所以熬到红褐色即可关火。再加入杏仁碎搅拌。

在大理石台面上铺烤箱纸，把步骤**4**的材料在纸上铺开。使用大理石是为了加快冷却速度，防止焦糖熬煮后颜色继续变深。

饴糖从底部开始凝固。用三角铲刀从四周向中间折叠或折成3层，快速降温。操作时注意不要被烫伤。

硬度适中后粗略整理成长方形，用擀面杖擀成1厘米厚的片。

按顺序先切成明信片大小，再切成条，最后切成1厘米的方块。因随意切碎的话入口可能有危险，所以切成正方体。这样既安全又有分量，口感也比较好。

用大网眼筛过筛步骤**8**的材料，冷却。以巧克力淋酱杏仁脆饼步骤**7~8**的手法制作，加入回火的巧克力搅拌，摊在烤盘纸上完全凝固，同样冷冻保存。

a（p.124 摩嘉多蛋糕中使用）

1.将保鲜膜铺在大理石台面上，放上回火的巧克力（最终冷却至30℃），用小刮平刀抹开。
2.用波浪刮板轻轻压出纹路（不要压到底）。
3.取下全部的保鲜膜，用手擦拭边缘。
4.把步骤**3**的材料卷起来，固定在铝烤盘上。我使用的保鲜膜是两端有黏合剂的定制产品，容易固定。巧克力凝固后撕下保鲜膜，冷藏保存。

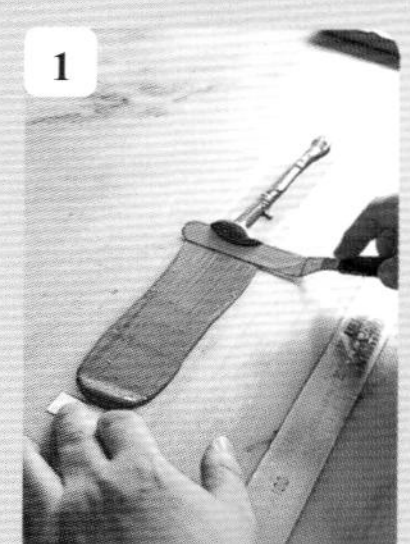

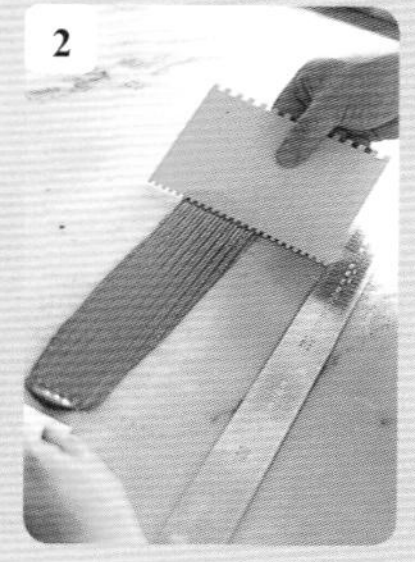

b（p.153瑞秋蛋糕中使用）

与a制作方法相同，但需要用力按压刮板。

c（p.142巧克力王子、p.166栗子夏洛特中使用）

1.将硅油纸反面向上铺在大理石台面上（正面向上的话，巧克力凝固时会自动裂开）固定。用小刮平刀多舀一些回火的牛奶巧克力（最终冷却至30℃），按压在纸上并向右延长。
2.巧克力凝固后纤薄透明，撕下背面的纸，放进冰箱冷藏保存。

d（p.174核桃夏洛特中使用）

1.带有花纹的转写纸放在大理石台面上。放上回火的巧克力（温度参照e），用铲刀薄薄刮匀。
2.半干后用木勺去掉周围多余的巧克力。撕掉所有的纸，翻面，放在铺有硅油纸的铝烤盘上，上面再垫一个铝烤盘。凝固后把纸撕掉，冷藏保存。切成适当大小。

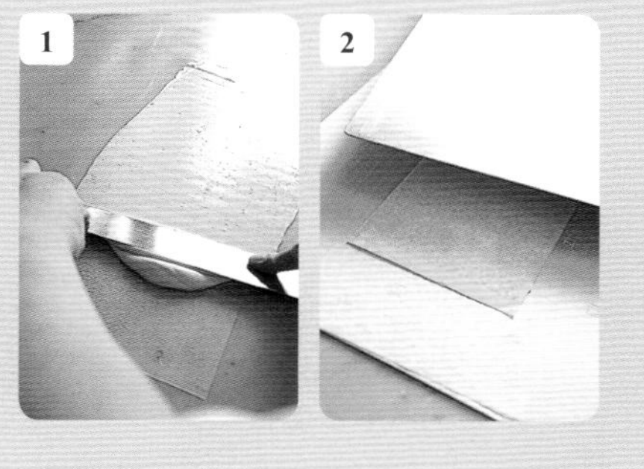

e（p.276草莓鱼水果派中使用）

白巧克力回火（隔水煮至40℃~45℃，其中1/3冷却到26℃~27℃，最终保持在29℃左右），与c一样手法涂在纸上延伸。保留巧克力较厚的一端，用波浪刮板将后面延长，在巧克力上压出横纹。凝固后切成“胸鳍”的形状，冷藏保存。

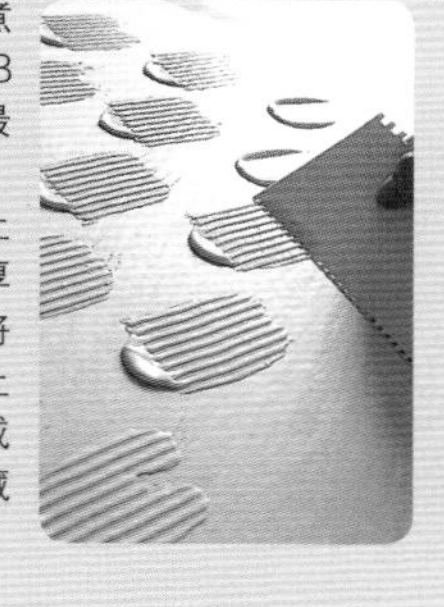

f（p.276草莓鱼水果派中使用）

1.将硅油纸以c中步骤**1**的手法固定。用圆锥形裱花袋将回火的白巧克力（温度参照e）在纸上挤成球形。再用圆锥形裱花袋把回火的黑巧克力（隔水煮至50℃~55℃，其中1/3冷却至27℃~28℃，最终保持在29℃~31℃）挤在上面，比白巧克力略小一圈。
2.以同样手法把白巧克力挤在上面，比黑巧克力再小一圈。这样就完成了“眼珠”。凝固后撕去背后的纸，冷藏保存。

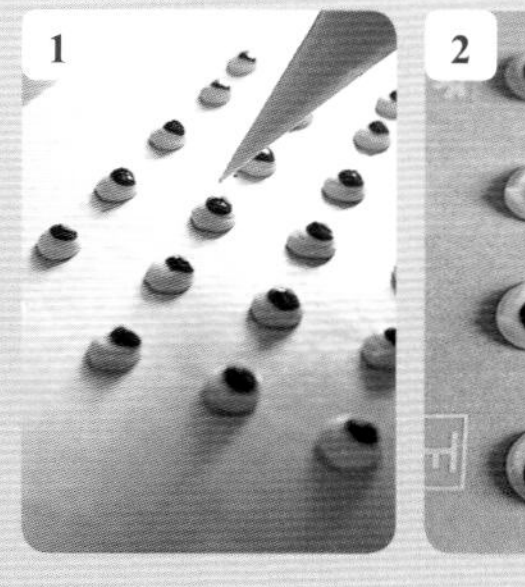

各种巧克力装饰

Décors de chocolat

以p.164“组合 最后工序”的做法将隔水煮化的巧克力回火，分别成形。回火的巧克力光亮、顺滑，可以做成很多形状。

葡萄柚果肉果冻

Gelée aux pamplemousses

水果果冻是蛋糕店夏天必备的经典甜点，而在我看来，“水果是最好的甜点”，如果不能做出比真正的水果更新鲜的甜点就没有意义了。

用吉利丁做的果冻的独特韧性与水果“新鲜”的感觉有些不搭。

当我尝试使用琼脂粉后，发现其成形稀软，放置一会后会与水分层。我注意到这种特点可以产生顺滑的口感，让人有一种正在吃水果时果肉和果汁的多汁感。于是，这道甜品就诞生了。

这种甜点由三大要素组成。第一是用琼脂粉做成的葡萄柚果冻，重点是和琼脂粉搭配的葡萄柚要加热到80℃，如果继续加热，葡萄柚的香气就会跑掉；另一个要素是葡萄柚果肉果冻，我使用了吉利丁凝固，使其富有弹性，增加口感上的变化；最后一个要素是油封葡萄柚皮，柑橘类水果的特点是香味，尤其是果皮散发出的香味。添加油封果皮更突出了葡萄柚的果香。另外，除了甜味和酸味，还有微微的苦味，更立体地表现了葡萄柚的魅力。

这种油封因几乎和水果软糖一样的口感而备受好评，仅凭这一点，就足以作为我力推商品中的自信之作。

基本分量（口径6厘米的容器，15个）

葡萄柚果冻
- 白糖……150克
- 琼脂粉……25克
- 葡萄柚果汁（100%浓缩还原果汁）……1千克
- 矿泉水……250克

油封葡萄柚皮……基本分量
- 红宝石葡萄柚……15个
- 白糖……适量
- 白双糖……适量

葡萄柚果肉果冻
- 红宝石葡萄柚果肉……适量
  使用左侧油封剩余果肉的1/4。
- 矿泉水……200克
- 白糖……40克
- 柠檬汁……适量
- 柠檬皮……1个份
  用削皮器削成1厘米宽。
- 明胶片……10克

蜂蜜……适量

红醋栗（冷冻）……约6个/份

薄荷……适量

PATISSERIE FRANÇAISE
À POINT
PATISSERIE FRANÇAISE
POINT
PATISSERIE FRANÇAISE À POINT
À POINT
PATISSERIE FRANÇAISE
PATISSERIE FRANÇAISE

葡萄柚果冻＞

钵盆里加入白糖和寒天制剂，用打蛋器搅拌。为避免结块，须提前搅拌备用。

铜锅中加入葡萄柚果汁和矿泉水，加热到80℃，倒入步骤**1**的材料中充分搅拌。需要注意，超过80℃香味会蒸发掉。

用漏勺捞出浮在表面的气泡（浮沫）。

再过一遍滤网，倒入方盘中。因常温下即可立刻凝固，所以要迅速、耐心地再用漏勺捞一次泡沫。

把方盘放在冰水中冷却。放置10分钟左右，待其凝固后包上保鲜膜，放进冰箱冷藏一晚。

油封葡萄柚皮＞

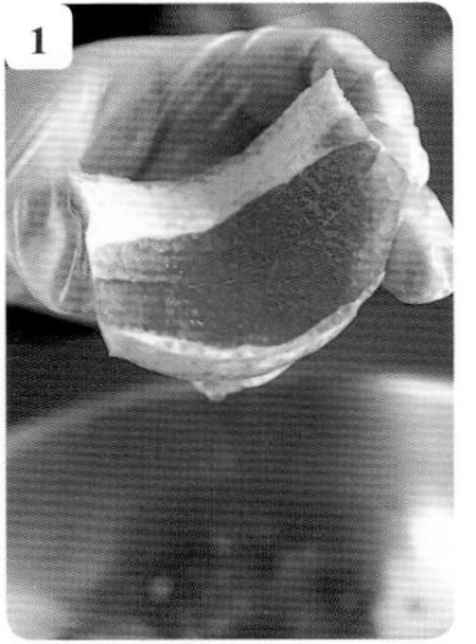

切掉红宝石葡萄柚的上下部分，用菜刀将皮切出约1厘米厚的条。重点是皮上要带一点果肉，这样更好吃一些。

将步骤**1**的材料竖切成约1厘米宽的长条，用水清洗，放入铜锅内，倒入足量的水（分量外），开大火煮。

煮沸后再熬2~3分钟。

用笊篱捞出步骤**3**的材料沥干水。

再以同样做法熬煮、沥干水4次。因想使之后要加的糖更易浸透，所以将皮煮软，去掉苦味和浮沫，也去掉皮上的油分。

彻底沥干水，称一下皮的重量，放入钵盆中，加入等量的白糖，用漏勺充分搅拌。

将步骤**6**的材料放入铜锅，开小火，不时从底部搅拌上来，熬至水分消失。为了让砂糖再次结晶，要缓缓地搅拌。

熬到基本没有汤汁，葡萄柚皮变得透明时即可关火。

将步骤8的材料盛到笊篱上。

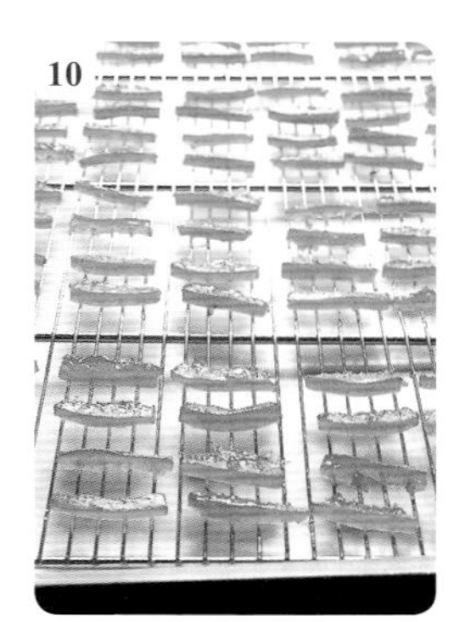

将葡萄柚皮摆在烤网上静置，直到表面略干（不可彻底晾干，否则不好裹粗糖）。

把每一条葡萄柚皮都仔细裹上粗糖。

葡萄柚果肉果冻 >

使用油封剩下来的葡萄柚果肉。用小刀从内果皮里挖出完整形状的果肉，沥干水分。摆在方盘里，喷上酒精制剂。

铜锅内加入矿泉水、白糖、柠檬汁、柠檬皮，煮沸。柠檬皮可以给味道增加层次。

离火，加入泡水回软、沥干的明胶片，充分搅拌至化开。

用滤网把步骤3的材料过滤到钵盆里，倒入步骤1的方盘中。放在冰水里水浴冷却，包上保鲜膜，放进冰箱里冷却凝固。

组合 最后工序 >

用刮板将葡萄柚果肉果冻切成3厘米左右的方块。放入钵盆里，加入适量蜂蜜拌在一起。

用勺子舀出葡萄柚果冻，装到容器高度的1/4。放置一晚，待其适当与水分离，形成水嫩的口感，随意装在容器里即可。

在步骤2的材料中放入约3个冷冻红醋栗，在上面放3~4块的步骤1的材料。再用同样手法加入葡萄柚，点缀3颗红醋栗。

再放上油封葡萄柚皮，用薄荷装饰。一次同时体验葡萄柚的酸味、甜味以及微微的苦味。品尝寒天制剂和明胶2种果冻的不同口感也是不错的享受。

果仁糖蛋糕

Praliné

这道甜点是将两种杏仁味蛋糕在榛子的果仁糖味奶油霜上薄薄地重叠10层，再在上面装点焦糖杏仁。

因我想创造出令人回味无穷、印象深刻的味道，所以主要使用了浓醇深厚的发酵黄油。其中，能突出发酵黄油原味的是奶油霜。这道点心中，搭配的榛子果仁酱的醇厚完美调节了发酵黄油的鲜香。奶油霜的基础是蛋黄加热糖浆做成的炸弹面糊，虽然奶油霜味道浓重，但绝不会让人感到腻口，其中的关键就在于所搭配面团的制作方法。

两种杏仁饼底中，一种是在蛋白霜里加入杏仁粉和糖粉干燥烘焙而成的苏克歇面团。用牛奶巧克力形成薄膜，将味道锁住的同时也防止受潮。这种饼底的特点是口感酥脆，与黏稠的奶油霜形成对比，给口感增加了舒服的变化。但有一个问题，苏克歇面团嚼碎后会剩下奶油霜单独留在嘴里，这时就轮到另一种杏仁饼底——杏仁海绵蛋糕出场了。利用杏仁饱满的美味，湿润烘烤，不涂糖浆，让食客搭配奶油霜一起咀嚼，将点心全部的美味作为整体通过喉咙是最重要的。

“口感之妙”和“一体感”都是让食客享受到美味浓厚奶油的秘诀。

基本分量（5 厘米 ×5 厘米，77 个）

苏克歇面团……………………………………基本分量
（60 厘米 ×40 厘米烤盘，2 个的量）

- 蛋白……………………………………………500 克
- 盐………………………………………………适量
- 白糖……………………………………………200 克
- 杏仁粉…………………………………………280 克
- 糖粉……………………………………………200 克

全部材料、器具以及室内温度都要提前冷却。因为面团容易松弛，所以每次制作以上分量的一半，一块一块地烤。

喷砂用巧克力

- 牛奶巧克力（可可含量 41%）……………1.5 千克
- 色拉油…………………………………………150 克
- 核桃油…………………………………………150 克

杏仁海绵蛋糕（p.37）……………………烤盘 3 个的量

果仁糖味奶油霜

- 发酵黄油（1.5 厘米厚切片）…………………1 千克

先在室温下回软至插入手指有少许阻力的程度。

- 炸弹面糊
  - 水……………………………………………125 克
  - 白糖…………………………………………500 克
  - 蛋黄…………………………………………12 个的量
- 香草香精………………………………………适量
- 榛子果仁酱……………………………………700 克

与 p.282 的“花生味奶油霜”相同做法制作。但用榛子果仁酱代替花生酱。

糖粉………………………………………………适量

焦糖杏仁

- 波美度 30° 的糖浆（p.5）……………………350 克
- 柑曼怡甜酒……………………………………50 克
- 香草糖（p.15）…………………………………4 克
- 香草香精………………………………………10 克
- 杏仁片…………………………………………700 克

因一次制作少量比较好吃，所以根据上面的分量分两次做，每次做一半。

苏克歇面团＞

1 冷却过的座式搅拌机缸里加入蛋白、盐、1/3的白糖，高速打发。盐有降低蛋白韧劲的效果，可以使蛋白霜在口中更易化开。

2 中途分两次加入剩余的白糖，打发到最大程度。

3 向步骤**2**的材料中加入过筛2次的杏仁粉和糖粉，用漏勺从底部翻拌，有节奏地快速混合。

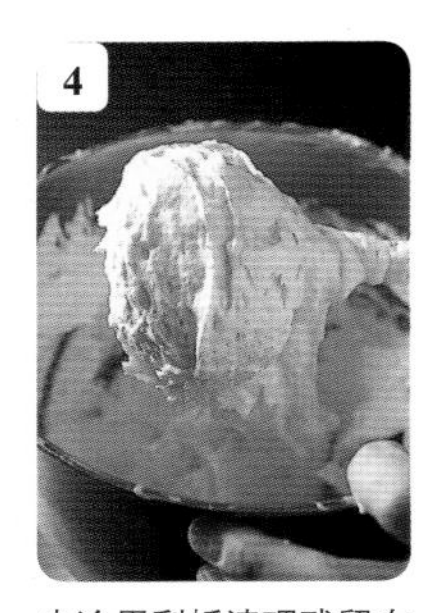

4 中途用刮板清理残留在搅拌缸壁和底部的粉类，均匀搅拌。在没有破坏气泡的情况下搅拌可以令口感更脆。

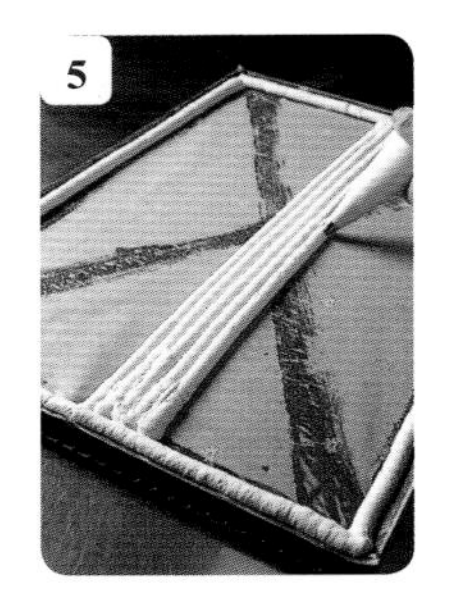

5 用口径8毫米的圆形裱花嘴把步骤**4**的材料在铺有硅油纸的烤盘上挤成条状。比较好挤的方法是先挤外圈，接着从中间分别向手边、里侧挤。使用裱花袋更容易厚度一致。

6 刮平刀与步骤**5**的材料呈45° 角刮平。反复刮2个来回比较理想，刮太多次会破坏气泡。把手指伸进烤盘边缘擦掉面糊。

7 将步骤**6**的材料用对流烤箱以110℃烤4个小时左右。因想达到和奶油霜产生口感上的落差，所以要完全烤熟。把全部的纸放在烤网上。

8 冷却时在面糊上也要放一个烤网，避免面糊弯曲。以相同手法再做一块。分别和干燥剂一起装进塑料袋放置一晚。

组合 最后工序＞

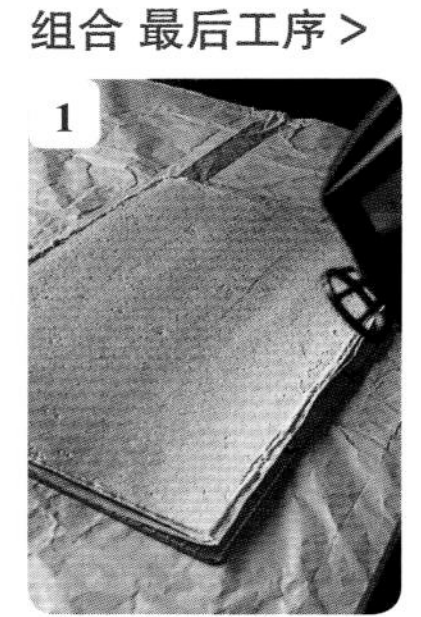

1 钵盆里加入碎牛奶巧克力和2种油，隔水煮至45℃~48℃。用喷枪在2块苏克歇面团的上色面喷涂，放入冰箱凝固。

2 将步骤**1**的材料中剩余巧克力的1/3倒在大理石台面上回火。用刮平刀和三角铲刀重复抹开、集中的动作，冷却至27℃~28℃。

3 钵盆里加入剩余2/3的巧克力，将步骤**2**的材料倒进钵盆中搅拌，保持在29℃~30℃。放入保温器备用。因为巧克力中加了油，所以最终温度设置得比平时略低。

4 把1块底部用杏仁海绵蛋糕放在烤盘上，用长柄勺把2勺步骤**3**的材料浇在上色面上，再用刮平刀均匀抹开。

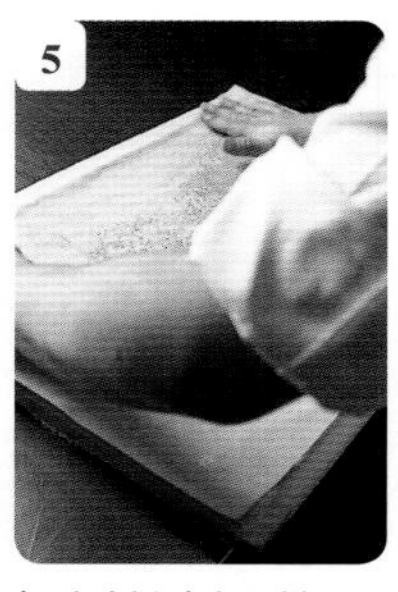

5 把硅油纸贴在蛋糕上，再把这一面向下放进铝烤盘，放入冰箱定型。

6 取出蛋糕，撕掉表面的纸（烤制用）。将490克果仁糖味奶油霜装入裱花袋，套上3厘米宽的扁平裱花嘴，挤成2毫米厚。

7 用刮平刀刮匀。用裱花袋挤可以减少刮奶油的次数，也可以防止奶油陷入蛋糕里。这样奶油和蛋糕的层之间会产生清晰的张力。

8

把1块步骤**1**的材料中的苏克歇饼底喷涂巧克力的一面朝下，放在步骤**7**的材料的上面，放在铝烤盘上压实。撕掉纸（烤制用），以步骤**6~7**的做法挤出果仁糖味奶油霜并刮匀。

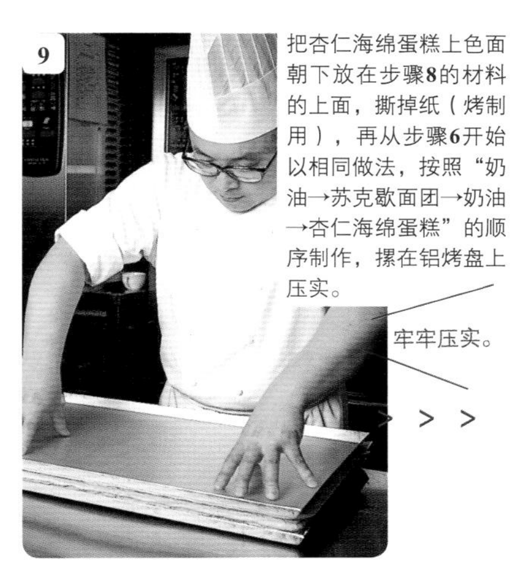

9

把杏仁海绵蛋糕上色面朝下放在步骤**8**的材料的上面，撕掉纸（烤制用），再从步骤**6**开始以相同做法，按照“奶油→苏克歇面团→奶油→杏仁海绵蛋糕”的顺序制作，摞在铝烤盘上压实。

牢牢压实。

10

翻面，撕掉纸（烤制用），放上硅油纸和砧板，再次翻面。撕掉纸（烤制用），将奶油以步骤**6~7**的手法挤在蛋糕上并刮匀。急速冷冻定型。

11

切掉步骤**10**的材料的两端，切成55厘米×35厘米大小。把尺子放在蛋糕上，用小刀划出标记，切成竖7行、横11行，每块5厘米的方块。

稳稳握住刀柄，保持手腕不要摇晃。

12

每一块蛋糕上点缀8克焦糖杏仁（见下方），筛上糖粉即可。焦糖杏仁根据“枯叶”的形象设计，直立的杏仁片让人情不自禁想拈下一片。

焦糖杏仁 >

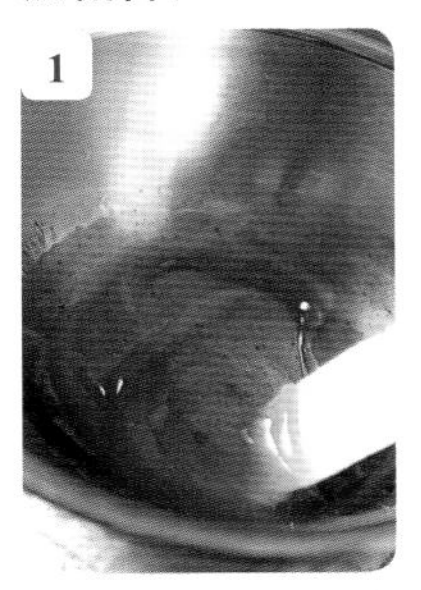

1

钵盆里倒入波美度30°的糖浆，加入柑曼怡甜酒、香草糖、香草香精搅拌。

2

在另一钵盆中加入杏仁片，倒入步骤**1**的材料，用手充分揉合。用手混合是为了保持杏仁片完整。

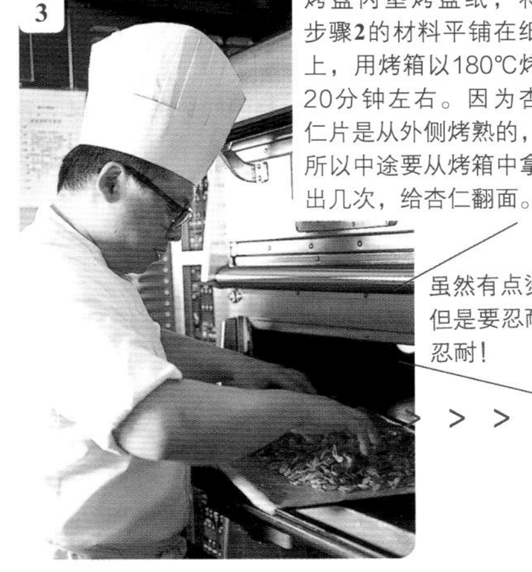

3

烤盘内垫烤盘纸，将步骤**2**的材料平铺在纸上，用烤箱以180℃烤20分钟左右。因为杏仁片是从外侧烤熟的，所以中途要从烤箱中拿出几次，给杏仁翻面。

虽然有点烫，但是要忍耐，忍耐！

4

图为烤香后的状态。把杏仁转移到铺有烤盘纸的烤网上冷却。以同样做法再做一次。杏仁和橙子（柑曼怡甜酒）非常搭配。和干燥剂一起放进容器中保存。

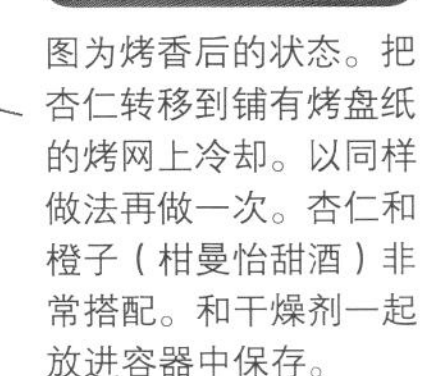

栗子夏洛特

Charlotte aux marrons

有一天，我吃着杏仁海绵蛋糕，忽然发现这味道不是和“芋头”一样吗？松松软软，能让人感受到淀粉质的美味。因此，我想尝试将厚杏仁海绵蛋糕和巴伐路亚组合在一起。这就是这款甜点诞生的契机。

为了使杏仁海绵蛋糕更有存在感，除了做饼底之外，还切成了小方块掺在巴伐路亚里。用手指海绵饼干沿蛋糕侧面搭成箱子形，里面填满巴伐路亚，加入日本风味的栗子涩皮煮和西点糖渍栗子，像宝物一般制造连连惊喜。表面像蒙布朗蛋糕一样挤上足足的栗子酱，用日本栗子涩皮煮、鲜奶油等装饰。多种点心的美味一次享用。

咦，装饰分配不平均，分蛋糕时会不会争起来呀……一家团圆的时刻，大家兴致勃勃地讨论怎样切分，那一定会成为一种美妙的回忆。其实我正是带着这种想法才故意做成这样的！

基本分量（直径 18 厘米的无底圆模，11 个）

手指海绵饼干（p.34）全量（60 厘米 ×40 厘米的烤盘，1 个的量）

以 p.34 中步骤 **1~16** 的做法制作烘烤。但要把铺有烤盘纸的烤盘竖放，用口径 8 毫米的圆形裱花嘴横着挤成条状。把全部纸放在烤网上冷却。

香草味糖浆（面团用）
- 波美度 30° 的糖浆（p.5）……170 克
- 水……170 克
- 香草豆荚……1/4 根
- 香草香精……适量

波美度 30° 的糖浆、水、香草豆荚（用 p.15 的方法剖开）加入铜锅煮沸，用漏斗过滤冷却，加入香草香精搅拌。

杏仁海绵蛋糕（p.37）全量（60 厘米 ×40 厘米的方模，3 个的量。使用其中 5/2 个的量）

和 p.37 做法相同。但在每个放好方模的烤盘上倒入 1 千克面糊，烘烤 15 分钟左右。小刀插入方模边缘脱模，将全部纸放在烤网上晾凉。

白糖……适量

栗子巴伐路亚
- 英式奶油霜
  - 牛奶……1 千克
  - 香草豆荚……1/2 根
  - 蛋黄……160 克
  - 白糖……100 克
  - 栗子奶油……1 千克
- 明胶片……26 克
- 香草香精……适量
- 鲜奶油（乳脂肪含量 35%）……1.2 千克

日本栗子涩皮煮（对半切开）……6 块 / 份

糖渍栗子（罐头）……适量

糖粉……适量

日本栗子酱……适量

蒸好的日本栗子里加入 40% 的白糖做成酱。

香醍奶油酱（p.89）……约 200 克 / 份

日本栗子涩皮煮（最后用）……5 个 / 份

苹果果冻（p.178）……适量

金箔……适量

牛奶巧克力装饰（p.157 的 c）……5 块 / 份

开心果（片）……5 片 / 份

手指海绵饼干 >

手指海绵饼干底横向放置，横切成56厘米×3厘米的条状共11块。翻面撕掉纸，用毛刷涂上香草味糖浆。

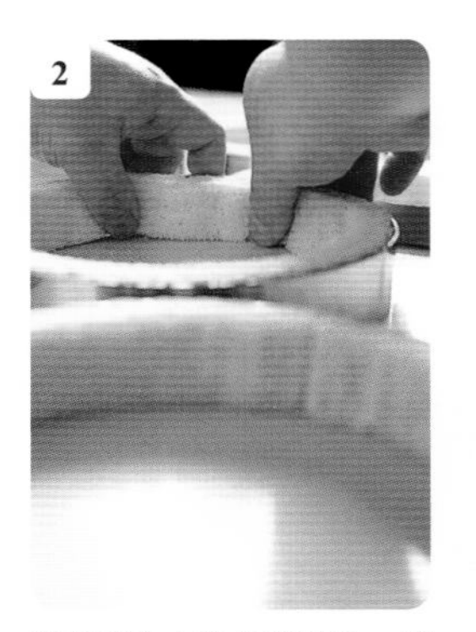

在铝烤盘上垫好硅胶垫，摆好无底圆模。将步骤**1**的材料用p.114“手指海绵饼干”步骤**4**的做法装入模具。

杏仁海绵蛋糕 >

为了增加饼底的口感和冲击力，采用了杏仁海绵蛋糕。上色面朝下，撕掉纸，用直径16厘米的圆模压出11块。用毛刷在上色面涂满香草味糖浆，放入冰箱冷藏。

将1/2个方模（40厘米×30厘米）的杏仁海绵蛋糕切掉蛋糕边，再用巧克力切割器切割后与巴伐路亚混合。为了避免蛋糕粘连，先在巧克力切割器内撒上白糖。

把蛋糕放在巧克力切割器上，竖切成1.2厘米宽。

把步骤**3**的材料放在铝烤盘上（边缘没有竖起），转动90°。

再用网模竖切成1.2厘米宽。

将1.2厘米的方块放入铺有烤盘纸的铝烤盘中散开，急速冷冻凝固。冷冻凝固是为了让蛋糕在与巴伐路亚混合时不要吸收巴伐路亚的水分，降低本身的存在感。

栗子巴伐路亚 >

以p.68中步骤**1**~**5**步的做法制作，但不需要脱脂牛奶和加在牛奶里的白糖。蛋黄中加入白糖打发，再在煮沸前加入1/3温牛奶搅拌。

另一个钵盆中加入栗子奶油，倒入步骤**1**的材料，用打蛋器慢慢画圆搅拌。

将步骤**2**的材料倒回步骤**1**的剩余牛奶中，充分搅拌，用略大的中火煮。加热到82℃离火。

将步骤**3**的材料倒入另一个消毒的钵盆里，插入消毒温度计，用余热继续加热2分钟。通过这一步可以增加醇度。注意不要暴露在75℃以下的环境中，因为此温度下细菌容易繁殖。

向步骤**4**的材料中加入泡水回软、沥干水分的明胶片，搅拌使其化开，用漏斗过滤到另一个钵盆里（有很多栗子纤维留在漏斗上）。

再加入香草香精，浸在冰水里搅拌，冷却到10℃。通常巴伐路亚先冷却到20℃，但20℃的温度会让巴伐路亚的水分更容易渗进杏仁海绵蛋糕里。

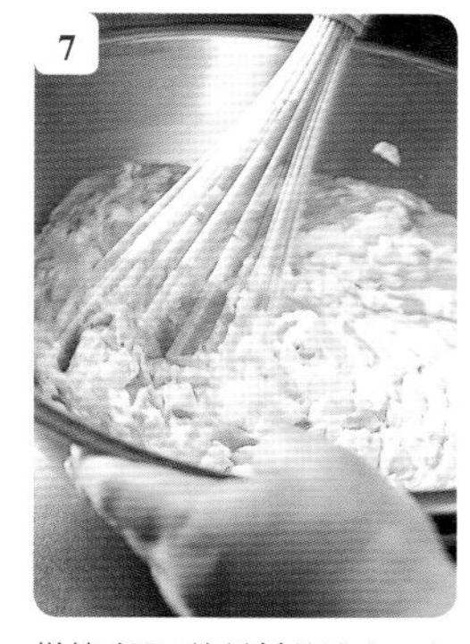

撤掉步骤**6**的材料的冰水，加入1/3用搅打器打发到最大程度的鲜奶油，画圆搅拌，剩余的鲜奶油分2次加入，从底部向上快速翻拌。

冷冻凝固的杏仁海绵蛋糕丁加入步骤**7**的材料内，用橡胶铲快速搅拌。

组合 最后工序 >

手指海绵饼干套入无底圆模，用长柄勺将混合了杏仁海绵蛋糕丁的栗子巴伐路亚盛到模具内，高度为模具的九分，用长柄勺轻轻抹匀。

把6个半块的栗子涩皮煮填入模具中（避开中心），在每两个栗子之间放进2块糖渍栗子。将底部用的杏仁海绵蛋糕涂糖浆面朝下盖在上面，轻轻压实。

将步骤**2**的材料急速冷冻凝固。凝固后放在铺好烤盘纸的铝烤盘上，翻面，撤掉硅胶垫和无底圆模。冷冻保存。

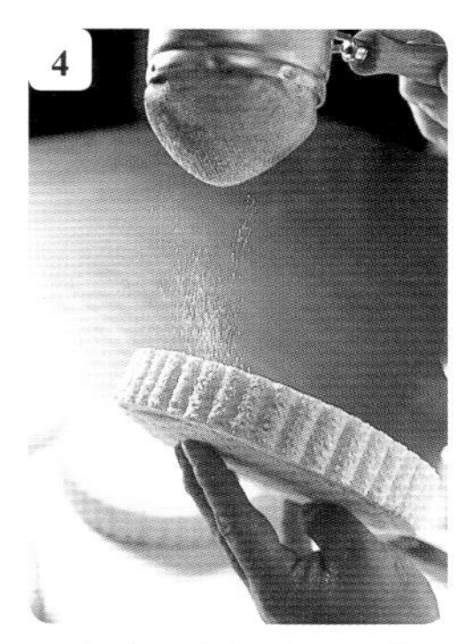

取出适量进行最后一道工序。用滤网在手指海绵饼干的侧面筛糖粉。

把栗子酱倒入蒙布朗蛋糕专用绞馅机，挤在手指海绵饼干的表面中间。

挤出足量栗子酱。

用铲刀整理栗子酱的形状，用滤网在上面筛糖粉。

用8毫米宽的圣多诺裱花嘴把香醍奶油酱在栗子酱的两侧挤成波浪形。用蘸过苹果果冻的栗子涩皮煮装饰，放上金箔，插入牛奶巧克力装饰，点缀开心果。

林茨油酥蛋糕

Sablé Linzer

我曾在阿尔萨斯实习，它与德国接壤，是一个受德国甜点、维也纳甜点影响很大的地区。这道甜点是受到奥地利名点“林茨蛋糕”的启发创作的。

林茨蛋糕在加有肉桂的挞皮上填入覆盆子酱，再把格子形的相同饼底放在顶层烘烤而成。虽然貌不惊人，但肉桂和酸味的组合华丽时尚，口味深邃。我想尝试把它用在日式生果子中，固定不变的是用甜酥面皮把肉桂味巴伐路亚夹在中间，但一直没有敲定口味。

肉桂的香味带有异国风情的魅力，但是味道过于纤细，欠缺广度。于是我试着在巴伐路亚中加入香草，结果大获成功！香草母性般的香气增加了饱满度，给温暖的味道带来变化。

参照林茨蛋糕，在肉桂味巴伐路亚中加入了带籽的覆盆子果冻，收紧酸味和甜味，同时它的颗粒感也成为甜品的亮点。用含有覆盆子白兰地的可爱粉红色淋酱装饰上层甜酥面皮，仿佛是中间覆盆子果冻的预告。最后工序是用糖粉撒出格子花纹。这也是有意识参照林茨蛋糕所做的装饰。

基本分量（直径约 7.5 厘米，48 个）

甜酥面团（p.234）…… 约 1.6 千克

参照“朗姆甜饼干”中甜酥面团的做法。但不加葡萄干、榛子粉，杏仁粉换成 250 克。步骤 **1~10** 以同样做法制作，分出 1.6 千克。

肉桂味巴伐路亚

- 英式奶油霜
  - 牛奶…… 450 克
  - 香草豆荚…… 1 根
  - 肉桂块…… 1 块
  - 白糖…… 30 克
  - 蛋黄…… 8 个份
  - 白糖…… 130 克
  - 肉桂粉…… 3 克
- 明胶片…… 11 克
- 香草香精…… 适量
- 鲜奶油（乳脂肪含量 35%）…… 675 克

覆盆子果冻（p.246）…… 适量

覆盆子味糖霜

- 糖粉…… 1 千克
- 水…… 约 100 克
- 覆盆子白兰地…… 约 100 克
- 食用色素（红色，粉末）…… 适量
  用少量水（分量外）溶解。
- 香草香精…… 适量

糖粉…… 适量

覆盆子…… 2 个 / 份

蓝莓…… 2 个 / 份

薄荷…… 适量

甜酥面团 >

擀面杖直接敲打硬面团，再用手揉匀。用压面机将面团压成2.6毫米厚，放入冰箱，略微收紧后再用滚针刀戳孔。

戳孔面向下（原因参照右图），以p.236中步骤**12**的做法，用直径7.5厘米的菊花模（上层用）、直径6厘米的圆模（底层用）分别压模48块，放在铺好硅油纸的铝烤盘上。

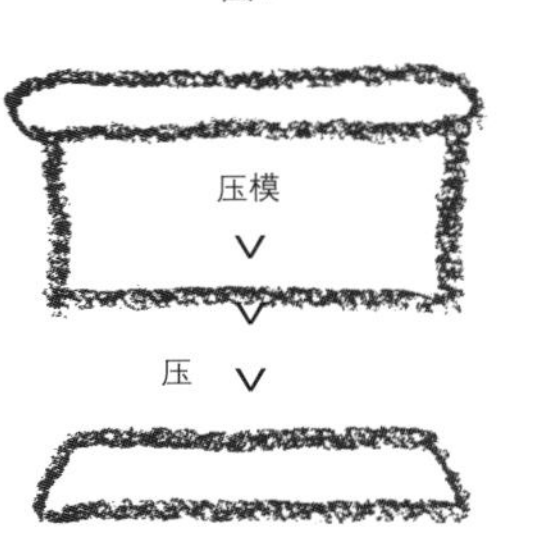

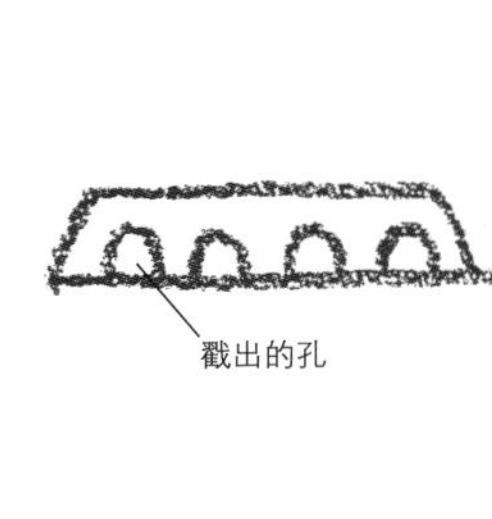

用模具压面团，面团的底边会有少许扩张（横截面呈梯形）。油酥蛋糕基本都以这种形状为美（图1）。通常情况下，压模时将戳孔的一面向上，但因这块面团后面需要淋糖霜，以上表面光滑为好，所以选择了戳孔面向下压模（图2）。

将步骤**2**中全部的纸移到烤箱上喷雾。放入烤箱，以180℃烘烤12分钟左右。

放入烤箱5分钟后用木模轻轻按压，控制面团的膨胀程度。

图为烤好的效果。正面、背面都变成均匀的焦黄色。烤网放在有孔的烤盘上，将饼底摆在烤网上晾凉。

肉桂味巴伐路亚 >

以p.68~69相同手法制作。但不加脱脂牛奶。步骤**1**中同时加入肉桂块，将香味传递到牛奶中，步骤**4**再加肉桂粉、蛋黄打发。

铝烤盘上铺硅胶垫，摆好直径6厘米的无底圆模。把步骤**1**的材料装入裱花袋，套上口径8毫米的圆形裱花嘴，挤到模具的六分满。

用铲刀把巴伐路亚抹开到模具边缘，使中间凹陷。

用口径8毫米的裱花嘴把覆盆子果冻挤在步骤**3**的材料的中间，形成4圈螺旋。

再挤入肉桂味巴伐路亚，将模具填满。用小刮平刀刮平表面。急速冷冻凝固。

组合 最后工序＞

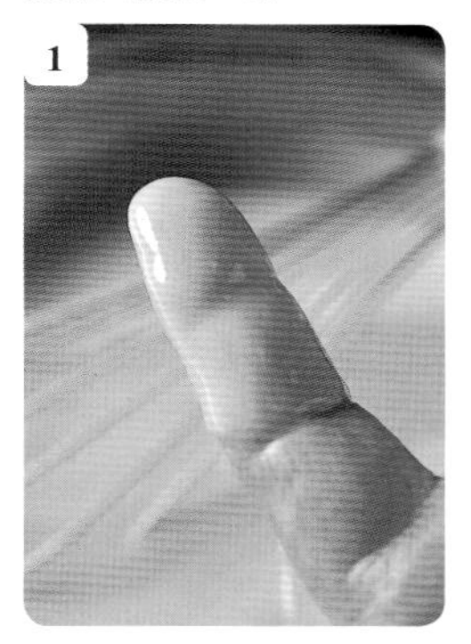

1 制作覆盆子味糖霜。将全部材料倒入钵盆里后用打蛋器搅拌。将食指前二个关节插入后拿出，慢慢数5秒钟，透过液体能看到皮肤则说明浓度适中。可以通过加水、糖粉（均为分量外）调节至此浓度。

2 重叠3块烤盘，铺好烤盘纸，把烤网放在上面。给上层用甜酥饼底浇糖霜。用手拿着菊花形饼底，上表面朝下，只浸入上表面。

3 取出饼底，让多余的糖液流下去。

4 再用小刮平刀刮匀表面，刮去侧面多余的糖液。

5 摆在步骤**2**中准备好的烤网上，放入烤箱以220℃烤1分钟，使饼底迅速干燥，呈现透明感。

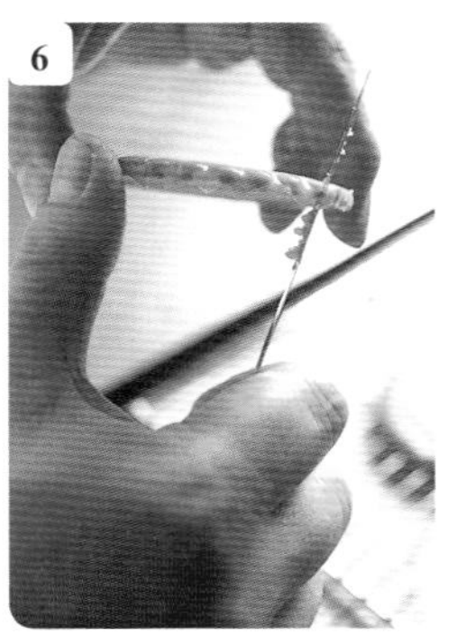

6 用小刀小心刮去侧面多余的糖霜。

7 把格子花纹装饰板放在步骤**6**的材料上，用滤网在上方筛糖粉。

8 可爱的格子花纹做好了。

9 冷冻凝固的肉桂味巴伐路亚放在大小适中的模具上，用喷枪加热四周。

10 模具脱落后，用铲刀盛出。

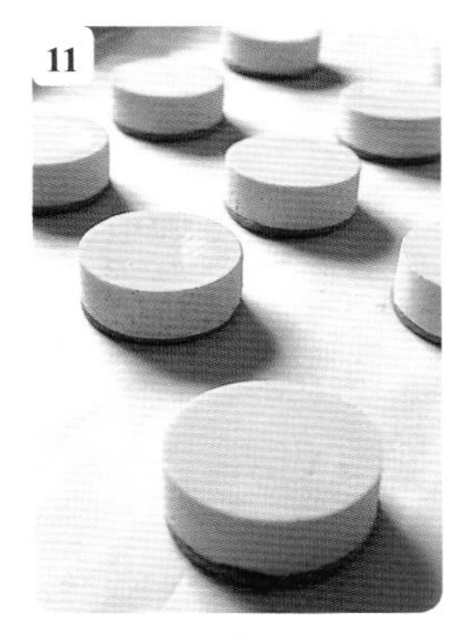

11 将步骤**10**的材料慢慢放在圆形底部用甜酥面团上。表面用步骤**8**的材料、覆盆子（其中一部分筛糖，增加变化）、蓝莓、薄荷装饰。

核桃夏洛特

Charlotte aux noix

我想用夏洛特模做出王冠一样的点心，于是创作了这道甜点。

用竖着的手指海绵饼干搭在侧面，把加了核桃的杏仁海绵蛋糕铺在底部和中间，再把咖啡味奶油霜挤在杏仁海绵蛋糕里。中间填充两种顺滑的奶油——慕瑟琳奶油和咖啡味的慕瑟琳奶油。这里说的慕瑟琳奶油是“轻奶油”之意，在卡仕达奶油酱里加入意式蛋白霜等混合而成。所用的卡仕达奶油酱经过提前放置一天，做出的慕瑟琳奶油形成了和巴伐路亚不同的醇香。慕瑟琳奶油中的焦糖核桃脆片丁增加了口感和味道的双重亮点。最后淋上浓厚的牛奶巧克力淋面酱，把糖衣核桃摆在顶端，插一片白巧克力装饰就完成了。

温和的味道中，核桃、咖啡、焦糖、巧克力等各种淡淡的苦味缠绵交织，演绎一首和谐的乐曲。

基本分量（口径 12 厘米的夏洛特模，35 个）

手指海绵饼干（p.34）…………………………… 4 倍量

因为容易塌陷，所以分 4 次制作烘烤。

香草味糖浆（面团用）

波美度 30° 的糖浆（p.5）…………………… 170 克

水………………………………………………… 170 克

香草豆荚………………………………………… 1/4 根

香草香精………………………………………… 适量

波美度 30° 的糖浆、水、香草豆荚（用 p.15 的方法剖开）加入铜锅煮沸，用漏斗过滤冷却，加入香草香精搅拌。

核桃杏仁海绵蛋糕…………………………… 基本分量

60 厘米 ×40 厘米的方模，3 个的量

核桃粉…………………………………………… 570 克

杏仁粉…………………………………………… 260 克

糖粉……………………………………………… 780 克

低筋面粉………………………………………… 138 克

全蛋……………………………………………… 20 个

烤核桃（半块）………………………………… 180 克

蛋白……………………………………………… 685 克

使用当天现打的新鲜鸡蛋。

白糖……………………………………………… 263 克

以上材料、器具、室内温度都要提前冷却。

煮沸的液化黄油………………………………… 92 克

咖啡味奶油霜（按以下配方从成品中取出 2.5 千克左右）

发酵黄油（1.5 厘米厚切片）……………… 2.1 千克

室温下软化至手指可以轻松插入的程度。

炸弹面糊

水……………………………………………… 263 克

蛋黄…………………………………………… 12 个份

香草香精………………………………………… 适量

咖啡香精（Trablit）…………………………… 适量

与 p.282 的“花生味奶油霜”做法相同，但不加花生酱，在步骤 **9** 加香草香精的同时加咖啡香精搅拌。

慕瑟琳奶油

卡仕达奶油酱（按以下配方从成品中取出 1240 克）

牛奶…………………………………………… 2 千克

香草豆荚……………………………………… 2 根

白糖…………………………………………… 450 克

低筋面粉……………………………………… 170 克

香草香精……………………………………… 4 克

吉利丁糊（按以下配方从成品中取出 195 克）

明胶片………………………………………… 90 克

水……………………………………………… 180 克

白糖…………………………………………… 180 克

香草香精……………………………………… 适量

钵盆里加入泡水回软、沥干水分的明胶片，将水和白糖一起煮沸后加入钵盆中，搅拌溶解，用漏斗过滤，加入香草香精搅拌。隔水煮化。“糊”是指将材料混合至密度较高的状态。

香草香精………………………………………… 适量

鲜奶油（乳脂肪含量 35%）………………… 1.3 千克

咖啡味慕瑟琳奶油

卡仕达奶油酱（从左侧成品中取出 1240 克）

咖啡香精（Trablit）…………………………… 20 克

香草香精………………………………………… 适量

明胶糊………………………… 从左侧成品中取出 195 克

鲜奶油（乳脂肪含量 35%）………………… 975 克

咖啡味意式蛋白霜……… 从左侧成品中取出 300 克

糖浆

水……………………………………………… 80 克

白糖…………………………………………… 375 克

咖啡香精（Trablit）………………………… 适量

蛋白…………………………………………… 180 克

使用当天现打新鲜鸡蛋。

白糖…………………………………………… 18 克

咖啡香精（Trablit）………………………… 适量

与 p.215“咖啡味蛋白霜小树”的步骤 **1~4** 做法相同，但是不加香草香精。另外，以 p.150 步骤 **5** 做法，冷却到 0℃。

核桃杏仁焦糖…………………………………… 基本分量

核桃（半块）…………………………………… 2 千克

饴糖……………………………………………… 560 克

白糖……………………………………………… 1.4 千克

柠檬汁…………………………………………… 适量

香草香精………………………………………… 适量

将核桃切成两半，再切成 1/8（煎焙前切开比较整齐，焦糖包裹均匀，烤出来更好吃），用烤箱以 180℃烤至微棕色，再把烤箱设置成 80℃保温备用。用这样的核桃代替杏仁片，与 p.156 的“巧克力淋酱焦糖杏仁”做法相同。但要把核桃切成 1.3 厘米的小块，不用巧克力淋酱。

饴糖包核桃

核桃（半块）…………………………………… 3 块 / 份

白糖……………………………………………… 适量

每次做几份，分多次制作。将半块核桃切成 1/4，用烤箱以 180℃略煎焙。与 p.73 的步骤 **1~6** 做法相同，做好焦糖后离火，用小刀插在核桃上裹焦糖，摆在硅胶垫上定型。焦糖要浇得薄一些，太厚影响口味。

白巧克力装饰（p.157 的 d）………………… 适量

牛奶巧克力淋面酱……………………………… 基本分量

原味镜面果胶…………………………………… 430 克

热开水…………………………………………… 130 克

鲜奶油（乳脂肪含量 35%）………………… 150 克

牛奶巧克力（可可含量 41%）……………… 476 克

手指海绵饼干 >

1 用p.34步骤**1~17**的方法制作、烘烤。但需要用弯曲带状纸样做成上长29.5厘米、下长36.5厘米、宽8厘米的条形，用口径10毫米的圆形裱花嘴挤成图片的样子。撕掉烤盘纸。

2 将步骤**1**的材料的两端斜切以便对齐。背面略涂一层香草味糖浆，模具底部铺OPP纸，参照p.114“手指海绵饼干”的做法嵌入模具里。

核桃杏仁海绵蛋糕 >

1 与p.37制作手法相同，但是在步骤**1**增加核桃粉。如图用食物料理机将煎焙核桃粗略切碎，在步骤**3**加入，步骤**8**每个放有方模的烤盘上倒入1250克，烤17分钟。

2 撕去冷却面团背面的烤盘纸，分别用直径9厘米（底部用）、6.5厘米（中部用）的圆模压模35块。用口径6毫米的圆形裱花嘴把咖啡味奶油糖霜分别以40克、30克挤在两种蛋糕上，挤成螺旋状，急速冷冻定型。

慕瑟琳奶油 >

1 以p.64中步骤**1~17**的做法制作卡仕达奶油酱。不过白糖的用量调整为步骤**2**加200克，步骤**4**加250克，步骤**8**去掉香草豆荚。图为放置一晚后的状态。以脱落时不粘连的状态为佳。

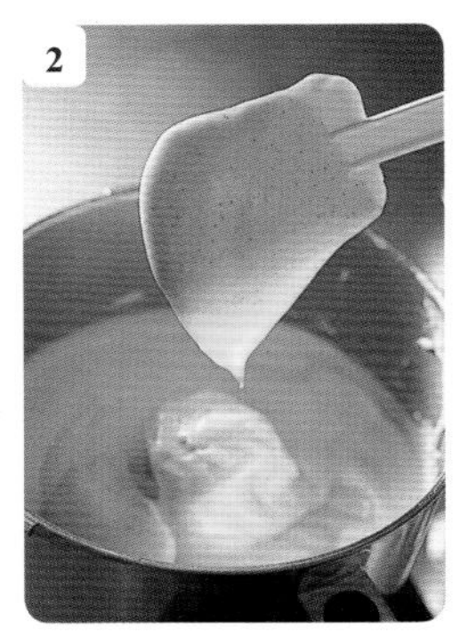

2 将步骤**1**的材料用食物料理机搅拌顺滑。将1240克（约一半，剩余的1240克用于制作咖啡味慕瑟琳奶油）加入钵盆里隔水煮至45℃。

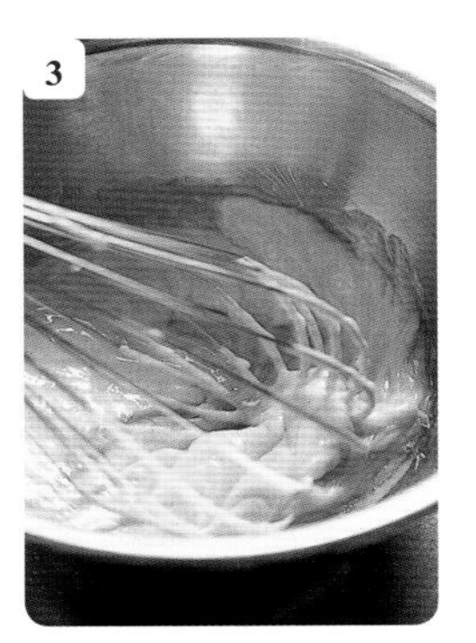

3 另一个钵盆中加入明胶糊，隔水煮至化开。加入步骤**2**的材料的1/3，用打蛋器充分搅拌。

4 将步骤**3**的材料倒回步骤**2**的卡仕达奶油酱中，加入香草香精。放在冰水里，搅拌冷却到20℃。

5 将1/3用搅打器打发到最大程度的鲜奶油加入步骤**4**的材料中，以画圆方式搅拌。再将剩余的鲜奶油分2次加入，从底部向上快速翻拌。

6 将步骤**5**的材料倒入另一个钵盆中，上下位置调换，同样从底部向上翻拌均匀。图为搅拌完呈顺滑的效果。

咖啡味慕瑟琳奶油 >

1 钵盆里加入1240克卡仕达奶油酱，隔水煮至45℃。另一个钵盆里加香草香精，加入1/3咖啡香精，用打蛋器充分搅拌。

2 将步骤**1**的材料倒回卡仕达奶油酱的钵盆里，同时加入香草香精，充分混合。

在另一个钵盆中加入明胶糊，隔水煮至化开，加入步骤2的材料的1/3，用打蛋器充分搅拌。倒回步骤2的钵盆中，搅拌均匀。放入冰水中，一边搅拌一边冷却至20℃。

另一个钵盆中加入搅打器充分打发的鲜奶油，加入冷却至0℃的咖啡味意式蛋白霜，快速搅拌。

向步骤3的材料中加入1/3的步骤4的材料，以画圆方式搅拌。再分两次加入步骤4的材料，从底部向上迅速搅拌。倒入另一个钵盆里上下调换位置，同样从底部向上搅拌均匀。

组合 最后工序 >

将慕瑟琳奶油装入裱花袋，套上口径10毫米的圆形裱花嘴，挤到装有手指海绵蛋糕的模具里，高度约为模高的1/3。

用于中部的核桃杏仁海绵蛋糕，表面螺旋状咖啡味奶油糖霜已经凝固。将奶油糖霜面向下，放在步骤1的材料的上面压实。

用口径10毫米的圆形裱花嘴把慕瑟琳奶油挤在步骤2的材料的上面，挤至模具八分满。填入9颗核桃焦糖杏仁，避开中心，再挤一次慕瑟琳奶油，挤至模具九分满。

用于底部的核桃杏仁海绵蛋糕，表面螺旋状咖啡味奶油糖霜已经凝固。与步骤2相同手法放在步骤3的材料上压实。急速冷冻定型，翻面拿掉模具，冷冻保存。

拿掉步骤4中的OPP纸。将牛奶巧克力淋面酱（见下方）倒入圆锥形裱花袋，尖剪成3毫米宽的小口，挤在蛋糕上。重点是先挤外圈，挤出轮廓后再挤中间。

用淋面酱均匀覆盖蛋糕。因巧克力比较硬，所以可以根据个人喜好将边缘做成下垂的形状。放上饴糖包核桃、白巧克力装饰等。

牛奶巧克力淋面酱 >

钵盆里加入果胶，加入热开水，隔水煮至化开。煮沸之前加热鲜奶油。

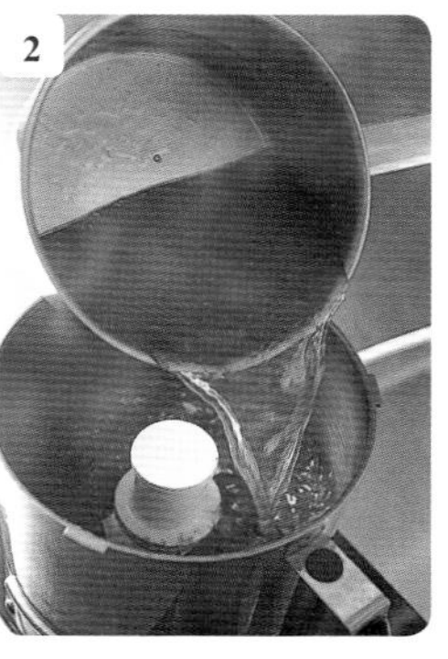

牛奶巧克力切碎，放入食物料理机中。加入步骤1的鲜奶油搅拌，再加入步骤1中化开的果胶搅拌。轻轻搅拌融合，以免产生气泡。

用漏斗过滤步骤2的材料，放在冰水里冷却。图为搅拌顺滑的效果。冷藏保存，隔水煮至体温。因果胶呈啫喱状，所以有一定浓度。

A POINT焦糖慕斯

À POINT

在巴黎实习期间，我遇见了焦糖冰激凌和洋梨果子露组合而成的冰激凌蛋糕。受此启发，我用慕斯创作了这道甜点。

加有炸弹面糊的焦糖慕斯仿佛结合了布丁和焦糖酱的醇香，重点在于制作出既不特别苦也不特别甜的熬煮适中的焦糖。因考虑到后面要和鲜奶油组合到一起，所以一定要准确判断想要的“正好、精准”的浓稠度。

这种“适中、正好”的感觉在法语中叫“À POINT”。在法国，被实习员工问到“应该做成怎样的感觉”时，我经常回答“刚刚好”。

我不希望是把技术一股脑推到食客面前，而是提供出让人心灵放松舒适的美味。这种“刚刚好”的理念被我用来命名我的甜品店。

基本分量（直径15厘米、高4.5厘米的无底圆模，27个）

杏仁蛋糕…… 基本分量
直径约15厘米，27块
- 生杏仁膏（1.5厘米厚切片）…… 570克
  室温下回软至手指可以轻松插入的程度。
- 蛋黄…… 28个份
- 糖粉…… 285克
- 蛋白…… 23个的量
- 白糖…… 200克
- 低筋面粉…… 305克

洋梨味糖浆（面团用）
- 波美度30° 的糖浆（p.5）…… 250克
- 洋梨白兰地…… 250克
  混合以上材料。

洋梨慕斯
- 英式奶油霜
  - 洋梨（罐头）汁…… 720克
  - 香草豆荚…… 3/4根
  - 蛋黄…… 144克
  - 白糖…… 144克
  - 脱脂牛奶…… 72克
- 明胶片…… 35克
- 洋梨白兰地…… 144克
- 鲜奶油（乳脂肪含量35%）…… 1040克
- 意式蛋白霜从以下成品中取出460克
  - 糖浆
    - 水…… 94克
    - 白糖…… 376克
  - 蛋白…… 210克
    使用当天现打的新鲜鸡蛋。
  - 白糖…… 42克
  与p.114“洋梨慕斯”做法相同。

洋梨（罐头，切成1厘米的方块）…… 1820克

焦糖慕斯
- 焦糖霜
  - 鲜奶油（乳脂肪含量35%）…… 2160克
  - 香草豆荚…… 19/4根
  - 饴糖…… 872克
  - 白糖（焦糖用）…… 1304克
- 发酵黄油（切成1.5厘米的方块）…… 208克
- 明胶片…… 112克
- 炸弹面糊
  - 水…… 432克
  - 饴糖…… 144克
  - 白糖…… 320克
  - 蛋黄…… 1040克
  与p.283“花生味奶油糖霜”步骤**2~7**做法相同。不过在步骤**2**煮糖浆时增加隔水煮化的饴糖。
- 鲜奶油（乳脂肪含量35%）…… 4640克

咖啡香精（Trablit）…… 适量

苹果果冻基本分量（成品分量约1680克）
- 苹果汁（100%浓缩还原果汁）…… 1千克
- 白糖…… 250克
- 琼脂…… 18克
- 饴糖…… 420克

杏仁蛋糕 >

将室温软化的生杏仁膏放入座式搅拌机，加入1/3打散的蛋黄，用拌料棒低速搅拌。打至如图顺滑的状态。

向步骤**1**的材料中加入1/3的糖粉，低速搅拌。以相同手法交替加入剩余蛋黄和糖粉各2次。全部搅拌均匀后倒入另一个钵盆中，放进冰箱冷藏备用。

蛋白倒入搅拌缸，以中速打散，加入1/3的白糖高速打发。中途分2次加入剩余的白糖做成蛋白霜。

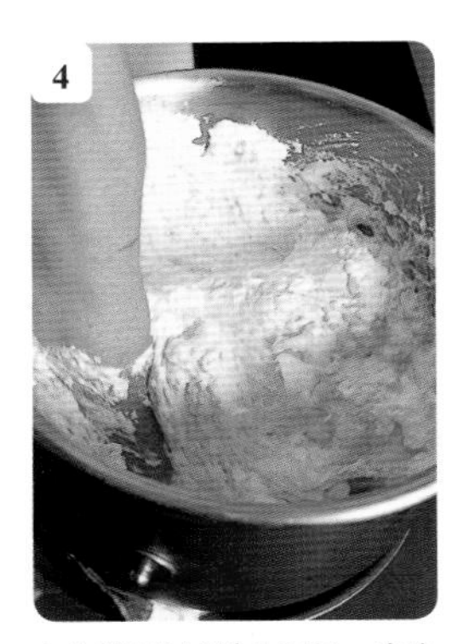

向步骤**3**的材料中再加一次步骤**2**的材料，用刮板从底部向上快速翻拌。搅拌至八成后加入过筛两次的低筋面粉，以相同手法搅拌均匀。

烤盘上铺一张画有直径15厘米圆形的纸样，上面铺烤盘纸。将步骤**4**的材料装入裱花袋，套上口径15毫米的圆形裱花嘴，挤成螺旋状。用烤箱以185℃烤15分钟，烤至诱人的金黄色。

图为烤好的效果。把烤盘在台面上震一震，震出热空气，防止回缩。放在烤网上晾凉，撕掉烤盘纸。急速冷冻凝固，用直径15厘米的圆模压模，在上色面涂满洋梨味糖浆。

洋梨慕斯 >

烤盘内铺好硅胶垫，摆上直径12厘米、高2.5厘米的无底圆模。用口径12毫米的圆形裱花嘴将洋梨慕斯挤成螺旋状，挤至模具八分满，嵌入切成1厘米的洋梨块。塞满洋梨块，给人十足新鲜水嫩的感觉。

再把洋梨慕斯以螺旋状挤在步骤**1**的材料的上面，用刮平刀刮匀。急速冷冻定型。

焦糖慕斯 >

1

制作焦糖霜。首先，在铜锅中放入香草豆荚（以p.15的手法剖开），加入隔水煮化的饴糖，小火搅拌至沸腾。

与p.73中步骤**1**~**6**相同做法制作焦糖，离火，分4~5次加入步骤**1**的材料后混合（小心飞溅烫伤）。因为后面要加鲜奶油，所以焦糖熬得稍微浓一些。

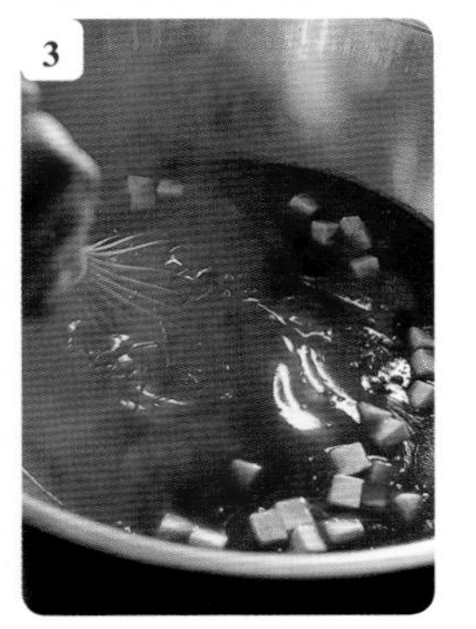

用漏斗将步骤**2**的材料过滤到另一个钵盆中，加入切成1.5厘米的黄油块，用余温加热。用黄油增加焦糖的香味，让味道膨胀。

向步骤**3**的材料中加入泡软并沥干的明胶片搅拌。放入冰水中，一边搅拌一边冷却到20℃。

向步骤4的材料中加入炸弹面糊，用打蛋器从底部向上翻拌。再分3次加入用搅打器充分打发的鲜奶油，以同样手法快速搅拌。

再将步骤5的材料倒入另一个钵盆中，上下调换位置，以相同手法快速搅拌均匀。把直径15厘米、高4.5厘米的无底圆模放在铺有硅胶垫的铝烤盘上，倒至六分满。

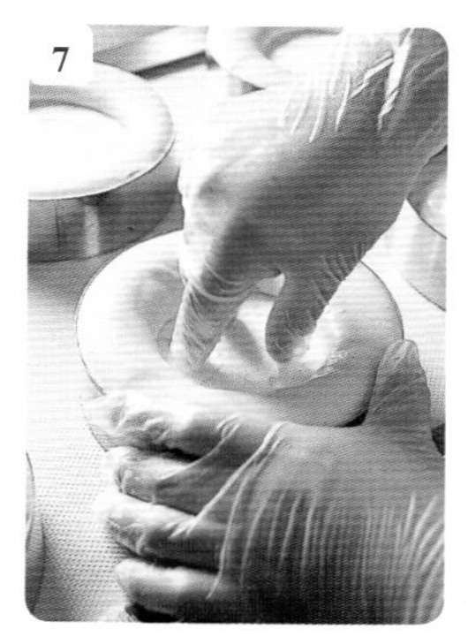

以p.127步骤8的手法脱掉冷冻凝固的洋梨慕斯的模具。一手压住模具，一手把洋梨慕斯压进步骤6的材料的中心。再倒入焦糖慕斯，用刮平刀抹匀表面。

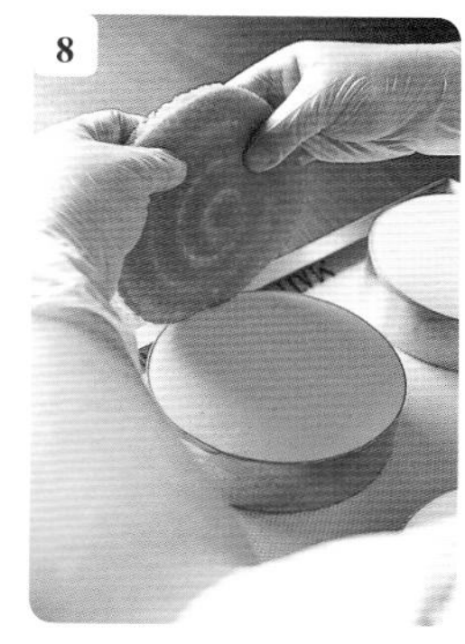

将杏仁蛋糕涂糖浆的一面向下，盖在步骤7的材料上。急速冷冻定型。

最后工序 >

把冷冻定型的焦糖慕斯放在铺有硅油纸的铝烤盘上，翻面，撤掉硅胶垫。用小刀刮掉模具边缘溢出的慕斯。

用毛刷蘸满苹果果冻（见下方），以滑动的动作涂在步骤1的材料的表面。

另取一支毛刷蘸满咖啡香精，滴在步骤2的材料的上面。

将蘸满苹果果冻的毛刷滑过步骤3的材料的表面，做出大理石纹，急速冷冻定型。再次涂苹果果冻，再急速冷冻一次使其凝固。以p.127步骤8的方法脱模。

苹果果冻 >

铜锅中加入苹果汁，加入充分融合的白糖和琼脂，一边搅拌一边以中火加热。快要沸腾的时候撇去浮沫，加入隔水煮化的饴糖煮一会，捞去浮沫。

用漏斗过滤步骤1的材料，放进冰水里冷却。包上保鲜膜，放进冰箱冷藏2天，等待成熟。

宛如焦糖味气泡般的轻盈慕斯和清爽洋梨慕斯的完美结合。散落的洋梨给整体味道增加了律动感。

4

Une vitrine alléhante et une bonne odeur de cuisson

陈列柜的迎接

A POINT的门不是自动门，而是推一下才能打开的略带厚重感的门，这是为了让食客更戏剧化地亲身感受进入店内。迎接进店客人的是派和蛋糕等新鲜出炉的点心，和陈列柜里的生果子不同，刺激五感的美味是烘焙甜点的魅力之处。

苹果派

Feuilleté aux pommes

苹果派

Feuilleté aux pommes

在巴黎实习时，休息日去洗衣房是我的必修课。洗衣机转动时，我常会去吃一家有口皆碑的面包店卖的苹果派。那种朴素的美味让人难忘，经过我的重新设计，就有了这道苹果派。

我希望这道派的口感不是松散纤细的，而是酥脆略硬的朴素美味。所以，制作千层酥皮中折叠进了一些做其他点心剩下的二次面。利用剩余面团，对追求“延展面团之美学”的我来说也非常重要。翻折切下来的面团边角，更增加了口感上的亮点。

加入二次面团的千层酥皮中铺有香橙蛋糕切片，再摆上腌苹果。香橙蛋糕的作用就像是吸收苹果汁的海绵垫，而且也提升了整体的满足感。最后在腌苹果中撒上足量的粗糖、香草糖，强调了香气和风味。

决定这道质朴水果派成败的是随意烘烤的外观和不相配的正式包装。除了那家巴黎面包房用纸简易包装的随意感以外，我还想提供给大家像蛋糕店一般的“品质感”。因此，我把苹果派放在精致的茶色玻璃纸上，将纸的边缘拧紧，摆放在陈列柜上。这种让人想瞬间大快朵颐的摆法在销售初期还是很新鲜的模式。

基本分量（约 10 厘米的方块，15 个）

含二次面团的千层酥皮（p.44）……………………1 份

以 p.44~46 中步骤 **1~17** 的方法制作，再以相同方法 3 折 2 次（总计 3 折 4 次），以 p.45 步骤 **11** 的做法密闭保存，放进冰箱松弛一晚。

千层酥皮（p.44）的二次面团（剩余面团）…约 1.6 千克

以使用一次面团时的延展状态直接冷冻保存备用。放进冷藏室解冻。所加二次面团的分量要控制在上面提到的一次面团的 2/3 以下。超过这个用量面团不容易膨松，口感也会明显变差。

涂面团蛋液（p.48）……………………………适量

香橙蛋糕（3 毫米厚的切片）…………………1 块 / 份

使用了店内的剩余商品。除了巧克力系列哪一种都可以。

温热的液化黄油……………………………约 20 克

粗糖……………………………………………适量

香草糖（p.15）………………………………适量

糖粉……………………………………………适量

腌苹果基本分量

- 苹果…………………………………………5 个

  选择富士苹果、红玉苹果等。

- 白糖…………………………………………适量
- 粗糖…………………………………………适量
- 香草糖（p.15）……………………………适量
- 柠檬汁………………………………………适量

含二次面团的千层酥皮＞

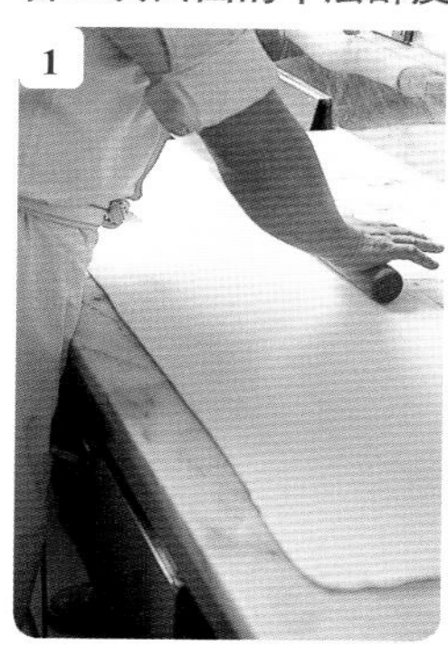

1 从冰箱取出千层酥皮，用擀面杖敲打使其硬度均匀。用压面机压成6毫米厚的长方形。

2 将酥皮横向摆放，中间放一半二次面团。通过加二次面团可以产生略硬的朴素口感。因为可以直接使用，所以不要揉圆二次面团，一定要以延展的状态直接保存。

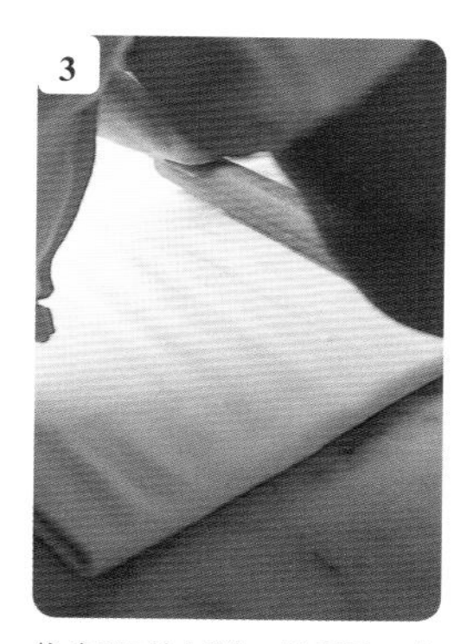

3 将步骤**2**的材料一端折叠，在二次面团上重合，用擀面杖轻轻压实。

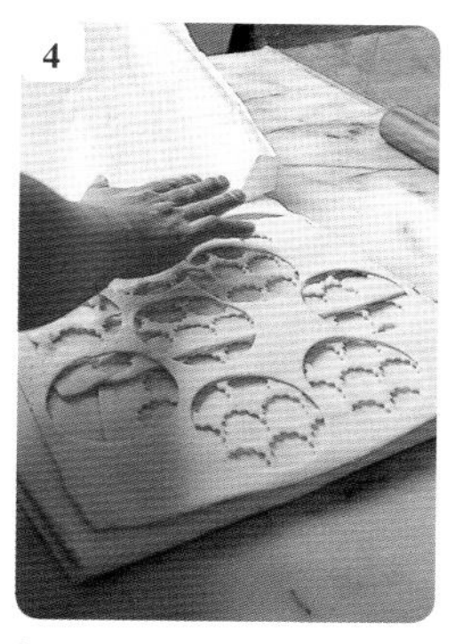

4 把剩余的二次面团放在步骤**3**的材料的上面，翻折面团的一端，形成分层。

5 用擀面杖敲一敲，避免多层面团不齐。以p.45步骤**1**的做法密闭保存，放进冰箱松弛约一天。

6 将步骤**5**的材料用压面机压成2厘米厚、70厘米×40厘米的大小。将面团切成8等份，使用其中一份。用擀面杖敲打略擀，用压面机压成2毫米厚、52厘米×32厘米的大小。

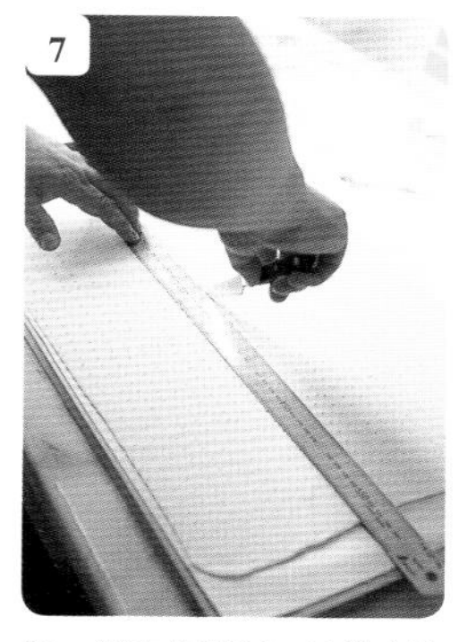

7 以p.46中步骤**20~21**的方法舒压，放在烤盘纸上戳洞。盖上烤盘纸，室温松弛30分钟，放进冰箱1个小时收紧面团。取出面团，切成15个10厘米的方块。

8 分别在正方形面团的四角上用毛刷涂蛋液，向内翻折。这一步可以令烤出来的样子更丰富，增加口感的变化。冷冻保存。

组合 最后工序＞

1 烤盘铺硅油纸，把千层酥皮摆在上面，放上香橙蛋糕切片。沥干腌苹果（具体做法见右侧）的汁水，尝一下味道，加适量砂糖调味，加入温热的液化黄油。

2 在每块面皮上摆4块步骤**1**中的腌苹果，撒上粗糖、香草糖，用烤箱以230℃烤20分钟左右。放在烤网上晾凉，放在茶色的玻璃纸上，撒糖粉。

腌苹果＞

1 削去苹果皮，挖掉苹果心，均分成14块半月形。尝一尝味道，提前确认酸甜度。

2 将步骤**1**的材料放入钵盆中，加入白糖、粗糖、香草糖，用手拌开，加入柠檬汁补充酸味。包上保鲜膜，放入冰箱冷藏一晚。

柠檬周末蛋糕

Week-end au citron

有个词叫作“cake avec tête”（有头的蛋糕），它的意思就是“表面隆起的磅蛋糕”。有的周末蛋糕表面是平的，但我选择做成“cake avec tête”的形状。因为我认为烤蛋糕需要有生命力的跃动感，表面如岩浆般开裂，元气满满的表情是“A POINT”周末蛋糕的鲜明标记。

我在制作上最注重的是做出打动人心的美丽的裂缝。经过反复研究实验，我找到了最佳的制作方法，即用蘸有冷却液化黄油的刮刀插入面团中间几毫米，划出一条线后再进行烘烤。仅仅用刀画一条线或在烘烤中加一条液化黄油的线，最终效果都会像刀伤一样有明显的人工痕迹，只有这种方法才可以形成自然漂亮的裂缝。

面团以“AII IN ONE”（多合一）方法依次混合全部材料做成。通过最后加入液化黄油，可以借助油脂产生湿润的密度感。制作重点是做完面团后室温下放置1个小时，再放进冰箱松弛2天。食材之间充分融合，增加醇度，也拓展了风味、香气的宽度。

为了发挥这种味道，同时展现后面的柠檬糖液的颜色，我的秘籍是用特制的厚纸板挡住模具的侧面，减缓温度的传导，避免烘烤过度。温度传导减弱，侧面烤熟的时间延迟，也可以使蛋糕的形状更加浑圆。

最后加镜面果胶的工序也是这道甜品的特点。给甜点增加了如湖水冻结的薄冰般的闪亮和光泽。柠檬的清爽酸味、酥松细密的分层和湿润绵密的蛋糕形成了绝妙的对比。

这款蛋糕兼具“生动感”和“优雅感”两个极端的魅力，是一道非常迷人的甜点。

基本分量（16 厘米 ×7 厘米蛋糕模，15 个）

白糖……1320 克
粗糖……80 克
柠檬皮碎……40 克
低筋面粉……540 克
高筋面粉……540 克
烘焙粉……20 克
全蛋……20 个
盐……适量
酸奶油……500 克
香草香精……适量
浓缩君度甜酒……150 克
煮沸液化黄油……400 克
冷却液化黄油……适量
杏子酱……适量
柠檬糖液
- 糖粉……3 千克
- 柠檬汁……约 900 克
- 食用色素（黄色，液体）……适量
- 柠檬油……适量

1 白糖和粗糖加入搅拌缸，加入柠檬皮碎，用打蛋器充分混合。柠檬的香气会转移到砂糖上。

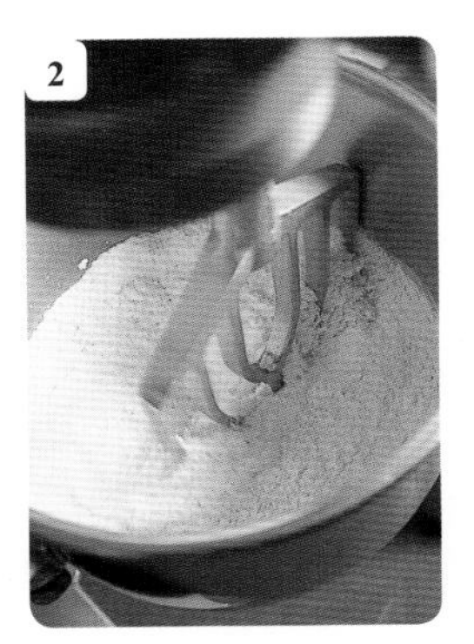

2 向步骤**1**的材料中加入过筛2次的低筋面粉、高筋面粉、烘焙粉，用拌料棒低速搅拌。整体融合在一起、飘出柠檬的香气即可。

3 另一个钵盆中加入全蛋后打散，加入盐搅拌。需要注意，如果全蛋不完全打散，蛋白的水分和小麦粉的蛋白质直接结合在一起，会产生多余的麸质（p.38），导致面糊偏硬。

4 另一个钵盆中加入酸奶油，充分搅拌至顺滑。将步骤**3**的材料分4次加入搅拌。因为质地易分离，所以要少量多次地加入，充分搅拌。

5 待步骤**4**的材料完全融合、质地顺滑后，加入香草香精，再分3次倒入浓缩君度甜酒搅拌。

6 分3次向步骤**2**的材料中加入步骤**5**的材料，低速搅拌。

7 中途停下搅拌机，清理拌料棒上的面糊，从钵盆底向上均匀搅拌。使面团慢慢上劲。

8 向步骤**7**的材料中加入煮沸的液化黄油，分3次加入，避免分离。利用黄油的油分适当切断面筋，形成细密的面糊。

9 将步骤**8**的钵盆从搅拌机上取下，从底部向上均匀搅拌，倒入另一个钵盆里。面糊已经非常顺滑。包上保鲜膜，室温下放置1小时左右。在此期间，未完全溶解的砂糖全部溶解。

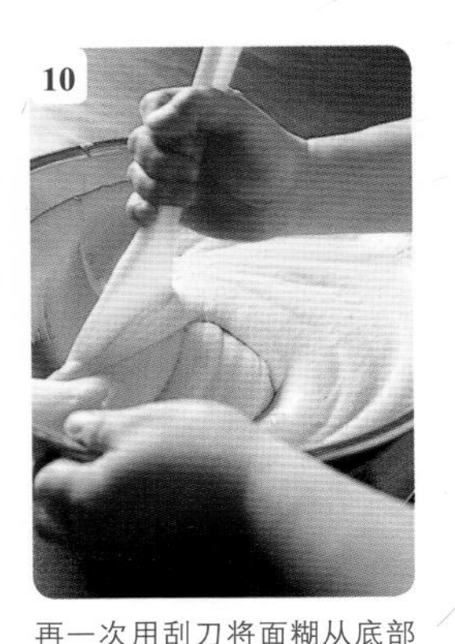

10 再一次用刮刀将面糊从底部向上翻拌，使其质地均匀，倒入另一个钵盆里。包上保鲜膜，放进冰箱冷藏2天，待其成熟。粉和水彻底融合，粉块逐渐消失。

11 在模具底铺上烤盘纸。这时，先在模具两侧贴上大小适中的厚纸板。这是为了避免烘烤过度所做的工作，能够在发挥面糊鲜味的同时，展现柠檬糖液的颜色。

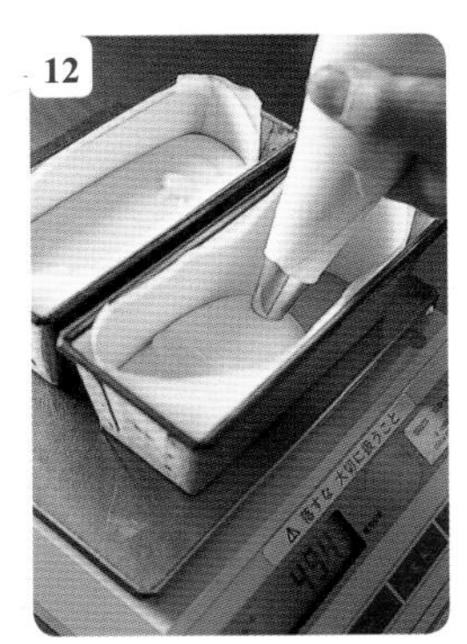

12 将步骤**10**的材料装入裱花袋，套上口径10毫米的圆形裱花嘴，每个模具内挤入270克。台面上铺好湿布，把模具在台面上震几下，使面糊流到模具各角。

把刮刀浸入冷却的液化黄油中，再插进面糊中心几毫米深，划出一条线。烘烤后会在蛋糕上以这条线为分界裂开，形成漂亮的裂缝。重叠2个烤盘，把模具摆在上面。

烤箱设置180℃烤50分钟左右。因为垫了厚纸板，所以热度传导温和，侧面的面糊熟得比较慢，中间的面糊向上方膨胀。与此同时产生裂缝。

烤好后，在台面上震几下，震出热空气，防止回缩。有孔烤盘上铺烤盘纸。撕下全部蛋糕的纸（拿掉厚纸板），放在烤盘上晾凉。

最后工序 >

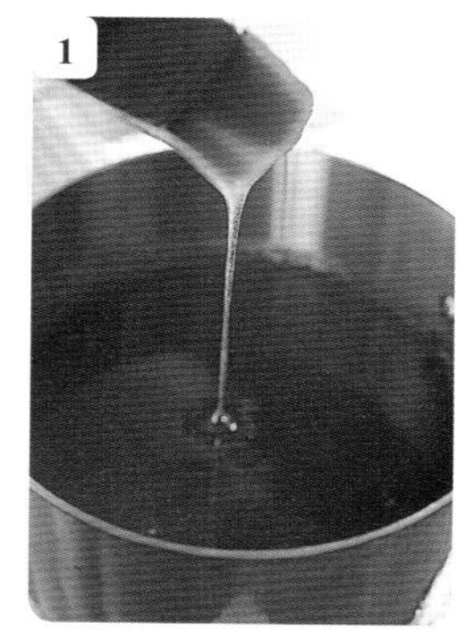

铜锅里加入杏子酱，熬至略黏稠的程度。达到类似于洋李脯的浓厚味道。

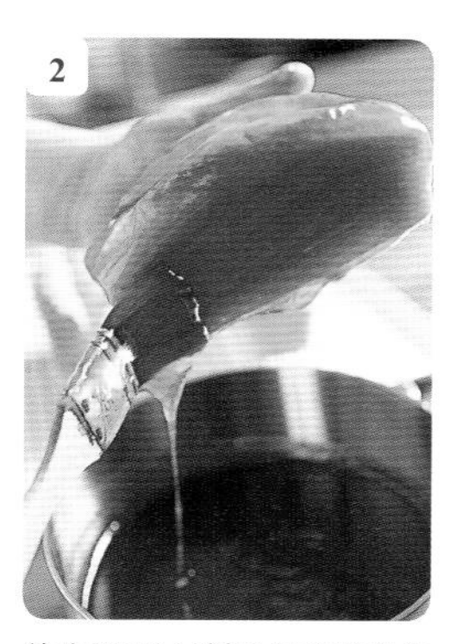

待步骤**1**的材料的温度略降低一些后，将蛋糕整体浸入杏子酱。拿起蛋糕，沥干多余的酱汁，再用毛刷涂抹均匀。刷去表面裂缝中多余的酱。

把步骤**2**的材料放在垫有铝烤盘上的烤网上晾凉。等待1小时左右，待蛋糕半干。

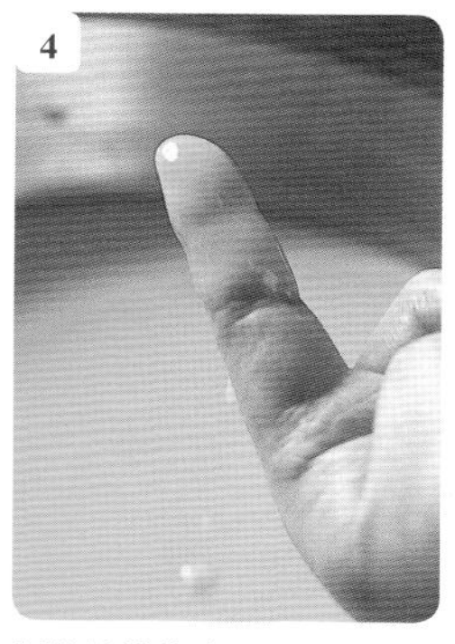

制作柠檬糖液。钵盆里加入全部材料，用打蛋器充分搅拌。将食指两个关节插入后拿出，慢慢数5秒钟，能透出皮肤就说明浓度刚刚好。可以通过加水、糖粉（均为分量外）调节至这个浓度。

将步骤**3**的材料从上表面开始浸入步骤**4**的材料，全面蘸满柠檬糖液。

拿起步骤**5**的材料，沥干多余的糖液，用手指摸一下裂缝，抹掉多余的糖液。

把步骤**6**的材料放在垫有铝烤盘的烤网上，沥干多余的糖液。将2个烤盘重叠，铺上烤盘纸，把烤网转移到上面。放入烤箱以200℃烘烤1分钟左右，快速烤干，产生光泽。

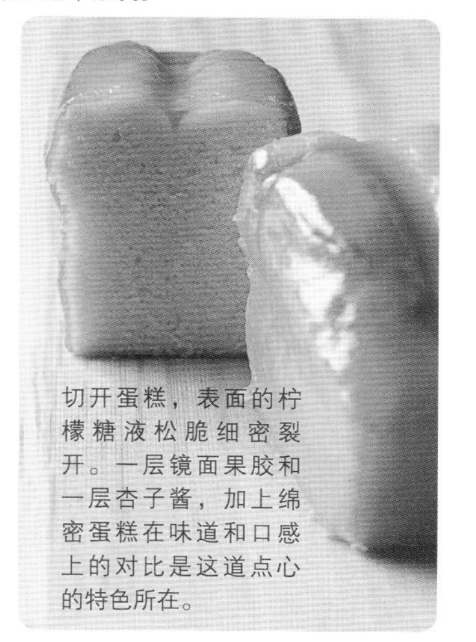

切开蛋糕，表面的柠檬糖液松脆细密裂开。一层镜面果胶和一层杏子酱，加上绵密蛋糕在味道和口感上的对比是这道点心的特色所在。

巧克力饼

Biscuit chocolat

也就是“Gâteau au chocolat”（法语：巧克力蛋糕），是一道只需烘烤的巧克力蛋糕。说到巧克力蛋糕，比较常见的是面团下部质地紧密，呈“豆馅”状的类型，但我不喜欢那么重的苦味。我希望我的巧克力蛋糕既能让人实实在在地感受到巧克力的风味和香气，又能轻松扎透，膨胀饱满，口感轻盈。

重点是先向加了糖的蛋黄中注入少量热开水。这是从法国料理调味汁的手法中得到的灵感。通过加开水增加蛋黄的气泡量，水分也增加了，烤出的面团膨胀松软。热量传导更佳，蛋糕芯也能得到充分烘烤。

其次是将蛋白霜完全打发。打发不充分的话，蛋白霜会过分融于巧克力面糊，面团纹理过于紧密。利用细密的蛋白泡最大限度地产生气泡量，使其分散在面团中。

烘烤也很关键。用略高的温度一口气烘烤完成，因为中途调低温度会使面团塌陷。蛋白细密的泡作为骨架，保持面团的膨胀，保证蛋糕的高度。

面团中除了巧克力，还添加了直接散发香味的可可微粒粉。吃到嘴里，蛋白的细密气泡瞬间融化，可可的香气弥漫唇齿之间。

这是一道利用气泡做成的如饼干面团般轻盈的巧克力蛋糕，所以我把它取名为“巧克力饼”。

基本分量（直径 15 厘米的无底型圆模，4 个）

黑巧克力（可可含量 55%）…………………… 250 克

发酵黄油（2 厘米大）………………………… 200 克

常温回软。

鲜奶油（乳脂肪含量 47%）…………………… 108 克

香草糖（p.15）……………………………………… 适量

蛋黄……………………………………………12 个的量

白糖……………………………………………… 220 克

热开水（90℃）…………………………………80 克

蛋白……………………………………………12 个的量

使用当天现打的新鲜鸡蛋。常温下放置。

白糖……………………………………………… 200 克

香草香精………………………………………… 适量

低筋面粉…………………………………………70 克

可可粉（无糖）…………………………………… 160 克

糖粉……………………………………………… 适量

1

在模具的内壁贴上剪成模具高度2倍的硅油纸。钵盆中放入切成碎末的巧克力、黄油、鲜奶油和香草糖。用香草使香味膨胀。

2

隔水煮化步骤**1**的材料，不时搅拌至温度达到55℃即可。超过55℃容易发生分离，后面加入的鸡蛋也容易消泡，需要注意。

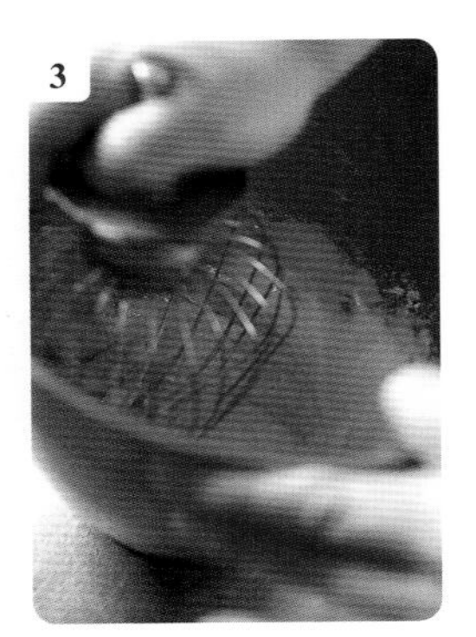

3

座式搅拌机缸中放入蛋黄，用打蛋头打散，加入220克白糖快速搅拌。不立刻搅拌容易形成疙瘩。

4

产生黏性后加入90℃的热开水充分搅拌。加热开水让蛋黄里的白糖更易溶解，产生大量细密气泡。另外，水分量增加，烤出的蛋糕更加膨胀松软。

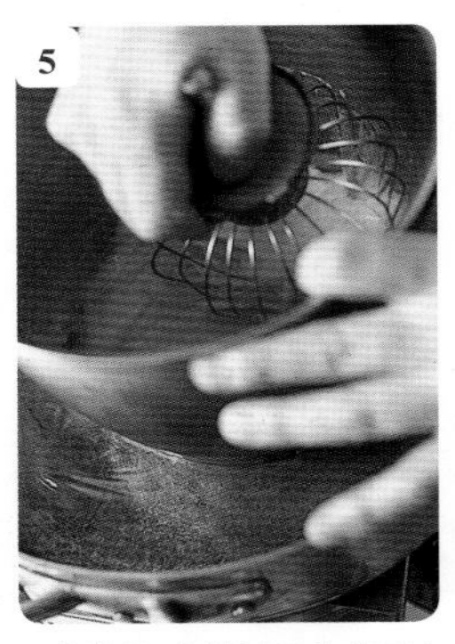

5

再将步骤**4**的材料隔水煮至比体温略高的温度。更容易产生气泡。

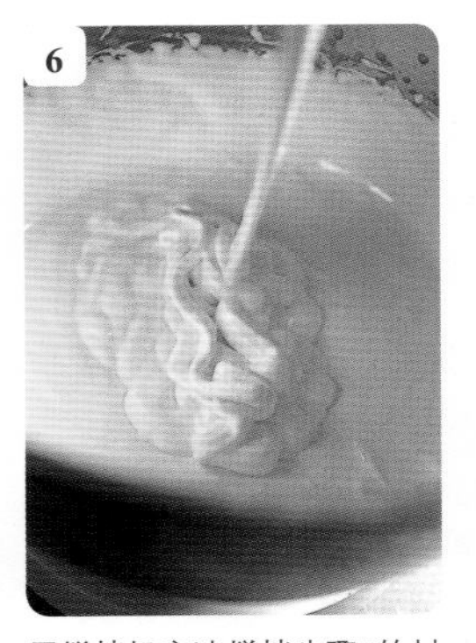

6

用搅拌机高速搅拌步骤**5**的材料。充分打发膨松后用中速调整纹理。打蛋头的痕迹呈线状，出现光泽即可。舀起来像缎带一样垂下，堆积在一起，痕迹保持一会才会消失。

7

打发蛋白和步骤**6**的材料同时进行。座式搅拌机缸里放入蛋白和50克白糖，中速打散后高速打发。中途分3次加入剩余的150克白糖。

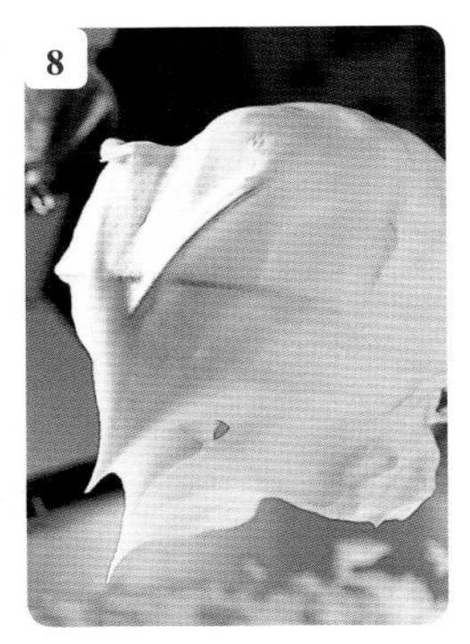

8

砂糖不完全溶解的话易形成疙瘩，之后也容易消泡。要在分离前彻底打发。得到哑光绵密，容易和其他材料融合的蛋白霜。

9

向调节至55℃的步骤**2**的材料中加入步骤**6**的材料，同时加入香草香精。巧克力中已经加了香草糖，再通过香草香精加强香草味。用打蛋器快速搅拌。

10

在残留少许大理石纹的状态下，加入过筛2次的低筋面粉和可可粉。一边转动钵盆，一边用打蛋器从底部向上快速翻拌。

11

搅拌成大理石状，加入1/4的步骤**8**的材料，以同样手法轻轻搅拌，加入剩余的步骤**8**的材料，以同样手法有节奏地搅拌，避免破坏气泡。因加入可可粉会使面团缩紧，所以动作要迅速。

12

加入全部的步骤**8**的材料后粗略搅拌，倒入另一个钵盆里，上下位置调换，再以相同手法快速搅拌至均匀。

图为搅拌完成的状态。因为有充足的气泡，所以插入勺子后，面糊会厚厚地挂在上面。

在步骤**1**中准备好的模具中分别倒入450克步骤**13**的材料，用刮刀抹匀。用烤箱以180℃烤45分钟。在模内围一张宽为2倍模具高度的纸，这是为了让面糊像舒芙蕾一样向上膨胀。

烘烤后元气满满鼓胀的效果。把每个模具在台面上震一震，震出热空气，避免回缩。把模具放在大小适中的罐头上脱模。

放在烤网上，撕去纸冷却。

晾凉后撤掉底板。一手拿起蛋糕，另一手用滤网筛糖粉。

其特点是外形高耸，底部没有像豆馅那样密实的部分。表面裂缝细致，口感适中。中间像舒芙蕾一样有轻快的弹性。

阿尔萨斯巧克力熔岩蛋糕

Fondant chocolat à l'alsacienne

这道甜品源自我在阿尔萨斯地区葡萄酒之路的路边农舍里看到的巧克力蛋糕。巧克力、黄油、砂糖、鸡蛋的比例几乎相同，属于“gâteau familial”（家常甜点）的一种。虽然它给人朴素的印象，但其实味道非常讲究。柔软的蛋糕在口中化开，巧克力风味蔓延开来。

制作的重点是适度消除气泡。和制作马卡龙面糊时的“macaronnage”（p.26）过程一样，面糊中加有完全打发、气泡外膜变薄的蛋白霜，搅拌时需要打碎其中八成的气泡。这样做可以将细小的气泡打碎，将残余降低到最少，而且因隔水煮会使热气缓慢进入剩余极少的细密气泡中，所以化口度清晰，香气弥漫在口中，突出巧克力的味道。因此，巧克力的选择也非常重要。要选择可可含量高且有香气、味苦、酸味扎实、味道复杂的回味悠长的巧克力。

即便是同一块巧克力蛋糕，也可以采用与彻底打发烘烤的“巧克力蛋糕”（p.190）恰好对立的制作方法。想象的味道和口感不同，材料的使用、搅拌方法、烤法千变万化。

“受热新鲜、变形自然”，这是我在烹饪书《对大海的憧憬—海之幸法国料理》（高桥忠之著，柴田书店出版）上读到的一句话，我希望我做的甜点也能如此。我相信，这道巧克力蛋糕能让食客进一步体验巧克力的魅力。

基本分量（口径 12 厘米的夏洛特模，6 个）

黑巧克力（可可含量 68%）…………………… 600 克

发酵黄油（切成 2 厘米的方块）…………… 600 克

常温回软。

香草糖（p.15）…………………………………… 适量

蛋黄…………………………………………… 12 个的量

白糖………………………………………………… 300 克

热开水（90℃）…………………………………… 80 克

蛋白…………………………………………… 12 个的量

使用当天现打的新鲜鸡蛋。恢复至常温。

盐…………………………………………………… 适量

白糖………………………………………………… 200 克

香草香精…………………………………………… 适量

低筋面粉…………………………………………… 96 克

1 将根据模具尺寸裁剪的OPP纸铺在模具底部。为了避免面糊粘在模具上，也为了映出湿润的光泽，所以铺OPP纸。

2 钵盆里加入切碎的巧克力、黄油、香草糖，隔水煮，不时搅拌几下，直到温度达到55℃。用香草糖增加巧克力香气的饱满度。

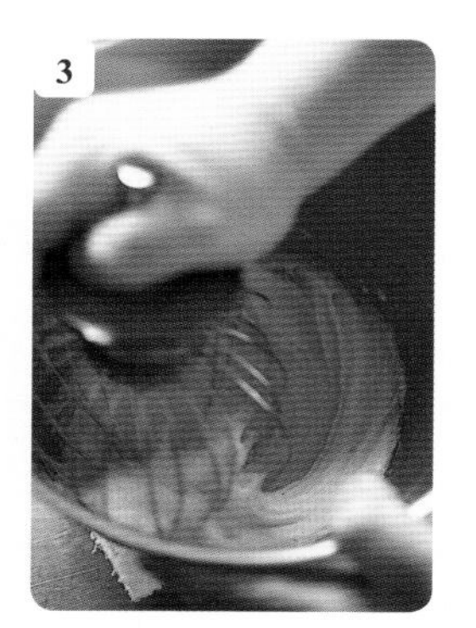

3 座式搅拌机缸中加入蛋黄，用打蛋头打散，加入300克白糖快速搅拌。不马上搅拌会形成疙瘩。

4 待步骤**3**的材料变得黏稠后加入90℃的热开水充分搅拌。边隔水煮边搅拌至比体温略高的温度。这样更容易打发。

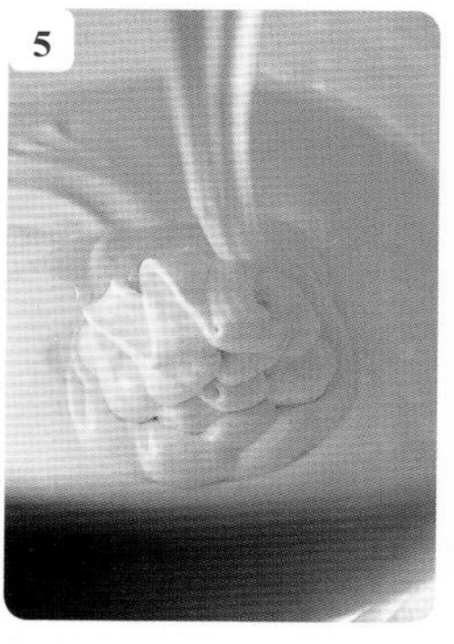

5 将步骤**4**的材料用搅拌机高速搅拌。打发到足够膨松后用中速调整纹理。打蛋头的痕迹变成线状，出现光泽即可。舀起蛋糊呈缎带一样垂下并堆积起来，痕迹过一会才消失。

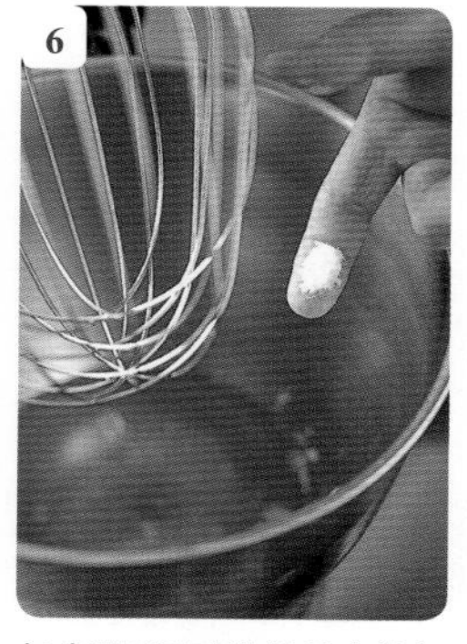

6 与步骤**5**同时进行蛋白的打发。座式搅拌机缸内放入蛋白、盐、50克白糖，中速打发。盐有减弱蛋白韧性的作用。这样更容易打泡。

7 中途分3次加入剩余的150克白糖，提起打蛋头，蛋白呈弯弯的角，再换成高速继续打发。打发到即将分离，用细密的气泡制作最大量的气泡。

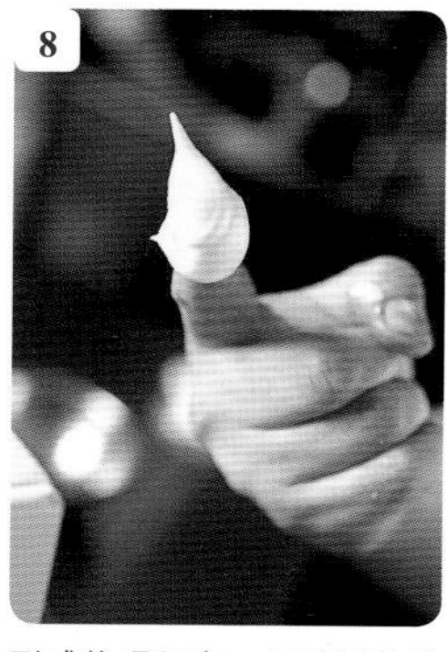

8 形成纹理细密、易融于其他材料的蛋白霜。通过加盐降低蛋白的韧性，让蛋白霜在口中容易散开。也有助于在步骤**11~13**中适当消除气泡。

9 向调整至55℃的步骤**2**的材料中加入步骤**5**的材料，同时加入香草香精。用香草香精加强香草的香味。用打蛋器快速搅拌。

10 将步骤**9**的材料搅拌至大理石状后，加入过筛2次的低筋面粉。为了不过多破坏气泡，一边转动钵盆，一边用打蛋器从底部向上快速翻拌。

11

> > > > >

1、2、3、4、5……边打节奏边搅拌。

当步骤**10**的材料颜色均匀后，加入步骤**8**的蛋白霜。和步骤**10**相同手法，有节奏地搅拌。

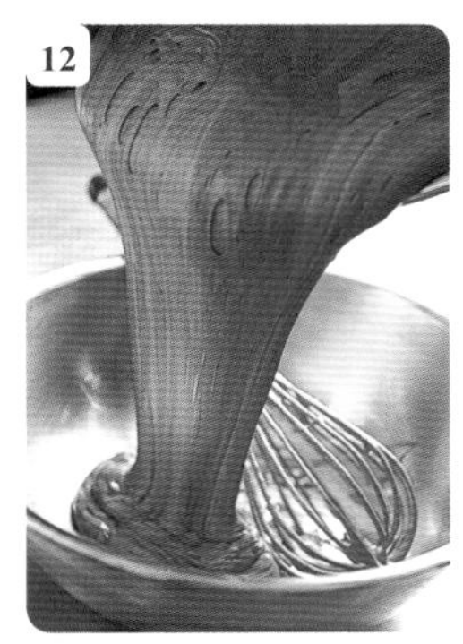

将步骤11的材料混合八成后，为防止搅拌不充分，倒入另一个钵盆中，使上下蛋白霜位置调换，以相同手法继续搅拌。搅拌至面糊的颜色变浓，光泽增加，散发巧克力的香气即可。

图为搅拌完成的状态。打碎八成气泡，利用剩余的两成。被切断的细密气泡在口中清晰化开，巧克力也一起化开，风味突出，回味悠长。

在每个步骤1的模具中倒入420克步骤13的材料。台面上铺湿布，轻轻震一震模具，使表面平整。

把步骤14的材料摆在食品箱里。倒入50℃左右的热水至模具高度的1/3，烤箱打开换气口，预热至150℃，烘烤2个小时。

1小时后用小刀在蛋糕上戳几个孔，散发掉多余的湿气，继续烘烤。打开换气口烘烤，是为了避免烤箱内温度过高，使蛋糕膨胀过度。

压一压蛋糕表面，如果有弹性就说明烤好了。把每个食品箱放在烤网上，使蛋糕稳定。

冷却后，用小刀插入模具内侧，将蛋糕放在纸盘上，翻面，蛋糕自然落下，撤掉模具。过于用力脱模会刮坏蛋糕的侧面，需要注意。

栗子格雷馅饼

Galette aux marrons

这是一道加了日本栗子涩皮煮的牛奶杏仁奶油酱馅饼，它的原型是“肉馅烤饼”。把肉用派皮包裹烘烤，将肉的鲜美牢牢锁住，非常鲜嫩好吃，点心也是一样。用千层酥皮将牛奶杏仁奶油酱封闭烘烤，牛奶杏仁奶油酱的水分无法蒸发，全部的鲜味都浓缩在里面。这种湿润的质感与日本的“豆馅”非常类似，杏仁奶油酱本身就是用杏仁做的“豆馅”。牛奶杏仁奶油酱里面加入日本人喜欢的栗子，增加了更松软的附加美味。

我希望让大家注意的一个地方是千层酥皮表面用小刀划出的线状条纹，这一工序叫作“rayer”（法语，切割）。为了不完全切断面团，通常会使用刀背切割，但我却用刀尖在几乎切断面团的深度上划出花纹。在烤完时这部分面团就像细细的松针一样立起，分散刺向各个方向，能够表现出让人吃惊的“喧闹”。让食客享受区别于拿破仑所用派皮的千层酥面团的终极美味。

面团上划的花纹不仅是装饰，还能给口感带来变化，另外也能散发掉多余的蒸汽。切割技术是展现职业甜点师实力的一个环节。

基本分量（直径约 21 厘米，4 个）

牛奶杏仁奶油酱（p.71）…………………… 约 800 克

与 p.71 制作方法相同，但不需静置一晚，取出 800 克。

日本栗子涩皮煮……………………………… 7 个 / 份

含二次面团的千层酥皮（p.184）……………… 一半

与 p.185 的“含二次面团的千层酥皮”步骤 **1~6** 做法相同，切成 8 份，取其中 4 份。

涂面团蛋液（p.48）……………………………… 适量

糖粉……………………………………………… 适量

牛奶杏仁奶油酱＞

1 将牛奶杏仁奶油酱装入裱花袋，套上口径14毫米的圆形裱花嘴，在各个口径15厘米的浅钵盆内挤200克左右。把1颗日本栗子涩皮煮填在中心，周围均匀填入6颗。

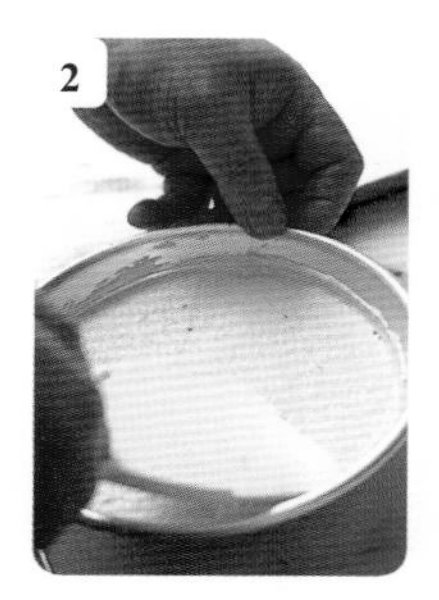

2 用刮刀将步骤1的材料抹平，擦干净钵盆边缘。急速冷冻凝固。

3 把冷冻定型的钵盆底放在热水中。

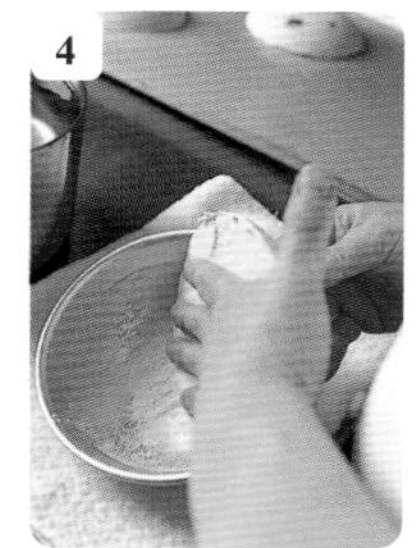

4 让牛奶杏仁奶油酱从钵盆里滑出（脱模）。

5 因表面呈平滑的半球形，所以铺上千层酥皮时不会凹凸不平。用保鲜膜密封起来，放进冰箱冷藏一晚，待其成熟，冷冻保存。使用前放进冰箱冷藏室解冻。

含二次面团的千层酥皮＞

1 将4块含二次面团的千层酥皮分别用擀面杖轻轻敲平，用压面机压成2.6毫米厚、28厘米长的长方形。

2 将步骤1的材料以p.46的方法舒压，放在烤盘纸上。盖上烤盘纸，在室温下松弛30分钟，放进冰箱冷藏1个小时左右，收紧面团。

组合 烤制＞

1 取出含二次面团的千层酥皮，压上直径21厘米的酥盒模，用小刀切割，每块面皮切2个圆，总计切8个圆。此时，倾斜小刀使切口呈45°。

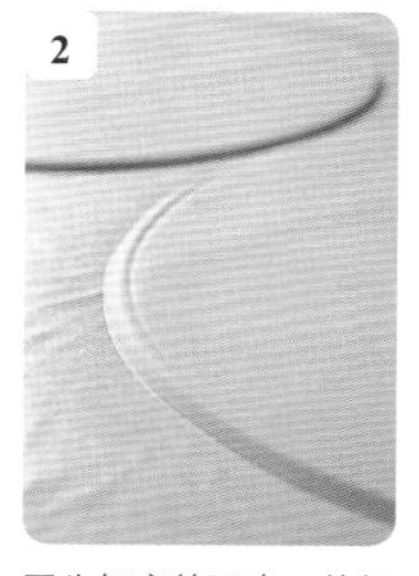

2 图为切完的面皮。使切口倾斜是为了让烤完的派皮侧面垂直。这时，为了标记擀面皮的方向，可以预先用小刀在表面轻轻划出纹路。

3 将步骤2的面皮其中4块以切口向下张开的形状放在回转台上。空出边缘2毫米，用毛刷蘸取蛋液轻轻刷涂。如果涂得太厚，会因蛋液中的水分在烘烤时沸腾，导致上下面皮脱落。

4 解冻的牛奶杏仁奶油酱放在步骤3的面皮中间。

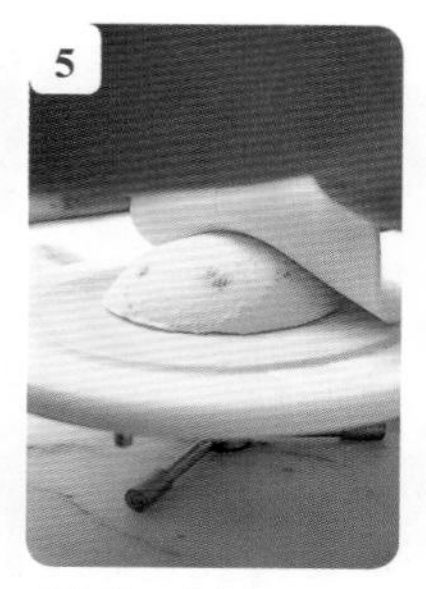

5 剩余的面皮切口呈向上张开的形状，盖在步骤4的材料上。这样的摆放方法使接触面呈V字形，烘烤后侧面垂直（右页图1）。上下面皮以步骤2画的纹路为基础，错开90°地叠在一起（右页图2中的成功范例）。

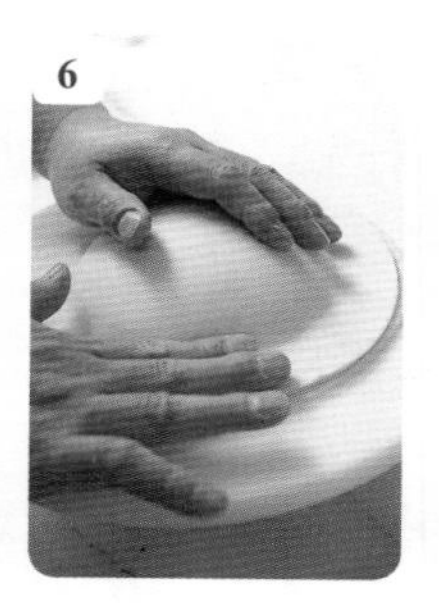

6 轻压面皮，放出空气，使面皮紧密贴合。

7 一边用手指按压面皮的接触面，一边用小刀的刀背与边缘成45°倾斜画出水沟纹。

8 再次轻轻按压面皮中间，压紧两层。表面涂刷蛋液。

9

在中间的圆顶部分划线。刀尖从中心向外侧画弧并移动。纹路要达到即将切断面团的深度。

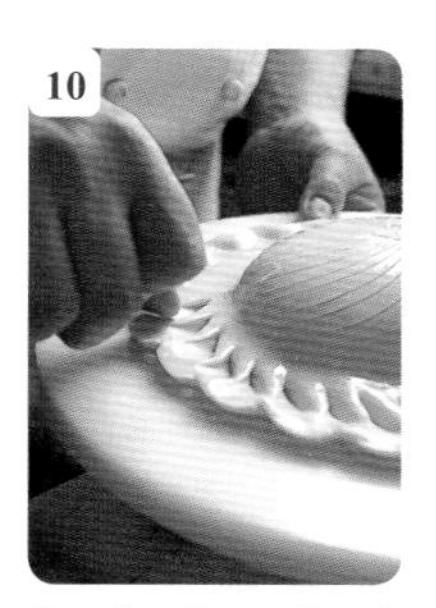

10

用刀尖压平圆顶和面皮边缘之间的部分，做出低洼。面皮结合更紧，烘烤后面皮边缘向中心高耸，形成更丰富的形状。

11

在铺有硅油纸的烤盘上喷雾，放上步骤**10**的材料。用竹签在中心插一个当作换气口的洞。

12

在整个馅饼上喷雾，用烤箱以200℃烤40分钟左右。通过喷雾可以补充水分，使烤箱内聚积热蒸气，使面皮更舒展。

> > > > >

13

第一次的糖粉要轻筛。

> > >

从烤箱中暂时取出面皮，分两次用滤网过筛糖粉。第一次的糖粉轻轻筛，开始化开后再筛第二次。

14

再用烤箱以205℃烤10分钟左右，使表面糖渍（p.42）。取出后放在烤网上晾凉。

通过划水沟纹和线烤好的派皮造型生动。因为使用了含二次面团的千层酥皮，所以面皮不会过于膨胀，口感酥松朴实。与湿润的牛奶杏仁奶油酱在口感上的反差也是一种独特的享受。

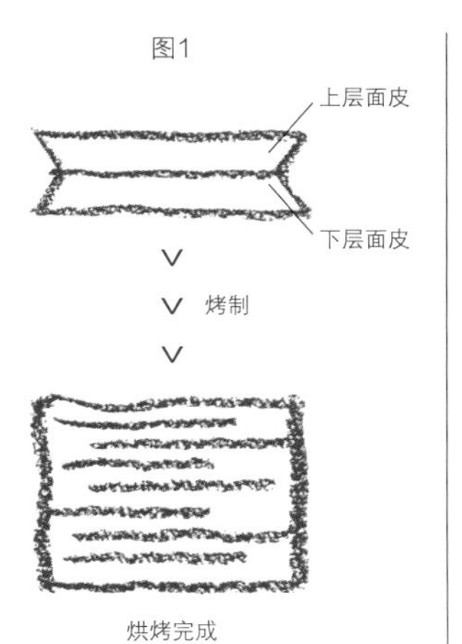

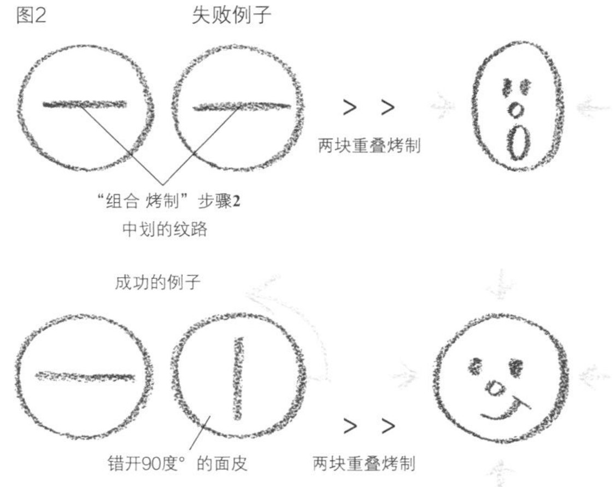

千层酥皮经过烘烤后会沿擀面的方向发生回缩。因此，两块面皮如果都沿擀的方向重叠，由于回缩的方向发生倾斜，烤完后会变成椭圆形（失败例子）。而以垂直90°的方向擀面，当面皮重叠以后，由于4个方向回缩程度一致，烤出来的派皮是漂亮的圆形（成功例子）。

栗子烟囱蛋糕

Cheminée au marron

迷你版栗子格雷馅饼（p.198）。由于尺寸较小，所以很快就能烤熟。在表面划线（p.198），散发多余蒸汽，让食客享受更酥脆的馅饼。中间插的银纸筒是单纯的装饰，这是我很少使用的做法。虽然有一种馅饼的烹饪方法是从立着的筒内注入调味汁，但这道甜点并没有采用。

在巴黎实习期间，休息日我经常去塞纳河畔，一边吃着烤栗子一边发呆。当时远处街上的烟囱给我留下了深刻的印象，于是我使用它命名这道甜点，并作为装饰。

基本分量（直径约 8 厘米，16 个）

牛奶杏仁奶油酱（p.71）…………………… 15~20 克 / 份

与 p.71 做法相同，但不需放置一晚，取出 320 克左右。

日本栗子涩皮煮…………………………………… 1 颗 / 份

含二次面团的千层酥皮（p.184） ………………… 1/4 量

与 p.185 “含二次面团的千层酥皮” 步骤 **1~6** 做法相同，切成 8 等份，取其中 2 块。 以 p.200 “含二次面团的千层酥皮” 步骤 **1~6** 方法擀面团并舒压，室温下松弛后放入冰箱收紧。

涂面团蛋液（p.48）…………………………………适量

糖粉…………………………………………………………适量

牛奶杏仁奶油酱 >

将牛奶杏仁奶油酱装入裱花袋，套上口径10毫米的圆形裱花嘴，挤在口径5厘米的半球形模里。中间填入1颗日本栗子涩皮煮，再在上面挤上牛奶杏仁奶油酱。

用小刮平刀抹平，急速冷冻凝固。以p.200 “牛奶杏仁奶油酱” 步骤**3~5**的方法脱模，放入冰箱冷藏一晚，待其成熟后冷冻保存。使用前放进冷藏室解冻。

组合 烤制 >

取2块含二次面团的千层酥皮，用直径7.5厘米（底部用）、直径9.5厘米（上层用）的菊花模分别压模16块。为了标记擀面的方向，可以用小刀在面皮上轻轻划出条纹。

用毛刷在底部用的面皮上轻涂蛋液，把解冻的牛奶杏仁奶油酱放在面皮中间。

以步骤**1**划的线为基础，将上层用的面皮错开90° 叠在一起（p.201中图2成功例子）。把直径6厘米的菊花模放在中间压实。

在步骤**3**的材料的表面涂刷蛋液，以p.201中步骤**9~10**的方法划线，做出低洼效果。

以p.201中步骤**11~14**的方法烘烤冷却。用烤箱以200℃烤30分钟，撒糖粉后用烤箱以205℃烤8分钟左右进行糖渍。插上用铝箔纸做的卷筒装饰。

因外形小巧，所以比栗子格雷馅饼熟得快，具有明显的香酥松脆的馅饼口感。也提升了中间栗子涩皮煮的存在感。

祖母水果挞

Tarte grand-mère

“Tarte grand-mère”是“祖母风水果挞”的意思，也叫“田园水果挞”。这个名字并没有特别确定是哪一种，而是指所有朴实的水果挞。水果挞是法国最受欢迎的家常甜点之一。在法国实习时，寄宿家庭的女主人请我品尝了很多次她亲手做的水果挞。

我的祖母水果挞是在千层酥皮上铺一层杰诺瓦士蛋糕，堆上焦糖苹果，再浇上以鸡蛋和酸奶油打成的面糊烘烤而成的。杰诺瓦士蛋糕利用了做芙蕾杰（p.86）剩下的部分，将蛋糕压成圆形，蘸上面糊后再铺在千层酥皮上。吸收了面糊的杰诺瓦士蛋糕像面包布丁一样，流淌出“淡淡的乡愁”。同时，由于杰诺瓦士蛋糕吸收了面糊中的水分，保持了馅饼的松脆感，所以即使在第二天吃也很美味。

经过烘烤的水果和鸡蛋面糊融为一体的美味口感在法国很受欢迎。这道水果挞中预先将苹果用焦糖煎过，面糊交织在苹果之中，非常好吃。

作为蛋糕店，我们的用料诚意十足，怀着祖母对孙子的爱献上这道暖心水果挞。

基本分量（直径16厘米的挞皮模，4个）

乡村面糊

- 全蛋…… 360克
- 白糖…… 225克
- 粗糖…… 75克
- 酸奶油…… 500克
- 鲜奶油（乳脂肪含量47%）…… 350克
- 香草香精…… 适量

千层酥皮（p.44）……1/2份

以p.44~46中步骤**1~18**的方法制作，取出1/2份。用擀面杖轻轻敲打使面团硬度均匀，用压面机压成2.6毫米厚、30厘米宽的长方形。以p.46中步骤**20~21**的手法舒压、戳孔（轻轻地戳，不要完全戳透），再舒压一次，室温下松弛后放进冰箱收紧面团。

涂面团蛋液（p.48）…… 适量

杰诺瓦士蛋糕（p.40）…… 方模1/3个的量

切去上色面，将蛋糕切成5毫米厚的片，用直径12~13厘米的圆模压4块。

橙子蜜饯（切成2~3毫米方块）…… 适量

葡萄干（无核小粒葡萄干）…… 适量

杏仁片…… 适量

糖粉…… 适量

发酵黄油（模具用）…… 适量

室温下回软至手指可以轻松插入的程度。

焦糖苹果基本分量

- 苹果…… 8个

  选择富士苹果、红玉苹果等。

- 发酵黄油……70克
- 白糖……70克
- 白糖…… 160克
- 香草香精…… 适量
- 柠檬汁…… 适量
- 苹果白兰地…… 适量

乡村面糊>

1 钵盆里加入全蛋打散，按顺序加入白糖、粗糖后充分搅拌。

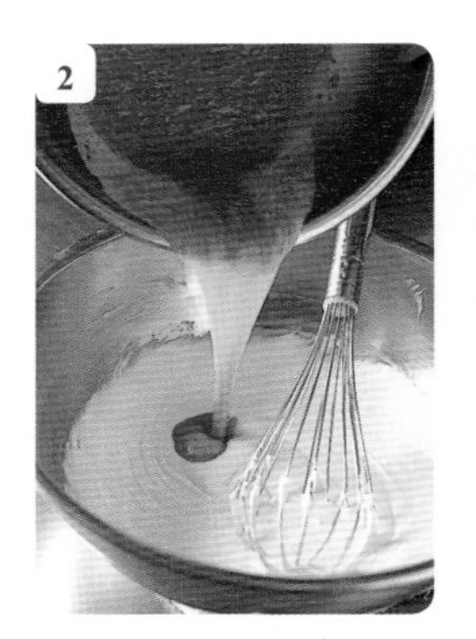

2 另一个钵盆中加入酸奶油和鲜奶油搅拌，分3次加入步骤1的材料后搅拌均匀。中途清理粘在打蛋器上的面糊。

3 用漏斗过滤步骤2的材料到另一个钵盆中。加入香草香精、苹果白兰地搅拌，放入冰箱冷藏一晚。放置一段时间使其成熟，令味道更丰满。

千层酥皮>

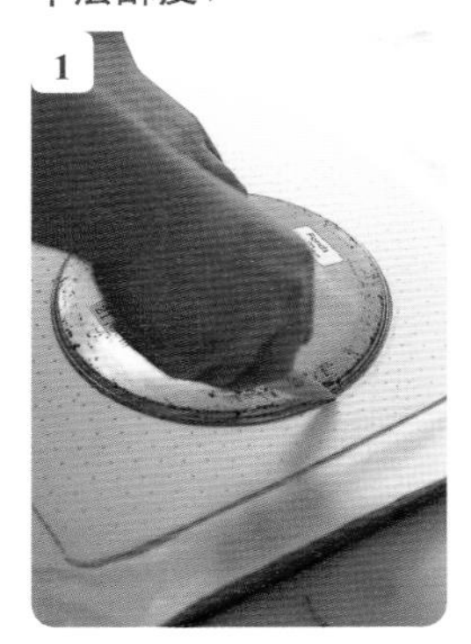

1 从冰箱取出千层酥皮，扣上直径21厘米的酥盒模，用小刀沿模具切4块圆形面皮。

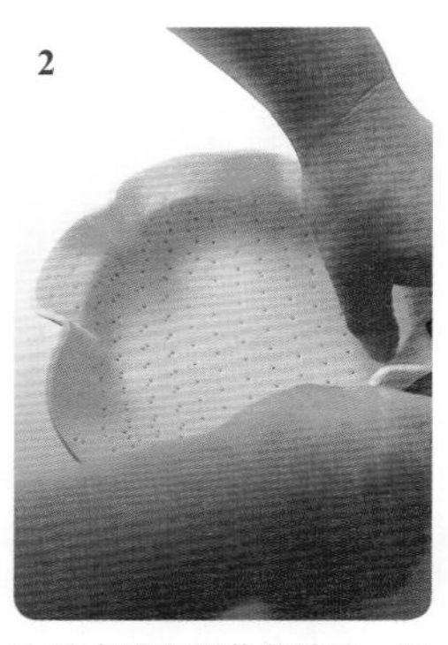

2 在挞皮模内侧薄薄地涂一层黄油，把面皮沿模铺好。一边转动模，一边慢慢放下面皮，用手指轻压使面皮贴合侧壁。注意不要改变厚度，使面皮贴紧模具缝隙。

3 一边压平模具侧面重叠的褶皱，一边将面皮边缘折向模具外侧。除了可以防止面皮烘烤回缩后掉下来，还给外观增加了变化，口感也有所不同。

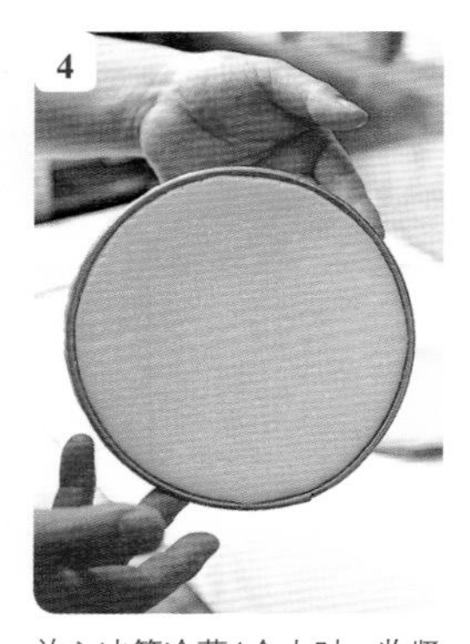

4 放入冰箱冷藏1个小时，收紧面团。折到外面的面皮保留4毫米，其余用小刀切掉。与模底完全贴合的状态。

5 烤盘上铺硅油纸，摆上步骤4的材料。在面皮上铺一张铝箔纸，撒满小石子。喷雾，用烤箱以185℃烤30分钟。

6 取出步骤5的材料，轻轻压一压小石子，避免派皮过于膨胀。烤盘前后方向调换，再烤10分钟，从烤箱中拿出。

7 用长柄勺捞走小石子，轻轻撕掉铝箔纸。在派皮内侧涂刷蛋液。为避免面糊溢出，从面皮戳孔处开始小心刷涂。

8 再放进烤箱以185℃烤5~6分钟。图为烤成金黄色的效果。

组合 烤制>

1 杰诺瓦士蛋糕在乡村面糊中过一遍（这样可令面糊充分浸透蛋糕），放在烤好的千层酥皮里。烤制过程中杰诺瓦士蛋糕也吸收了苹果汁，整体融为一体。

在步骤1的材料上撒满切成2~3毫米的橙子蜜饯、葡萄干。

再把9块焦糖苹果（见下）摆成放射状，中心放3块垒起来。苹果摆在方盘上时与方盘接触的一面向上，这是为了避免多余的水分渗透蛋糕。

再撒上杏仁片，用注馅机把乡村面糊挤在派皮中，湿润部分杏仁片，营造家常的味觉和气氛。

再撒一次杏仁片，分2次用滤网过筛糖粉。利用糖粉做出松脆纤薄的外膜，与内部柔滑的面糊形成口感上的反差。

在烤盘下面再垫3块烤盘（一共4块），用烤箱以180℃烤40分钟左右。烤完立即呈现圆鼓鼓的状态，随着温度下降会有少许塌陷。

焦糖苹果>

苹果削皮，去掉苹果心，切成8等份的半月形。尝一下味道，确认酸甜度。

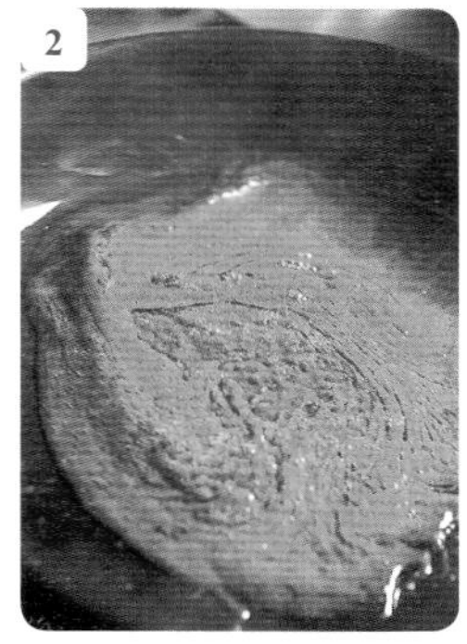

平底锅加入黄油熬化，加入70克白糖，以偏小中火加热，搅拌至呈琥珀色。以澄清的红褐色为佳。熬得太久会发苦，使苹果的味道消失。

放入1块苹果，确认包裹在苹果上的焦糖颜色，没有问题再加入全部苹果。加160克白糖以加强甜度，可以掩盖焦糖的苦味，使口味更丰富。

加香草香精、柠檬汁再煮一会。苹果中的水分渐渐析出。融于焦糖的苹果汁（风味）经过熬煮（浓缩）后会再次被苹果吸收。

苹果断生后，加入苹果白兰地火烧（浇酒点燃）。通过火烧让味道的宽度进一步扩展。

将步骤5的材料摆在方盘里。包上保鲜膜，封锁香味和风味，室温下放置半天，再放进冰箱冷藏一晚。

放置一晚。静置一段时间让味道更深厚。

苏格兰格纹圣诞蛋糕

Cake écossais Noël

苏格兰格纹蛋糕是我在阿尔萨斯实习的甜品店“Jacques”的独家产品，是老板Bannwart教我的一种阿尔萨斯地区的烘烤甜点。外皮是加有蛋白霜的巧克力味杏仁蛋糕，内部是杏仁奶油酱混合低筋面粉，表面密密粘满杏仁碎，整个蛋糕随处可见杏仁的影子。

这样大量使用坚果的烘焙甜点不仅在阿尔萨斯，在欧洲内陆很多寒冷的地区也很常见。和出炉后立刻享用比起来，密封2~3天再吃可以品尝到成熟的杏仁风味，里面的葡萄干、朗姆酒等也渗透进蛋糕里，更能体会到这道点心的美味。蛋糕结构虽然简单，但弥漫在口中的丰富味道，足以让人折服于欧洲甜点的实力。因现在正值圣诞节，所以这里介绍的做法中专门用糖粉撒出雪花的图案。

在法国有个词叫“gâteaux de voyage”，意思是“带着旅行的蛋糕”。像存放越久就越好吃的苏格兰格纹蛋糕，是具有代表性的带着旅行的蛋糕之一。和自己喜欢的点心一起旅行，浏览着车窗外美丽的风景，心中是在目的地收获的点滴温暖，口中品味着心仪的蛋糕。这样享用甜点的方法是我来到法国才亲身体验到的。

基本分量（20 厘米 ×12 厘米的树桩模，17 个）

杏仁奶油酱

- 发酵黄油（2 厘米厚切片）……………… 1.3 千克
  先室温回软至手指可以轻松插入的程度。
- 糖粉…………………………………………… 950 克
- 全蛋…………………………………………… 25 个
- 香草香精……………………………………… 适量
- 朗姆酒………………………………………… 100 克
- 杏仁粉………………………………………… 1.6 千克
- 低筋面粉……………………………………… 320 克
- 朗姆酒浸渍葡萄干（苏丹娜葡萄）………… 500 克

巧克力味杏仁面糊

- 蛋白…………………………………………… 950 克
- 白糖…………………………………………… 600 克
- 杏仁粉………………………………………… 930 克
- 可可粉（无糖）……………………………… 120 克
- 白糖…………………………………………… 360 克

糖粉…………………………………………… 适量

发酵黄油（模具用）………………………… 适量

先室温回软至手指可以轻松插入的程度。

杏仁碎（3~4 毫米，模具用） …………………… 适量

杏仁奶油酱 >

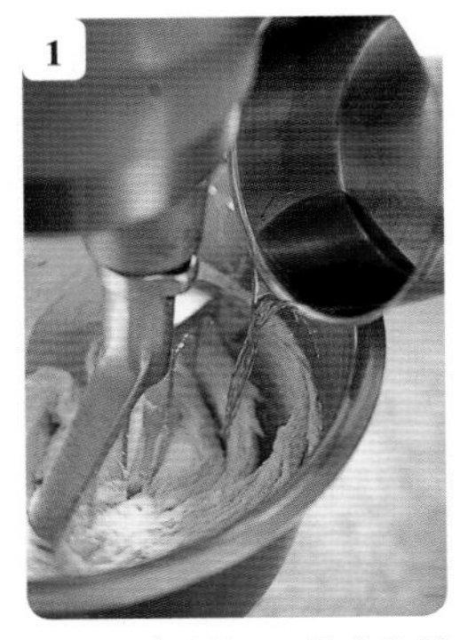

以p.71中步骤**1~6**的方法制作，但不加盐。加完混合有香草香精的蛋液后，少量多次倒入温热至40℃~45℃的朗姆酒搅拌。

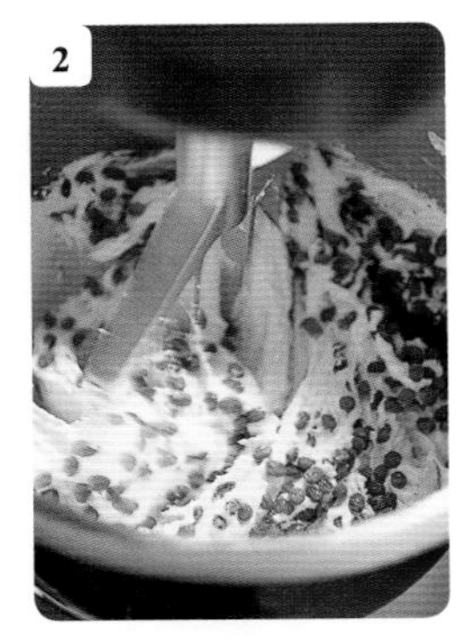

向步骤**1**的材料中加入过筛2次的杏仁粉和低筋面粉，低速搅拌，同时加入朗姆酒浸渍葡萄干。倒入钵盆里，放进冰箱冷藏室一晚，待其成熟。使用前3~4小时拿出来恢复常温。

> > > > >　　> > > > >

巧克力味杏仁面糊 组合 烤制 >

准备模具。用毛刷蘸取室温软化的黄油，厚厚地涂在模具内壁。涂厚是为了帮助杏仁碎粘在模具上。黄油渗入面糊也可以增加风味。

模内加入足量杏仁碎，摇晃几次，使杏仁紧密贴在模壁上。抖落多余的杏仁碎。放进冰箱冷藏室定型。

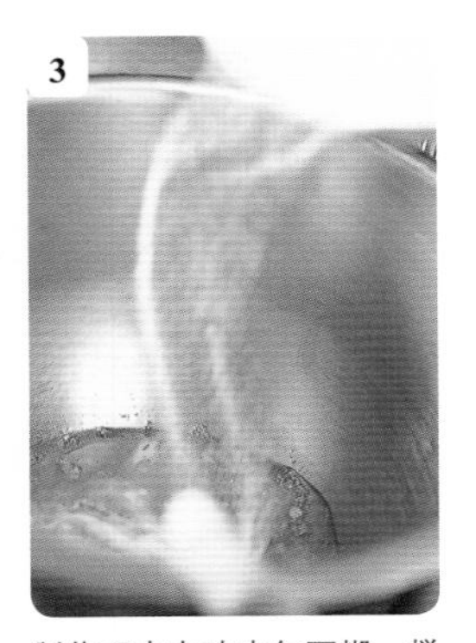

制作巧克力味杏仁面糊。搅拌缸中加入蛋白、1/4的白糖。低速搅拌至蛋白浓度均匀，再用高速打发。中途分3次加入剩余的白糖。

打发至提起打蛋头蛋白呈直立的尖角。打好的蛋白霜填入模具仍然有气泡，完全呈哑光状态。

向过筛2次的杏仁粉和可可粉中加入白糖混合。一边向混合物中加入蛋白霜，一边用刮板从底部向上翻拌。动作要迅速，避免破坏气泡。

搅拌时用最容易发力的姿势进行有节奏的搅拌！

肉眼看不到蛋白霜的白色即可。刮板放入步骤**2**处理过的模中，用刮刀将蛋白霜涂抹到模具侧面，使其紧密贴合（在模内涂奶油酱）。

再用刮刀从一端向另一端直线涂抹，平整底部，两端也要抹到。

图为涂完巧克力味的杏仁面糊后的状态。

用刮刀从底部向上翻拌回软至常温的杏仁奶油酱，使质地均匀。

用不装裱花嘴的裱花袋把步骤**10**的材料挤在步骤**9**的材料里。

用刮刀平整表面。把模具在台面上震几次，使面糊完全填满模具。

因为葡萄干从面糊中露出会被烤焦，所以用小刀将其填进去，用刮刀抹平痕迹。放入烤箱，用180℃烤55分钟。

烤完表面呈金黄色。放在台上震几次，放出热空气，防止回缩。

把铺有烤盘纸的有孔烤盘放在蛋糕上，整体翻面，脱模。表面紧密的杏仁碎非常漂亮。晾凉后放入食品箱，盖上盖子，在冰箱冷藏2~3天，待其成熟。

取出蛋糕，把雪花形状的垫板放在蛋糕上，用滤网从上向下筛糖粉，做出雪花图案。

蛋糕各个部分都用了杏仁，醇厚香浓。朗姆酒浸渍的苏丹娜葡萄干也是一大亮点。

蒙布朗周末蛋糕

Week-end Mont-blanc

用蛋糕模烘烤的焦糖味费南雪蛋糕分量十足，将日本栗子酱在中间挤成圆柱形，这是我根据法国家常菜鹅肝布里欧修联想到的作品。是不是觉得栗子酱立在蛋糕中间不下沉非常不可思议呢？这里面有一个小秘密。将铁丝穿过特制模，用贯通模具的铁丝固定圆柱形栗子酱进行烘烤。根据想做的点心设计模具和工具也是制作甜点的乐趣之一，我也经常去家庭用品店等地方搜罗可用的工具。回到正题，比如做巧克力饼（p.190）时用来刮平面糊的工具，其实是画水彩的刮刀；制作布列塔尼厚酥饼（p.230）时为抑制膨胀而压在面团上的木模，原来是玩具积木。

考虑到焦糖霜用的焦糖要和鲜奶油混合，而且为了给整体的口味增加线条感，要熬得比p.73的焦糖更稠密。适当的苦味与杏仁的醇香、栗子的绵软口感搭配绝妙。

这道丰富豪华的甜点作为圣诞节烘焙而人气超高。在这段圣诞节期间，把咖啡味意式蛋白霜做成的小树装饰在上面，上演一场焦糖和咖啡双重苦味的竞赛。

基本分量（16 厘米 ×7 厘米的蛋糕模，12 个）

- 发酵黄油（7 厘米大）…… 600 克
  - 常温回软。
- 蛋白…… 1 千克
  - 恢复至常温。
- 白糖…… 1 千克
- 盐…… 适量
- 杏仁粉…… 400 克
- 低筋面粉…… 400 克
- 香草香精…… 适量
- 日本栗子酱…… 12 条
  - 蒸好的日本栗子加入 40% 的白糖捣成糊状，做成直径 3 厘米、高 13.5 厘米的圆柱形冷冻保存。使用前放进冷藏室解冻。
- 发酵黄油（模具用）…… 适量
  - 室温下回软至手指可以轻松插入的程度。
- 杏仁粉（模具用）…… 适量

焦糖霜（从以下成品中取出 200 克）

- 鲜奶油（乳脂肪含量 47%）…… 200 克
- 香草豆荚…… 1/2 根
- 白糖…… 200 克

咖啡味蛋白霜小树

- 咖啡味意式蛋白霜
  - 糖浆
    - 水…… 80 克
    - 白糖…… 375 克
    - 咖啡香精（Trablit）…… 适量
  - 蛋白…… 180 克
    - 使用当天现打的新鲜鸡蛋。
  - 白糖…… 18 克
  - 咖啡香精（Trablit）…… 适量
  - 香草香精…… 适量
- 煎焙杏仁（半块）…… 适量
- 煎焙榛子（半块）…… 适量
- 煎焙核桃（半块）…… 适量
- 银珠糖（大、小）…… 适量

准备模具。用毛刷在模内壁厚厚地涂上软化至室温的黄油。倒入足量杏仁粉，抖动模具使其附着在内壁上。抖落多余杏仁粉。

用手指抹去模边缘的杏仁粉。这是为了烤出可爱的形状，避免蛋糕边缘参差杂乱。放入冰箱冷却凝固。

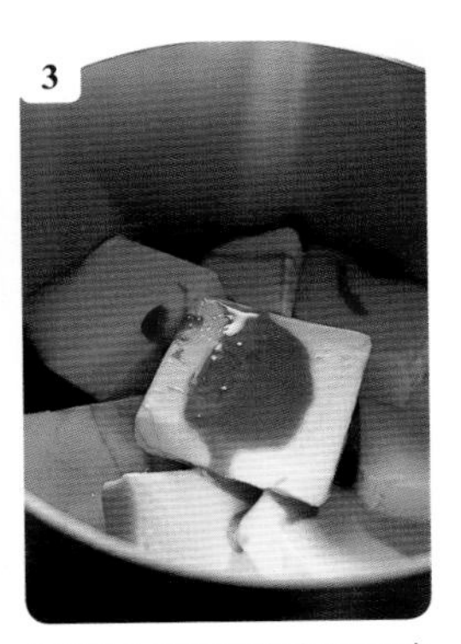

铜锅放入常温的黄油和200克隔水煮化的焦糖霜（具体做法见右页），以中火偏小加热，用打蛋器搅拌至沸腾。

在进行步骤**3**的同时，钵盆里加入常温的蛋白，用打蛋器彻底打散，加入白糖和盐。用盐给口味增加张力。

以画圆的方式搅拌至白糖颗粒感消失、完全溶解。要有略微打发的意识。产生适量气泡，使蛋糕口感轻盈。

向步骤**5**的材料中加入过筛2次的杏仁粉和低筋面粉，画圆搅拌。

搅拌顺滑后趁热加入充分搅拌煮沸的步骤**3**的材料，同样搅拌。通过这一步使白糖完全溶解。

搅拌顺滑均匀后加入香草香精混合。

在步骤**2**中处理好的每个模具内倒入290克的步骤**8**的材料（倒至模具一半高度），模具两端穿入铁丝（特制有孔模）。

圆柱形栗子酱插进两端的铁丝。这样就将栗子酱固定在模具中央了。

用刮刀平整表面，将栗子酱隐藏在里面。放在烤盘上，用烤箱以180℃烤50分钟，烤至表面金黄。将模具在台面上震几次，散出热空气，防止回缩。

抹刀插入模具内侧，取出蛋糕，放在铺有烤盘纸的有孔烤盘上晾凉。边缘的杏仁粉像领子一样可爱。装饰咖啡味的蛋白霜小树（见右页）。

焦糖霜＞

锅里加入鲜奶油、香草豆荚（以p.15的方法剖开），煮沸后离火。锅底泡进冷水中略降温，包紧保鲜膜放置30分钟左右，使香草的香味转移到奶油中（浸煮见p.68）。

制作焦糖。开中火稍稍加热铜锅，加入1/3的白糖，将火转小。四边开始化开后用木铲缓慢搅拌。

砂糖完全溶解，变成红褐色后，就是继续加入白糖的时机。分两次加入剩余白糖，以同样手法细细熬煮。

熬至变成偏深的红褐色（积累经验后可自行判断）。气泡上升、烟雾渐浓后搅拌几次，气泡下沉后加入少许温热的步骤**1**的材料搅拌。小心溅出。

迅速倒入另一个钵盆中，泡在冰水里冷却。去掉冷却的香草豆荚，包紧保鲜膜冷藏保存。放置2~3天会让香味和醇度更浓。

咖啡味蛋白霜小树＞

制作咖啡味意式蛋白霜。铜锅中加入水、白糖、咖啡香精，煮至117℃（p.263）。座式搅拌机缸中加入蛋白、白糖、咖啡香精、香草香精。

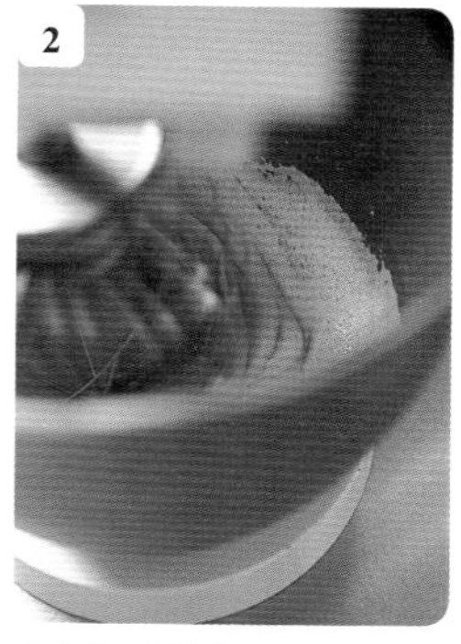

待步骤**1**的糖浆开始沸腾时，开始打发步骤**1**的蛋白。中速打散，再用高速打发至蛋白呈弯角。

糖浆达到117℃后离火并摇晃锅，使冒出的气泡下沉，分多次少量倒入调至中速的步骤**2**的材料中，继续打发。糖浆全部倒完时换成低速，再打发3分钟左右。

图为质地顺滑，呈尖角的咖啡味意式蛋白霜。

趁热将步骤**4**的材料装入裱花袋，套上8毫米宽圣多诺裱花嘴，在铺有硅油纸的烤盘上挤成小树的形状。

装饰煎焙坚果类，再撒上银珠糖（大、小）。用对流烤箱以60℃烘烤2天左右。通过缓慢低温烘烤产生光泽。

呈焦糖色的湿润蛋糕。栗子酱被整齐包裹在正中心。

鹳鸟蛋糕（史多伦蛋糕）

Cigogne

我想做圣诞节传统甜点“史多伦蛋糕”是源于在合羽桥厨房用品一条街上看到的圆模。它的形状像初生的婴儿，让我联想起寓意襁褓中耶稣的史多伦蛋糕。甜点的名字取自传说，是在阿尔萨斯地区象征幸福的“鹳鸟”。

做法的重点是要先发酵用酵母、面粉、水分做的中种，再整体混合（中种法）。面团中加入足量的生杏仁膏、黄油、水果干、核桃等，内容丰富，不易发酵，所以要先发酵基础面团。另外，所加的葡萄干在朗姆酒中浸渍多年，提升了蛋糕的口味、增加了香味的宽度和深度。直接混合面团，不经揉压，直接发酵，使其产生一定程度的韧性，彻底排出气体。

整齐漂亮的形状也是我作为职业甜点师追求的细节。利用独创方法让点心中间高高隆起，放入模具后再用特制的压模按压成形。

在烤好的蛋糕上撒上浸过黄油的砂糖。关键的一点是，使用去掉乳清（白色沉淀物）的澄清黄油（黄油掺有不纯物质容易腐坏）。另外，在撒糖粉之前涂满混合香草糖的白糖，形成炸面包一样脆脆的口感。

经过一段时间令味道成熟也是这道甜点的美妙之处。“为重要的人精心制作、细心品味”，这是一道可以让食客亲身感受甜点原点的“A POINT”产品。

基本分量（长径 21 厘米的椭圆模，20 个）

中种

- 生酵母……250 克
- 牛奶……690 克
- 法国面包粉……625 克
  使用鸟越制粉的“法国面包用粉”。
- 脱脂牛奶……100 克

生杏仁膏（7 毫米厚的切片）……500 克
白糖……250 克
粗糖……75 克
盐……38 克
香草糖（p.15）……25 克
全蛋……230 克
香草香精……25 克
混合香料（从以下成品中取出 10 克）

- 肉桂粉……30 克
- 豆蔻粉……10 克
- 肉豆蔻粉……10 克
  混合以上材料。

发酵黄油（7 厘米大）……1250 克
室温下回软至手指可以轻松插入的程度。
法国面包用粉……2.5 千克
朗姆酒浸渍葡萄干（无核小粒葡萄干）……1250 克
朗姆酒浸渍葡萄干（苏丹娜葡萄）……1250 克
橙子蜜饯（切成 2~3 毫米的方块）……320 克
核桃（半块）……500 克
切成 1/4。
白糖……适量
香草糖（p.15）……适量
糖粉……适量
发酵黄油（模具用）……适量
室温下回软至手指可以轻松插入的程度。
无盐黄油（澄清黄油用）……1.8 千克
为了避免味道过重，使用无盐黄油而非发酵黄油。

制作中种。钵盆里放入生酵母，用打蛋器搅碎。倒入加热至30℃的牛奶，充分搅拌溶解生酵母。酵母在25℃左右活性最高。

另一个钵盆中加入过筛2次的法国面包用粉和脱脂牛奶，充分搅拌，钵盆中间空出地方倒入步骤**1**的酵母液。用橡胶刮刀快速切拌。

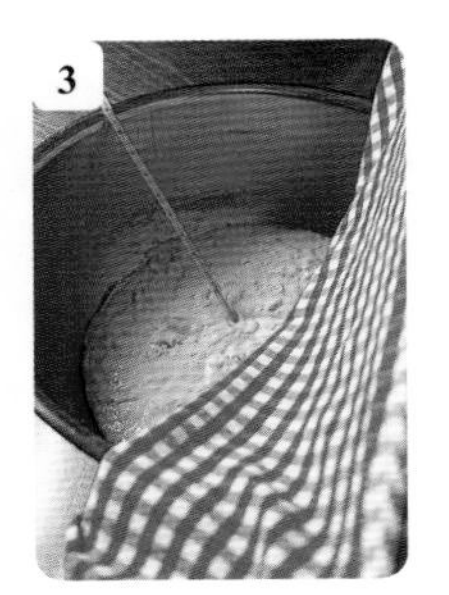

刮平步骤**2**的材料的表面和边缘。插入温度计，盖上拧干的湿布，放在26℃、湿度70%的场所（"A POINT"放在烤箱上）发酵40~60分钟。

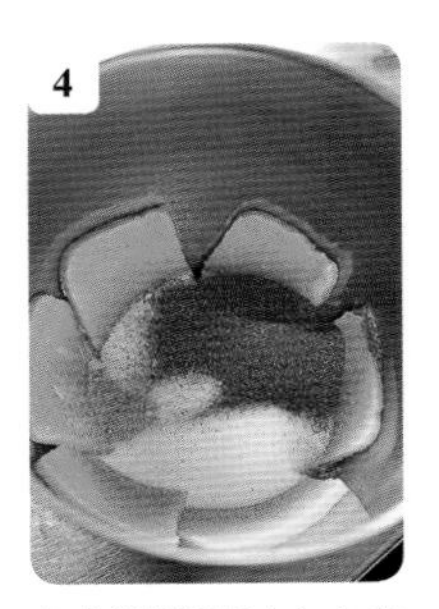

座式搅拌机缸中加入室温回软的生杏仁膏、白糖、粗糖、盐、香草糖。

用拌料棒低速搅拌步骤**4**的材料，整体拌匀后分多次加入少量全蛋搅拌。

待步骤**5**的材料搅拌顺滑后加入香草香精、混合香料，中速搅拌。

另一个座式搅拌机中放入室温回软的黄油，用拌料棒中速搅拌，将空气包裹在里面。

分多次向步骤**7**的材料中加入少量步骤**6**的材料，低速搅拌，得到顺滑的"杏仁膏黄油"。

图为步骤**3**的中种发酵的状态。膨胀至约2倍大。

搅拌机缸中加入过筛2次的法国面包用粉、步骤**9**的中种、步骤**8**中杏仁膏黄油的1/3。用搅面钩低速搅拌，避免产生多余的黏性。

待步骤**10**搅拌均匀后分2次加入剩余的步骤**8**，以相同手法搅拌。多次关掉搅拌机，清理粘在搅面钩上的面糊。面糊逐渐成形，开始缠在搅面钩上。

搅拌完毕（此时面糊温度在26℃左右为宜）。双手拿起面团左右分开，基本没有弹性。如果有多余的黏性，口感会变硬。

平整步骤**12**的材料的表面，喷雾。插入温度计，盖上拧干的湿布，在26℃、湿度70%的场所放置1小时左右（一次发酵）。

钵盆里加入2种朗姆酒浸渍葡萄干、橙子蜜饯、核桃，用手混合。因葡萄干、蜜饯会粘连在一起，所以用手拌开。为了让面团容易发酵，放在烤箱上保持温热。

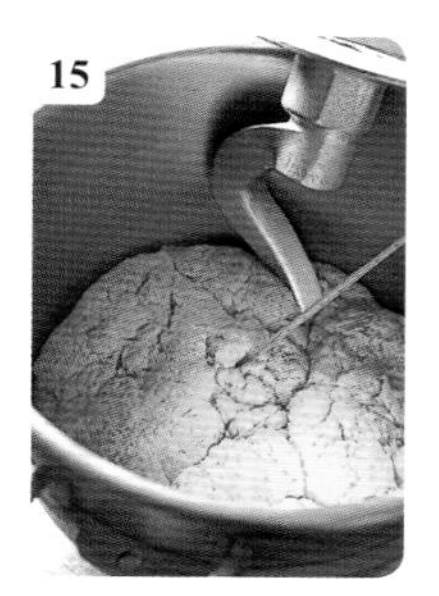

15

图为步骤**13**的材料一次发酵后的状态。膨胀至约2倍大。

16

分几次将步骤**14**的材料倒入步骤**15**的材料的中间，然后用旁边的面团覆盖。这是为了之后更方便的混合。

17

用搅面钩低速搅拌步骤**16**的材料。在一次发酵后加入水果干、坚果，因为加了之后能减慢发酵。

18

将水果干和坚果搅拌均匀后，取出放在大理石上，用双手轻柔按压，排出多余的气体。

19

将步骤**18**的材料从靠近自己一侧向对面翻折，再左右分别向中间翻折成3层。利用这样整形的动作尽量使面团产生适当韧性。

20

将步骤**19**的材料接缝向下，以舒张表面的方式揉圆面团。放回搅拌机缸，整理平整，与步骤**13**手法相同地进行发酵1个小时左右（二次发酵）。用毛刷在模具内壁涂刷黄油。

21

图为二次发酵后的状态。因为加了水果干和坚果，所以没有特别膨胀。取出放在大理石上，再用双手轻轻按压，排出气体。

22

用刮板把步骤**21**的材料进行4等分，再分别5等分。最后得到20个面团，每个480克。

23

分别成形。首先用手轻压面团，用擀面杖把靠近自己一侧的2/3厚度擀至一半。（图1）

24

用双手拿起擀完的2/3，向对面折，再将两端折向自己。形成中间隆起的形状。

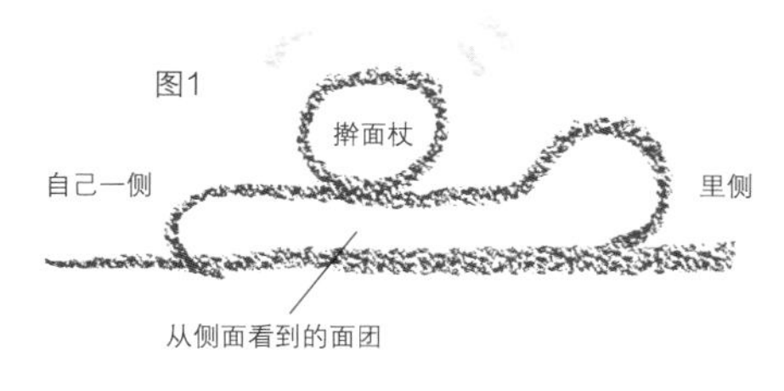

25

把步骤**24**的材料放入处理好的模具，放上压模（特制）按压，令面团与模具完全贴合。

26

放在烤盘上，喷雾。盖上烤盘纸以防干燥，插入温度计，成形发酵大约90分钟。

27

再次在步骤**26**的材料上喷雾，用烤箱以180℃烤1个小时左右。烤完后颜色适中，背面也完全上色。脱模，放在烤网上降温。

最后工序 >

将澄清黄油（见下）加热到60℃。面团温度略降低后在黄油里泡一下并马上拿出，放在烤网上沥干多余黄油，冷却。食品箱里放入白糖、香草糖后搅拌至飘出香草味。

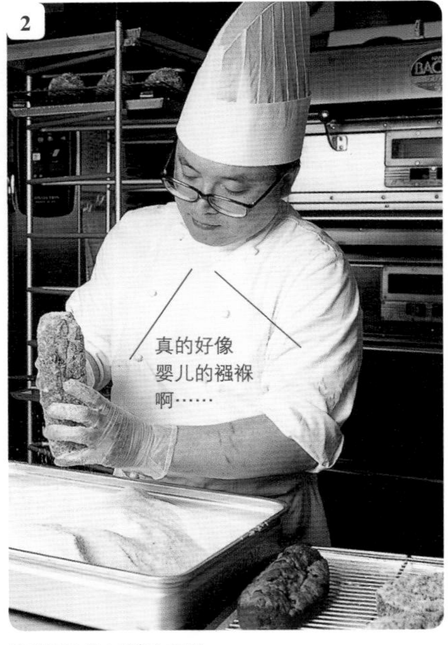

将步骤1的材料冷却的蛋糕放进备好的食品箱中，蘸满砂糖，再放到垫在铝烤盘上的烤网上。

将蛋糕放在铺有烤盘纸的铝烤盘上，将另一个食品箱倒扣在上面，冷藏一晚。取出，用滤茶网筛糖粉。分两次过筛，表面撒满种类不同的糖粉，让甜度和口感产生变化。放入冰箱1周，待其成熟后再开始销售。

澄清黄油 >

把黄油放在深一点的方盘里，放入烤箱中以60℃化开2~3个小时。图下方是化开后的状态。化开后乳清（白色沉淀物）从黄油中分离。

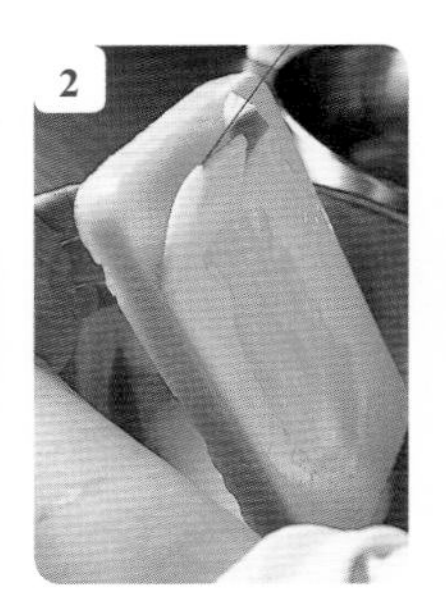

冷却步骤1的材料，急速冷冻，再次凝固，用刀刮下白色的乳清部分。刮完乳清的黄油再放进方盘里，用烤箱以60℃烤化。

完全化开后用滤茶网过滤。

配合丰富黄油，未经过度和面，所以口感绵柔。表面的黄油香气和砂糖的口感令人印象深刻。建议切成1.5厘米厚食用。

5

Petits cadeaux

小小的礼物

接下来介绍的是玛德琳蛋糕、费南雪蛋糕等。

我的追求是将经典甜点做到最高水平。

制作小型烤甜点的重点是盐和香草。和年糕小豆汤加盐道理相同，盐可以突出甜味，即便是小点心也能给人留下印象，组合成有冲击力的味道。加入的香草可让余味绵延。

玛德琳蛋糕

Madeleine au citron

费南雪金砖蛋糕

Financier

玛德琳蛋糕

Madeleine au citron

不知是不是童年的记忆使然，玛德琳蛋糕对我而言就是有着蜂蜜柠檬味的经典点心。虽然很多甜品店开发了种类丰富的玛德琳蛋糕，但我想用松软清甜散发柠檬香的玛德琳与其一决高下。

最重要的是在一开始将柠檬皮的香气完全转移到砂糖上，借由这一步骤使柠檬香渗透到整个面团中。因为我希望增加怀旧的甜度和深度，所以除了白糖，我还加了粗糖。另外，全蛋中加盐可以使味道产生张力。

做好的面团醒发一个晚上。醒发一晚使水分充分浸润面团，口味平衡且有整体感。为发挥面团的鲜美滋味，烘烤方法也很重要，充分加热，但也要避免烘烤过度。对既突出面团的鲜美又烘烤得宜的程度做出正确判断至关重要。

那么，作为无人不知的烘焙甜点，大家很容易把玛德琳和费南雪金砖看作类似的蛋糕。然而，显而易见的是它们在味道和做法上都是完全不同的。我会对玛德琳的面团充分醒发，但在制作费南雪金砖面团时，因我希望利用面团中的蛋白泡，所以做好面团就立即烘烤。我经常会思考每道甜品的特色，以及想让食客品尝它的哪个部分，有针对性地雕琢制作方法。

基本分量（长径 7 厘米的玛德琳模，150 个）

发酵黄油（切成 2 厘米方块）……………………1 千克

常温回软。

白糖……………………………………………… 800 克

粗糖……………………………………………… 130 克

柠檬皮碎………………………………………… 30 克

全蛋……………………………………………… 24 个的量

盐………………………………………………… 适量

蜂蜜……………………………………………… 100 克

使用百花蜜。

转化糖…………………………………………… 100 克

香草香精………………………………………… 适量

低筋面粉…………………………………………1 千克

烘焙粉…………………………………………… 25 克

发酵黄油（模具用）…………………………… 适量

室温下回软至手指可以轻松插入的程度。

高筋面粉（模具用）…………………………… 适量

费南雪金砖蛋糕

Financier

黄油的馥郁和醇厚是费南雪蛋糕好吃的秘诀。但是，由于费南雪蛋糕组合了黄油、杏仁粉等多油分材料，所以稍不留神就易过于油腻。

为了避免这一点，在处理黄油上需要多花费些心思。一般在制作费南雪蛋糕时，黄油要熬成棕中带黑的颜色，再过滤后加入面团，但我认为加热到这个程度就炭化了黄油的鲜味，再过滤则会进一步损失部分黄油的鲜味。于是，我反复研究黄油受热的变化，变成红褐色即可停止。另外，在火上加热时需要不断搅拌，在防止受热不均的同时将乳清（白色沉淀物，是深咖色的成因，溶解有蛋白质、糖类等的水溶成分）搅碎，不需过滤，最大程度地利用黄油的香醇。

另一个重点是略微打发蛋白，使面团轻盈。这是我在巴黎实习时学到的印象最深刻的技能之一。我被法式甜点流派细密的“气泡运用”完全感动与折服。

做费南雪蛋糕时，趁蛋白消泡前烘烤非常关键。迅速操作，倒入鹅蛋模立即烘烤，片刻后面糊会像舒芙蕾一样膨胀起来。因鹅蛋模比较深，所以外侧轻盈，中间完全锁住杏仁和黄油的风味。烘烤后质地湿润，外形浑圆、表面开裂、活力十足的费南雪金砖就完成了。

基本分量（长径 7 厘米的鹅蛋模，48 个）

蛋白……500 克

盐……适量

白糖……500 克

转化糖……100 克

杏仁粉……200 克

低筋面粉……200 克

发酵黄油（7 厘米大）……500 克

室温下回软至手指可以轻松插入的程度。

香草香精……适量

发酵黄油（模具用）……适量

室温下回软至手指可以轻松插入的程度。

铜锅中加入切成2厘米方块、恢复常温的黄油，开小火，时不时搅拌几次至沸腾。

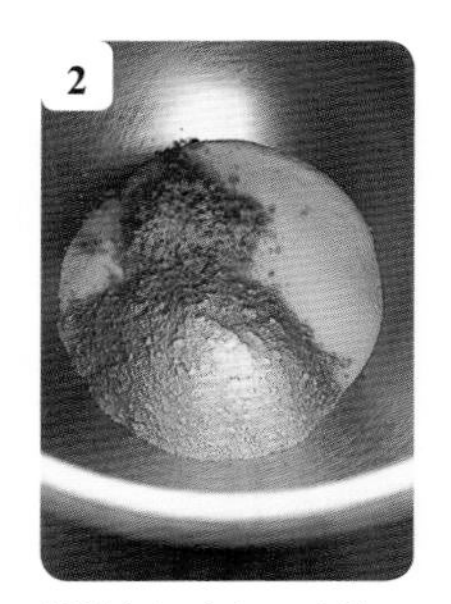

搅拌机缸中加入白糖、粗糖、柠檬皮碎。

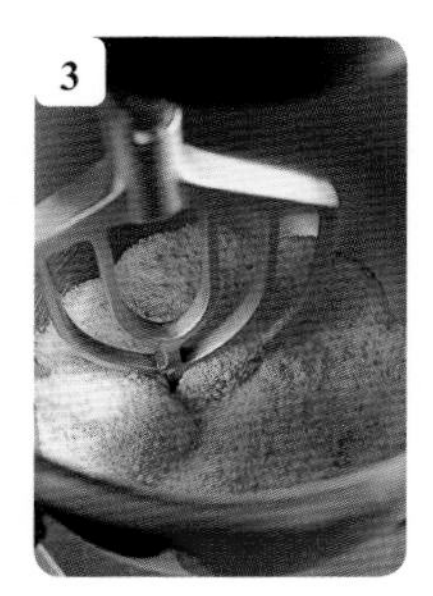

用拌料棒低速搅拌步骤**2**的材料，柠檬的香气完全转移到砂糖上。通过这一步使柠檬香全面渗透面糊。

与步骤**3**同步进行，钵盆里加入全蛋，用打蛋器打散。若这一步不完全打散，蛋白的水分会和小麦粉的蛋白质直接结合，生成多余麸质（p.38），会使蛋糕口感过硬。

向步骤**4**的材料中加盐混合。盐有突出甜味的作用。另外，也可以给玛德琳蛋糕这样的小点心的味道带来冲击力，增强印象。

在步骤**5**的材料中按顺序加入蜂蜜、转化糖、香草香精搅拌。蜂蜜选择了味道容易与其他材料相容的百花蜜。用转化糖使面糊湿润，用香草增加香气的宽度。

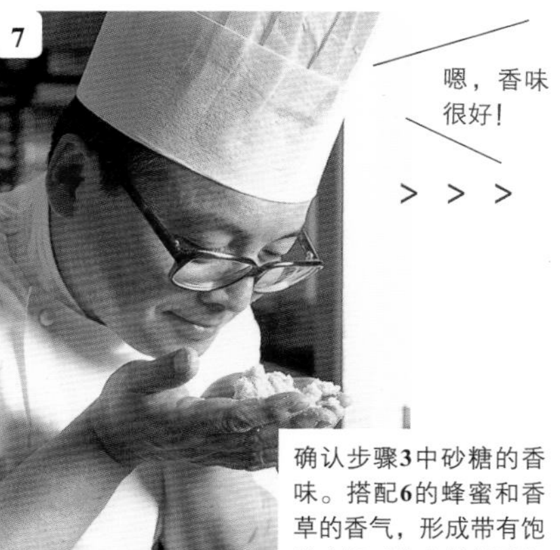

确认步骤**3**中砂糖的香味。搭配**6**的蜂蜜和香草的香气，形成带有饱满丰润“蜂蜜柠檬香”的玛德琳。

在完全吸收柠檬香气的步骤**3**的材料中加入过筛2次的低筋面粉和烘焙粉，同样低速搅拌。

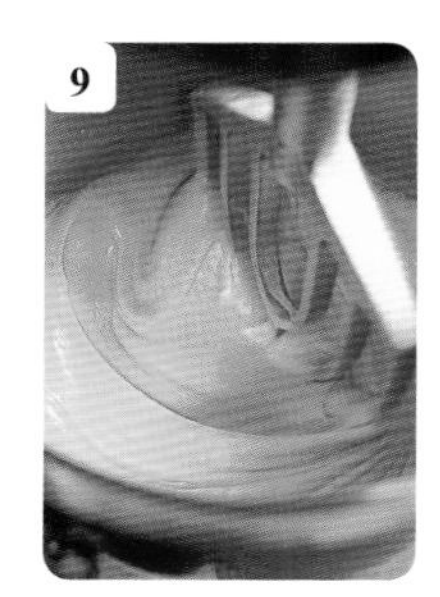

再分多次加入少量步骤**6**的材料。多次关掉搅拌机，清理拌料棒上的面糊，搅拌均匀。加完后，搅拌3分钟，使粉和水完全融合，渐渐出现光泽。

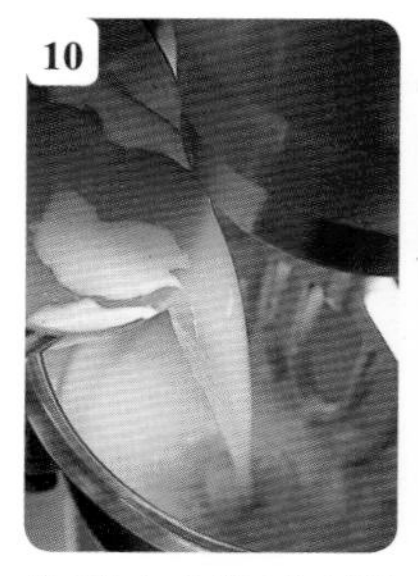

分3次向步骤**9**的材料中加入步骤**1**中沸腾的液化黄油搅拌。加煮沸黄油是因为其容易分散到面糊中。将材料搅拌均匀。

将步骤**10**的材料倒入另一个钵盆里。刚刚搅拌完毕的状态，呈略带黏性的液体。包上保鲜膜，室温下放置1个小时左右。目的是令砂糖完全溶解，使水分充分浸润粉质。

用刮刀从底部搅拌步骤**11**的材料，倒入另一个钵盆中。包紧保鲜膜，放入冰箱冷藏一晚。图为第二天的状态。浓度增加，舀起面糊呈绸带状垂下并堆积在一起，痕迹持续一会后消失。

从冰箱取出面糊之前准备模具。用毛刷将室温下软化的黄油均匀涂在模具上，涂完的模具微微发白。放进冰箱冷冻凝固。

从冰箱中取出步骤**13**的材料，从上方用筛子过筛高筋面粉。倾斜模具，抖落多余面粉。

图为均匀撒完面粉的状态。通过黄油和面粉的外膜使面糊更易脱模，口感清爽。

将步骤**12**的材料从底部向上翻拌，倒入另一个钵盆里，搅拌均匀。放置一晚，使水分充分浸润面糊，进一步增加风味。超过这个时间会降低膨胀度。

将步骤**16**的材料倒入裱花袋，套上直径10毫米的圆形裱花嘴，挤至模具的九分满。用烤箱以180℃烤20~30分钟。

中间逐渐隆起。

因烤箱四角位置的蛋糕最先烤熟，所以要观察上色情况，按顺序取出。为发挥“蜂蜜柠檬”的香气，注意不要烘烤过度。

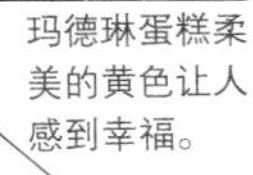

玛德琳蛋糕柔美的黄色让人感到幸福。

烤好的蛋糕放在铺有烤盘纸的有孔烤盘上晾凉。销售时为避免破坏表面的线状条纹，把突出的“肚脐”一侧向下放置。

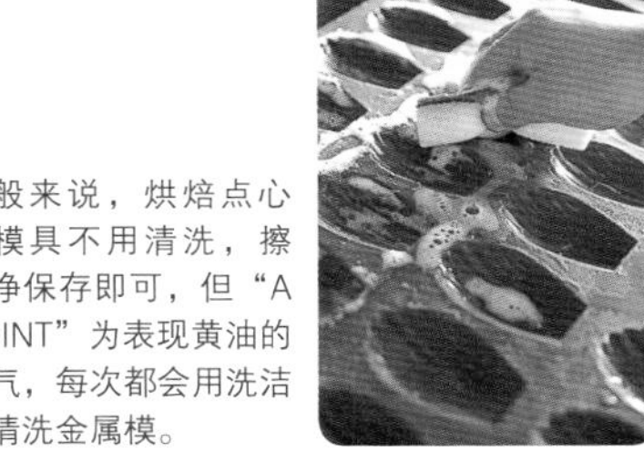

一般来说，烘焙点心的模具不用清洗，擦干净保存即可，但“A POINT”为表现黄油的香气，每次都会用洗洁剂清洗金属模。

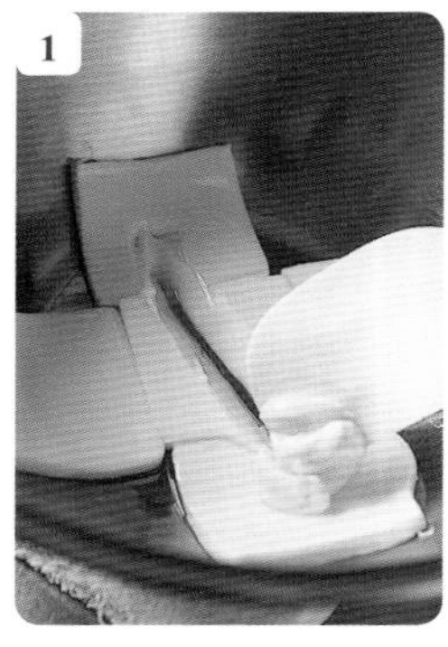

涂模用的黄油室温下软化到手指或刮刀可以无阻力穿透的程度。使用前用橡胶刮刀略搅拌。

用毛刷将步骤**1**的黄油均匀（略厚）地涂抹在模具上。涂抹黄油除了脱模方便，还能增加风味。缓慢涂抹会使毛刷摩擦生热而化开黄油，需要注意。

钵盆中加入蛋白，用打蛋器打散，加盐搅拌。盐除了能收紧味道，还有降低蛋白韧劲的效果，更易打发。

再向步骤**3**的材料中加糖，以画圆方式轻轻搅拌，裹入空气。

再加入转化糖，以同样手法搅拌。转化糖有湿润面团的作用。

彻底打断蛋清的韧劲，打发至提起打蛋器时蛋白像水一样流下的状态，使蛋白表面产生细密的气泡。通过这一步可以令蛋糕膨松、口感轻盈。

再加入过筛2次的杏仁粉和低筋面粉搅拌。之后的步骤要快速进行，以免消泡。

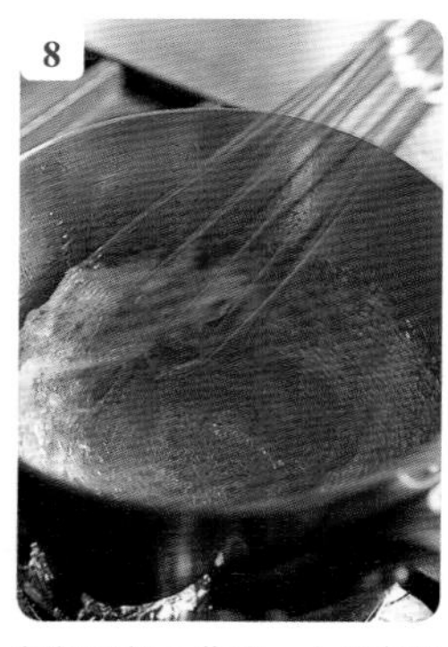

铜锅里加入黄油，小火煮化后改大火，用打蛋器不断搅拌至红褐色。不断搅拌（保持温度）是为了使受热均匀，也使乳清分散开。

变成红褐色之后，将步骤**8**的材料一口气加入步骤**7**的材料中。因为直接加入，没有过滤，所以完全发挥了黄油的鲜美。

快速搅拌，避免黄油的热度部分进入面糊。

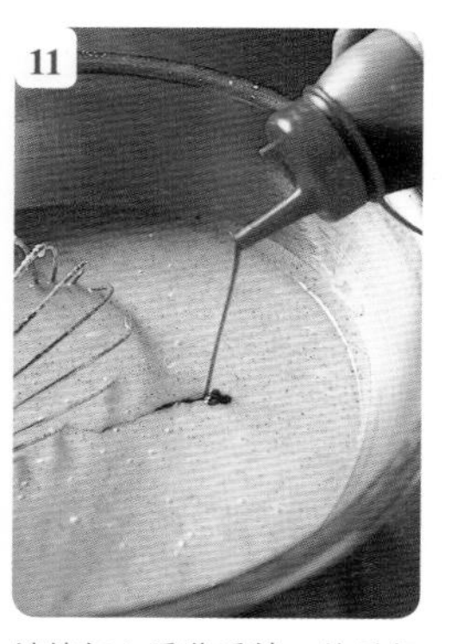

继续加入香草香精，使香气饱满。为了避免香味因热度跑掉，要搅拌完黄油之后再加。

用长柄勺将步骤**11**的材料倒入准备好的步骤**2**中的模具，倒至边缘下方2毫米。马上放在烤盘上，先用烤箱以230℃烤6分钟左右。为了利用气泡，要迅速操作。

随着吸收热量，面糊开始像舒芙蕾一样浮起来。首先用高温让面糊一气呵成地膨胀。

在烤盘下面再垫一个烤盘，放进预热200℃的烤箱中，慢慢烘烤至中间熟透。一边观察上色情况，一边调整模具的位置，使受热均匀。

颜色刚好时从烤箱中取出。

感觉烤得不错啊！

> > > > >

烤得不充分会有油腻的感觉。为了引出蛋白面糊的美味，外侧要烤得略深一些，令同一个蛋糕内产生香味的对比。

将模具在烤盘上震几下，放出热空气，防止回缩。脱模，放在铺有烤盘纸的烤盘上，沥干多余油分后冷却。

费南雪最大的魅力之一就是“迷你身材”和“生动裂纹”的对比！

布列塔尼厚酥饼

Galette bretonne

这是一种在布列塔尼地区使用大量黄油制作而成的点心。

在法国3年的生活即将结束的前一周，为了探寻这种点心，我踏上了去往布列塔尼岛的旅程。我搭乘了夜行列车，早上晨光升起时，被夜露打湿的牧草带显映在车窗上。这里日照时间短，雨水充沛，水果颜色缤纷。冲击布列塔尼半岛的大西洋的波浪在牧草上留下了潮水的香气，吃着这些草长大的牛产出带有海岸之香的黄油。我在市场上品尝到了金黄色的黄油，其浓郁的风味难以用语言描摹，是我在日本从未遇到过的梦幻黄油。

因此，我希望在这道甜点中充分发挥黄油的鲜美。为达到这个目的，首先黄油不能过度软化。固体的黄油才能让人感受到鲜美。另外，砂糖要使用糖粉。白糖不易化开，需要较长时间搅拌，导致进入多余的气泡。气泡过多会让人无法感受点心的风味。为避免产生多余的麸质，要小心混合粉质，再醒发面团两天，使味道成熟。

此外，烘烤方法也很重要。这种有厚度的饼干，外侧要彻底上色，而内部要发挥面团的鲜味，烘焙重点是“烤熟但颜色发白”。通过反差使整体的味道变得立体。过程中轻轻按压面团（抑制膨胀）也是诀窍之一。酥饼轻盈而又密度适中，有饱腹感。

掰开烤好的酥饼，芯呈泛白的颜色。黄油香气四溢，火候刚刚好！

基本分量（直径约6厘米，约300个）

发酵黄油（1.5厘米厚切片）…………………… 3千克

室温下软化到手指可以无阻力穿透的程度。

糖粉…………………………………………… 1.8千克

蛋黄…………………………………………… 360克

盐……………………………………………… 30克

鲜奶油（乳脂肪含量35%）…………………… 150克

香草香精……………………………………… 适量

朗姆酒………………………………………… 150克

低筋面粉……………………………………… 3千克

烘焙粉………………………………………… 30克

涂面团蛋液（p.48）………………………… 适量

细致的工作与美味有关。

1.5厘米的黄油切片后在室温下软化，插入手指时能感到少许阻力即可。尽量使用接近固体状态的黄油，可以发挥黄油的鲜美。

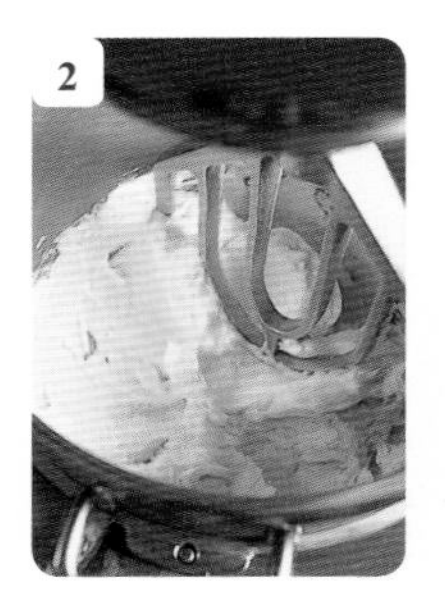

搅拌机缸中加入步骤**1**的材料，用拌料棒低速搅拌。因进入多余气泡会遮盖鲜味，所以要慢慢搅拌。多清理几次粘连在拌料棒上的黄油。搅拌至质地均匀即可。

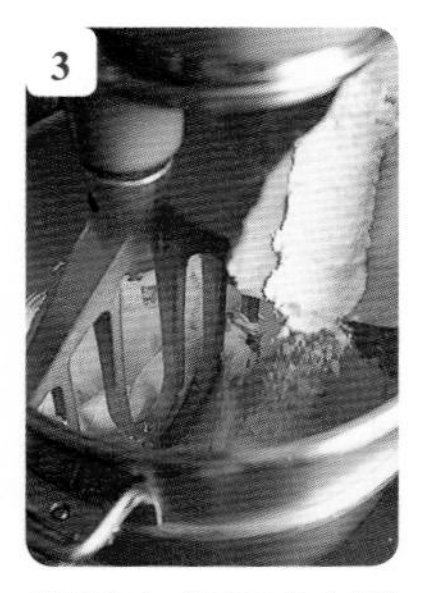

分3次向步骤**2**的材料中加入糖粉，以相同手法搅拌。

多清理几次粘连在拌料棒上的黄油和糖粉。时不时地从钵盆底舀起面糊上下翻拌，均匀搅拌。

与步骤**2**同时进行：钵盆里加入蛋黄，用打蛋器充分打散，再加盐搅拌。盐是制作这道有张力的咸甜味甜点的重要材料。

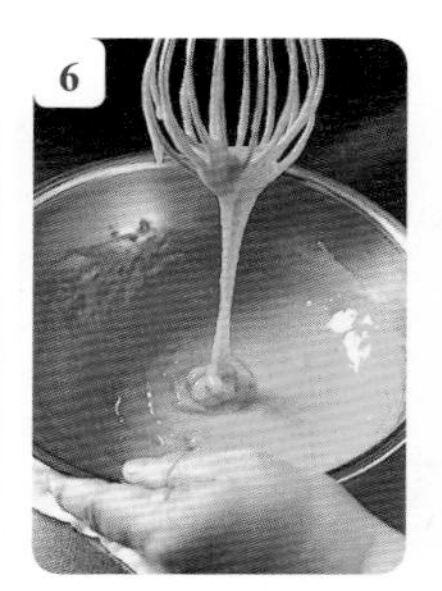

向步骤**5**的材料中再加入鲜奶油、香草香精搅拌。

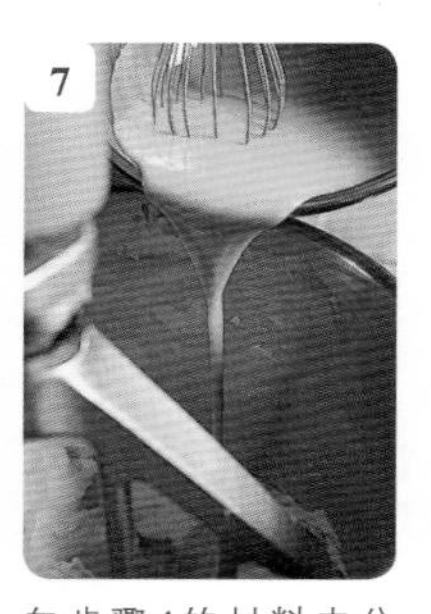

向步骤**4**的材料中分3~4次加入步骤**6**的材料，低速搅拌。

向步骤**4**的材料中要加的蛋液里倒入朗姆酒搅拌。因为加朗姆酒更容易融合。为了发挥朗姆酒的香味，在加入面粉前加。

仔细搅拌，使蛋液和黄油充分融合。中途清理一下粘在拌料棒上的蛋液和黄油，从底部向上翻拌，均匀搅拌。

向步骤**9**的材料中加入过筛2次的低筋面粉和烘焙粉，低速搅拌。因为面团中黄油和低筋面粉比例相同（油分大），所以不易产生麸质。

基本看不见面粉后，用刮板从底部向上翻拌搅拌均匀，面团会非常柔软。

将步骤**11**的材料放在塑料袋上，以p.236中步骤**10~11**的方法包起来，整理成4厘米厚的长方形。放进冰箱冷藏一晚，待其成熟，水分充分浸润面团，有一体感。

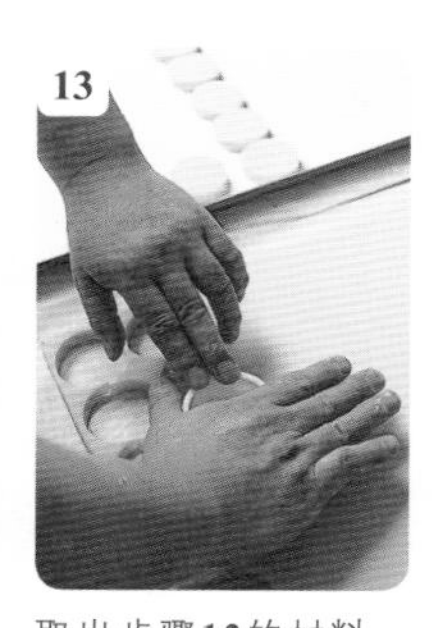

取出步骤**12**的材料，用擀面杖敲一敲，用手揉面使硬度均匀。拍上适量防粘粉（高筋面粉，分量外），放入压面机压成11.5毫米厚，冰箱冷藏收紧面团后，用直径5.5厘米的圆模压模。

烤盘上铺烤箱纸，喷雾。这道工序是为了方便涂刷蛋液、在面团表面画线状条纹，使面团紧密贴合烤箱纸。

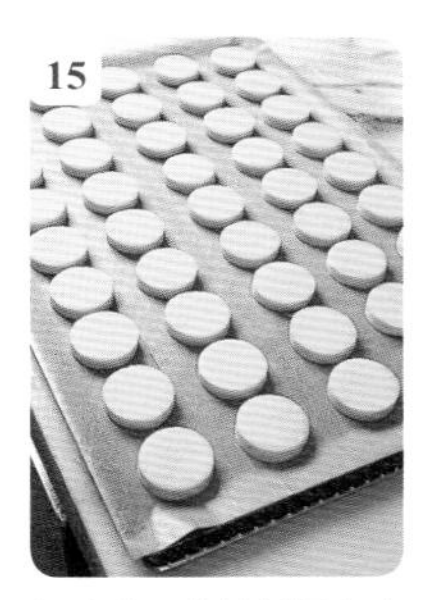

把步骤**13**的材料摆在步骤**14**的材料上。为了步骤**18**中顺利画出条纹，要摆成整齐的一排。

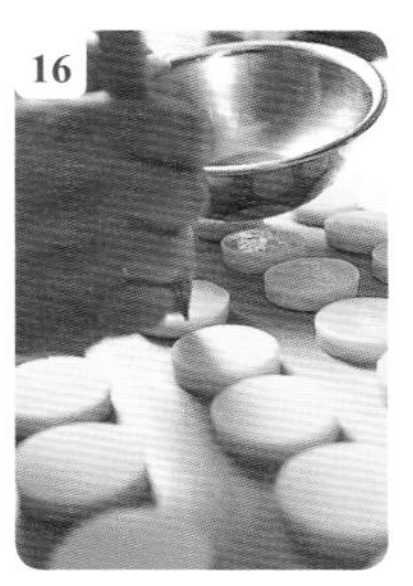

在面团上再涂一次蛋液。第一次涂蛋液是起到打底的作用。用毛刷轻轻刷涂面团表面，通过这个动作也可以溶解留在表面的防粘粉。

将步骤**16**的材料放进冰箱冷藏2个小时，使第一层蛋液充分浸润面团，要小心涂抹，避免蛋液流到两边。第二次涂蛋液的作用是上色和增加厚度，突出步骤**18**中画的条纹。

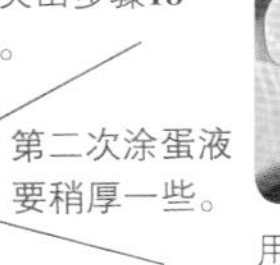

第二次涂蛋液要稍厚一些。

18

用叉子在步骤**17**的材料表面划线（具体做法见p.198）。

把直径6厘米的无底圆模（为了受热均匀）压紧，排列在铺有硅油纸的另一块烤盘上。将步骤**18**的面团放进圆模里，因为面团非常柔软，所以不套上圆模容易垮塌。

放入烤箱以185℃烤35~40分钟。13~15分钟后面团开始膨胀，要取出一次，用木模轻轻压面团。

步骤**20**是调整面团纹理的操作。因为加有烘焙粉，所以膨胀后面团气孔略大，其目的是适当压扁气孔，制造“粗而密”的愉悦口感。

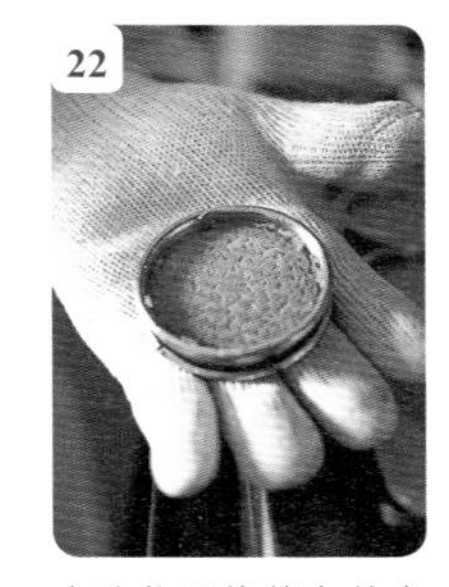

中途将调换烤盘的方向，在下层垫一个烤盘，调整颜色。观察背面的颜色，将烤好的拿出烤箱。烘烤至正反两面颜色一致。

将全部圆模放在烤网上，温度略微降低后脱下圆模冷却（面团易碎容易裂开）。烤好后芳香扑鼻。

正面、反面、侧面都烤成均匀的焦黄色，酥饼中部微微泛白，这是发挥黄油香气的烘烤方法。不过于轻薄，有适度密度感的口感。

朗姆甜饼干

Sablé au rhum

柠檬甜饼干

Sablé au citron

还记得我在巴黎实习时，有位客人因为早上要开会，希望我们帮忙准备早饭——可颂和柠檬甜饼干。我当时很惊讶，“早上竟然要吃这个！真讲究啊”。似乎吃了这些可以让会议进行得更顺利呢。

我个人特别喜欢有糖霜（浇糖液）的甜饼干。轻巧松脆的甜饼干本身已经足够好吃，但略显单调，用糖霜在饼干外形成一层膜，口感上自然有了变化，看起来也散发晶莹光泽，高雅精致，似乎可以从它滋润身体的满满甜蜜中吸取活力。作为休息日的“清醒甜点”，在悠闲的下午茶时间搭配美味的红茶，和重要的人一起享受。做这道点心时我的脑海中就设想着这样的画面。

虽然是制作甜饼干，我还是选择了甜酥面团的做法，但注意不要掺杂多余气泡，并且尽量不要揉面。面团发挥了黄油的香味，口感清脆又有适当的密度感。不要烘烤过度，发挥面团的鲜味是我所做点心共通的重点。

烤好的面团涂杏子酱之后再浇糖霜。糖霜在嘴里清脆裂开，露出杏子酱层。你会惊讶于这两层食材形成的绝妙反差，那一瞬间你一定会微笑面对这一片小小的甜饼。这也是我心中糖霜点心的魅力之处。

〈朗姆甜饼干〉

基本分量（直径约 6 厘米的菊花模，约 110 个）

甜酥面团

- 发酵黄油（1.5 厘米厚切片）…………… 600 克
  先在室温下回软至插入手指有少许阻力的程度。
- 糖粉…………………………………… 450 克
- 全蛋…………………………………… 3 个
- 盐……………………………………… 适量
- 香草香精……………………………… 适量
- 香草糖（p.15）……………………… 适量
- 葡萄干（无核小粒葡萄干）………… 200 克
- 榛子粉………………………………… 200 克
- 杏仁粉…………………………………50 克
- 低筋面粉……………………………… 1 千克
- 烘焙粉…………………………………10 克

杏子酱…………………………………… 适量

朗姆酒味糖霜

- 糖粉…………………………………… 2 千克
- 水…………………………………… 约 300 克
- 朗姆酒……………………………… 约 300 克
- 香草香精 …………………………… 适量

〈柠檬甜饼干〉

基本分量（长径约 7 厘米的椭圆形，约 150 个）

甜酥面团

- 发酵黄油（1.5 厘米厚切片）…………… 600 克
  先在室温下回软至插入手指有少许阻力的程度。
- 糖粉…………………………………… 450 克
- 柠檬皮碎………………………………10 克
- 全蛋…………………………………… 3 个
- 盐……………………………………… 适量
- 香草香精……………………………… 适量
- 香草糖（p.15）……………………… 适量
- 杏仁粉………………………………… 250 克
- 低筋面粉……………………………… 1 千克
- 烘焙粉…………………………………10 克

杏子酱…………………………………… 适量

柠檬糖液（p.186）……………………… 适量

甜酥面团>

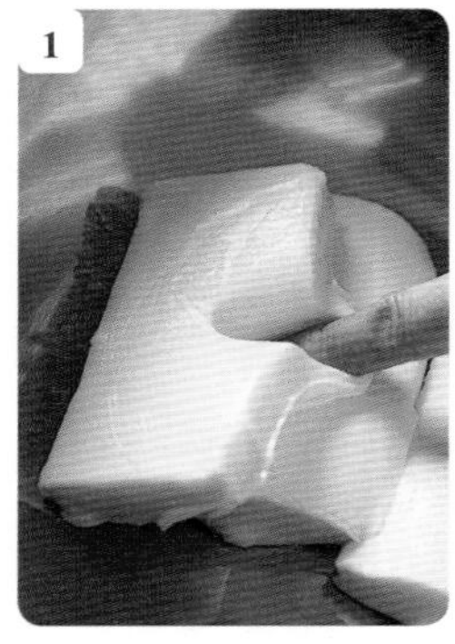

钵盆里放入约1.5厘米厚的黄油切片，室温软化。软化至插入手指时感到有一点阻力即可。

用打蛋器将步骤**1**的材料以画圆的方式搅拌成蜡状。

再加入糖粉，以相同手法搅拌。

另一个钵盆中加入全蛋打散，按顺序加入盐、香草香精搅拌。

将步骤**4**的材料分3次加入，以同样手法搅拌。

搅拌均匀后加入香草糖，继续搅拌。除了香草香精，同时加入香草糖可以增强香味。

将步骤**6**的材料倒入搅拌机缸中，加入葡萄干，用拌料棒低速搅拌。使葡萄干均匀分散在面糊中。

向步骤**7**的材料中加入过筛2次的榛子粉和杏仁粉，以相同手法搅拌。利用油分较多的坚果粉形成醇香松散的口感，肉眼看不见粉末即可。

再加入过筛2次的低筋面粉和烘焙粉，以同样手法搅拌，看不见粉末即可。要注意揉面会使口感变硬。

把步骤**9**的材料取出后放在塑料袋上。不需揉和，直接包起来，用手压平。

再用擀面杖压成约1厘米厚的长方形，这是不揉面的面团整形法。放进冰箱醒发一晚。第二天取出面团，直接用擀面杖敲一敲，用手将面揉至硬度均匀。

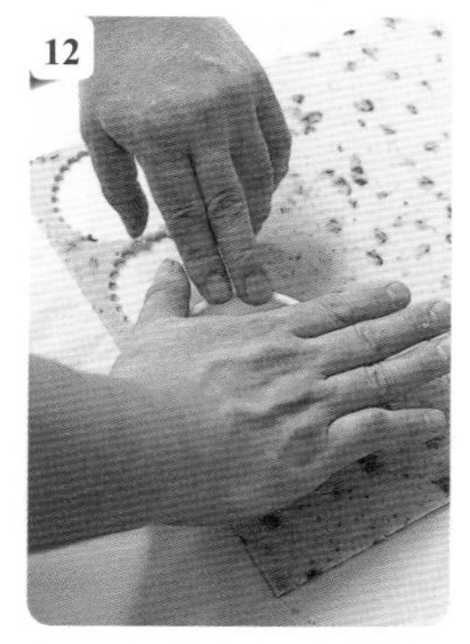

用压面机将步骤**11**的材料压成2.6毫米厚。放进冰箱收紧面团，用直径6厘米的菊花模压模。模具放在面皮正上方，为了空气流通，不要用手完全覆盖模具，这样面皮的形状不会扭曲。

最后工序 >

烤盘内铺硅油纸，喷雾后把步骤**12**的材料摆在上面，以180℃烤12分钟左右。

放入烤箱7~8分钟后面团开始膨胀，取出，用木模轻压（抑制膨胀），再放回烤箱。

正反两面烤成均匀的焦黄色。为发挥面团的鲜味和香气，不要完全把内部烤透。放在烤网上冷却。

以p.189中步骤**1**的手法熬煮杏子酱。用毛刷涂在饼干表面，用手指抹掉侧面多余的酱。烤网垫在铝烤盘上，将饼干放在烤网上1个小时左右。

淋面酱（浇糖液）是我最喜欢的工作之一。

> > > > >

叠放2个烤盘，上面铺烤盘纸，再把烤网架在上面。以p.189中步骤**4**的方法制作朗姆酒味的糖霜。将步骤**1**的材料中涂酱的一面浸入朗姆酒味糖霜，取出后滴落多余糖液，再用小抹刀刮平。

刮掉侧面多余的糖液。

放在步骤**2**中准备好的烤网上，放入烤箱以200℃进行1~2分钟的快速干燥。烤完后面团晶莹透亮。

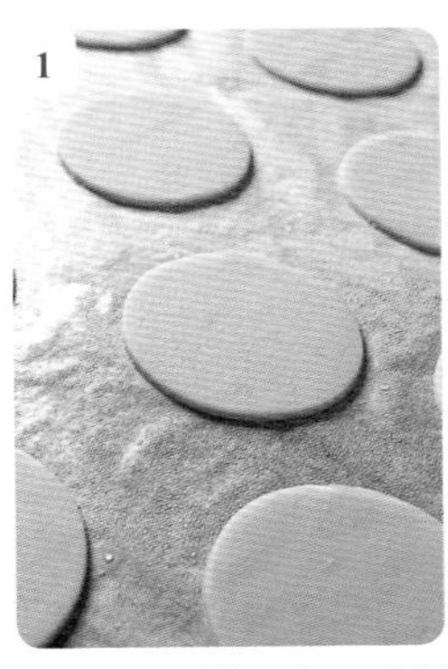

与“朗姆甜饼干”做法相同，但在步骤**3**除加入糖粉外，再加入柠檬皮碎。另外，不加葡萄干、榛子粉，用长径7厘米的椭圆模压模后烘烤。

也和“朗姆甜饼干”一样，正反两面都烤成恰好的焦黄色。

掰开看一看，饼干内部比外侧略白一些。把内外烤成一样的颜色或整体烤成过深的焦色就是烘烤过度。注意不要让焦味掩盖饼干的鲜味。

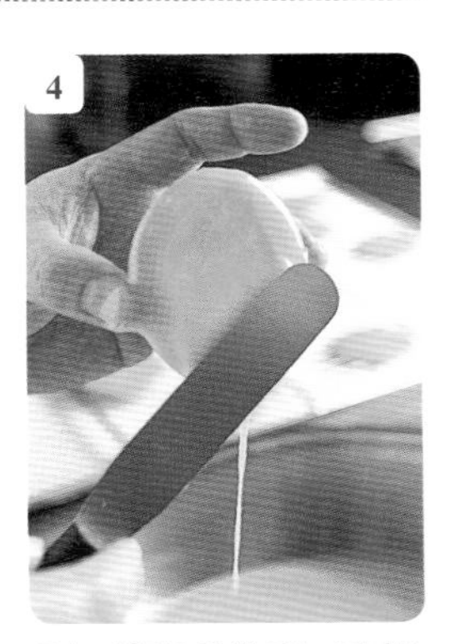

用与“朗姆甜饼干”相同手法涂抹杏子酱，浸糖霜，放进烤箱烘烤。

咖喱酥条
Allumette au curry

芝士酥条
Allumette au fromage

搭配啤酒、红酒等酒类时，很多人喜欢享用咸味千层酥，其中最受欢迎的要数咖喱和芝士两种口味。

因我想突出它们作为零食的感觉，所以没有用千层酥皮面团，而是用了轻薄适度，有一定嚼劲的3折咸酥面团。两种口味中都添加了烘焙后香醇诱人的埃达姆芝士。我不仅将市面销售的埃达姆芝士粉混在面团里，还用食物料理机把芝士分别打成2~3毫米、4~5毫米的碎块撒在面团表面，增加变化，使口感带有节奏感。另外，把浓缩芝士酱揉进面团，进一步提高满足感。虽然是咸味点心，但也配合了较多的糖，有咸甜的回味。

咖喱味酥条中用的咖喱粉是“身边的味道”——爱思必（S&B）咖喱的产品。制作要点为除了把咖喱粉混在面团里，还要在面团的两端撒一些。拿到嘴边就能嗅到咖喱的气味，令人食指大动。

〈咖喱酥条〉

基本分量（9厘米 ×1.2厘米，约800根）

咸酥面团

- 低筋面粉…… 1.5千克
- 高筋面粉…… 500克
- 发酵黄油（2厘米方块）…… 1千克
  冷却备用。
- 埃达姆芝士粉（市面成品）…… 200克
- 咖喱粉…… 26克
- 大蒜粉…… 6克
- 风干意大利香芹…… 6克
- 白胡椒（粒）…… 20克
- 全蛋…… 200克
- 白糖…… 200克
- 盐…… 50克
- 牛奶…… 470克
- 浓缩芝士酱…… 170克

埃达姆芝士（4~5毫米大）…… 适量
埃达姆芝士（2~3毫米大）…… 适量
涂面团蛋液（p.48）…… 适量
咖喱粉…… 适量

〈芝士酥条〉

基本分量（9厘米 ×1.2厘米，约800根）

咸酥面团

- 低筋面粉…… 1.5千克
- 高筋面粉…… 500克
- 发酵黄油（2厘米方块）…… 1千克
  冷却备用。
- 埃达姆芝士粉（市面成品）…… 200克
- 白胡椒（粒）…… 20克
- 全蛋…… 200克
- 白糖…… 200克
- 盐…… 50克
- 牛奶…… 300克
- 浓缩芝士酱…… 330克

埃达姆芝士（4~5毫米大）…… 适量
埃达姆芝士（2~3毫米大）…… 适量
涂面团蛋液（p.48）…… 适量

咸酥面团 >

钵盆里加入过筛2次的低筋面粉和高筋面粉，以及切成2厘米、冷却备用的黄油块。

用手把黄油块涂满面粉，避免黄油之间粘连。

用食物料理机将黄油搅碎。

图为粉碎后的黄油。颗粒略大一点亦可，打得太碎会影响口感。

将步骤**4**的材料倒入钵盆中，加入埃达姆芝士粉、咖喱粉、大蒜粉、风干意大利香芹、白胡椒（用擀面杖将胡椒粒碾碎），以手混合。

另一个钵盆中放入全蛋，用打蛋器打散，加入白糖和盐搅拌。白糖和盐的比例约为4：1。

继续倒入牛奶搅拌。

另取一个钵盆，倒入浓缩芝士酱搅拌，分多次少量加入步骤**7**的材料后充分搅拌。因浓缩芝士酱不易搅拌，所以要一点点拌匀。

搅拌机缸中加入1/3的步骤**8**的材料，再倒入步骤**5**的材料。先加入少量液体，使粉类容易吸收水分，利于搅拌。用拌料棒低速搅拌。

待搅拌完毕后暂时关掉搅拌机，再倒入步骤**8**的材料的一半，以同样方法搅拌。再同样将剩余的**8**倒入搅拌。间歇关掉搅拌机，清理粘在拌料棒上的面糊。

步骤**10**的材料搅拌完成后取出，放在塑料袋上。不要揉，直接包起来，用手压平。（搅拌均匀即可，揉面会使口感变硬）

再用擀面杖擀成约2厘米厚的长方形。冰箱冷藏醒发2天，使其成熟。

成形 烤制＞

1 取出咸酥面团，室温下放置30分钟。用擀面杖敲一敲，使硬度均匀。放进压面机压成7毫米厚的长方形，以p.46中步骤**15**的方法折3折。

2 利用p.46中步骤**16~17**的方法，再用压面机压平、3折（3折2次）、做记号、密封，放入冰箱冷藏一晚。第二天取出，室温下放置30分钟，再压成3.6毫米的长方形。以p.46中步骤**20**的方法舒压。

3 在步骤**2**取出咸酥面团之前，准备要撒在面团上的埃达姆芝士（图中的红色球状物）。去掉表面的蜡，用食物料理机分别粉碎成4~5毫米、2~3毫米的颗粒。

4 用烤盘纸盖上步骤**2**的材料，室温松弛30分钟左右，再放进冰箱冷藏1个小时收紧。切成24厘米×9厘米的带状。放入冰箱冷冻保存，取出适量进入最后工序。稍微间隔一些摆放（便于撒咖喱粉），用毛刷在表面涂刷蛋液。

5 在步骤**4**的材料的表面撒上适量粉碎成4~5毫米的埃达姆芝士。

6 再在上面撒满2~3毫米的埃达姆芝士。

7 用小抹刀轻轻按压，让芝士紧密附着面皮。

8 用直尺盖住面皮中间，用滤茶网在两端筛咖喱粉。在两端筛咖喱粉是为了让食客在第一口直接感受到咖喱的香气。

9 冷冻步骤**8**的材料，收紧面皮，这样可以把面皮的角切得笔直。取出面团，切成1.2厘米宽，1块面皮可以切成20根酥条。

10 把步骤**9**的材料摆在铺有硅油纸的烤盘上，用烤箱以160℃烘烤约30分钟。

11 因为含有浓缩芝士酱，所以不易烤熟。中途要从烤箱中拿出2次，给酥条翻面，让两个侧面也均匀受热。放在铺有烤盘纸的烤网上晾凉。

1 与“咖喱酥条”制作方法相同。但不加咖喱粉、大蒜粉和风干意大利香芹。另外，因不撒咖喱粉，所以面皮条可以贴紧排列。

香草布雷茨

Bretzel à la vanille

香草布雷茨是我在阿尔萨斯地区邂逅的点心。它是一种外形乡土气息浓厚、口感酥脆的香草味饼干。

我在当地见到的布雷茨表面浇有糖液，晶莹亮泽，但为了强调朴素感，我在上面撒带皮杏仁碎，营造凹凸有致的感觉。所用的杏仁包括大粒带皮杏仁碎和过筛后的小粒杏仁，增加了口感上的变化。

为黏合杏仁和面团所涂的蛋液中去掉了会加深面团颜色的蛋黄，只涂蛋白，形成哑光质感。

基本分量（约5.5厘米宽，约70个）

发酵黄油（1.5厘米厚切片）…………………… 125克

先在室温下回软至用手指插入有少许阻力的程度。

糖粉…………………………………………………… 65克

粗糖…………………………………………………… 65克

香草糖（p.15）……………………………………… 适量

全蛋……………………………………………………1个

盐……………………………………………………… 适量

香草香精……………………………………………… 适量

略煎焙的小麦胚芽…………………………………… 50克

低筋面粉……………………………………………… 250克

蛋白…………………………………………………… 适量

带皮杏仁……………………………………………… 适量

用食物料理机打成大粒，过筛。留在筛子上的大粒杏仁碎和筛出的小粒都会用到。留在筛子上的杏仁用烤箱煎烤至略带焦色。

1 将黄油以p.236中步骤**1~2**的方法软化成蜡状，加入糖粉、粗糖，以同样手法画圆搅拌。用粗糖加强风味。

2 再加入香草糖，同样搅拌。因香草糖加热后香气不易跑掉，所以适合做烘焙甜点。

3 另取一个钵盆，加入全蛋打散，加入盐和香草香精搅拌。使用全蛋比单纯使用蛋黄烤出来的口感更脆。加入香草香精可增强香味。

4 分3次向步骤**2**的材料中加入步骤**3**的材料，轻轻搅拌，避免进入气泡。进入多余气泡会令面团过于膨胀，破坏细密的质地。另外，轻轻搅拌可以使口感密度适中。

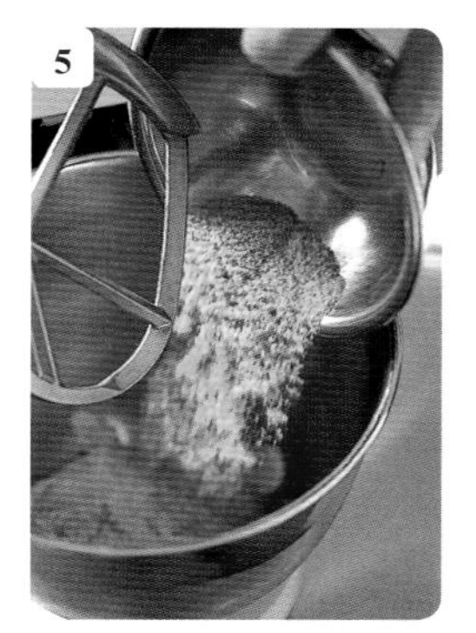

5 将步骤**4**的材料倒入搅拌机的缸中，加入略煎焙过的小麦胚芽、过筛2次的低筋面粉，立刻用拌料棒低速搅拌。

6 搅拌至肉眼看不见粉末即可。把画有直径5.5厘米圆形的纸样放在烤盘上，再在上面铺一张硅油纸。将步骤**5**的材料装入裱花袋，套上口径8毫米的裱花嘴，挤成8字形。

7 用毛刷将充分打散的蛋白涂在步骤**6**的材料上。因我希望得到朴素哑光的质感，所以没有使用蛋黄，只涂了蛋白。

8 趁蛋白没干时撒上带皮煎焙杏仁，用手轻轻压一压使其粘在面团上。再撒上小粒杏仁，抖落多余的杏仁，用烤箱以160℃烤20分钟。

6

Meringues et dip

A POINT的蛋白霜点心千变万化。蛋白霜的可爱之处就在于，即使是简单的搭配，采取不同的形状和做法也可以衍生出多姿多彩的表情。用蛋白霜点心蘸慕斯是我发明的新吃法，比用勺子舀着吃更有乐趣。小泡芙、小咸酥面团蘸奶油的吃法也是我很喜欢的创意。

马卡龙

Macaron

马卡龙

Macaron

正如“马卡龙面糊”（p.26）中说的那样，对于我来说，马卡龙是非常重要的甜点，是我做甜点的“起点”。

除了这里附图介绍做法的覆盆子味、柿种巧克力味马卡龙之外，还有柠檬芝麻味、果仁糖味、黑醋栗味等多种马卡龙。覆盆子味马卡龙就是中间夹覆盆子果冻的马卡龙，因这种果冻在烘烤中保留了新鲜感，所以它的特点是需要饴糖补充黏稠度。另外，柿种巧克力口味是基于我吃完甜食想吃咸的东西的习惯而研发的，用巧克力包裹的柿种香香脆脆，加上酱油的醇香，与甘纳许的浓郁风味实在是天作之合。柠檬芝麻口味源于我在餐馆里吃的加了炒芝麻的柠檬蛋黄酱，二者不可思议地搭配，芝麻的颗粒感在马卡龙中产生此起彼伏的惊喜。

马卡龙面糊在夹馅前要将内侧压凹，因为要夹足量的馅。要点是夹馅后冷冻，再放入冷藏室缓慢解冻。这样可以适当脱水，令面糊和馅料有整体感，化口更清晰，水嫩感更强。

纤细裂开的表皮、入口即化的馅料形成“口感的对比”，和新鲜度同样突出的还有杏仁和馅料的“醇”和“香”。法式甜点的魅力都凝结在这道马卡龙之中。

〈覆盆子味马卡龙〉
Macaron à la framboise

基本分量（直径约 3 厘米，70 个）
马卡龙面糊（p.28）……全量
覆盆子果冻（从以下成品中分出 420 克）
- 覆盆子糊（冷冻）……1 千克
- 覆盆子种子（冷冻）……100 克

  将加拿大产碎块状速冻覆盆子解冻后过滤为种子和糊两部分，分别冷冻保存。
- 柠檬汁……20 克
- 覆盆子白兰地……80 克
- 琼脂……28 克
- 白糖……900 克
- 饴糖……50 克
- 覆盆子白兰地……20 克

〈柿种巧克力味马卡龙〉
Macaron au chocolat

基本分量（直径约 3 厘米，70 个）
- 黑巧克力（可可含量 66%）……适量

  切碎放入钵盆中，隔水煮至 50~55℃，以 p.164“组合 最后工序”中步骤 **2~3** 的方法回火（但最终保持在 29~31℃）。
- 柿种……70 个

  米制点心，使用的是酱油味偏重的特制产品。
- 马卡龙面糊（p.28）……全量

  参照 p.28~29，做法相同，但在第一步使用咖啡色的食用色素（液体），步骤 **4** 加杏仁粉和糖粉时，还要加过筛 2 次的可可粉（无糖）20 克。因加可可粉容易让面团紧缩，所以在挤完面糊放进烤箱之前，在室温下放置多少时间要根据状态适当调整。
- 甘纳许（从以下成品中取出 560 克）
  - 鲜奶油（乳脂肪含量 35%）……300 克
  - 鲜奶油（乳脂肪含量 47%）……200 克
  - 香草豆荚……1 根
  - 黑巧克力（可可含量 66%）……400 克
  - 黑巧克力（可可含量 68%）……100 克
  - 香草香精……适量

组合 最后工序 >

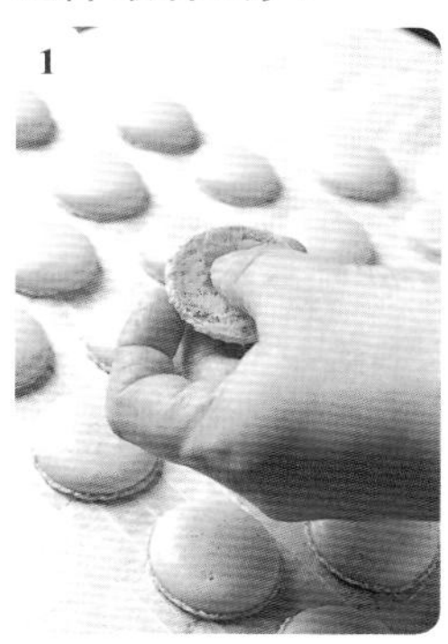

1 将冷却的马卡龙面糊从纸上取下，用拇指把内侧中心轻轻压出凹陷。这是为了多夹一些覆盆子果冻。把凹陷向上，两片为一组放在烤网上。

2 把覆盆子果冻（具体做法见下）装入裱花袋，套上口径6毫米的圆形裱花嘴。在每组中的一片饼身上挤6克。

3 轻轻地和另一片饼身合体。装进销售用的盒子里盖上盖子，放入冰箱冷藏2天左右使其融合。冷藏2天可以使其适当脱水，增加水润度。

覆盆子果冻 >

1 铜锅中加入冰箱解冻的覆盆子糊和同样解冻的覆盆子种子。因为我希望有适当的颗粒感，所以过滤一次分离出种子，用量为覆盆子糊的10%。

2 再加入柠檬汁和80克覆盆子白兰地，用打蛋器充分搅拌。

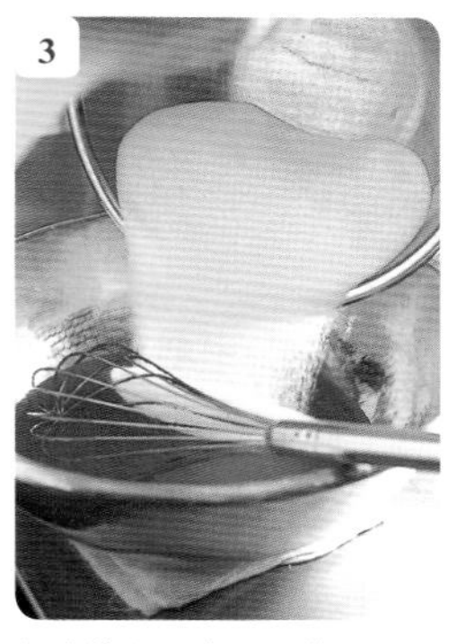

3 彻底拌匀琼脂和白糖，倒入步骤**2**的材料里，搅拌均匀后架在中火上。

4 边用打蛋器搅拌边加热。用蘸水的毛刷刷掉粘在钵盆内壁的浮沫。煮沸后用滤网勺彻底撇掉。

5 加入隔水煮软的饴糖，同样再煮5分钟。饴糖起到增加黏性的作用。因为了产生鲜嫩感，不能长时间熬煮，所以加有保湿性的饴糖，使水分不要过度渗透面糊。

6 离火后倒入另一个钵盆中，垫在冰水中冷却达到35℃，再加入20克覆盆子白兰地，用橡胶刮刀搅拌，补充因加热蒸发的香气。

7 继续垫在冰水里冷却至10℃。包上保鲜膜放进冰箱冷藏一晚，使其稳定。图为冷藏一个晚上之后的状态，充分融合，浓度增加。

组合 最后工序 >

将柿种在回火的黑巧克力中浸一下，放在硅油纸上凝固。用p.247“组合 最后工序”步骤1的方法准备马卡龙面糊。在一半的饼身中放上巧克力上浆的柿种，轻轻按压。

把甘纳许（做法见右）倒入裱花袋，套上口径6毫米的圆形裱花嘴，以p.247中步骤2~3的方法在每个柿种上挤8克。

甘纳许 >

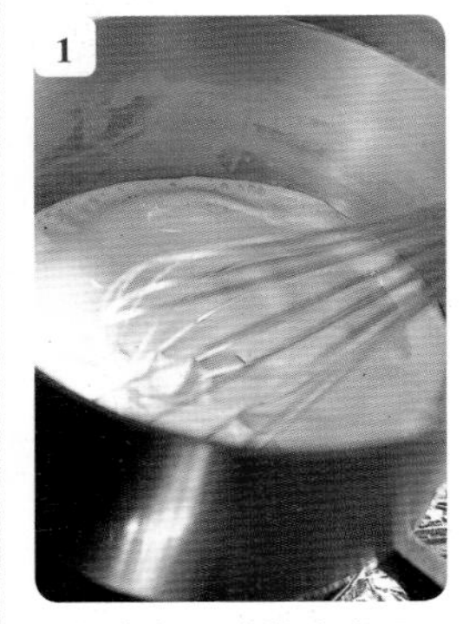

铜锅中加入乳脂肪含量不同的2种鲜奶油（为调节醇度）、香草豆荚（p.15）。开中火，不时搅拌几下，直至沸腾。

与步骤1同时进行的是粗略切开2种巧克力，用食物料理机粉碎。预先切开巧克力不会损伤料理机的刀片。

步骤1的材料沸腾后用笊篱过滤，将1/3的量加入步骤2的材料中，轻轻搅拌，使巧克力彻底化开。

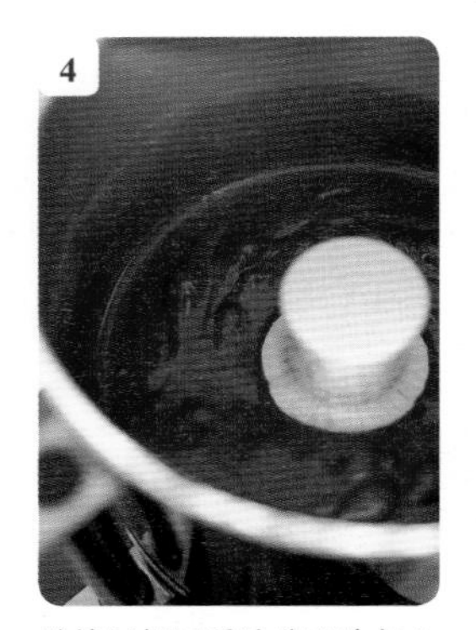

继续以相同手法分两次加入剩余的步骤1的材料搅拌。使用食物料理机可以迅速混合且没有多余空气进入，形成较好的乳化状态。

再向步骤4的材料中加入香草香精，轻轻搅拌。突出香草的香气，增加巧克力香味的饱满度。

将步骤5的材料倒入方盘，包紧保鲜膜冷却。完全乳化后富有光泽的效果。

下面为p.245图片中的种类与其馅料。马卡龙面糊的做法基本和p.28~29一致。不过，因适当使用食用色素等，故烤制时间也需做适当调整。

“柠檬芝麻”……柠檬酱（p.138），并且马卡龙面糊里也添加了炒芝麻（黑）。

“果仁糖”……果仁糖味的奶油糖霜（p.162）。

“黑醋栗”……黑醋栗果冻。使用速冻黑醋栗糊、黑醋栗利口酒，和覆盆子果冻（p.247）做法相同。

大马卡龙
Gros macaron

大马卡龙一般为直径约7厘米的“柿种（8个）巧克力味马卡龙”，适合情人节等节日。表面添加心形、小花等花纹（模仿阿尔萨斯地区特产的陶器花纹），这种花纹是把马卡龙面糊分别装在圆锥形裱花袋里，再挤在马卡龙饼身上而成的。

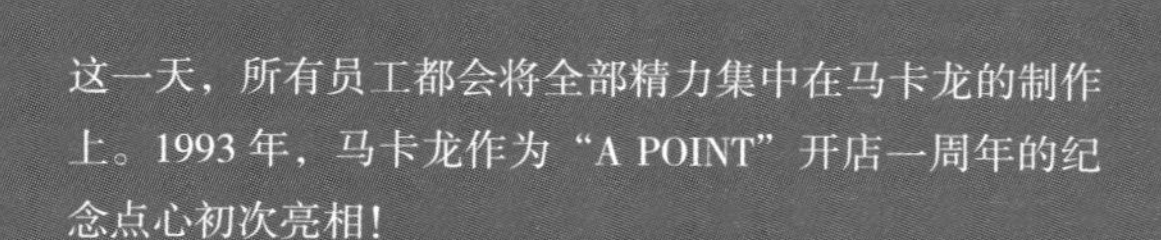

这一天，所有员工都会将全部精力集中在马卡龙的制作上。1993 年，马卡龙作为“A POINT”开店一周年的纪念点心初次亮相！

面糊变化的样子
怎么看都看不腻。

椰子乳酪球
Crottin coco

椰子慕斯果冻杯

Coco tropique

椰子乳酪球

Crottin coco

这道点心的创意来自我非常喜爱的零食“玉米卷”。它被上颚与舌头压碎后即刻融化，椰香满口，是“A POINT”独创的蛋白霜点心。

这道点心在蛋白霜（法式蛋白霜）的基础上加入了新的创意。通常蛋白霜是多次在蛋白中加入砂糖搅拌，使砂糖溶解在蛋白的水分中，收紧面团烘烤而成。但这种做法会导致口感较硬。因为我希望得到玉米卷那样有嚼劲且入口即化的口感，所以一开始只加了最低限度的砂糖并完全打发，剩余的砂糖最后加入。这样打发的气泡不会受砂糖的黏性影响，空气量充足。这属于不均匀的绵软气泡，能够产生轻盈松软的口感。

另外，烘烤方法也很有特色。多数情况下蛋白霜要在低温下烤至颜色雪白，但有时会让人尝出蛋腥味。和“A POINT”其他多种蛋白霜点心一样，这道点心使用的对流烤箱在换气口上增加了一个通气口，用略高的温度使其彻底蒸发水分。这样，最后向蛋白霜中加入的砂糖会在烤制中化开，产生适当的焦糖化反应，形成蜂窝糖般的怀旧甜香。

虽然没有使用奢华珍稀的食材，但仍然获得了大家长久以来的喜爱。在希望获得大家认同“口感的价值”这一点上，它是我职业甜点师生涯中最“划时代”的点心。

基本分量（直径约 3 厘米，140~150 个）

蛋白…………………………………………… 300 克

白糖…………………………………………… 300 克

玉米淀粉………………………………………25 克

椰子粉…………………………………………80 克

以上材料、器具以及室内温度都要提前冷却。但是白糖只冷却 4/5，剩余的 1/5 易于与蛋白相融，保持常温即可。

椰子粉………………………………………… 适量

椰子慕斯果冻杯

Coco tropique

暗藏惊喜的夏季甜点。

在甜美热带椰子慕斯上点缀菠萝、杧果等水果，再放上柔软的水果冻（透明果冻）。椰子慕斯美味的秘诀在于用高酒精度的浓缩君度甜酒锁住椰子特有的甜味。水果冻的闪亮质感演绎夏日里的清凉。

这款甜点的惊喜是在椰子慕斯里藏了一个“椰子乳酪球”。椰子乳酪球通过与慕斯形成对比的口感和芳香风味，突出了整体的鲜嫩水润。因为蛋白霜也是椰子味，所以二者特别搭配。为配合这道甜点，将椰子乳酪球做成圆形，以巧克力提前包裹来避免慕斯的水分渗透进去。为了防止巧克力收缩和椰子乳酪球开裂，需要在巧克力中混合色拉油。另外，用毛刷涂一层巧克力外膜即可，以免巧克力喧宾夺主。

为让食客体验在水润果冻和慕斯里出其不意露出椰子乳酪球这种意外的感觉，一定要把椰子乳酪球藏在里面，做到从外部看不到的效果。

基本分量（口径 6 厘米的容器，140 个）

椰子乳酪球（p.252）…… 140 个

椰子球不要做成尖的。

牛奶巧克力（可可含量 41%）…… 适量

色拉油…… 适量

牛奶巧克力量的 20%。

椰子慕斯

- 椰子酱…… 1 千克
- 明胶片……32 克
- 椰子甜酒……50 克
- 浓缩君度甜酒……45 克
- 鲜奶油（乳脂肪含量 35%）…… 1.6 千克
- 意式蛋白霜
  - 糖浆
    - 水……80 克
    - 白糖…… 315 克
  - 蛋白…… 175 克

    使用当天现打的新鲜鸡蛋。
  - 白糖……17.5 克

    与 p.141 中步骤 **1~5** 的做法相同。但不加柠檬汁、香草香精。以 p.150 中步骤 **5** 的做法冷却到 0℃，备用。

杧果（切成 7 毫米方块）…… 适量

猕猴桃（银杏切法）…… 适量

红醋栗（冷冻）…… 适量

薄荷…… 适量

腌水果…… 基本分量（约 30 个的量）

- 洋梨（罐头。切成 7 毫米方块）…… 450 克
- 菠萝（罐头。切成 7 毫米方块）…… 450 克
- 柠檬汁…… 适量
- 浓缩君度甜酒…… 适量

水果冻…… 基本分量（20~30 个的量）

- 矿泉水…… 1 千克
- 柠檬皮…… 1 个份

  用削皮器削成 1 厘米宽。
- 柠檬汁……30 克
- 白糖…… 175 克
- 琼脂……17.5 克
- 饴糖…… 415 克

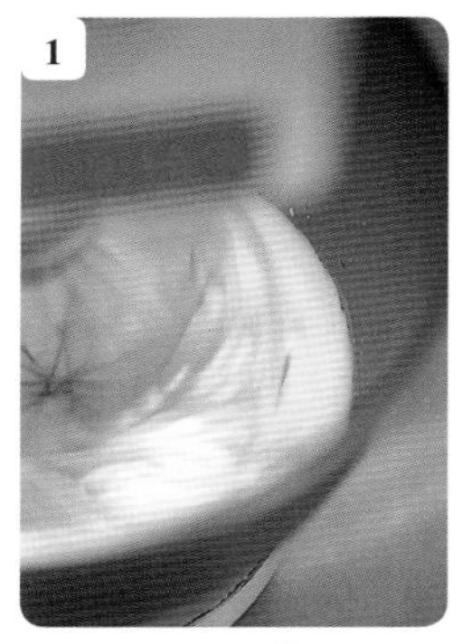

往冷却的座式搅拌机的缸里倒入蛋白，加入常温白糖的1/5，高速打发。

图为完全打发的状态。因所加砂糖量为最少标准，所以不会产生黏性，打出的蛋白霜可以充分包裹空气。

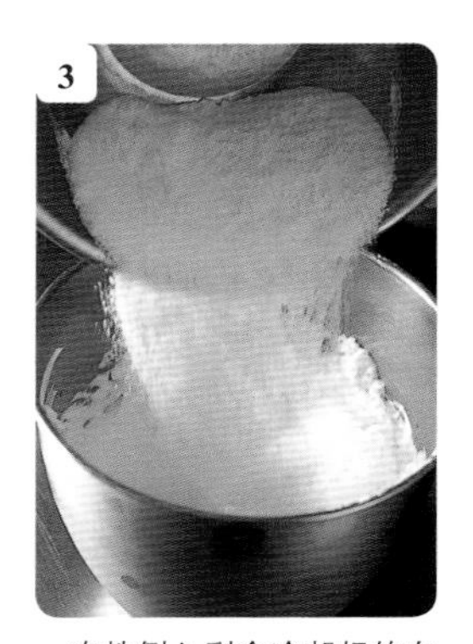

一次性倒入剩余冷却好的白糖、玉米淀粉、80克椰子粉。因是在完全打发后加入剩余白糖，所以防止了口感坚硬细密。

一边微微转动搅拌机缸，一边用漏勺从底部向上有节奏地快速搅拌。

图为搅拌完毕的状态。因含有大量空气，所以气泡易碎、不均匀。这样可产生轻盈易化的口感。

烤盘上铺硅油纸，用口径14毫米的圆形裱花嘴挤成纺锤形（这个形状更能让食客体会到用上颚和舌头压碎乳酪球后在嘴里化开的感觉）。

在步骤**6**的材料的上方撒上椰子粉，用对流烤箱以105℃烤3~4小时。特点是用略高的温度一气烘烤。

图为烤好的效果。步骤**3**中加的白糖在烤制中化开，分散到面糊中，像焦糖化反应一样散发浓香。

椰子乳酪球 >

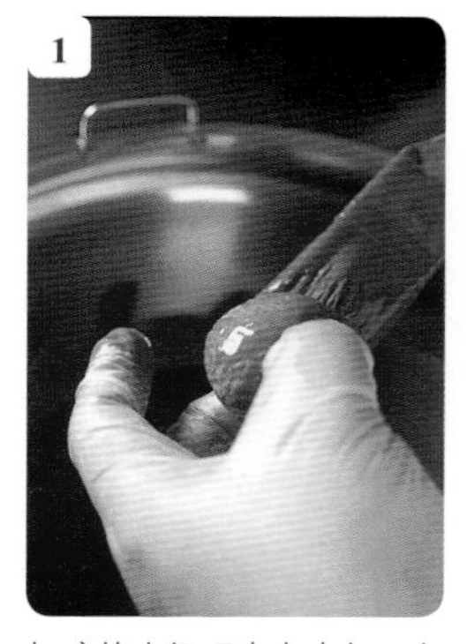

切碎的牛奶巧克力中加入色拉油，隔水煮至45~48℃，与p.164“组合 最后工序”的步骤**2~3**做法相同，回火，装入保温器。用毛刷薄薄地涂在椰子乳酪球上凝固。

椰子慕斯 >

锅中加入200克椰子酱煮沸。钵盆中加入泡水回软、沥干水的明胶片，倒入煮沸的椰子酱搅拌。

另取一个钵盆，加入800克椰子酱，隔水煮至45℃。撤走水，加步骤**1**的材料，充分搅拌。

把步骤**2**的材料垫在冰水中搅拌，冷却到35℃。另取一个钵盆，倒入椰子甜酒、浓缩君度甜酒，加入冷却的步骤**2**的材料的1/3搅拌。君度酒的作用是锁住椰子的甜味。

将步骤3的材料和椰子甜酒倒回椰子酱的钵盆中，垫在冰水里搅拌，冷却至18℃。

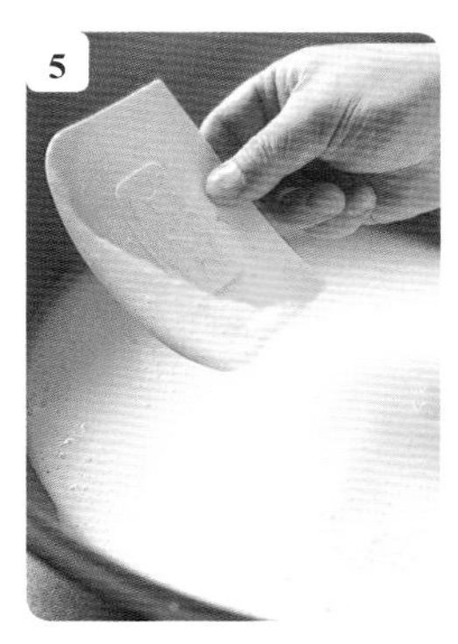

图为冷却至18℃的状态。用刮板舀起来，有少量椰子酱留在刮板上。

钵盆里加入用搅打器充分打发的鲜奶油，一次性加入冷却至0℃的意式蛋白霜。从底部向上以舀起的方式快速搅拌。

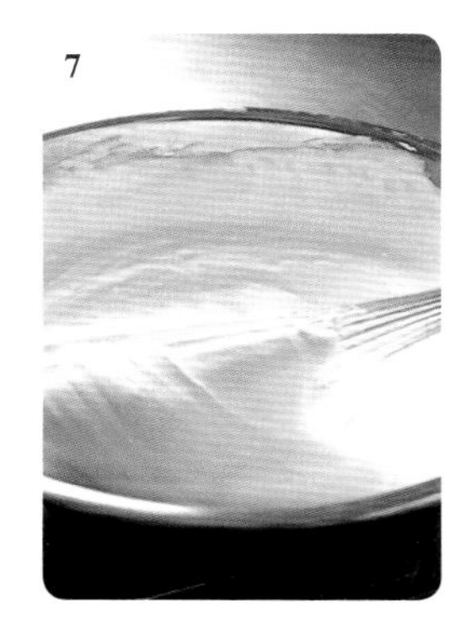

向步骤5的材料中加入1/3的步骤6的材料，以画圆的方式混合。再分2次加入步骤6的材料，同时从底部向上快速搅拌。倒入另一个钵盆中，同样快速搅拌。

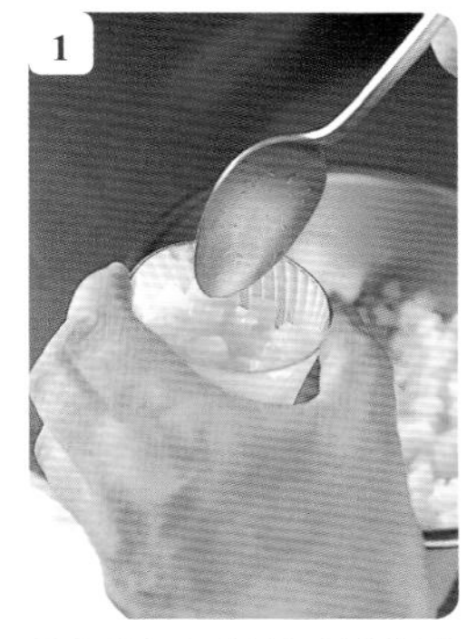

搅拌均匀即可。过度搅拌会破坏气泡，使口感厚重。装入裱花袋，套上口径12毫米的圆形裱花嘴，挤至容器高度的1/4。

将裹有牛奶巧克力外膜的椰子乳酪球头朝下塞进慕斯里。注意，从容器侧面不能看到乳酪球。

从步骤9的材料的上方再挤入2/3容器高度的椰子慕斯。在垫有湿布的台面上轻轻震一震，使表面平整。冷冻保存，放入冷藏室适当解冻。

组合 最后工序 >

用勺子向解冻的椰子慕斯中加入腌水果（做法见下）。再撒入杧果、猕猴桃、红醋栗（冷冻），用勺子舀入水果冻（做法见下）。

腌水果 >

钵盆中加入全部材料混合，包上保鲜膜放置一晚。用柠檬汁和君度酒掩盖罐头味，同时增香。这种腌渍水果可以给整体增加口感上的乐趣和清凉感。

水果冻 >

铜锅中加入矿泉水、柠檬皮、柠檬汁，加入充分混合的白糖和琼脂。使用琼脂可以避免质地过于松散，增加稀薄的黏性。

开中火将步骤1的材料煮沸，途中用长柄勺撇去浮沫。煮沸后加入隔水煮化的饴糖，再次煮沸。

用漏斗将步骤2的材料过滤到钵盆里，放回柠檬皮，垫在冰水中冷却，包紧保鲜膜放入冰箱冷藏一晚。使用时捞出柠檬皮。

咖啡蛋白饼干

Meringue au café

将烤好的蛋白霜点心与生果子组合在一起（比如用作蒙布朗蛋糕的底座），蛋白霜的存在基本都会被隐藏起来。但作为蛋白霜爱好者的我，希望在生果子中突出蛋白霜的形象，可以更享受蛋白霜的美味！这道甜点就是基于这个想法创作的。

将鲜奶油挤在咖啡味慕斯上，富有创意地插上蛋白霜棒。设计的吃法是利用蛋白霜棒自由蘸取慕斯和鲜奶油。

对于蛋白霜搭配哪种鲜奶油的问题，我进行了多次试验。轻的蛋白霜加上轻的慕斯，吃完缺少满足感。之后更换了若干材料，发现和意式浓缩咖啡（Espresso）的咖啡豆煮出的咖啡味慕斯搭配在一起回味无穷。咖啡的香气虽然很有深度，但欠缺膨胀度，离我想要的味道还差一步，怎么办呢?

解决这个问题的关键食材还是香草。同时使用香草和咖啡之后，香气宽度增加，产生的饱满度可以包裹住整体的口味，满足感大大提升。在我追求的口味里，香草是不能缺席的。另外，在配方中没有说明的一点是，这道甜点在销售时通常搭配一袋有干燥剂的“替换装蛋白霜”（3根，长9厘米）。正如p.294所介绍的，因“A POINT”的蛋白霜用砂糖收紧面糊，所以吸湿性高，慕斯上插的蛋白霜棒很快就会受潮。也有人提出“一开始就单独销售蛋白霜棒”的意见，但我不想这样做。因为插上蛋白霜棒点心才算完成，而且用我的做法做出的蛋白霜即使有湿气也是一种独特的美味。最重要的是，我希望客人们看到，蛋白霜也可以如此精致。

基本分量（口径7.5厘米的容器，110个）

咖啡慕斯

- 咖啡味意式蛋白霜
  - 糖浆
    - 水……80克
    - 白糖……375克
    - 咖啡香精（Trablit）……适量
  - 蛋白……180g
    使用当天现打的新鲜鸡蛋。
  - 白糖……18g
  - 咖啡香精（Trablit）……适量
- 牛奶……1千克
- 咖啡豆（Espresso用）……200克
- 香草豆荚……2根
- 蛋黄……20个的量
- 白糖……220克
- 速溶咖啡……10克

咖啡香精（Trablit）……适量

明胶片……25克

鲜奶油（乳脂肪含量35%）……1.5千克

鲜奶油（乳脂肪含量47%）……约15克/份

糖粉……适量

蛋白霜棒（p.294）……3倍量

参照p.294的“蛋白饼干粒”。分3次制作。

咖啡慕斯＞

以p.215“咖啡味蛋白霜小树”中步骤**1~4**的方法制作咖啡味意式蛋白霜，但不要加香草香精。用p.150中步骤**5**的方法冷却至0℃备用。

铜锅中倒入牛奶，加入咖啡豆，开火。用打蛋器不时搅拌几下，煮至锅边开始冒泡、即将沸腾（约80℃）。

关火，盖上盖子，闷20分钟左右，将咖啡的香味提取到牛奶里（浸煮p.68）。不剖开咖啡豆是为了利用其淡淡的香味，剖开会使苦味太重。

用笊篱过滤步骤**3**的材料，去掉咖啡豆。加适量牛奶（分量外），调整总量到1千克。

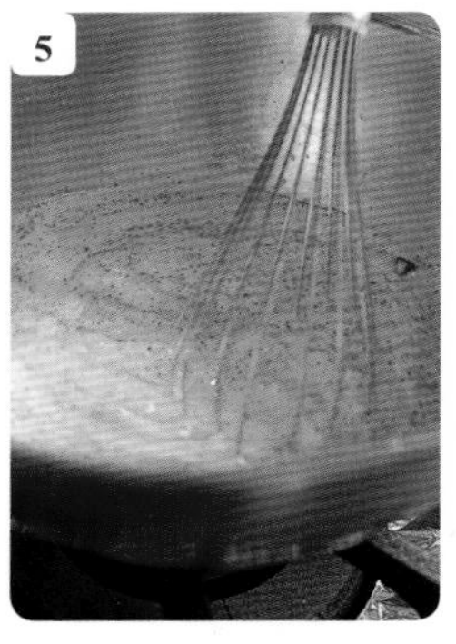

将步骤**4**的材料加入铜钵盆中，以p.15的方法剖开香草豆荚（但豆荚均分两半）。再次搅拌，开中火。用香草给呈一条细线的咖啡香气增加饱满度。液体表面的边缘开始冒泡后离火。

另一个钵盆中加入蛋黄，充分打散。加入白糖，静静打发至变白（蛋黄打发p.17）。

让白糖完全溶解在蛋黄中非常重要，否则加热时热度直接进入蛋黄，容易起疙瘩。需要注意的是，打出气泡会不容易尝出蛋黄的醇度。

另一个钵盆中加入速溶咖啡和咖啡香精，用长柄勺舀入2勺步骤**5**的材料，搅拌。

向步骤**7**的材料中加入步骤**8**的材料。

向步骤**5**的铜钵盆中加入步骤**9**的材料。中火略大，一边搅拌一边加热至82℃。

将步骤**10**的材料离火，倒入另一个消毒的钵盆中，插入消毒的温度计，时不时搅拌几次，放置3分钟，这样可以进一步增加醇度。注意要放在75℃以下的环境中，避免细菌滋生。

向步骤**11**的材料中加入泡水回软、沥干水的明胶片，搅拌至化开。

用漏斗将步骤**12**的材料过滤到另一个钵盆中，隔冰水搅拌，冷却至20℃。

用搅打器将1.5千克鲜奶油完全打发，放入另一个钵盆中，加入步骤**1**中冷却至0℃的咖啡味意式蛋白霜。从底部向上翻动搅拌，粗略搅拌即可。

将步骤**13**的材料从冰水中取出，分4次加入步骤**14**的材料搅拌。第一次以画圆方式搅拌融合，第二次开始从底部向上快速翻拌。

混合八成后倒入另一个钵盆中，同样从底部向上捞起搅拌均匀。

图为膨松的效果。用打蛋器捞起，呈缎带状滴下堆积在一起，痕迹马上消失。

将步骤**17**的材料装入裱花袋，套上口径12毫米的圆形裱花嘴，挤至容器的七分满。将每个铝盘都在台面上轻轻地震一震，使其均匀。冷冻保存，使用时放进冷藏室解冻。

组合 最后工序 >

将鲜奶油打发至形成弯角。在每一个解冻的咖啡慕斯上用口径8毫米的圆形裱花嘴将15克步骤**17**的材料挤成螺旋状。每个容器上插4根蛋白霜棒（做法见下），撒糖粉。

蛋白霜棒 >

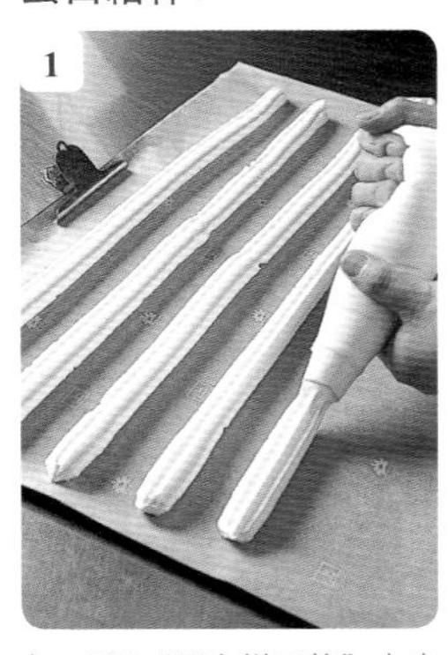

与p.297“蛋白饼干粒”中步骤**1**~**3**做法相同，挤出烘烤。但要换成口径20毫米的锯齿形裱花嘴。以基本分量可以挤出17~18根。

将每张纸上的步骤**1**的材料放在台面上冷却。温度略微降低后将全部纸放在砧板上，用波纹刀将蛋白霜棒切成5~6厘米，和干燥剂一起放在食品箱里保存。最多可以保存3天。

咖啡奶霜

Crème au café

水浴烘烤的咖啡味奶油上叠加咖啡味意式蛋白霜，是一道烘烤两次的甜点。其特色在于醇滑奶油与勺子一碰即裂的细腻意式蛋白霜外膜产生的对比。它的构思来自在法国实习时我在巴黎餐馆“Jamin”吃的“鲜奶布蕾”。表面的粗红糖（甜菜糖）在即将变成饴糖的状态下，会像糯米纸一样纤薄，优美精致。我想尝试用蛋白霜表现这种优雅的感觉。

进一步给这道点心添加口感之妙的是凝结在意式蛋白霜表面的“珍珠”（p.32）。我特地把糖粉撒得不均匀，让糖粉吸收一部分意式蛋白霜的水分形成薄膜。烘烤过程中从薄膜里喷出的蒸汽变成珍珠般圆圆的小凸起。这更给意式蛋白霜的口感增加了节奏感。

制作这道甜点时，特别重要的是要控制好温度。因为将水浴烘烤后冷藏的奶油经过再次烘焙，通过加热消毒杀菌之后再次升高了冷却奶油的温度，使其暴露在细菌繁殖的危险下。为了避免这一点，水浴烘烤的奶油在冰箱存放至最后一刻，挤上蛋白霜后进烤箱烤5分钟立即取出。这样一来，在使用耐热器皿的情况下，点心中部的温度会达到10℃左右，不会上升到细菌容易增殖的温度带。操作时，必须通过使用计时器、中心温度计等把握精确的温度。

基本分量（口径 8 厘米的耐热器皿，约 34 个）

咖啡豆（Espresso 用，中等颗粒）………… 143 克
煮沸开水…………………………………… 413 克
牛奶………………………………………… 495 克
鲜奶油（乳脂肪含量 47%）……………… 825 克
白糖………………………………………… 132 克
蛋黄…………………………………………17 个的量
白糖………………………………………… 165 克
咖啡味意式蛋白霜
　糖浆
　　水……………………………………… 100 克
　　白糖…………………………………… 380 克
　　咖啡香精（Trablit）…………………20 克
　蛋白……………………………………… 200 克
　　使用当天现打的新鲜鸡蛋。
咖啡香精（Trablit）……………………… 适量
因为蛋糊容易塌陷，所以分 2 次制作，每次使用以上分量的一半。
糖粉………………………………………… 适量

PATISSERIE FRANÇAISE
PATISSERIE FRANÇAISE
PATISSERIE FRANÇAISE
À POINT
PATISSERIE FRANÇAISE
À POINT

钵盆里加入研磨咖啡豆，倒入沸腾的开水混合。包上保鲜膜浸泡10分钟。

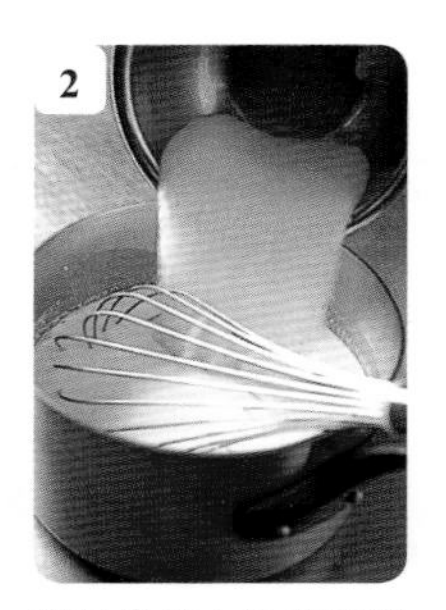

铜锅中倒入牛奶和鲜奶油，加入132克白糖，开火。用打蛋器搅拌至白糖化开，加热至90℃即将沸腾时关火，盖上盖子。

钵盆中加入蛋黄打散，加入165克白糖打发（p.17）。需要注意，进入多余气泡容易发出"嘶"的声音，很难感受到蛋黄的醇度。

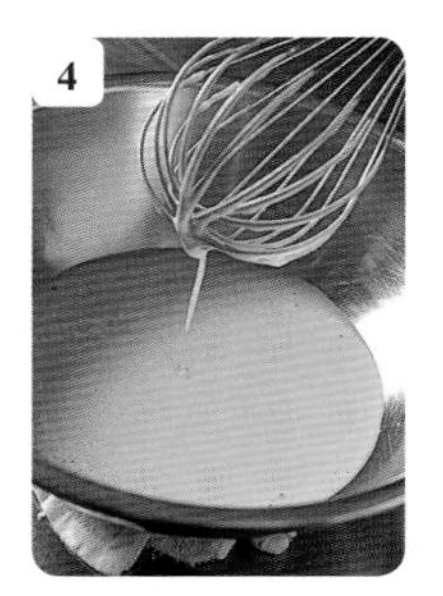

搅拌至白糖颗粒感消失，出现光泽。提起打蛋器，蛋液呈水滴状滴下。

用水浸湿棉布后拧干，铺在笊篱上，将步骤**1**的材料过滤到另一个钵盆中。

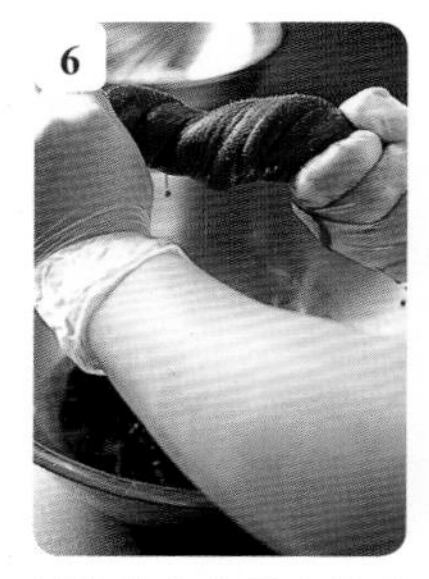

抓住棉布的两头使劲拧。补充适量热开水（分量外）增加到413克。

待步骤**2**的材料达到90℃后关火，加入步骤**6**的材料。轻轻搅拌，尽量不要气泡。但因为受热膨胀，所以多少会产生一些气泡。

分5次向步骤**4**的材料中加入步骤**7**的材料，轻轻搅拌。

用漏斗将步骤**8**的材料过滤到另一个钵盆中，用滤网勺捞去泡沫。这一阶段温度最好在60℃以上。在此温度以下则会导致烘烤时间延长或分离、水分蒸发，影响顺滑度。

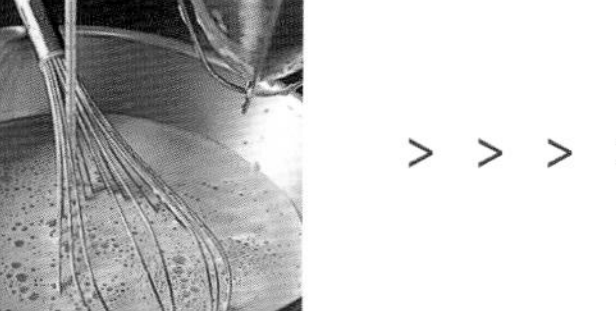

仔细操作，避免气泡进入。

把沾湿的厨房纸铺在食品箱中，摆放耐热器皿。用滤网过滤步骤**9**的材料，倒入注馅机，缓慢注入到器皿边缘下方2毫米。垫厨房纸是为了缓和热度。

注馅机尽量靠近器皿，从器皿边缘平稳注入，避免产生气泡。如有气泡，通过喷酒精制剂消除。

因为了缓冲热度，故在食品箱下面垫上烤网，再放入烤箱。把三角抹刀立在食品箱内靠近自己一侧，倒入沸腾的开水，达到器皿一半高度。用烤箱以120℃水浴烤1小时。

13 倾斜器皿，若表面没有出现波纹说明已经烤熟。从烤箱中取出，立即放在烤网上，冷却1个小时。

火候刚刚好。

14 图为新鲜出炉的状态。光泽柔软，表面微微晃动。一舀即碎，横截面上有残留水分。

15 将步骤**13**的材料放入食品箱，不加盖，放进冰箱冷藏1小时后盖上盖子，再冷藏1天。放置1天后奶油收紧，横截面平滑，有黏稠的浓度。

咖啡味意式蛋白霜 >

1 铜锅中加入水、白糖、咖啡香精，插入温度计开大火。一边搅拌，一边煮沸，捞起浮沫，熬至117℃。因加入咖啡香精会影响对流，所以加热的同时搅拌。

2 待步骤**1**的材料开始沸腾后在座式搅拌机缸中加入蛋白、咖啡香精，高速打发至打出弯角。将铜锅离火，摇动锅，使气泡下沉，一点点倒进缸里，用中速打发。

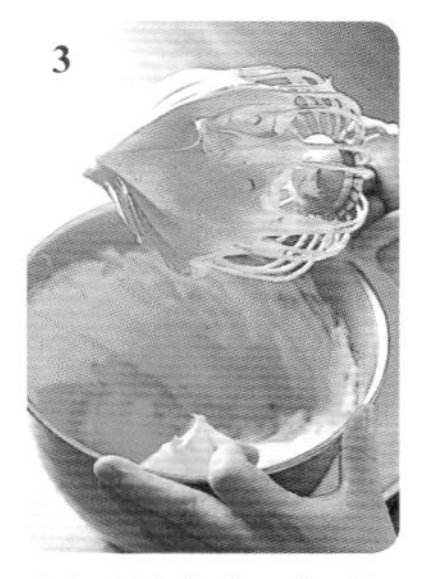

3 全部倒完糖浆后换成低速，继续打发3分钟。打发至蛋白呈直立尖角。使用铁丝较少的打蛋头，打出的气泡在涂模时部分脱水，气孔略大。

组合 最后工序 >

1 把烤网放在纸上，摆好从冰箱中取出的耐热器皿。在器皿表面喷酒精制剂消毒。咖啡味意式蛋白霜做好后立刻倒入裱花袋，套上口径10毫米的圆形裱花嘴，挤成螺旋状。

2 用抹刀刮平步骤**1**的材料的表面，用粉筛瓶筛满糖粉，静置5分钟。因意式蛋白霜容易干燥，所以每挤完几个就要筛糖。

3 因粉筛瓶孔大，所以即使各处都筛到也无法完全均匀。因此，在静置的5分钟内糖粉会被意式蛋白霜的水分溶解，在表面形成不均匀的极薄的膜。

4 将步骤**3**的烤网调转180°，再筛一次糖粉。在相反方向再筛一次可以使糖粉更均匀。即便如此，还是会有糖粉化开和未化开两种状态，产生有节奏的口感。

5 为防止烤焦，也为了让意式蛋白霜充分膨胀，要擦掉耐热器皿边缘和侧面的意式蛋白霜和糖粉。将5块烤盘摆在一起，摆放好耐热器皿，烤箱只开上火，预热200℃，打开换气口，烤5分钟。

6 从烤箱中取出（此时奶油的中心温度约为10℃），为避免余温继续加热，马上放在烤网上冷却。表面的珍珠非常可爱。

A POINT焦糖布丁

Crème À POINT

所谓的“A POINT焦糖布丁”，意思是“烘烤适中的奶油”，是鲜奶布蕾的奶油奶酪版，同时也包含了我们的店名。这道甜点的诞生源于我想让芝士挞面糊凝固得更柔软。水浴烘烤虽然可以使受热缓和，但挞皮无法水浴烘烤。因此，需将面糊倒入耐热器皿中水浴后，再放上另外烘烤的咸酥面团。

面糊一定要细细搅拌，以免结块。另外，为了入烤箱后熟得更快，加入煮沸的鲜奶油和黄油搅拌，以提高温度。因为烤制时间变长会导致奶油奶酪发生分离，容易沉淀。烤好后用喷枪不均匀地喷烤布丁表面发生焦糖化反应，给浓厚的面糊增加口感变化。

上面放的咸酥面团和细腻的千层酥皮，呈现出完全不同的随意感，这一点非常迷人。压成小小的心形烘烤，营造类似司康的感觉。压出端正漂亮的心形，秘密在于烤制过程中给面团翻面。用可爱的心形咸酥脆皮蘸上浓稠顺滑的奶油，准备迎接舌尖上的惊喜吧！

基本分量（口径 18 厘米的耐热器皿，约 2 个）

奶油奶酪（2 厘米厚切片）……………………… 500 克

室温下回软至手指可以轻松插入的程度。

白糖……………………………………………… 176 克

全蛋……………………………………………… 7 个

蛋白…………………………………………… 2 个的量

柠檬汁…………………………………………… 8 克

发酵黄油（切成 1.5 厘米的方块）………………92 克

恢复至常温。

鲜奶油（乳脂肪含量 35%） ………………… 200 克

白糖……………………………………………… 适量

粗糖……………………………………………… 适量

心形咸酥面团…… 基本分量（5 厘米宽，约 600 个）

- 低筋面粉………………………………… 1660 克
- 高筋面粉………………………………… 1660 克
- 发酵黄油（切成 2 厘米的方块） ……… 2.6 千克

  冷却备用。

- 全蛋…………………………………………… 420 克
- 白糖…………………………………………… 150 克
- 盐……………………………………………………30 克
- 牛奶…………………………………………… 660 克

与 p.240“咸酥面团”及 p.241“成形 烤制”中步骤 **1~2** 方法相同（但不加埃达姆芝士粉、香料香草类、浓缩芝士酱）。把面团压成 3.6 毫米厚的面皮，舒压之后盖上烤盘纸，室温松弛 30 分钟，放入冰箱 1 个小时左右缩紧面团。

1 钵盆中放入室温软化的奶油奶酪，用打蛋器搅拌成蜡状。

2 再加入176克白糖，贴着钵盆壁充分摩擦搅拌至顺滑。注意不要让多余气泡进入。

3 中途要清理几次粘在打蛋器铁丝上的奶油奶酪和白糖，均匀搅拌。

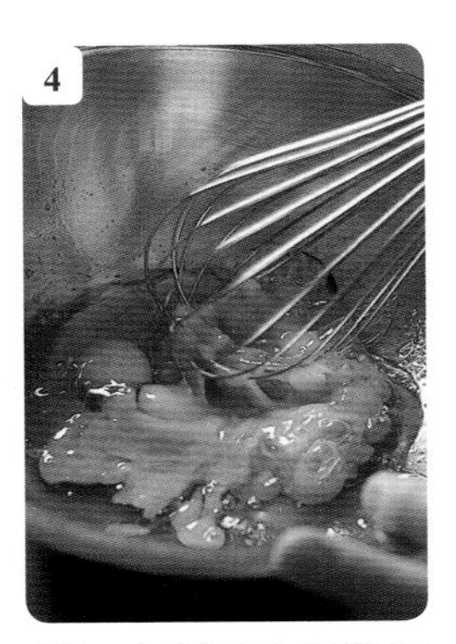

4 另取一个钵盆加入全蛋和蛋白，用打蛋器充分打散。重点是先用打蛋器打散蛋黄。另外，打散时隔水稍微加热，会更易与奶油奶酪融合。

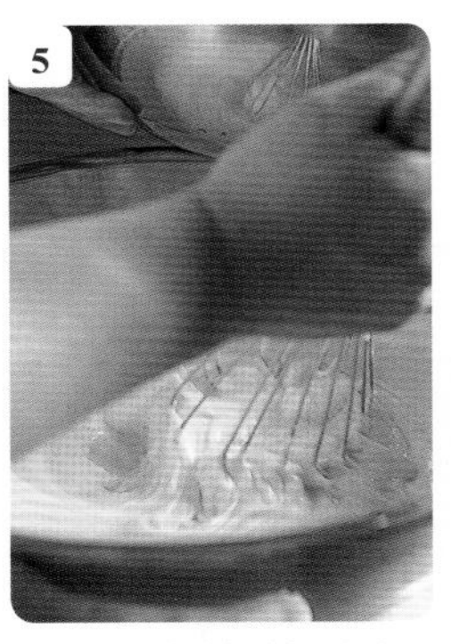

5 将步骤**4**的材料搅拌至完全后分3次加入步骤**3**的材料中，充分搅拌至顺滑。多清理几次打蛋器铁丝上的蛋液和奶油奶酪。

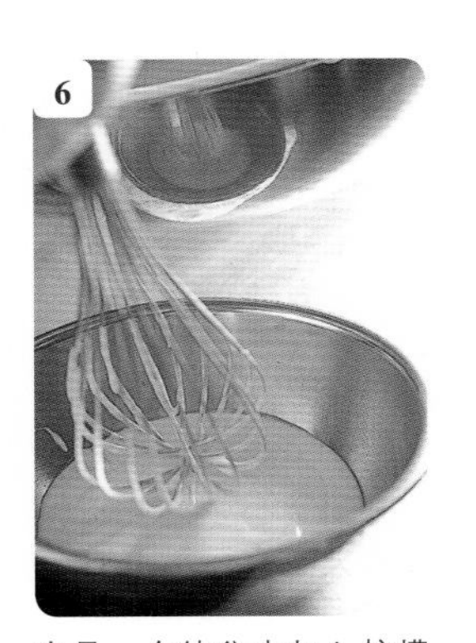

6 在另一个钵盆中加入柠檬汁，加入少量步骤**5**的材料。因柠檬汁容易分离，所以先加入少量，使其融合。

7 将步骤**6**的材料倒入步骤**5**的材料的钵盆中搅拌。

8 铜锅中加入恢复至常温的黄油、鲜奶油。开中火，用打蛋器不停搅拌直至沸腾。

9 分3次向步骤**7**的材料中加入煮沸的步骤**8**的材料搅拌。因烤制时间过长会使奶油奶酪分离沉淀，所以为了快熟，趁热加入步骤**8**的材料，提高面糊的温度。

10 得到顺滑温热的面糊。

11 用漏斗过滤步骤**10**的材料，再用滤网过滤到注馅机中。

12 把耐热器皿放到食品箱中，倒入步骤**11**中的面糊。注馅机尽量靠近耐热器皿，避免产生气泡。趁面糊的温度没有降低时迅速操作。

为延缓受热，把步骤**12**的食品箱放在烤网上，放入烤箱。把三角刮刀立在靠近自己的耐热器皿前，倒入模具一半高的开水。烤箱预热至130℃，用水浴法烤25分钟。

图为烤完后略膨胀的状态。把全部食品箱放在烤网上冷却。逐渐降低温度可以避免分离，缓慢凝固。整体融为一体，口感如丝绸般柔滑。

混合白糖和粗糖（用量为白糖的10%），略不均匀地撒在冷却的步骤**14**的材料上。擦掉耐热器皿边缘上的砂糖，用喷枪喷烤表面，使其发生焦糖化反应。每份布丁上面装饰8个心形咸酥面团（做法见下）。

心形咸酥面团>

从冰箱中取出咸酥面团，用滚针刀戳孔。用5厘米宽的心形模压模，摆在铺有硅油纸的烤箱中。

在步骤**1**的材料的上方喷雾。喷雾可以让烤箱内聚积蒸汽，减缓受热，利于面团膨胀。

用烤箱以180℃将步骤**2**的材料烤30分钟左右，10分钟之后将面团翻面。这是让心形面团两面平整漂亮的小技巧，同时，这个动作也能让侧面垂直隆起（见下图）。

图为翻面后的效果。正反两面都均匀上色。

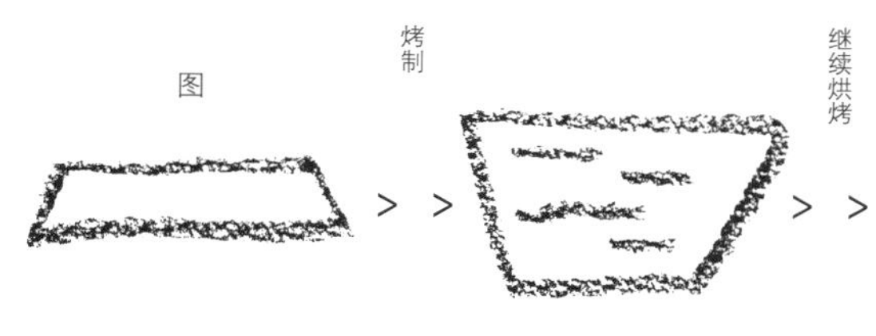

压模后的面团从侧面看到的效果。呈扩张的梯形。

烤制过程中，刚翻过面的样子。此时呈倒过来的梯形。

翻面后受热均匀，侧面均衡垂直隆起。

侧面笔直，所以放倒装饰也很漂亮。

圣多诺香醍泡芙杯

Tasse de saint-honoré

“圣多诺”是法国经典甜点，将千层酥皮或咸酥面团擀圆，挤上泡芙面糊，搭配小泡芙或奶油而成。为了让食客感受轻松惬意的气氛，我对其重新进行了设计，改用杯子盛装。创作灵感是小泡芙堆成的结婚蛋糕与香蕉芭菲的合体，是“一颗即可享受双重美味”的结构！

杯子里是饱满丰润的朗姆酒味巴伐路亚，底部是焦糖香蕉和朗姆酒浸渍葡萄干，给人饱腹感。在香醍奶油酱上像撒芝麻盐一样撒满香草糖，再像小山一样挤在巴伐路亚上，用蘸满珍珠糖烘烤的糖块泡芙（没有填馅的小泡芙）点缀。食用时可以用糖块泡芙蘸香醍奶油酱或巴伐路亚。

杯子里面还有一个惊喜，就是心形的咸酥面团（p.264）。咸酥面团有时会吸收巴伐路亚的水分，稍稍柔软一些的咸酥面团也有一种别样的风味。与混合了奶油和海绵蛋糕的“查佛蛋糕”相近，这道甜品中也可以享受到咸酥面团和巴伐路亚风味融合的美味。

基本分量（口径 7.5 厘米的容器，130 个）

朗姆酒浸渍葡萄干（苏丹娜葡萄）………… 5 个 / 份

朗姆酒味巴伐路亚

英式奶油霜

牛奶……………………………………… 1 千克

香草豆荚………………………………… 2 根

白糖………………………………………45 克

蛋黄……………………………………… 250 克

白糖……………………………………… 280 克

脱脂牛奶…………………………………30 克

明胶片……………………………………20 克

朗姆酒…………………………………… 100 毫升

香草香精………………………………… 适量

鲜奶油（乳脂肪含量 35%） ………… 1.5 千克

与 p.68~69 做法相同。但在步骤 **12** 中不加香草香精。步骤 **13** 用冰水冷却英式奶油霜。中途降低到 35℃后将 1/3 倒入另一个放有朗姆酒和香草香精的钵盆里，快速搅拌，倒回原来的钵盆中，再次搅拌冷却至 20℃。

A POINT 卡仕达奶油酱（p.64） ……………… 适量

心形咸酥面团（p.264） ……………… 横切半个 / 份

香醍奶油酱

鲜奶油（乳脂肪含量 47%） ………………… 适量

白糖……………………………………………… 适量

鲜奶油用量的 10%。

香草香精………………………………………… 适量

香草糖（p.15）………………………………… 适量

糖块泡芙（p.48）…………………3 大个、1 小个 / 份

参照 p.48~49 的泡芙皮做法。虽然制作方法相同，但挤成直径 2 厘米（约 15 克）和直径 1 厘米（约 7 克）两种，涂完蛋液后，撒上适量珍珠糖，筛适量香草糖烘烤。

糖粉……………………………………………… 适量

焦糖香蕉（从以下成品中取出 130 块）

香蕉（1 厘米厚的圆片） ……………………… 9 根

放进食品箱，盖上盖子，放在烤箱上方预热备用。

发酵黄油…………………………………………70 克

白糖………………………………………………70 克

白糖…………………………………………… 160 克

香草香精………………………………………… 适量

柠檬汁…………………………………………… 适量

朗姆酒…………………………………………… 适量

PATISSERIE

组合 最后工序 >

1

每个容器中间放一块焦糖香蕉（做法见下），周围放5颗朗姆酒浸渍葡萄干。

2

将朗姆酒味巴伐路亚用口径10毫米的圆形裱花嘴挤在步骤**1**的材料的上面，挤至模具八分满。冷冻保存，适当时间后放进冷藏室解冻，进行润色。

3

在每个解冻的步骤**2**的材料上用口径12毫米的圆形裱花嘴把20克A POINT卡仕达奶油酱挤成一个圆圈。

4

将横切成两半的心形咸酥面团填入步骤**3**的材料的中间。这种咸酥面团在吃的时候可以增添乐趣。

5

制作香醍奶油酱。钵盆中加入全部材料，隔冰水打发至呈柔软的尖角。重点是加入足量香草糖搅拌至浅灰色。

6

将步骤**5**的材料倒入裱花袋，套上口径12毫米的锯齿形裱花嘴，在每个步骤**4**的材料的中间高高地挤入20克。

7

在香醍奶油酱的周围装饰3个较大的糖块泡芙。

8

在较小的糖块泡芙上方筛糖粉，装饰在香醍奶油酱上。

焦糖香蕉 >

1

> > > > >

先尝味道！尝尝香蕉的味道，调整柠檬汁的量。嗯，好吃！

2

把p.207“焦糖苹果”中的苹果换成香蕉。但是要用朗姆酒代替苹果白兰地火烧（浇酒点烧）。

7

Des gâteaux pour les enfants

儿童点心

这里介绍一些受孩子们欢迎的甜点。有了自己的小孩以后，我开始酝酿一个想法。我希望做一些可以让大人和孩子们同乐的点心，共同享受轻松愉快的家庭时光。除了好吃，还要成为促进家人交流，营造和谐家庭氛围的最佳配角。这些治愈心灵的“儿童甜点”也很受成年人的欢迎。

奶油面包干

Pains-bis

“Pains bis”是“Pains biscuit”（面包干）的简称。面包用的是Pain de campagne（乡村面包）。把手指海绵饼干做成圆形烘烤，以丰富的A POINT卡仕达奶油酱和香醍奶油酱夹心，既朴素又丰盛。我个人十分偏爱这种有居家感的点心。因为我认为简单美味的点心最高级，所以也在这道点心的做法上花了很多心思。

手指海绵饼干用粗糖、香草给口味带来深度，不需集中面团，以松散的圆形直接烘烤。制作重点是烤之前在室温下放置15分钟。通过这一步使面团适度塌陷，面团纹理大小不一，吃的时候会有巧妙的节奏感。

在面团上撒满糖粉和高筋面粉也是这道点心的特点。这样做有多方面的作用。首先，外观看起来更有面包的朴素风情；另外，在表面形成外膜，减缓受热，表面干脆，但内部膨胀松软，突出了口感的对比。水蒸气从外膜较薄的地方喷出后形成的“珍珠”（p.32）也起到增添口感趣味的作用。烘烤中蒸汽从仿照面包在表面划出的切口中散发掉，而接触到蒸汽的砂糖受热溶解，发生焦糖化反应，在表面产生微微的甘甜和硬脆的口感，不由得让人心神荡漾。

最适合享用的是A POINT卡仕达奶油酱和香醍奶油酱适当渗透进面团中的时候，因为此时面团中蕴含独特的饱满感。新鲜出炉时固然好吃，但面团和奶油融为一体后会有另一番美味。这就是一道能让食客实实在在地感受到其中丰富口感和味道的点心。

基本分量（直径约20厘米，6个）

手指海绵饼干

- 蛋白……8个份
  - 使用当天现打的新鲜鸡蛋。
- 盐……适量
- 白糖……200克
- 蛋黄……8个份
- 香草香精……适量
- 粗糖……20克
- 低筋面粉……200克
- 香草糖（p.15）……适量
- 糖粉……适量
- 高筋面粉……适量

A POINT卡仕达奶油酱（p.64）……约210克/份

香醍奶油酱（p.89）……约100克/份

手指海绵饼干＞

1

座式搅拌机缸中加热蛋白和盐打散。盐有降低蛋清韧性的作用，使蛋糊容易打发，在后面适当塌陷，也给味道增加张力。

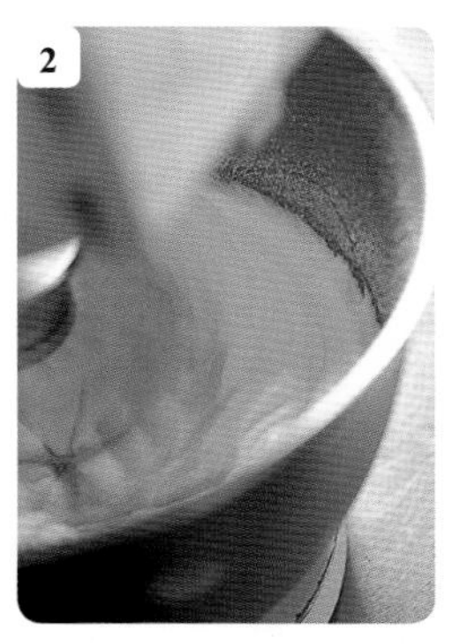

向步骤**1**的材料中加入1/3的白糖，高速打发。过程中分2次加入剩余的白糖。

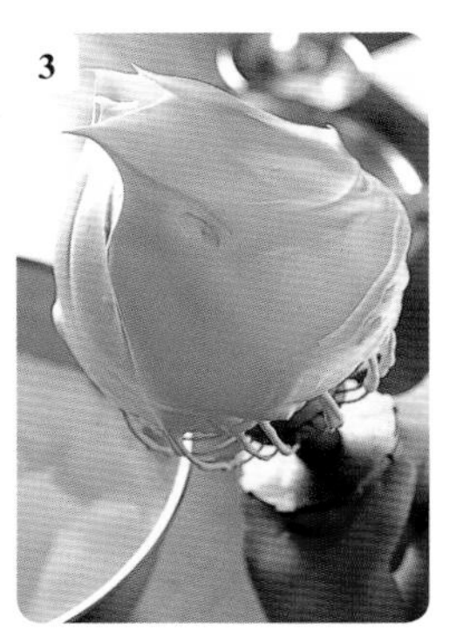

打发到最大限度。打到提起打蛋头呈直立尖角的状态。

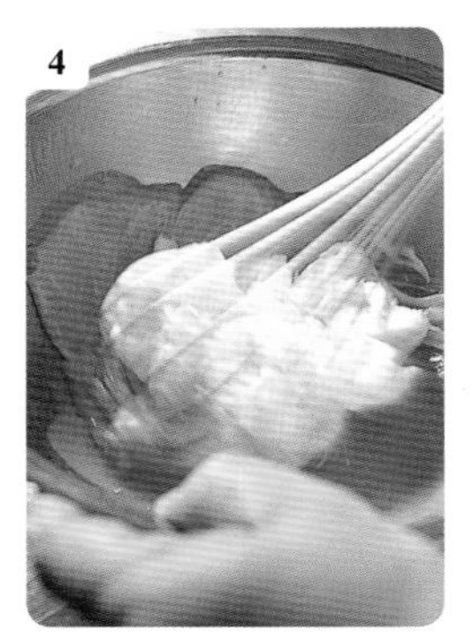

钵盆中加入蛋黄、香草香精，用打蛋器打散，加入少量步骤**3**中的蛋白霜搅拌。先少量混合，使整体更易融合。

将步骤**4**的材料倒回步骤**3**的钵盆中，加入粗糖。粗糖在蛋白霜制作完毕后加入，搅拌不均，给口味增加变化。一边转动钵盆，一边用漏勺从底部向上翻拌。

在2次过筛的低筋面粉中加2撮香草糖，趁蛋黄混合完之前倒入，以同样手法搅拌。搅拌时注意不要破坏蛋白霜的气泡。

搅拌均匀即可。保留蛋白霜气泡的效果。

烤盘上铺好画有直径12厘米圆形的纸样，再垫一张硅油纸。用刮板舀起步骤**7**的材料，整理成半球形。这个过程要迅速操作，避免破坏蛋白霜气泡。

用勺子大致平整一下步骤**8**的材料。

用滤网在步骤**9**的材料的表面筛2~3毫米厚的糖粉。

再以同样手法在上方撒高筋面粉。糖粉和高筋面粉作为外膜，形成表面酥脆、中间因受热缓慢而膨胀松软的效果。撒的高筋面粉受热后反而没有变得粗糙干巴。

把抹刀放在步骤**11**的材料上，划出格子图案。要保证完全把刀插入面团。

抹刀每切一条线都要用拧过的湿布擦一次。对基本操作不疏忽大意，更有助于做出美观好吃的甜点。

＞ ＞ ＞ ＞ ＞

划完条纹后放置15分钟左右。放在室温下有意让面团塌陷，使膨胀不均匀。吃的时候会产生粗糙的口感节奏。

图为放置约15分钟后的状态。切口的宽度增加，可见面团塌陷向两侧胀大。用烤箱以180℃烤20分钟。

图为烤完的效果。蒸汽从切口处散发时砂糖化开发生焦糖化反应，形成硬脆的口感和香甜。也产生了珍珠，表面丰富。把全部纸放在烤网上冷却。

＞ ＞ ＞ ＞ ＞

组合 最后工序＞

冷却后把饼干下的纸撕掉，放在铺有烤盘纸的烤盘上。在自己一侧和里侧分别放1根12毫米厚的铁棒，用波纹刀切成2片。

将A POINT卡仕达奶油酱装入裱花袋，套上口径12毫米的圆形裱花嘴，在底下的饼干上挤出如图形状，空出香醍奶油酱的位置。

将香醍奶油酱装入裱花袋，套上口径12毫米的锯齿形裱花嘴，挤在步骤**2**的材料中空出的地方。在中间挤成高耸的形状。

再用A POINT卡仕达奶油酱覆盖香醍奶油酱。将上层饼干轻轻盖上，轻轻贴紧。饼干和奶油融合半天后最适宜食用。

最后，用杏子酱（分量外）作黏合剂，把店标粘在饼干上。因想起小时候，撕下标签舔果酱也是一件乐事，所以使用了较多好吃的果酱。

草莓鱼水果派

Poisson aux fraises

自在畅游的鱼馅饼 > > > > >

> > > > > 被解体了!

草莓鱼水果派

Poisson aux fraises

我是从法国料理界转入甜点界的，三片刀法是我的得意本领。正是出于这个原因，我有时特别想做一些过程刺激的操作。这道派就是能反映出这种心情，心中盘旋着“我要剔鱼”的想法创作出的甜点。鱼的参考原型是“比目鱼”。为了方便装入蛋糕盒，把鱼的形状做成了正方形，用自己画的插图做成纸样。

千层酥皮切成鱼的形状后，再划出鱼鳞、鱼鳍的花纹。我的习惯是用小刀的刀尖划出鱼鳍纹路，因为我想让切口尖利地竖起来。另外，成形的面团与烤一会再用烤盘按压的“拿破仑”相反，烤得更加膨松。轻盈派皮的口感也是这道甜点的特色。

接着，将烤好的派立即分解。用小刀切开表面中间的派皮，将中间刮除干净。此时，热气从里面升腾，更让人有烹饪的感觉。

填入派内的全部都是人见人爱的美味，为方便填馅冷冻备用的杰诺瓦士蛋糕、A POINT卡仕达奶油酱、香醍奶油酱、水果、迷你派等足量馅料。这个“填馅”的步骤有点让人联想到法国料理中的“Farce”（填料），是一个愉快的工序。

说到“分解”，我想起的是小时候看见父亲切盐渍鲑鱼时的感动。也让我重新感受到父亲的威严。希望家庭成员通过分解（切分）这道甜点，加深彼此的感情！

基本分量（约 29 厘米 ×22 厘米，2 个）

千层酥皮（p.44）……………………………… 1/4 份

以 p.46“裹黄油”步骤 **1~17** 的方法制作，分出 1/4 份。用擀面杖敲打至硬度均匀，放入压面机压成 2.6 毫米长、35 厘米宽的长方形。以 p.46 中步骤 **20** 的做法舒压，放在烤盘纸上，盖上 1 张烤盘纸，室温松弛 30 分钟后再放入冰箱 1 个小时收紧面团。

涂面团蛋液（p.48）…………………………… 适量

糖粉………………………………………………… 适量

巧克力装饰（p.157 的 e、f）……… 1 块 e、2 个 f/ 份

香醍奶油酱（p.89）…………………………… 适量

杰诺瓦士蛋糕（p.40）……………………… 方模 1/3

切掉上面，切成 1.3 厘米厚的切片。结合填入部位（头、背鳍、腹鳍、鱼身中部）的大小分别切成 2 块，冷冻备用。

A POINT 卡仕达奶油酱（p.64） ……………… 适量

草莓……………………………………………… 约 15 颗 / 份

平均每份放 2~3 个带蒂的草莓。其余草莓去蒂。

心形咸酥面团（p.264） ……………………… 1 个 / 份

蓝莓 ……………………………………… 5~6 个 / 份

覆盆子…………………………………………6~7 个 / 份

薄荷……………………………………………… 适量

樱桃……………………………………………… 1 个 / 份

千层酥皮 >

从冰箱里取出千层酥皮，把画有鱼的纸板放在酥皮上，用小刀切出2块。

向铺有硅油纸的烤盘喷雾，把易烤熟的步骤**1**的材料的尾部放在烤盘中间。为做出微笑的嘴角，把嘴切下。

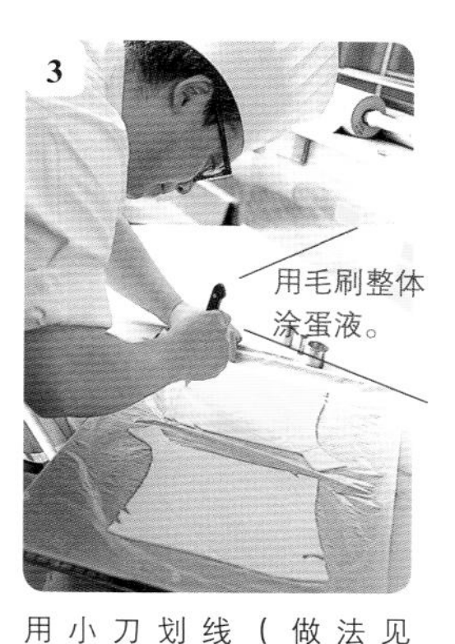

用小刀划线（做法见p.198）。刀背划出鱼鳍以外的线条。用大、中、小3种裱花嘴压出鱼鳞的图案。切掉边缘的一小块，用刀尖划线。

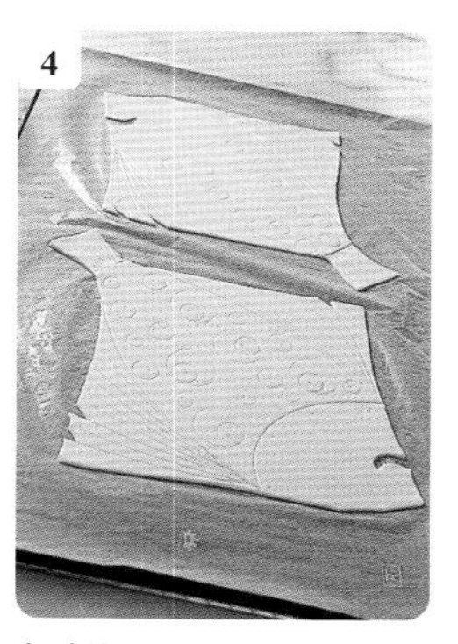

鱼鳞纹仿照“鲤鱼旗”。刀尖垂直，在最小一圈的中心戳孔。喷雾后打开烤箱换气口，用烤箱以200℃烤25分钟。

先从烤箱中取出，分2次用滤网过筛糖粉。第一次轻筛，使糖粉与酥皮融合，开始溶解后再不留空隙地筛一次。

再关掉换气口，烤箱预热200℃烤7分钟，使糖浸入表面（p.42）。烤好后富有光泽。用刀尖划出的鱼鳍清晰竖立。将“鱼”移到铺有烤盘纸的铝盘中。

组合 最后工序 >

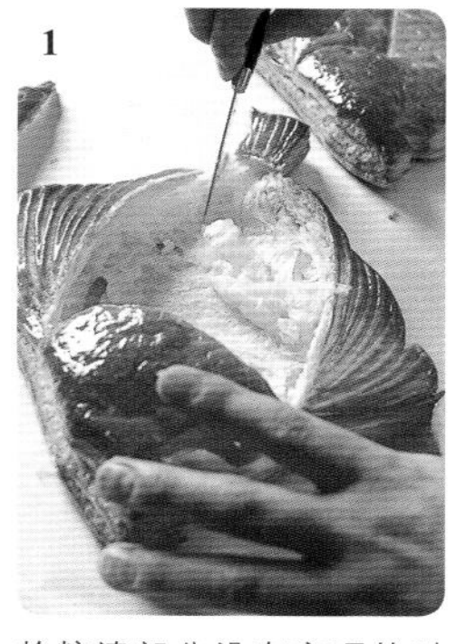

趁糖渍部分没有变硬的时候，用小刀沿着鱼身中间的线将表面的派皮分成2份（内部温度较高，小心烫伤）。去掉里面的部分，头、背鳍、腹鳍部分从侧面挖空。

待步骤**1**的材料冷却后，利用化开的巧克力（分量外）把巧克力装饰（眼睛和胸鳍）粘在鱼身上。用口径12毫米的锯齿形裱花嘴把香醍奶油酱填进头、背鳍、腹鳍的空洞里，插入冷冻的杰诺瓦士蛋糕。

用口径12毫米的锯齿形裱花嘴在杰诺瓦士蛋糕上挤满香醍奶油酱作为冷冻的鱼身。将奶油向中间平整，有一种“在舌鳎鱼鱼片上涂慕斯”的感觉。

将步骤**3**的材料涂有香醍奶油酱的一面向下，在步骤**2**的材料的中间压实。

用口径12毫米的圆形裱花嘴将A POINT卡仕达奶油酱挤在步骤**4**的材料的上面，放上去蒂的草莓。把步骤**1**中切掉的2块派皮插到草莓旁边，再点缀几颗带蒂的草莓。

将心形咸酥面皮放在步骤**5**的材料上做心脏。用蓝莓、滤网筛过糖粉的覆盆子、薄荷装饰，鱼嘴里塞1颗樱桃。

小熊花生达克瓦兹

Dacquoise aux cacahouètes

可爱的小熊形“达克瓦兹”。达克瓦兹通常口感黏稠糊口，但“A POINT” 达克瓦兹的特点是外壳爽脆，中间绵软有弹性，入口即化。

最重要的还是做好蛋白霜。为了保证韧性，蛋白要使用当天打的新鲜鸡蛋。想打出纹理细密不易碎的气泡，材料、器具、室内环境都要经过提前冷却，分多次倒入白糖，打发至蛋白呈直立的尖角。后面的工序也要迅速操作，尽量不要破坏蛋白霜的气泡。

小熊形状的达克瓦兹模是特制的。将模的内壁打磨成了小熊的形状。为了烤出可爱的小熊，面糊的挤法非常重要。首先从耳朵开始挤，避免在下巴处留下挤面糊的痕迹。不要让小熊脸上的珍珠（p.32）太明显，使用细眼的粉筛均匀筛糖粉。

达克瓦兹里夹的是花生味奶油糖霜和橘子酱。这是从美国流行的组合花生黄油和果酱的三明治中吸取的灵感。带有丰富杏仁醇厚的达克瓦兹面糊中除了扎实的醇香，还有让人感到微微苦味的馅料，结合巧妙。把带皮花生藏在耳朵里，作为最后的“彩蛋”。

基本分量（约 8 厘米 ×6 厘米，60 个）

达克瓦兹面糊

- 蛋白…… 1 千克
  - 使用当日现打的新鲜鸡蛋。
- 白糖…… 300 克
- 杏仁粉…… 750 克
- 糖粉…… 450 克
  - 以上材料、器具、室内环境都要提前冷却。
- 糖粉…… 适量

花生味奶油糖霜…… 基本分量

- 发酵黄油（1.5 厘米厚切片）…… 1 千克
  - 先在室温下回软至插入手指有少许阻力的程度。
- 炸弹面糊
  - 水…… 125 克
  - 白糖…… 500 克
  - 蛋黄……12 个份
- 香草香精…… 适量
- 花生酱…… 850 克

橘子酱…… 10~15 克 / 份

带皮煎焙咸花生…… 2 颗 / 份

达克瓦兹面糊>

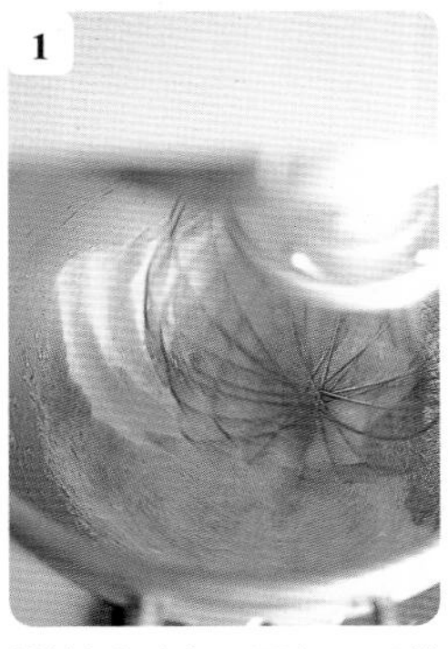

1 搅拌机缸中加入蛋白、1/3的白糖，中速打发。开始有黏性后改成高速。中途分2次加入剩余白糖。

2 打发至提起打蛋头蛋白呈直立的尖角。打出的蛋白霜纹理细密不易碎，包裹了充足空气。

3 向步骤2的材料中加入过筛2次的杏仁粉和450克糖粉，用刮板从底部向上快速翻拌。

4 搅拌至看不见粉类、整体出现光泽即可。考虑到挤面糊时气泡会因摩擦破裂，所以注意不要过度搅拌。

5 在8厘米×6厘米的熊形达克瓦兹模上喷雾，把硅油纸铺在烤盘里。将步骤4的材料用口径14毫米的圆形裱花嘴快速挤在模内。从耳朵开始挤不会在下巴处留下挤面糊的痕迹，烤出的小熊更漂亮。

6 用刮平刀倾斜刮平表面。先从手边向里侧一气呵成移动刮平刀，清除粘在刀上的面糊，再从里侧向手边刮。尽量少刮几次，以免气泡破碎。

7 用细眼粉筛在表面不留空隙地筛糖粉，静置5分钟。

8 将模具里外方向调换，和步骤7的材料以相同方向筛糖粉。可以让糖粉分布更均匀。在糖粉附着的方向上稀疏不均的话，会出现过多珍珠，小熊的脸凹凸不平，也容易出现裂纹。

9 沿着模具脱模，避免形状歪曲。使用的模具内壁打磨光滑，小熊的边缘清晰圆润。用200℃的烤箱烤15分钟。

10 图为烤完的效果。颜色和珍珠都刚刚好，烤出的小熊脸非常可爱。拿出全部烤盘纸放在烤网上冷却。

11 因已将蛋白霜打发到极限，所以小熊饼不会发黏，质地酥脆。表面干爽，内部湿润，有弹性。口感爽脆，入口即溶。

花生味奶油糖霜>

1 将1.5厘米厚的黄油切片在室温下软化。以插入手指时感到少许阻力的程度为宜。尽量保持裹入时黄油的状态接近固体，可以发挥黄油的鲜美（p.11）。

制作炸弹面糊。铜锅中加入水和白糖充分搅拌，熬至117℃。中途用蘸水的毛刷擦掉钵盆内壁的飞沫，用滤网勺捞掉浮沫。

钵盆里加入蛋黄，用打蛋器彻底打散。缓缓倒入117℃的糖浆，快速混合。

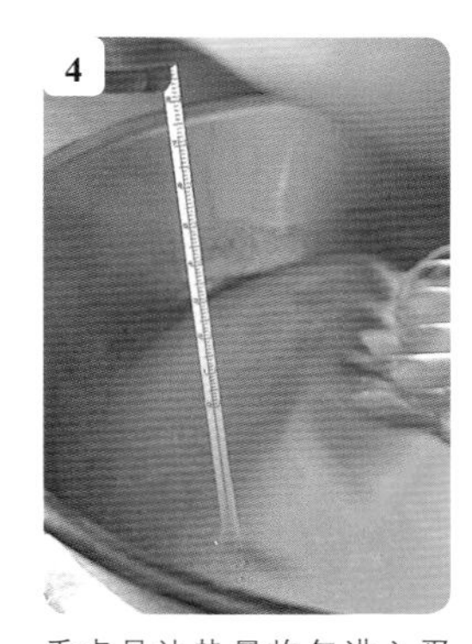

重点是让热量均匀进入蛋黄。确认温度，70℃以上即可。当低于这个温度，水浴加热至75℃以上，加热3分钟消毒。

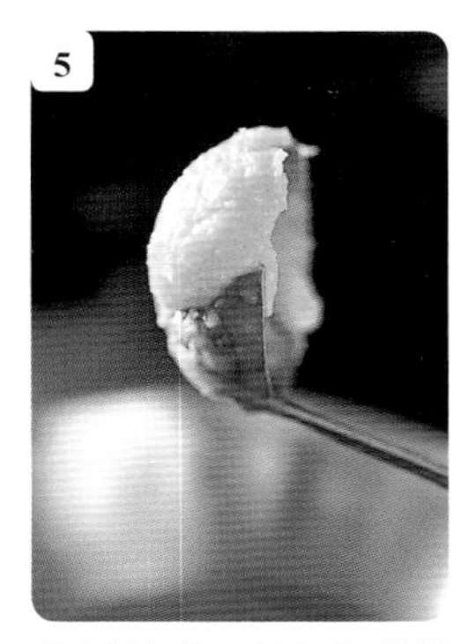

用小长柄勺压着步骤**4**的材料从漏斗过滤到搅拌机缸中。漏斗中会残留不少卵带（p.79）和疙瘩。

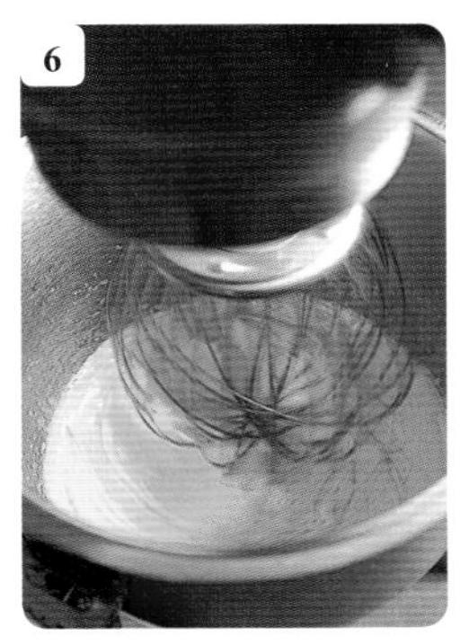

用打蛋头高速打发步骤**5**的材料。为防止细菌繁殖，一口气降温搅拌。开始有黏性后，清理缸底，改成中速，打发使气泡稳定，直到缸壁冷却。

提起打蛋头，蛋糊呈黏稠的缎带状滴下堆积在一起，痕迹会保持一会。

向步骤**7**的材料中分4次加入步骤**1**的材料，用拌料棒中速搅拌，黄油全部加完后换成低速搅拌。换成低速是为了使状态稳定，另外，也可以防止搅拌机的摩擦热量化开黄油。

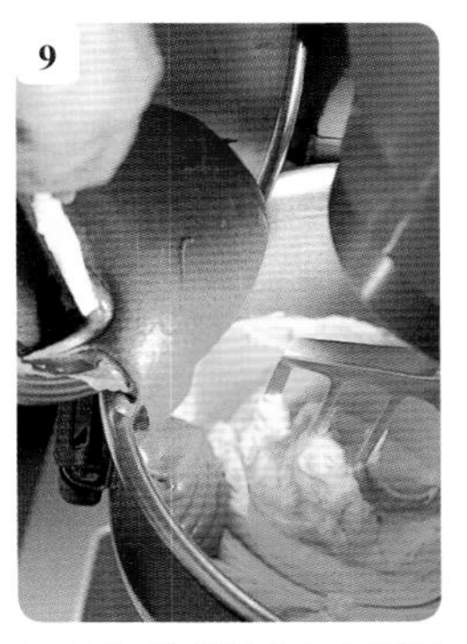

向步骤**8**的材料中加入香草香精，继续分3次加入花生酱搅拌至顺滑。中途清理一下粘在拌料棒上的酱，均匀搅拌。

将步骤**9**的材料倒入另一个钵盆里，上下位置调换，用刮刀从底部向上翻拌。完成后面糊膨松有光泽。

组合 最后工序 >

将达克瓦兹面糊后的纸撕掉，每2片作为1组，将其中一片翻过来，放在烤网上。将花生味奶油糖霜倒入裱花袋，套上口径6毫米的圆形裱花嘴，挤成耳朵和脸的轮廓。

橘子酱倒入裱花袋，套上口径8毫米的圆形裱花嘴，在脸中间挤上10~15克。

在两个耳朵上填入带皮煎焙咸花生。花生的口感、浓香、咸味为甜点增色不少。小心盖上另一片饼干，轻轻压紧。

草莓派

Feuilleté aux fraises

在夹心千层糕上搭配草莓制作而成的“拿破仑派”是经过我重新组合的设计，是一种在千层酥皮上堆叠A POINT卡仕达奶油酱、草莓、香醍奶油酱的黄金组合。它既能像夹心千层糕一样撒糖烘烤，又像叶子派一样可以直接食用。

像一份送给重要的人或自己的“珍藏的奖励”。“草莓派”在蛋糕盒里也格外炫目，如同女王般华丽。

基本分量（直径约 8 厘米，12 个）

千层酥皮（p.44）································· 1/4 份

以 p.46“裹黄油”中步骤 **1~17** 的方法制作，分出 1/4 份。用擀面杖敲打至硬度均匀，放入压面机压至 2.6 毫米厚。以 p.46 中步骤 **20~21** 的方法舒压戳孔，再舒压一次，室温松弛后再放入冰箱收紧面团。

白糖·· 适量

糖粉·· 适量

A POINT 卡仕达奶油酱（p.64） ·········约 40 克 / 份

草莓（去蒂）·· 5 颗 / 份

香醍奶油酱（p.89）······························ 约 7 克 / 份

千层酥皮 >

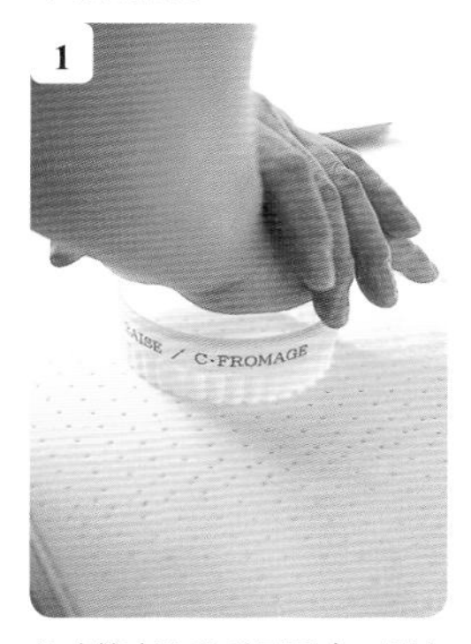

从冰箱中取出千层酥皮，用直径8厘米的菊花模压模。双手在模上方重叠下压会更稳，压出的面皮形状更规整。为了让空气从孔中通过，不要用手完全覆盖模具。

压好的面皮先放进冰箱收紧，再摆在铺有烤盘纸的烤盘上，撒糖。转移到喷过雾的烤盘上，用烤箱以190℃烤8分钟左右。

面皮开始膨胀。先取出，上面放一块烤盘，使面皮压缩，再烤10分钟。

再从烤箱里取出步骤**3**的材料，撤掉上面的烤盘，可以看到融化白糖的残留。用刮刀将派皮翻面。

用滤网分2次在翻过来的面上筛糖。第一次轻轻地筛，开始融化后再均匀筛第二次。用烤箱以200℃烤6分钟，完成糖渍（p.42），放在烤网上晾凉。

表面用糖粉糖渍，口感酥松。背面白糖融化不完全而形成硬脆的口感。可以同时享受两种美味。

组合 最后工序 >

用口径14毫米的圆形裱花嘴把A POINT卡仕达奶油酱挤在千层酥皮中间，周围装饰5颗草莓。

从上方的草莓之间填入A POINT卡仕达奶油酱，中心用口径12毫米的锯齿形裱花嘴挤入香醍奶油酱。这一形状的原型是“公主的皇冠”。

趣味动物饼干

Doigt-doigt

这道动物饼干是我和儿子共同制作完成的，是我们的“合作饼干”。儿子小的时候，我因为工作总是抽不出时间陪他玩。于是，我们开启了一种独特的沟通方式：晚上我给他写一封手绘信，早上再收他的回信。渐渐地，我发现儿子很喜欢小动物。我希望通过自己的工作让儿子感到开心，于是就有了这道甜品。

我决定做熊、象、猫头鹰曲奇，自己画插画，还特别定制了饼干模。“doigt”在法语中是“手指”的意思。是的，这道饼干还是“手指玩偶”饼干。在熊饼干的手掌上压出肉垫，在大象饼干的鼻子和猫头鹰饼干的嘴部挖洞，可以把手指伸进去玩。仿照我小时候特别喜欢的消化饼干，在面团里加入小麦胚芽，加强了风味和营养。因饼干太干会容易裂开，所以我使用了较多的低筋面粉。想象“用饼干做手指玩偶，玩够了就吃掉”的画面，经过反复研究后我找到了最合适的厚度。

有一点图片中没有介绍到，出售的时候每块饼干都会装在一个袋子里，每袋都印了一张儿子画的运动会团体体操画，是一张画有孩子们笑脸的插画。

这份饼干除了可以买给孩子，也可以买给自己。说不定能让您的心情回归平静，被带入怀旧的气氛之中。

基本分量［10 厘米 ×7 厘米（熊）、12 厘米 ×7.5 厘米（象）、12 厘米 ×8 厘米（猫头鹰），总计约 400 块］

小麦胚芽………………………………………… 765 克
发酵黄油（1.5 厘米厚切片）………………… 3 千克
预先在室温下回软至插入手指有少许阻力的程度。
糖粉………………………………………………… 1 千克
粗糖……………………………………………… 500 克
香草糖（p.15）……………………………………36 克
全蛋……………………………………………… 970 克
盐…………………………………………………40 克
香草香精……………………………………… 适量
杏仁粉…………………………………………… 255 克
白双糖 ………………………………………… 510 克
低筋面粉……………………………………… 5.1 千克
烘焙粉……………………………………………25 克

烤盘内铺烤盘纸，倒入小麦胚芽，用160℃的烤箱烤15~20分钟烤香。冷却备用。

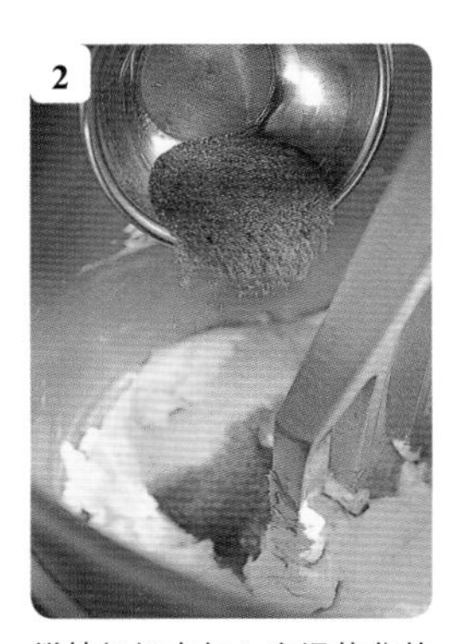

搅拌机缸中加入室温软化的黄油，用拌料棒低速搅拌成蜡状。按顺序加入糖粉、粗糖、香草糖。

钵盆中加入全蛋，用打蛋器彻底打散。打至近似水状后加盐搅拌。盐可以给味道增加张力。

将步骤**3**的材料水浴搅拌加热至接近人体体温（30℃以上）。为使黄油易于混合，略加热一下。

为避免分离，将步骤**4**的材料分4次加入步骤**2**的材料，以拌料棒低速搅拌。在倒入最后的蛋液时加入香草香精，再倒入步骤**2**的材料中。

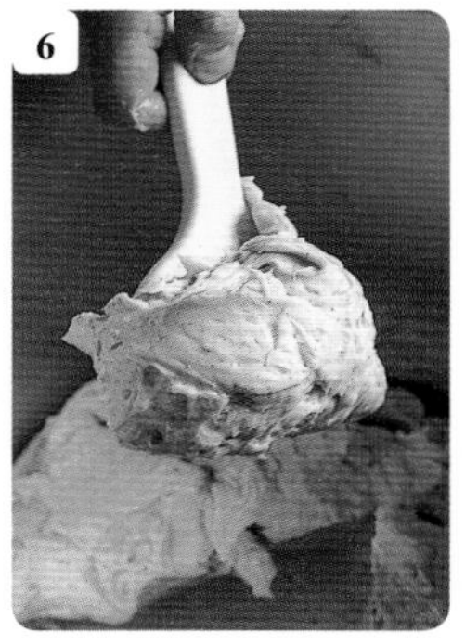

图为不分离、搅拌顺滑的状态。

将步骤**1**的材料倒入钵盆里，加入杏仁粉，用手快速混合。

将步骤**6**的材料中加入步骤**7**的材料，再加入白双糖低速搅拌。白双糖以其口感和甜度给整体增加亮点。在这个阶段加入会溶解不完全，形成硬脆的口感。

混合至八成即可。

向步骤**9**的材料中加入过筛2次的低筋面粉和烘焙粉，低速搅拌。中途关掉搅拌机，清理粘连在拌料棒上的面糊，用刮板上下翻拌，均匀搅拌。

图为搅拌完毕的状态。看不到粉类即可。搅拌过多会使口感变硬。

将步骤**11**的材料取出放在塑料袋上。不揉面，直接包起来，用手压平。再用擀面杖擀成约2厘米厚的长方形。放进冰箱冷藏一晚，使面皮成熟。

13

放置一晚后水分充分与面皮结合。取出面皮，用擀面杖敲一敲，用手揉面，使硬度一致。

14

将步骤**13**的材料用压面机压成4.2毫米厚。考虑到要作为手指玩偶玩，面皮做得稍微厚一些。放在烤盘纸上，进入冰箱收紧。

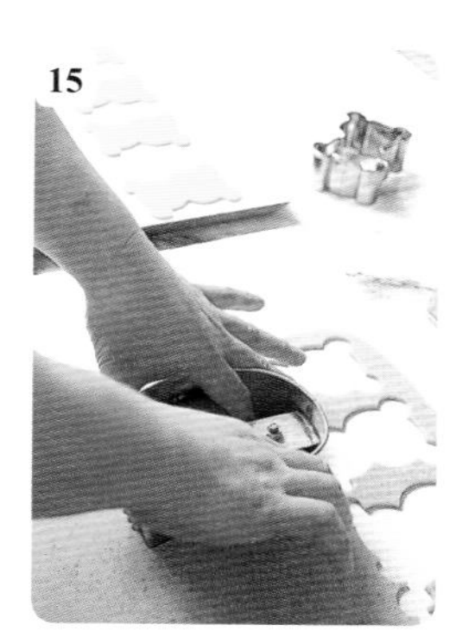

15

取出，分别用熊、象、猫头鹰曲奇模压模。

16

压完熊曲奇后再用附带的脸和肉垫模压出图案。

17

用圆模压掉象曲奇鼻子部分的面皮。猫头鹰也用椭圆模压掉嘴部面皮。

18

将曲奇冷冻保存，适当时间后取出自然解冻烘烤。烤盘上铺硅油纸，将面皮摆在烤盘里，用烤箱以180℃烤12~13分钟。

19

中途面皮开始膨胀，先从烤箱中取出，用木模轻压，控制膨胀。

20

正反都烤成均匀的金黄色。为了发挥面糊的鲜味，不产生苦味，不要烘烤过度。掰开曲奇，以中间烤熟但呈偏白的状态为宜。放在烤网上晾凉。

以自己画的插图为基础特制的压出模和压合模。连细节都精工制作，小熊笑脸有两种表情。

月桂焦糖饼干

Spéculos

这是一款在法国北部、比利时等地区很受欢迎的香料饼干。在阿尔萨斯实习的时候，去圣诞节市场逛街，曾看到过这种做成50厘米高的人偶饼干。虽然容貌逼真，微微有点可怕，但是确实给人异国文化的感觉。在咖啡馆和咖啡一起上桌的这种饼干，散发香料的香气，非常美味。在口中化开后略有些粘牙，反复咀嚼时别有一番风味。

月桂焦糖饼干中有那种独特的怀旧美味。于是，我怀着传播欧洲文化的心情，将两种日本人也会熟悉的木模带回了日本，一个图案是儿童的守护圣人圣尼古拉（图片中间），另一个是圣诞老人（图片左、右）。圣诞节时期会用这种木模，而其余时间会加杏仁，做成薄一些的小长方形。

这种饼干的特点是口感干脆。因为没有加鸡蛋，所以烤出来偏硬。如果不烤得硬一些，就无法烤出这么大的形状。另外，加入甜菜榨取的粗红糖“vergeoise”也是比较独特的，可以使味道更深邃。加香料也许是因为可以去掉这种砂糖特有的“根茎作物的草腥味”，没有特别强调香料味是因为我个人不是非常喜欢，所以使用的香料只有月桂一种，利用香草使味道膨胀饱满。另外，因只用粗红糖的话会有甜腻之感，所以还加了白糖，还特意不让砂糖完全化开，形成硬脆的口感，让人眼前一亮。

基本分量（约 10 厘米 ×5 厘米，75~80 块）

发酵黄油（切成 2 厘米的方块） 常温回软。	250 克
牛奶	125 克
白糖	375 克
粗红糖	125 克
香草糖（p.15）	10 克
低筋面粉	375 克
高筋面粉	375 克
小苏打	5 克
月桂粉	8 克
盐	1 克
香草香精	适量

将黄油切成约2厘米的方块，恢复至常温，与牛奶一起加入锅中。开小火，用打蛋器搅拌至沸腾。

钵盆里加入白糖、粗红糖、香草糖，以打蛋器混合。

另取一个钵盆，加入过筛2次的低筋面粉、高筋面粉、小苏打、月桂粉和盐搅拌。盐有锁住味道的作用。

一次性向步骤**2**的材料中倒入全部煮沸的步骤**1**的材料搅拌。因粗红糖不易化开，所以要用加热的液体。但还是有一部分不能溶解，产生硬脆的口感。

待步骤**4**的材料搅拌完毕后，加入香草香精搅拌。为了发挥香味，香草香精在混合完热的液体之后再加。

将步骤**3**的材料倒入座式搅拌机的缸里，分多次少量加入步骤**5**的材料，用拌料棒低速搅拌。中途清理粘连在拌料棒上的粉类，均匀搅拌。成为完整的一块即可。

取出步骤**6**的材料放在大理石上，整形成宽度比模高稍短一些，厚2~3厘米的长方形。用保鲜膜包起来，室温下放置1~2小时。

用手在木模里薄而均匀地撒一层高筋面粉（分量外）。因为图案细致，所以面团容易粘黏，要撒到每一个角落。

将步骤**7**的面团切片成7毫米厚。

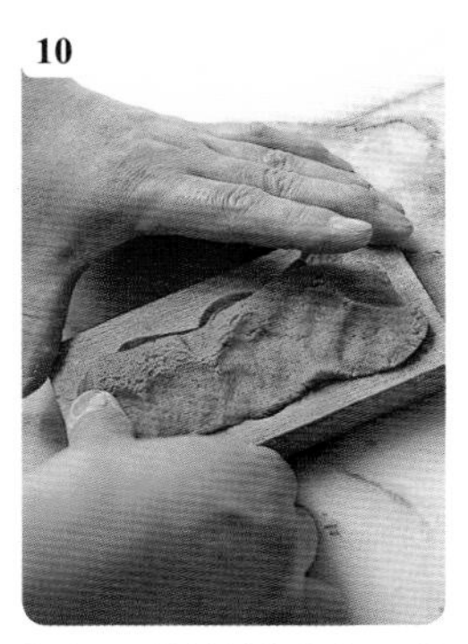

把步骤**9**的材料放在步骤**8**的模具上，用手指压实。

用小刀把模具外多余的面团切掉。

再用手指给表面整形。切掉的面团不要揉捏，适当卷起后用保鲜膜包起来，防止干燥。再整理一次即可脱模。

13

将步骤**12**的模具翻面，面团向下，水平拿在手里，直接敲击大理石，震出面团。

14

图为面团脱模后的状态。这是圣诞老人的图案。冷冻保存，适当时间后自然解冻烘烤。

15

烤盘上铺硅油纸，把步骤**14**的材料摆在上面喷雾，用烤箱以180℃烤10~12分钟。由于加入了化开的黄油，口感比硬脆更轻薄一些。取出后放在烤网上冷却。

木模在使用后用干布擦拭，用竹签清理残留在缝隙里的面团，放在阴凉的地方保存。因吸收水分会使模具发霉或开裂，所以不能用水洗。

蛋白饼
PON

蛋白小圆饼
Petit-PON

蛋白饼干粒
Tasse meringue

希望食客可以享受到各种形状的蛋白霜（法式蛋白霜）而创作的3道甜点。“蛋白饼”是压成心形或小熊的形状的蛋白霜点心，“蛋白小圆饼”是压得比蛋白饼略小的圆形蛋白霜饼干。

“A POINT”的蛋白霜正如“椰子乳酪球”中介绍的一样，制作方法独特，在嘴里裂开后瞬间化开，唇齿留香。于是，我思考了很多香味不同的种类，其中也有加了海青菜和炒黑芝麻的“年糕味”的日式口味。蛋白霜在口中粉碎散开的感觉与年糕片有某种相通之处，达成了全新的“纯粹的美味”。

“蛋白饼干粒”用特别定制的小熊脸和小鸡形状的裱花嘴将蛋白霜挤成条状烘烤，切成金太郎棒糖一样的形状，最后装进塑料杯子里售卖。和冰激凌、鲜奶油组合在一起，食用方法多样。放在孩子们的蛋糕上分给孩子吃也是一个有趣的办法。

口味清淡、口感轻盈的蛋白霜点心无须费力搭配饮料，男女老少都喜欢。重量轻，作为抽屉点心也不错。

“PON”这个名字很接近我小时候吃过的“PON仙贝”，我被它的风情、有冲击力的回味所吸引，故而取此名。它破裂的声音与蛋白霜点心的脆弱是相通的。一般来说，大家很容易认为蛋白霜可以长期保存，但“A POINT”的蛋白霜因没有用砂糖收紧面团，所以吸湿性高，即使放了干燥剂，一做完就开始吸收湿气了。但是，正因为是这种做法，口感并不硬脆，而是化口绵柔。香气在口中像高山日出一样向周围晕开，描绘一出戏剧的情节。

〈年糕味蛋白饼〉
OKAKI PON

基本分量（宽约7厘米的心形，约80块）
蛋白…………………………300克
白糖…………………………300克
以上材料、器具、室内环境都要提前冷却。
海青菜………………………0.7克
炒芝麻（黑）…………………7克
糖粉…………………………适量

〈草莓蛋白小圆饼〉
Petit-PON aux fraises

基本分量（直径约5厘米的圆形，约130块）
蛋白…………………………300克
白糖…………………………300克
食用色素（红。粉末）………适量
以上材料、器具、室内环境都要提前冷却。
草莓（冻干草莓）……………8克
用食物料理机打碎。
糖粉…………………………适量

〈蛋白饼干粒〉
Tasse meringue

基本分量（宽约2厘米，约700个）
蛋白…………………………300克
白糖…………………………300克
全部材料、器具、室内环境都要提前冷却。

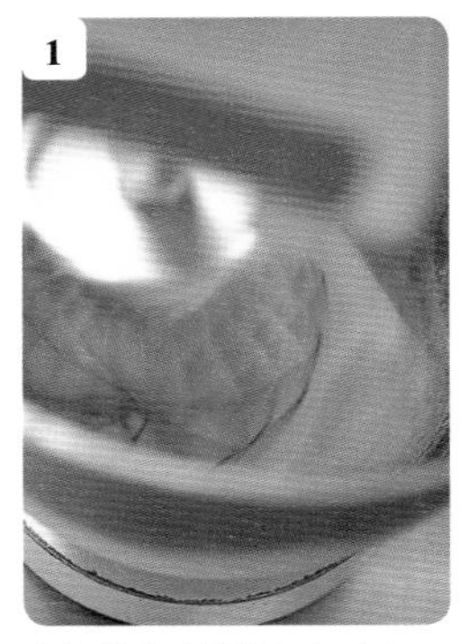

冷却的座式搅拌机缸中加入蛋白、1/3的白糖。一气呵成高速打发。

完全打发后撤掉搅拌机的缸。剩余的白糖中加入海青菜和炒芝麻搅拌，加入蛋白霜中。

一边转动搅拌机的缸，一边用漏勺从底部向上有节奏地快速搅拌。

图为搅拌完毕的状态。膨胀松软感十足的蛋白霜。因为只用漏勺搅拌了2/3的白糖，所以没有因砂糖产生气泡的稳定性。这形成了清晰的化口感。

在约7厘米宽的心形达克瓦兹模上喷雾，放在铺有硅油纸的烤盘上。将步骤**4**的材料装入裱花袋，套上口径15毫米的圆形裱花嘴，快速挤在模内。

表面用刮平刀倾斜刮平。尽量控制刮的次数，防止破坏气泡。

用粉筛瓶在步骤**6**的材料的10厘米、斜上方45° 从左向右筛。将烤盘左右调换180°，以同样方法再撒一次。静置5分钟。

糖粉吸收了部分蛋白霜的水分，烤制中从形成的薄膜中喷出水蒸气，形成“珍珠”（p.32）。撤掉模具。

不错的蛋白霜！

\> \> \> \> \>

使用了内侧经过打磨的特制模。可以切出圆滑的心形。用对流烤箱以105℃烤2个小时左右。

用略高的温度一气呵成，烤出香气。步骤**2**中加的白糖在烤制中化开，分散在面团中，加入了焦糖反应一样的甘甜。全部纸放在烤网上晾凉。

与左页做法相同。但步骤**1**同时加入用少量水（分量外）溶解的食用色素打发。另外，步骤**2**加的白糖中混合了粉碎的冻干草莓。

使用直径5厘米的圆形达克瓦兹模，完成。

以左页步骤**1~4**的方法制作蛋白霜。但在步骤**2**只加白糖，做成原味蛋白霜。

用口径2厘米宽的小熊脸和小鸡裱花嘴挤蛋白霜。

烤盘上铺硅油纸。将步骤**1**的材料装入裱花袋，套上步骤**2**中裱花嘴，分别挤成55厘米长的条状。用对流烤箱以100℃烤3个小时左右。

将步骤**3**的全部纸放在台面上晾凉。温度略降低后把纸放在砧板上，用波纹刀切成1.5厘米宽的段。

用粗眼粉筛过筛步骤**4**的材料。

和干燥剂一起放入食品箱保存，最多可保存3天。

其他蛋白饼

以下为p.295图片中的种类。做法基本上和“年糕味蛋白饼”相同。但如下所示，和2/3的白糖一起加的材料有所区别。另外，有的还加了食用色素。

草莓………………冻干草莓
抹茶…………………抹茶粉
紫苏…………红紫苏粉末
菠萝………………冻干菠萝
原味………………不加其他
挤在小熊形达克瓦兹模（p.282）里。

其他蛋白小圆饼

以下为p.295图片中的种类。做法基本与“草莓蛋白小圆饼”相同。但如下所示，和2/3的白糖一起加的材料有所区别。

抹茶…………………抹茶粉
菠萝………………冻干菠萝

8

Boulanger-pâtissier

面包独特的烘焙香气可以说给整个甜品店都带来了丰富的跃动感。作为一名职业甜点师，我烤的面包充满黄油和鸡蛋的香味，是点心的延伸。甜点可作为周末快乐的早午餐。

阿尔萨斯咕咕霍夫

Kouglof alsacien

阿尔萨斯咕咕霍夫
Kouglof alsacien

“Ça ne sent pas（无香）！”

在阿尔萨斯的“Jacques”实习时，吃到从巴黎当作特产带回来的咕咕霍夫，老板对我说了上面那句话。

咕咕霍夫是阿尔萨斯地区有名的地方特色点心。我通过咕咕霍夫见识到地方点心独有的打动人心的力量。

当地使用特产陶模烘焙。用陶模烤受热均匀，能烤出漂亮的外形。还有一点，陶模有其独有的优点，即陶模的“香”。陶模原则上是不用洗的，使用后小心擦拭放在避光阴凉的地方保管。装面团之前先涂一层黄油，这是为了让黄油和面团的风味渗透进陶模，而且使用次数越多越明显，这也给咕咕霍夫增加了金属模所不能带来的“计划之外”的鲜美和深厚独特的香气。

使用乌黑发亮的陶模烤出的咕咕霍夫，只切下一块，浓厚深邃的风味就能弥漫全身。这种模具是店里的宝贝。咕咕霍夫就是甜品店的历史本身。

“A POINT”开店后，我用老板挑选的陶模烤咕咕霍夫。A POINT的咕咕霍夫含有大量黄油和鸡蛋，特色是有布里欧修底的浓厚风味。

为了产生让人心情愉悦的适中韧劲，面团整形方法的每一步都要精雕细琢，装饰的杏仁也要一边考虑成品的美观一边摆在模具底部，为了不让杏仁脱落，要仔细涂刷蛋液。我认为，职业甜点师和专业程度往往就体现在每一个细致耐心的工作环节中。

A POINT的咕咕霍夫模经过岁月的洗礼，韵味愈浓，它本身就讲述了这家店一路走来的足迹。

基本分量（口径 15 厘米的咕咕霍夫模，12 个）

咕咕霍夫面团
- 发酵黄油…… 1.6 千克
- 白糖……240 克
- 盐…… 40 克
- 生酵母……100 克
- 牛奶……200 克
- 转化糖…… 80 克
- 高筋面粉…… 1650 克
- 低筋面粉……350 克
- 全蛋…… 24 个
- 葡萄干（苏丹娜葡萄）……500 克
- 橙子蜜饯（切成 2~3 毫米方块）……200 克

杏仁（对半竖切）…… 16 块 / 份

使用形状整齐的加利福尼亚产杏仁。带皮焯烫，去皮，竖切成两半，干燥。

蛋白……适量

发酵黄油（模具用）……适量

室温下回软至手指可以轻松插入的程度。

咕咕霍夫面团 >

与p.52中步骤**1~13**做法相同。但不加脱脂牛奶，在面团中间倒入葡萄干和橙子蜜饯。

用周围的面团包裹葡萄干和橙子蜜饯。这一步骤使混合更均匀。

用搅面钩低速搅拌。中途关掉搅拌机，清理粘在搅面钩上的面糊，均匀搅拌。

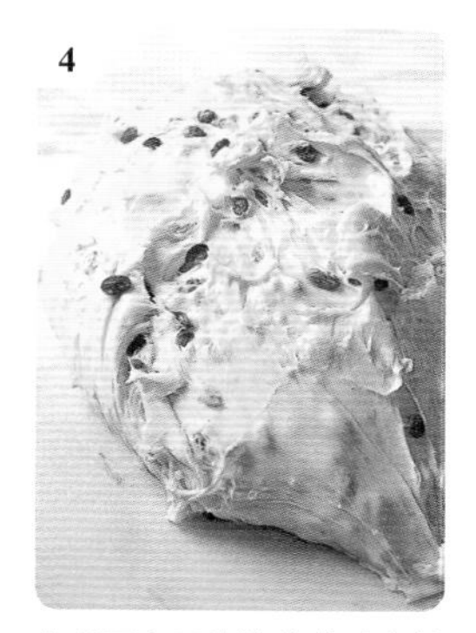

大理石台面涂防粘粉（高筋面粉。分量外），将面团取出放在台面上。

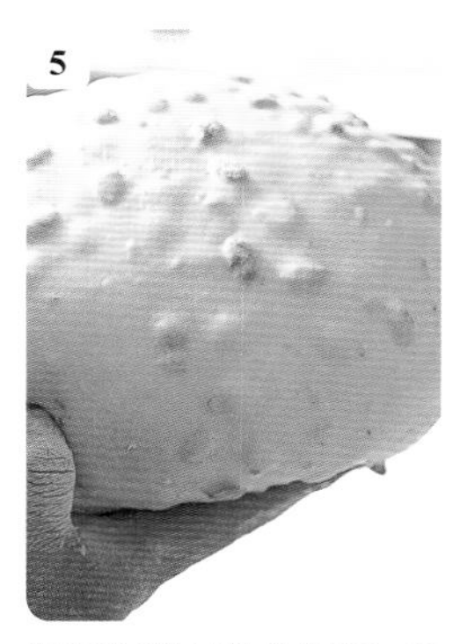

将步骤**4**的材料按步骤**9~13**所述方法整成长方形后再揉圆。以弹性适中、表面的葡萄干上形成一层薄膜为宜。

涂有防粘粉的钵盆里加入步骤**5**的材料，整理形状，撒一层防粘粉，防止与棉布粘连。为避免干燥，盖上湿布，用塑料袋包起来。室温（湿度约70%）下一次发酵约90分钟。

图为一次发酵后的状态，面团膨胀至2倍大。不使用发酵器的原因是低温缓慢发酵，使面团的发酵状态更好，也可以防止裹入的黄油化开。

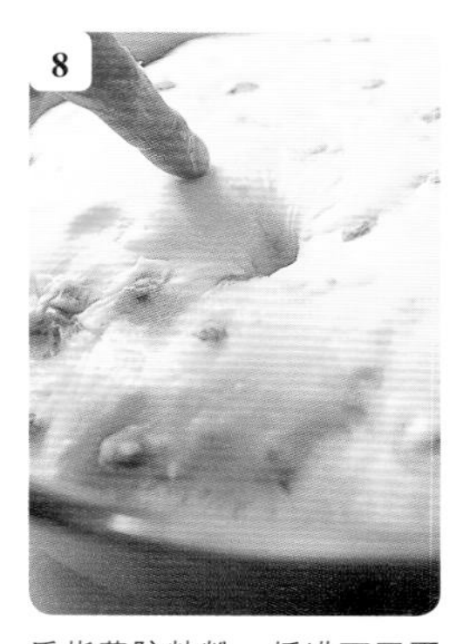

手指蘸防粘粉，插进面团再拿出，残留面团痕迹说明发酵状态较好。

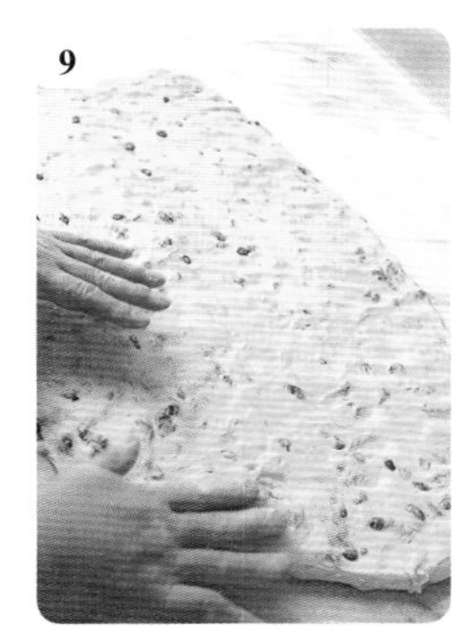

取出面团，放在涂有防粘粉的大理石台面上，双手轻轻敲打，排出多余的气体，整理成平整的长方形。

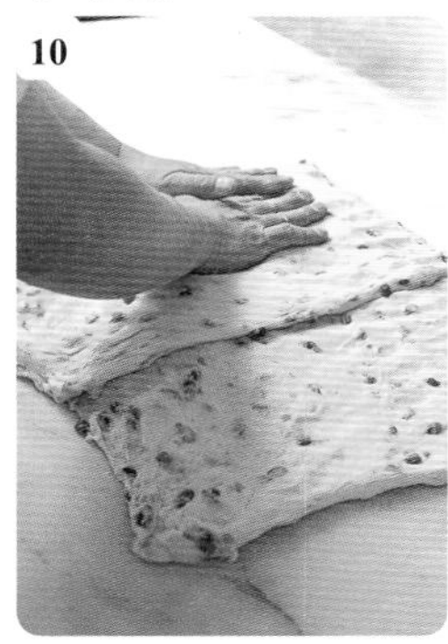

将步骤**9**的材料左右折叠成3层。

将步骤**10**的材料从里侧向外卷起。

卷成蛋糕卷的形状。这个动作能让面团更有弹性。感觉在“加强面团的肌肉”（麸质，p.38）。

将步骤12的材料的封口向下拿着，从手边到里侧、从左向右将面团向底部集中揉圆。

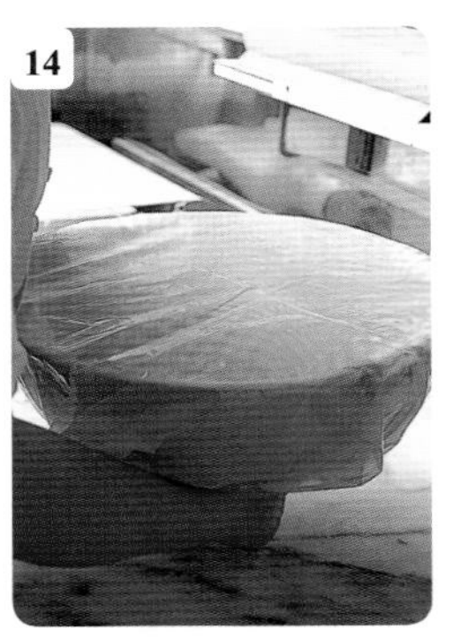
将面团放入涂有防粘粉的钵盆，盖上干布，包上塑料袋。放入冰箱冷藏一晚，待其成熟、发酵。

图为冷藏发酵后的状态，面团膨胀到约1.5倍大。

成形 烤制>

取出冷藏发酵的面团，放在涂有防粘粉的大理石台面上。轻轻拍打面团，再用擀面杖压出气体。将面团分成12个均等的正方形，每份约500克。

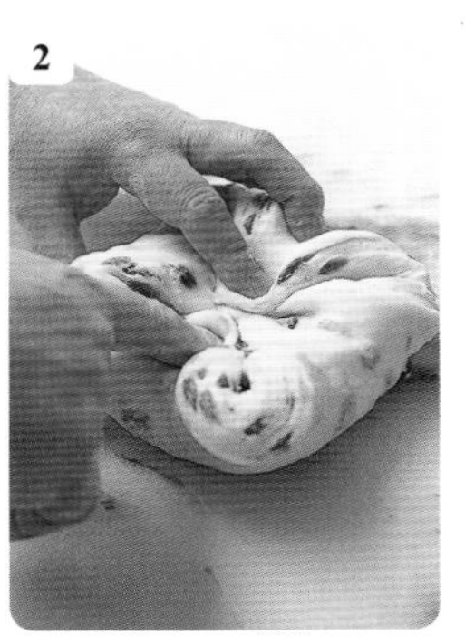
给每个面团成形。涂抹适当防粘粉，用手压扁面团，从四角向中间折叠。

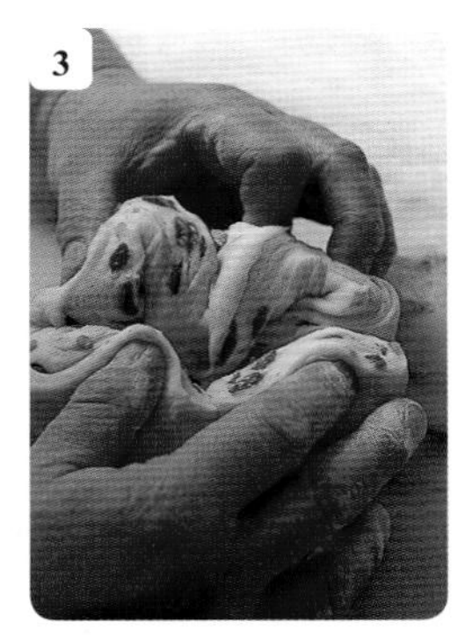
再用双手把面团从四面向中间集中。

将步骤3的材料翻向里面，封口朝下。

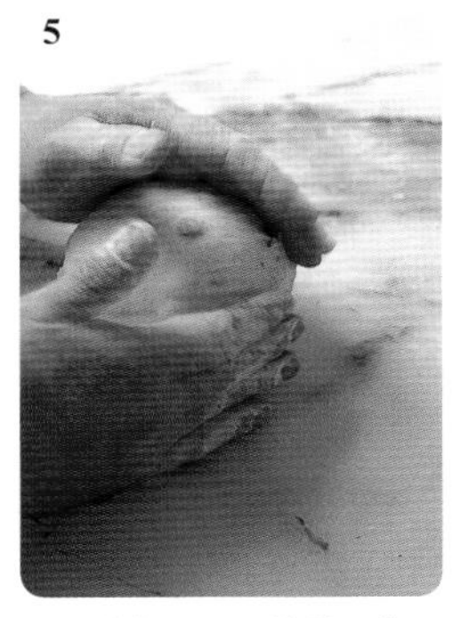
双手盖住面团，使封口位于底部的中心，轻轻转动面团，整理成圆形。将面团四周向中间集中，使整体发酵均匀。

将步骤5的材料封口向下地摆在涂有防粘粉的砧板上，盖上干布，室温下松弛15~20分钟。经过成形，舒缓张开的麸质，放松面团。

准备模具。用毛刷在模内壁涂抹室温软化的黄油，将杏仁切面向上摆在底部。将彻底打散的蛋白小心涂在杏仁上，不要溢出。

用双手叠压在步骤6的面团上，压平面团。为了使面团膨胀程度一致，要压成一样的高度。

用手指压凹步骤8的材料的中心。

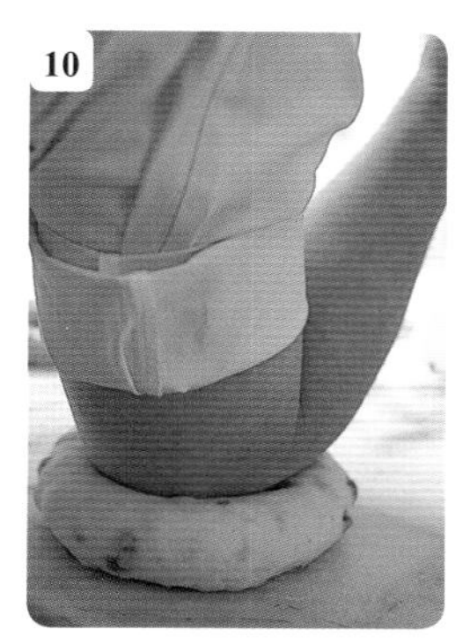

把手肘放在面团的凹处，戳出一个洞。

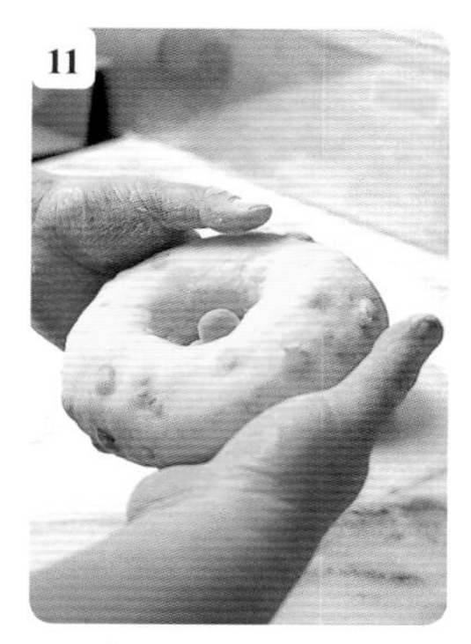

用手拿着步骤**10**的材料，根据模具的大小整形成一个圈。

抹掉面团上的防粘粉，封口一面向上，放入步骤**7**的模中。轻轻下压使面团和模贴紧。

把步骤**12**的材料排列在铝盘中喷雾。盖上烤盘纸，室温下成形，发酵约90分钟。

膨胀到模具八分满。再喷雾一次。

将模具放入烤箱，以195℃烤40分钟。因陶模的热传导较缓和，所以可直接放进烤箱烘烤。面团渐渐饱满隆起。

香味浓郁、上色后从烤箱中取出，为了防止烘烤回缩，震一震模具底部，放出内部的热空气再脱模。

放在烤网上晾凉。

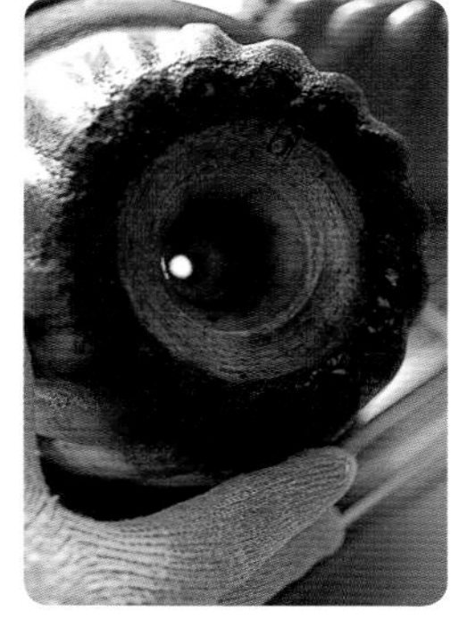

陶模越使用底部越乌黑发亮。浸润模底的黄油成为“计划外的美味”，给面团增加了独特的风味。

帕里西安咕咕霍夫

Kouglof parisien

将烤好的小咕咕霍夫浸入糖浆或液化黄油，再涂满砂糖。

在咕咕霍夫的发源地——阿尔萨斯地区，咕咕霍夫是用当地特产的陶模烤制的。但是，因陶模不能摞在一起收纳，这对城市中的狭小厨房来说，保存场所就成了难题，所以在巴黎咕咕霍夫主要是用金属模。金属模无法给咕咕霍夫增加浸润陶模中黄油带来的“计划之外的鲜美”。因此想用糖浆、液化黄油、砂糖补充香气和风味，也许这就是这道甜点诞生的契机。

“A POINT”使用金属材料的果冻模烘烤。虽然只有拳头大小，但就口味来说，它却是一颗“肉弹”。成形方法讲究，面团韧性十足，富有弹性。因为搭配有大量黄油，所以既有嚼劲，面团又能在嘴里化开。

一个个咕咕霍夫高耸的样子实在滑稽可爱，和阿尔萨斯咕咕霍夫（p.299）威严的形状有着不同的魅力。有些类似于炸面包的感觉，是一道惹人喜爱的点心。

基本分量（口径 5 厘米的果冻模，20 个）

咕咕霍夫面团（p.300）………………………… 1.2 千克

与 p.301 第步骤 **1~15** 做法相同，分出 1.2 千克。

杏仁糖浆

波美度 30° 的糖浆（p.5）…………………… 适量

杏仁香精…………………………………………… 适量

香草香精…………………………………………… 适量

混合以上材料。要注意，加太多杏仁香精会产生苦味。

温热的液化黄油…………………………………… 适量

白糖………………………………………………… 适量

发酵黄油（模具用）……………………………… 适量

室温下回软至手指可以轻松插入的程度。

成形 烤制 >

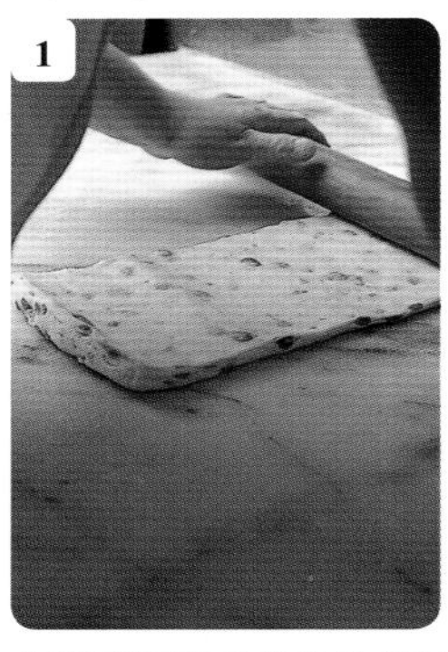

大理石台面上涂防粘粉（高筋面粉。分量外），把咕咕霍夫放在台面上轻轻敲打，再用擀面杖擀成15厘米宽的长方形，排出气体。

将步骤**1**的材料横向放置，从里侧向靠近自己一侧折进2厘米。

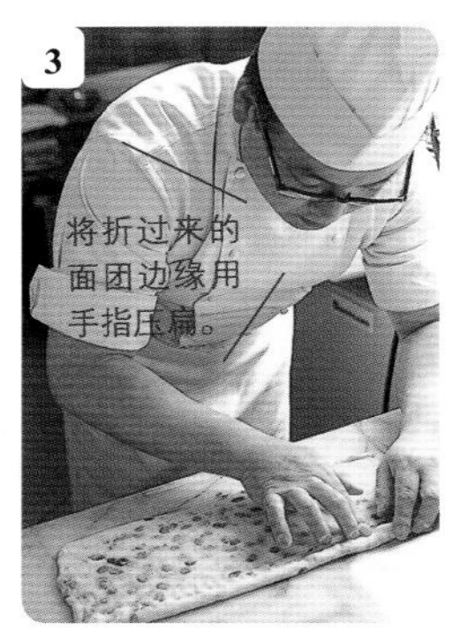

成形方法也很讲究，使面团有弹性。

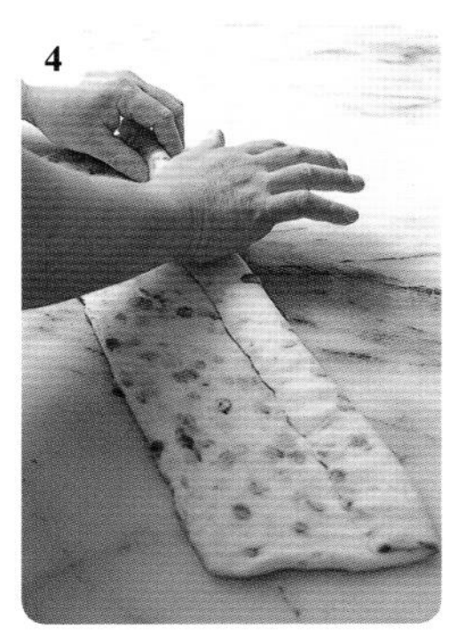

以同样方法一点点地向自己一侧卷，用手掌接近手腕的部位压扁，和面团结合。这是为了增加面团弹性，加强麸质（p.38）的操作。

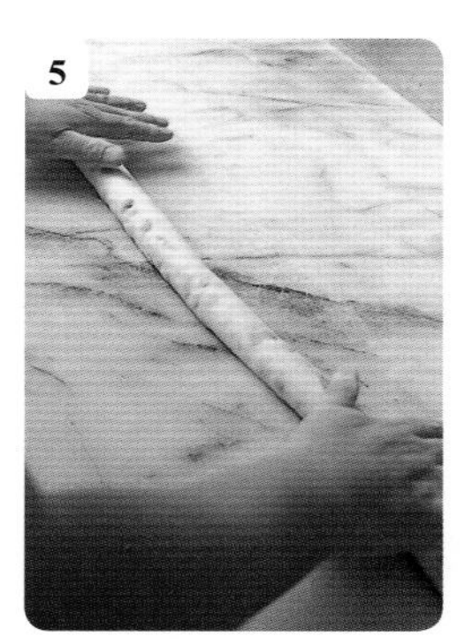

在大理石台面上卷成条状。

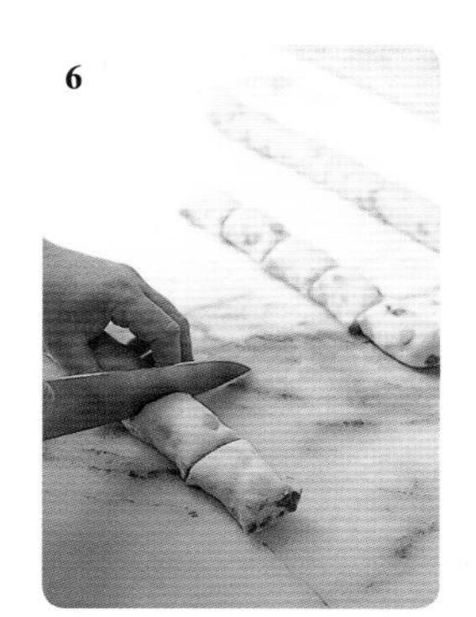

将步骤**5**的材料封口向上放置，用刀切分成20块（每块60克）。

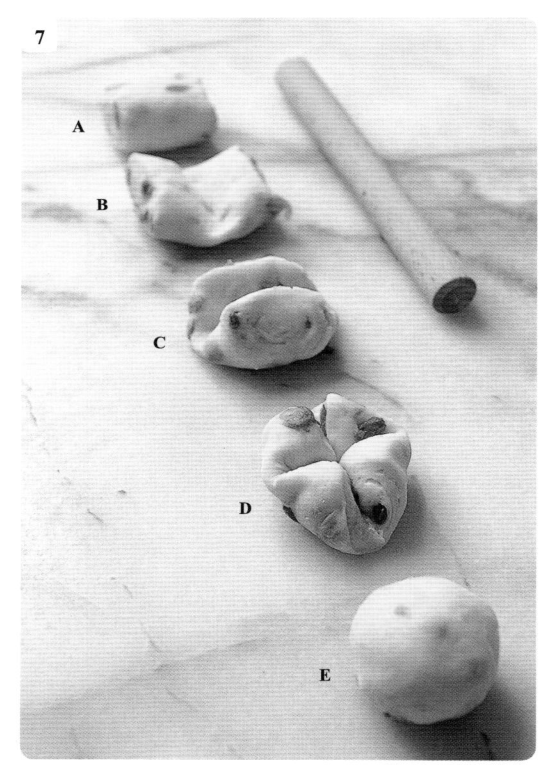

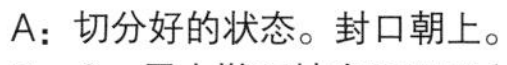

逐个成形。以下为可以使表面舒张、更易发酵的成形方法。最终封口朝向下方。

A：切分好的状态。封口朝上。

B、C：用小擀面杖在面团正上方按压，压出十字形。

D：抬起面团的四角，向中心聚拢。

E：翻面，使封口位于中心，轻轻转动揉圆。

拱起手掌，将步骤**7**的E在手掌心里滚圆。

将滚圆的面团摆在涂有防粘粉的砧板上。盖上干布，室温下松弛15~20分钟。

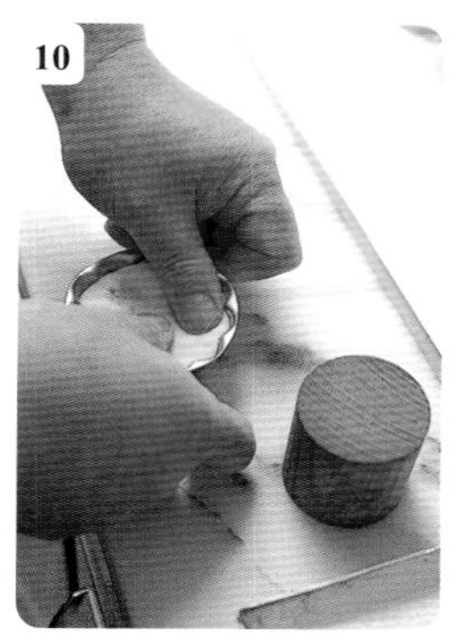

用毛刷在模内壁薄薄地涂一层室温软化的黄油，将步骤**9**的材料封口向上放入模具。用手指按压，使面团填满模具。

再用木模从上面下压，使面团均匀嵌入模具。因即使用力压，面团也会膨胀起来，所以不用担心。

再用相同尺寸的果冻模从步骤**11**的材料的上方向下压。放在铝盘上喷雾，室温下成形发酵90分钟左右。

成形发酵后，面团膨胀至从模具冒出来。摆在烤盘上再次喷雾，用烤箱以185℃烘烤20分钟，烤至金黄色。

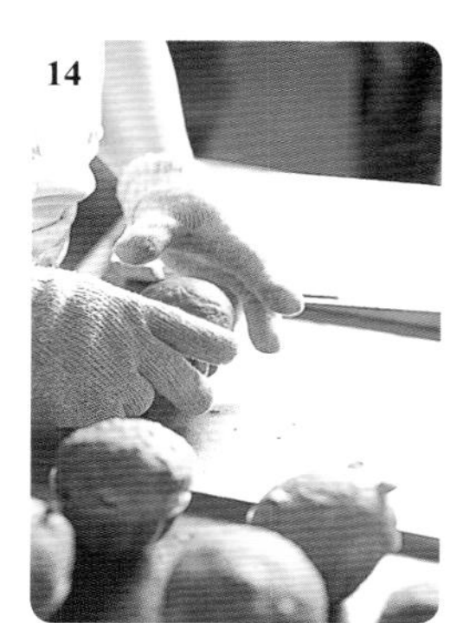

烤完后，把模具放在台面上敲一敲，震出热空气，防止回缩。脱模，放在烤网上晾凉。

最后工序 >

朝向四面八方，像软木塞一样圆滚滚的滑稽形状。因为要浸糖浆和黄油，所以将置于烤网上的咕咕霍夫放在铺有烤盘纸的铝盘上。

将步骤**1**的材料蘸一遍杏仁糖浆，放在烤网上沥干多余的糖浆。接下来再浸一次温热的液化黄油。

同样放在烤网上沥干多余的黄油。

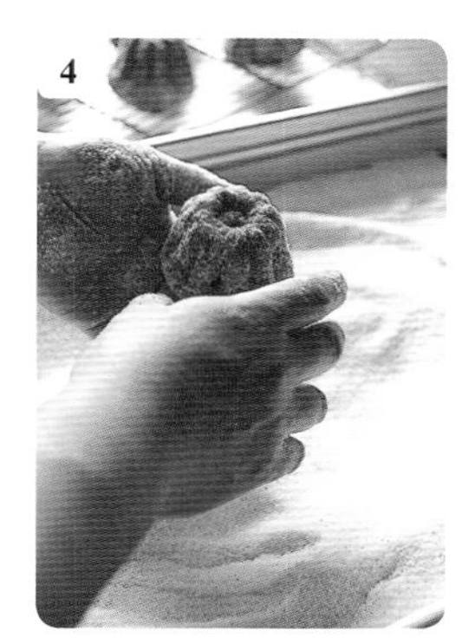

食品箱里倒入白糖，将步骤**3**的材料放在白糖里转圈，用手擦掉多余的白糖。

楠泰尔布里欧修

Brioche Nanterre

将面团做成小圆柱形，填入蛋糕模，烤成布里欧修。原本这是我在餐厅工作时作为搭配法式鹅肝冻的面包而制作的，烘焙至颜色焦黄后切成2厘米的切片。让人惊叹的是，布里欧修还能有如此丰富的黄油香。在面团的切口上放固体黄油丁烘烤，是让黄油进一步撩拨鼻尖的创意。

基本分量（18 厘米 ×8 厘米的蛋糕模，4 个）

布里欧修面团（p.52）……………………… 1280 克

与 p.52 中步骤 **1~29** 做法相同，分出 1280 克。

涂面团蛋液（p.48）……………………………… 适量

发酵黄油（切成 7 毫米的方块） ………… 4 个 / 份

发酵黄油（模具用）……………………………… 适量

室温下回软至手指可以轻松插入的程度。

成形 烤制 >

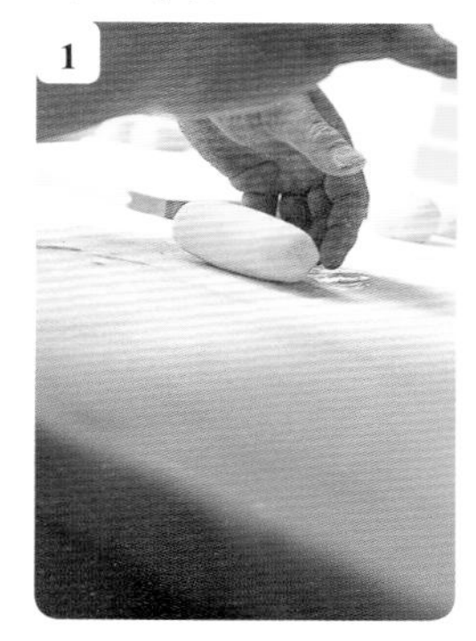

1 将布里欧修面团均分成4份（每份320克），分别擀成长方形，再4等分（每份80克）。分别用手轻压排出气体，揉圆面团，封口向下，再揉成圆柱体。

2 把面团封口向下，摆在涂有防粘粉（高筋面粉。分量外）的砧板上。盖上干布，室温下松弛10分钟左右。

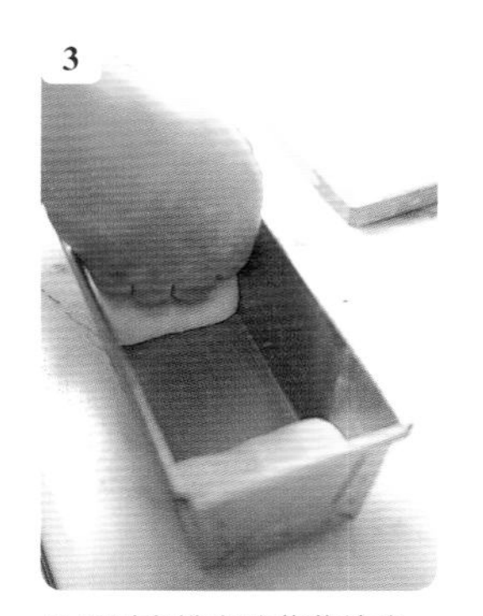

3 用毛刷在模内壁薄薄地涂一层室温软化的黄油，装入4个封口向下的面团。先在两端放2个，再在中间放2个。每放入1个都用拳头压扁。

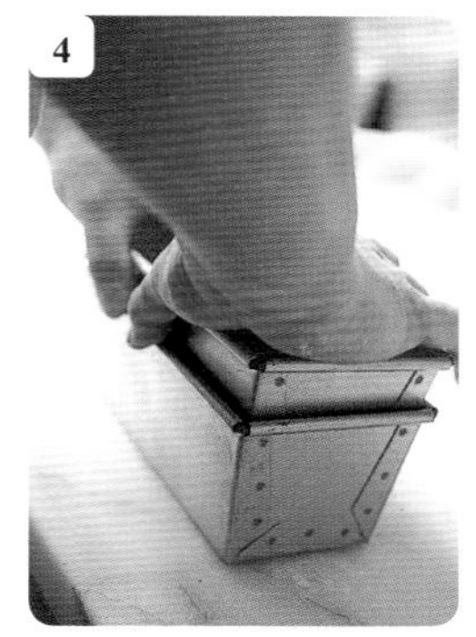

4 以大小相同的蛋糕模从步骤**3**的材料的上方水平压2次，压扁面团。2次按压方向不同，压力相同。

5 图为面团完全贴合模具的状态。喷雾，室温成形发酵90分钟。

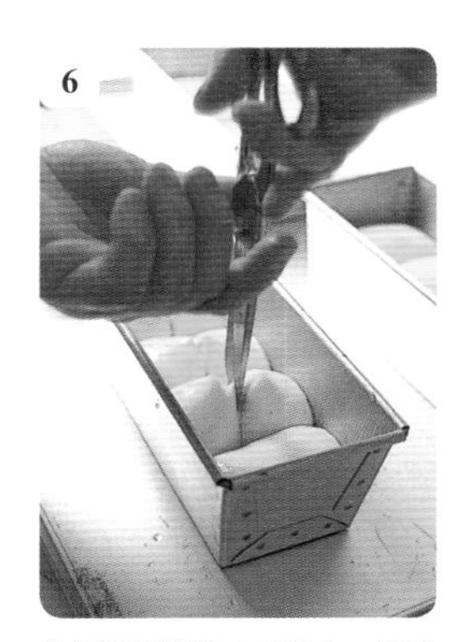

6 待面团膨胀至1.5倍大，用毛刷涂蛋液，剪刀用水沾湿后略擦干。用剪刀在每个面团表面的中间剪1个口。剪刀从面团的正上方插入，垂直抬起。

7 在步骤**6**的材料的切口上放上切成7毫米方块的黄油。这能让黄油的香气更突出。用烤箱以180℃烤35分钟，中途变换模具的方向和位置，均匀烘烤。

8 烤好后香气四溢。将模具在台面上震一震，震出热空气，防止回缩。

9 脱模，上表面向下，放在烤网上晾凉。因模具包裹的地方比上表面柔软，所以若不翻过来冷却的话侧面会塌掉。

核桃布里欧修

Brioche noix

我喜欢核桃面包，也喜欢葡萄面包，于是就有了这道二者结合的布里欧修。材料豪华的面团中加入相配的橙子蜜饯，烤好后表面以朗姆酒味糖霜包裹，牢牢将风味锁住。裹糖霜的手法也是我最喜欢的方法，即便放一天，面包内部也很湿润。微微染成棕色的面团更为口味增色，是一道弥漫怀旧气氛的点心。

基本分量（直径 6 厘米的无底圆模 10 个）

布里欧修面团（p.52）……500 克

与 p.52 中步骤 **1~13** 做法相同，分出 500 克。

葡萄干（无核小粒葡萄干）……50 克

橙子蜜饯（切成 2~3 毫米方块）……50 克

核桃（半块）……50 克

切成 4 等份。

核桃（半块）……1 块 / 份

切成 4 等份。

蛋白……适量

涂面团蛋液（p.48）……适量

朗姆酒味糖霜（p.234）……量

发酵黄油（模具用）……适量

室温下回软至手指可以轻松插入的程度。

布里欧修面团 >

面团放入座式搅拌机缸内，以p.301中步骤**1~4**的做法混合水果干和核桃。轻轻敲打后揉圆面团，使表面舒张。以p.301中步骤**6**的方法一次发酵，以同样方法再次排出气体，揉圆，放入冰箱冷藏一晚，使其发酵。

成形 烤制 >

取出布里欧修面团。轻轻敲打，用擀面杖压扁，排出气体。再分成65克的小块，分别将封口朝下揉圆，摆在涂有防粘粉（高筋面粉。分量外）的砧板上，封口向下。盖上干布，室温下松弛10分钟左右。

用毛刷在无底圆模内壁薄薄地涂一层室温软化的黄油，摆在铺有硅油纸的烤盘上。将步骤**1**的材料放入圆模内，用手掌压扁。

用木模压一压。小心按压，使面团与模具完全贴合。

用毛刷在核桃上涂刷打散的蛋白，再粘在面团的中间。喷雾，室温下成形，发酵约90分钟。喷雾的原因是上表面的核桃容易烤焦，这样也可以帮助核桃吸收水分。

待面团膨胀至1.5倍大，再在表面喷雾，涂刷蛋液，再喷雾一次。用烤箱以195℃烤20分钟左右。

图为烤完饱满的状态。像小伞菌一样形状可爱。把全部圆模放在台面上震几下，震出热空气，防止回缩。脱模，摆在垫有铝盘的烤网上。

最后工序 >

趁面包热的时候从上方转圈淋浇糖霜，沥干多余糖霜。给面包增加细腻香脆的口感和甜度，保持面包的软嫩感。

布里欧修吐司饼

Brioche toastée

将布里欧修面团擀薄，放上珍珠糖、黄油丁、香草糖烘烤，原型是小时候非常喜欢的涂满黄油、撒满砂糖的吐司！黄油和砂糖融为一体的美味不禁唤起我的童心。未化开的珍珠糖的甜味和口感给甜品增添别样风采。让食客以轻松的心情享用，这绝对是一道值得珍藏的点心。

基本分量（直径约 10 厘米，12 个左右）

布里欧修面团（p.52）………………………… 600 克

与 p.52 中步骤 **1~29** 做法相同，分出 600 克。

涂面团蛋液（p.48）……………………………… 适量

珍珠糖……………………………………………… 适量

发酵黄油（切成 7 毫米的方块） ………… 7 块 / 份

香草糖（p.15）…………………………………… 适量

成形 烤制 >

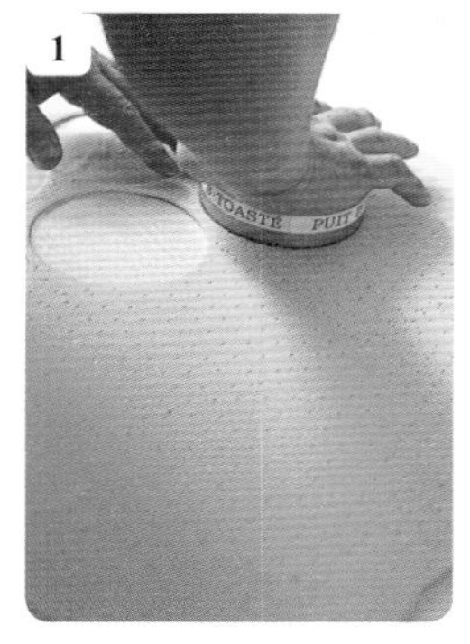

1 用压面机将面团压成2.2毫米厚。以p.46的手法舒压，放在烤盘纸上，盖上烤盘纸，放入冰箱冷藏30分钟收紧面团。用滚针刀戳孔舒压，用直径10厘米的圆模压模。

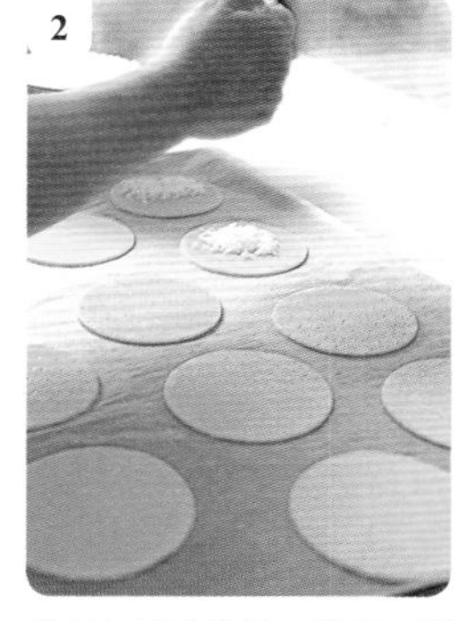

2 烤盘上铺硅油纸，喷雾，摆上步骤**1**的材料。喷雾除了可以保湿，因为面团紧贴在纸上，所以还可以防止面团变形。涂一层蛋液，把珍珠糖放在面皮中间。

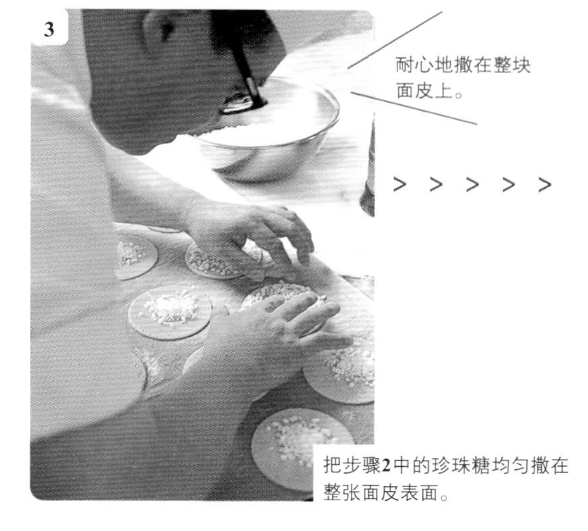

3 耐心地撒在整块面皮上。

把步骤**2**中的珍珠糖均匀撒在整张面皮表面。

> > > > >

4 每块面皮上放7粒7毫米的黄油丁，撒香草糖。成形发酵90分钟左右。

5 图为成形发酵后的状态，略微膨胀，喷雾，用烤箱以220℃烤8分钟。

6 烤好后呈奶白色，芳香馥郁。未完全化开的珍珠糖有令人愉悦的口感和甜度。

牧场红醋栗挞

Tarte à l’alpage

“à l’alpage”在法语中是“半山腰的牧场”的意思。制作这道甜点时，盘旋在我脑海中的是在阿尔萨斯实习期间外出野餐时所见到的宁静田园风光，这场景一直保留在记忆中。

原本使用的是叫作法式咸派模的瑞士模，也可以用海鲜饭锅代替。另外，当地使用味道浓厚微酸的“crème double”（高脂肪奶油，一般乳脂肪含量在40%~50%），但我混合了醇美的卡仕达奶油酱和酸奶油。摆在上面的水果使用了红醋栗，但在不同季节可以根据个人喜好随意搭配。用洋梨、桃、樱桃、蓝莓等来做也很好吃。

刚烤好时，奶油还可以微微晃动，非常美味。虽然加了绵柔的奶油，但底部没有塌陷，这是因为利用了布里欧修面团有韧性的特点。

布里欧修面团铺在模具底部后翻折边缘是操作上的重点。边缘也要涂到蛋液，撒上珍珠糖和黄油。这样边缘就会变厚，并突出酥脆的口感，与底部面皮湿润的口感形成对比。我们的宗旨是“连边缘也要美味”。

基本分量（直径 26 厘米的西班牙海鲜饭锅，2 个）

布里欧修面团（p.52）…… 480 克

与 p.52 中步骤 **1~29** 做法相同，分出 480 克。

涂面团蛋液（p.48）…… 适量

珍珠糖…… 适量

面糊

卡仕达奶油酱（p.64）…… 160 克

步骤 **1~17** 做法相同，分出 160 克。

酸奶油…… 160 克

香草香精…… 适量

粗糖（cassonade）…… 适量

红醋栗（冷冻用）…… 适量

发酵黄油（切成 7 毫米的方块）…… 17~18 颗 / 份

香草糖（p.15）…… 适量

发酵黄油（模具用）…… 适量

室温下回软至手指可以轻松插入的程度。

成形 烤制>

将布里欧修面团均分成2份（每份240克），分别揉圆。用手掌压扁，再用擀面杖以放射状擀平，放进压面机压成2.6毫米厚。

以p.46的方法舒压，放在烤盘纸上，扣上直径26厘米的奶油酥盒模，用小刀切掉多余的面皮。盖上烤盘纸，放入冰箱冷藏30分钟，收紧面团。

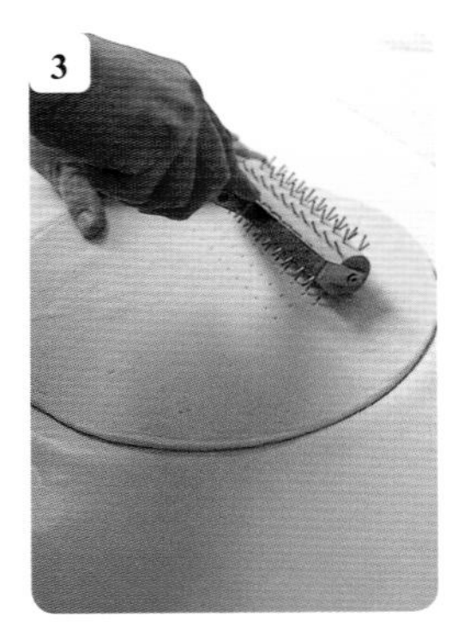

将步骤**2**的材料从冰箱中取出，用滚针刀从中间开始分别向上下两部分戳孔。这样面皮不会歪曲。

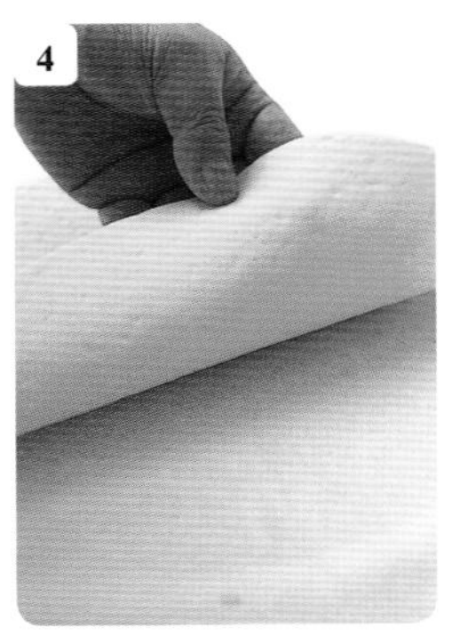

从背面看面皮的状态。为了控制膨胀，孔要戳穿到背面。再舒压一次。

用毛刷在海鲜饭锅内壁上薄薄地涂一层室温软化的黄油，把面皮铺进去。将面皮对折两半，一半一半地轻轻铺开，可以避免面皮变形。

面皮底部的角完全贴合锅的内壁。用毛刷在整块面皮上涂刷蛋液。

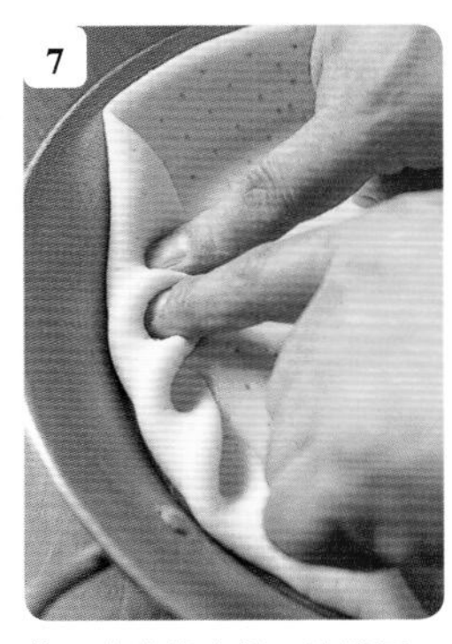

将面皮边缘内折。边缘厚一点可以给口感增加变化。先用左手食指将面皮边缘的一端向内折弯，再用右手食指将旁边的面皮盖住刚才的食指尖，压在下面的面皮上。重复这一动作。

在步骤**7**的材料上喷雾，罩上烤盘罩，室温下成形，发酵90分钟左右。在边缘涂刷蛋液，撒上珍珠糖。

混合卡仕达奶油酱、酸奶油、香草香精和1小撮粗糖，制作面糊，用刮板舀在步骤**8**的材料的中间，用小刮平刀抹匀。

将2撮冷冻红醋栗直接撒在步骤**9**的材料上，在每个面皮边缘放12个、中间放5~6个7毫米的黄油丁。在整张面皮上撒香草糖。

面皮边缘放12个黄油丁是略多的用量。可以使边缘产生与浸润奶油的底部不同的酥脆感。通过口感的对比提升整体的美味度。用185℃的烤箱烤20分钟左右。

烤好后喷香满溢。新鲜出炉的面糊表面柔软，可以轻微流动。烤好后马上把刮平刀插入缝隙，将挞与锅分离，放在烤网上晾凉。

散发栗子清香的布里欧修。

用制作蒙布朗的绞馅机把日本栗子酱绞成细丝，再冷冻切碎，混合在布里欧修面团里烘焙而成。注意栗子不要揉进面团，而是四散在面团上。单吃面包即可以感受到节奏感，让享用更加快乐。面团虽然有十足的弹性，但加入日本栗子酱后适当切断了面筋，形成独特的柔和嚼劲。口味上乘，带有日系风格，感觉和蒸蛋糕略有相似。香草味的糖霜可以保持湿润的状态，也给口感增加香脆的变化。

“Pompon”在法语里是“小圆装饰物”的意思，因为这道点心尺寸迷你，又是圆形，故得此名。不过，这种点心表面光滑的感觉与有些日系的口味，很容易让人想到酒馒头。

迷你栗子球

Pompon aux marrons

直径 8 厘米的浅圆模，10 个

布里欧修面团（p.52）……………………………500 克

与 p.52 中步骤 **1~13** 做法相同，分出 500 克。

日本栗子酱……………………………………………240 克

在蒸好的日本栗子中加入 40% 白糖做成酱。用作蒙布朗蛋糕的绞馅机（p.169）绞成细丝，冷冻，切成约 1 厘米宽。

香草味糖霜

糖粉……………………………………………………2 千克

水…………………………………………………约 300 克

香草香精……………………………………………适量

钵盆里加入全部材料，用打蛋器搅拌。为达到最佳浓度（见右页“最后工序 1”），可适量添加水和糖粉（均为分量外）调整。

发酵黄油（模具用）………………………………适量

室温下回软至手指可以轻松插入的程度。

布里欧修面团＞

1 将面团放入座式搅拌机的缸里，与p.301中步骤**1~3**做法相同，加入日本栗子酱搅拌。使栗子分散在面团里即可。

2 将步骤**1**的材料取出，放在涂有防粘粉的大理石台面上。轻轻拍打，排出气体，揉圆面团，从四面向底部集中。透过面团可以看到栗子酱不均匀地分布其中。

3 将步骤**2**的材料放入涂过防粘粉的钵盆里，整理形状，再撒一次防粘粉。盖上干布，用塑料袋包起来。室温（湿度约为70%）下进行第一次发酵，约90分钟，膨胀至1.5倍大。

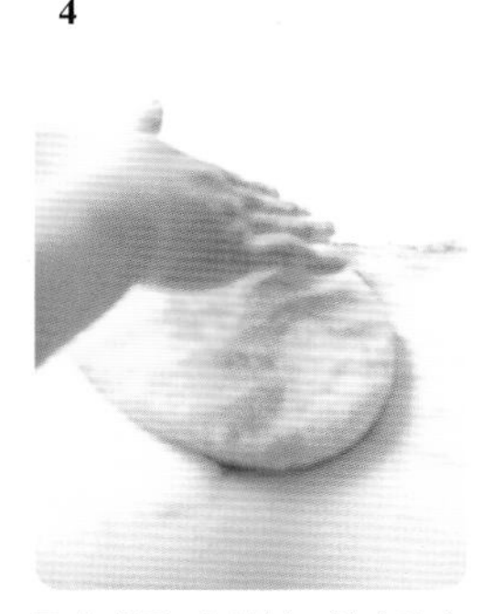

4 取出步骤**3**的材料，放在涂有防粘粉的大理石台面上，轻轻拍出空气。再以步骤**2**的手法揉圆，以步骤**3**的方法放入钵盆里，盖上干布和塑料袋，放入冰箱冷藏发酵一晚。

成形 烤制＞

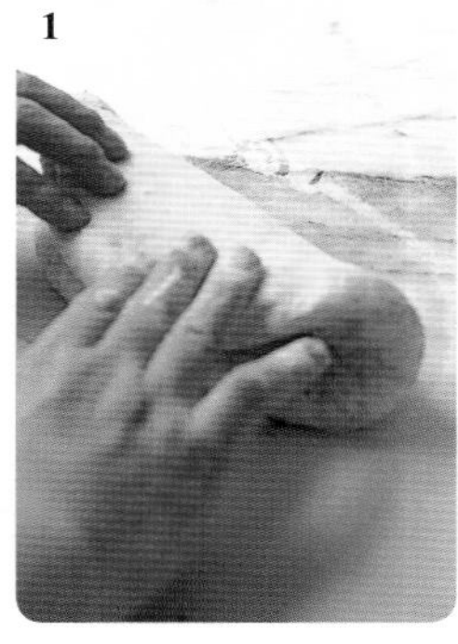

1 先在模具内壁上涂一层黄油。取出面团，放在涂有防粘粉的大理石台面上，轻轻拍打，再用擀面杖擀一擀，排出气体。捏成大致的椭圆形，横向放置，从里侧向靠近自己一侧折叠一半。

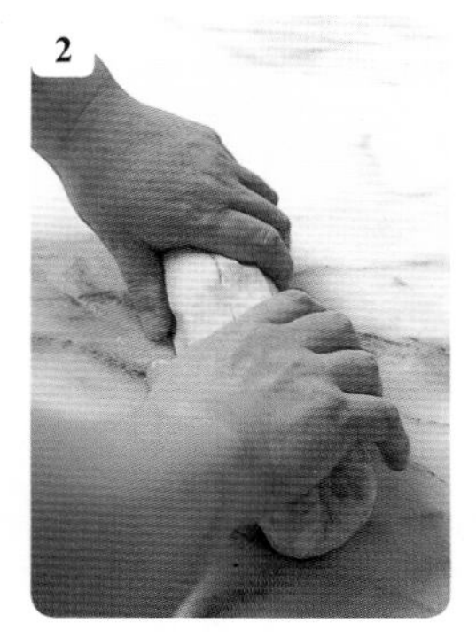

2 把折叠接口向上，用手抓住，在大理石台面上滚成圆柱形。

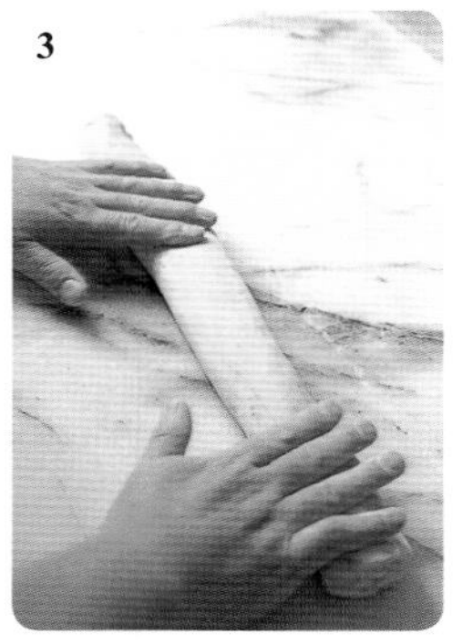

3 再滚成约40厘米长的条状。这种整形方法可以给面团增加弹性，也不会使栗子酱与面团混合过度。

4 用刀将步骤**3**的材料切成10等份（每个74克）。

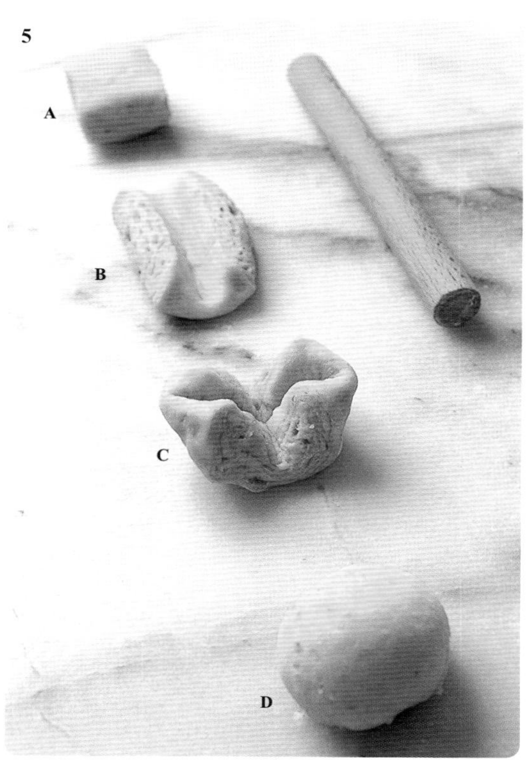

逐个成形。右面为舒张表面、更易发酵的成形方法。因加入日本栗子酱会适当切断面团的筋，所以成形后可以省略松弛面团的时间（即静置发酵时间）。

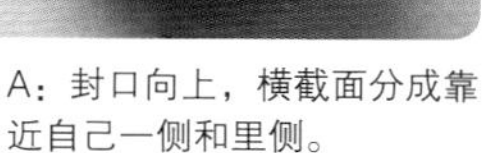

A：封口向上，横截面分成靠近自己一侧和里侧。
B：用小擀面杖在面团中间压一压。
C：再和B的直线垂直，压出十字，将面团四角立起，向中间聚拢。
D：翻面，手掌拱起，使面团在手心里滚动，轻轻揉圆。

将步骤**5**的材料封口向下，放入备好的步骤**1**的模具，用手用力压牢。

再小心地用木模压一压。

将步骤**7**的材料摆在铝盘内。喷雾，室温下成形，发酵约90分钟。

图为发酵成形后的状态。摆在喷过雾的烤盘里，再喷雾一次。用烤箱以185℃烤20分钟。

烤好后呈圆滚滚状的面团。将模具在台面上震一震，放出热空气，防止回缩。脱模，放在架在铝盘内的烤网上晾凉。

最后工序 >

香草味奶霜的合适浓度可以通过以下方法判断。将食指前两个关节插入糖霜后拿出来，慢慢数5秒钟，如果透过糖霜可见皮肤，则说明浓度刚好。

趁热从上方转圈给面包浇满糖霜，沥干多余的糖霜。

花环面包

Couronne

将黄油量十足的布里欧修面团裹入“布里欧修千层酥皮”中制作，豪华感满分。擀平布里欧修千层酥皮，再把混合了榛子、巧克力面团、砂糖、月桂等的榛子膏（p.325）涂在上面并卷起来。我是在实习的时候了解到这道点心的，其原型是“法式牛奶面包”卷榛子膏，但经过我的重新设计和制作，用料更加奢华。

在其他面包中很难见到如此大的黄油用量，所以需要精心考量。最多可以在布里欧修千层酥皮里裹2次黄油。操作时要注意室温，快速操作，趁黄油化开之前完成成形。

烤好的面团淋上月桂味糖霜，牢牢锁住烤好面团的风味，撒上香脆的杏仁脆饼，这道甜品就大功告成了。榛子膏漂亮地卷在布里欧修的层里则说明制作成功。黄油分量十足，使面包入口即融，涌起梦幻般的甜美和香醇。

我做的面包都是以“点心”为概念，这道“花环面包”是其中很特别的一个。在下午茶时间，可以像品尝蛋糕一样把这道花环面包切成一个个小块，作为给自己的奖励。我把这道甜点类面包叫作“布里欧修皇后”。

基本分量（直径18厘米的环形模，8个）

布里欧修千层酥皮
- 发酵黄油（裹入用）…… 240克
- 布里欧修面团（p.52）…… 1840克

与p.52中步骤**1~29**做法相同，分出1840克。

榛子膏（p.325）…… 约120克/份

与p.325的“榛子膏”步骤**1~3**做法相同。但为了整齐地涂刷表面，在步骤**3**将榛子和杏仁巧克力饼干磨碎。

蛋白…… 适量

月桂味糖霜
- 糖粉……2千克
- 月桂粉……约20克
- 水…… 约300克
- 香草香精（extrait de vanilla）…… 适量

与p.318的“香草味糖霜”做法相同。

杏仁脆饼（p.154，craquelin）…… 适量

参照p.154“巧克力淋酱杏仁脆饼”的做法，制作方法相同，但不淋巧克力酱。

发酵黄油（模具用）…… 适量

室温下回软至手指可以轻松插入的程度。

布里欧修千层酥皮 >

1

以p.44的“裹入”中步骤**1~2**的方法准备裹入用的黄油。但需整形成3~4毫米厚的长方形。放进冰箱冷却备用。

2

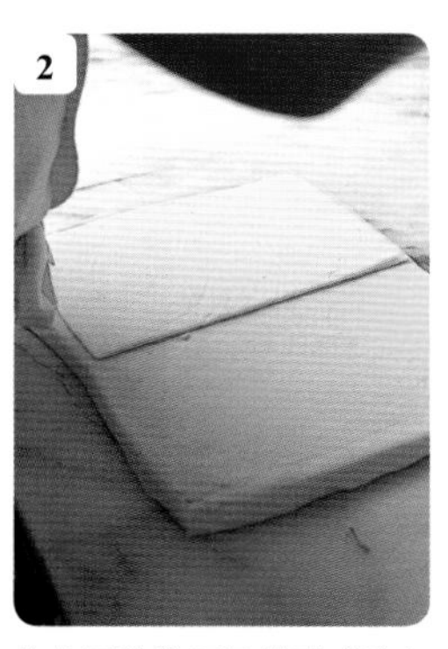

将布里欧修面团整理成略大于步骤**1**中裹入用黄油2倍的长方形，横向放置。放在步骤**1**中黄油的左半边。

3

把右半边的面团叠在黄油上。这时，尽量使黄油贴合面团的每个部分。不然，产生了没有裹入黄油的层时口感会变硬。

4

在步骤**2~3**的裹黄油方法中无须过度处理柔软的布里欧修面团。将面团竖向放置，用擀面杖压面团，使其固定，再压整块面团，使其与黄油紧密贴合。

5

将步骤**4**的材料用压面机压成5毫米厚的长方形。横向放置在大理石台面上。

6

分别从左右两侧折叠大小，叠成3折。因面团非常柔软，所以折叠不能超过2次。压出“完成3折2次”的记号。

7

以p.45中步骤**11**相同做法，用烤盘纸和塑料袋包上面团。放进冰箱冷藏1个小时，松弛面团。

成形 烤制 >

1

取出面团，用刀划十字，切成4等份。把没用到的面团放进冰箱备用。将其中一块用压面机压成45厘米×30厘米的薄片（3毫米厚）。用p.46中步骤**20**的方法舒压，放在烤盘纸上，切成2等份，每份大小约45厘米×15厘米。

2

用烤盘纸盖上步骤**1**的材料，放进冰箱冷藏15分钟，收紧面团。横向放置，把榛子膏放在面团上，空出靠近自己一侧3厘米不放，用小刮平刀抹成薄薄的一层。

3

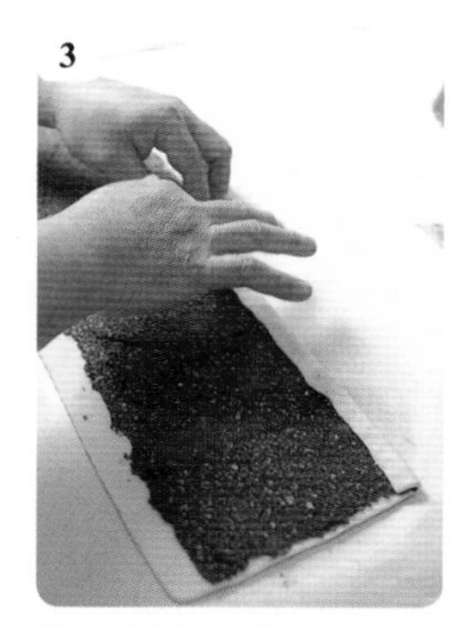

从里侧边缘1厘米宽的位置向内翻折，用手指压紧。将面团从里侧向自己一侧卷起。注意不要弄破面团。

4

用三角抹刀将手边空出的3厘米压薄，作黏合面。

5

用笔在压薄的部分涂刷蛋液，将面皮向手边卷起来。整形成条状。

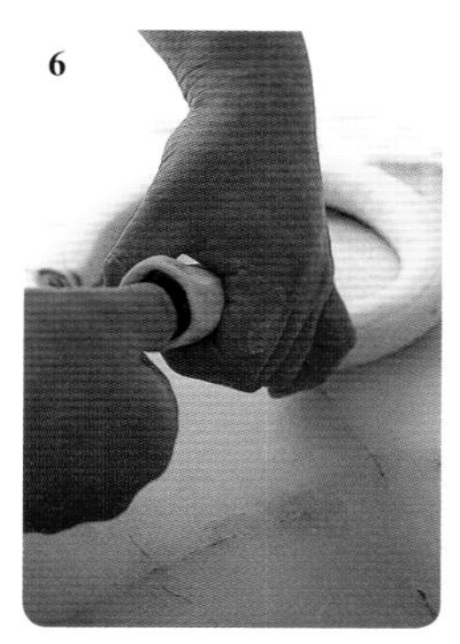

为使条状面团的一端方便与另一端接合，用手指向里压出2厘米左右的凹陷。

在步骤**6**的材料的凹陷处和面团另一端都涂上打散的蛋白。

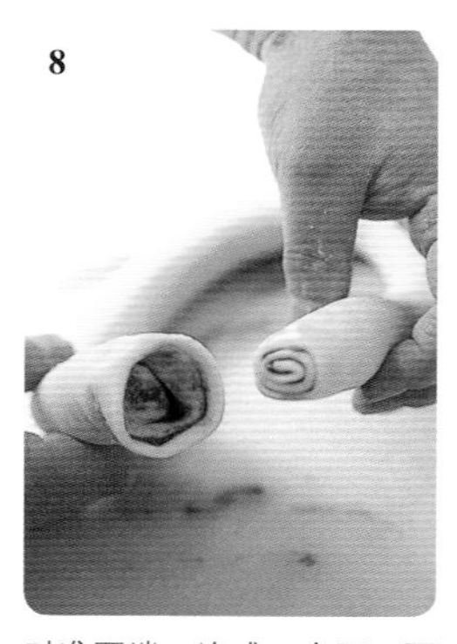

对准两端，连成一个环。不要联结步骤**5**的材料中的黏合部分。

把步骤**8**的材料装入模具，使步骤**5**的材料的黏合部分靠近内侧，再用手指压牢。喷雾，室温下成形，发酵约90分钟。

图为发酵成形后的状态。膨胀至约1.5倍大。

把步骤**10**的材料放在烤盘上喷雾。用180℃的烤箱烤40~45分钟，烤至颜色金黄。

将模具在台面上震一震，震出热空气，防止回缩。翻过来脱模，把面包放至架在铝盘上的烤网上晾凉。

步骤**5**的黏合部分、步骤**8**的黏合部分变成了两条整齐的线。

最后工序 >

为每个面包圈进行最后工序——淋糖霜。趁面包还热的时候，从上方转圈淋浇月桂味糖霜，沥干多余糖液。

趁糖液表面没干的时候，在上表面撒上杏仁脆饼。

布里欧修千层酥皮制作完成。

布里欧修面团分层清晰，呈螺旋状的榛子膏非常漂亮。表面颜色焦黄，中间柔软湿润，保留了面团的鲜味。

阿尔萨斯可颂

Croissant alsacien

这是一款用混合了榛子、巧克力面团、砂糖、月桂等材料的榛子膏做馅卷成的可颂面包，再淋上柑曼怡甜酒味糖霜，撒上焦糖杏仁。按照我的做法，糖霜不用毛刷涂，而是在上方转圈淋浇。这样可以将可颂面包的酥脆和柔软全部锁在里面。当你感到疲倦或需要恢复精力的时候，张大嘴咬上一口，身心瞬间得到舒展，满足感一百分。

基本分量（约 13 厘米 ×7 厘米，22 个）

牛奶可颂面团（p.58）……………………………一半量

与 p.60“牛奶可颂面团”步骤 1 做法相同，分出总量的一半。

柑曼怡甜酒味糖霜

糖粉…………………………………………2 千克

水……………………………………… 约 200 克

柑曼怡甜酒…………………………… 约 100 克

香草香精……………………………………适量

与 p.318 的“香草味糖霜”做法相同。

焦糖杏仁

杏仁片………………………………………适量

糖粉…………………………………………适量

用烤箱以 200℃将杏仁烤至微微上色，用茶网在杏仁上均匀筛糖，再进行焦糖化反应。

榛子膏基本分量

“膏”是指将材料混合至密度较高的状态。

带皮榛子…………………………………300 克

杏仁巧克力饼干（p.142）……………300 克

使用剩余的面团。

白糖………………………………………150 克

粗糖………………………………………50 克

水…………………………………………100 克

蛋白………………………………………50 克

月桂粉……………………………………适量

香草香精…………………………………适量

成形 烤制 >

> > > > >

与p.60中步骤3~8做法相同。不过在步骤5把小三角形放进张开的缺口中，再如图中所示，把一块用多余面团切成的长方形放在三角形的上面，在长方形上放一块切成5厘米长的榛子膏（做法见右）卷起来。在步骤8摆在架在铝盘上的烤网上晾凉。

最后工序 >

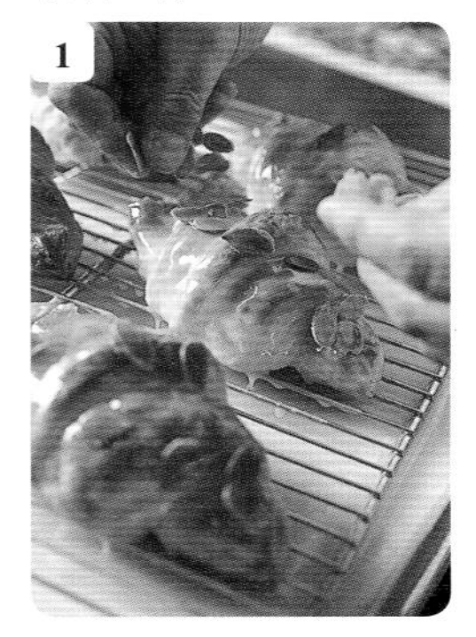

趁面包热时，从上方转圈淋浇柑曼怡甜酒味糖霜，沥掉多余糖霜。在糖霜风干之前，以焦糖杏仁片装饰。

榛子膏 >

烤盘上铺烤盘纸，放上带皮榛子。用烤箱以180℃烤30分钟左右，烤至榛子颜色变深，开始冒烟。

将步骤1的材料倒入大眼网筛，一边晃动榛子一边向网眼下压，去掉榛子皮。

分别用食物搅拌机将步骤2的材料和杏仁巧克力饼干打成较大颗粒。把剩余的材料也放入钵盆里，用橡胶刮刀混合。包上保鲜膜，室温下静置3个小时，使材料融合。

将步骤3的材料倒入裱花袋，套上口径14毫米的圆形裱花嘴，在铺有硅油纸的铝盘上挤成条状。急速冷冻，稍微定型。从冰箱中取出，切成5厘米宽，冷冻保存。

面包中间的榛子膏越吃越有乐趣。

杏子蝴蝶酥

Palmier

用牛奶可颂面团制作的千层酥皮点心“蝴蝶酥”。面团加入卡仕达奶油酱和朗姆酒浸渍葡萄干后卷起来，再在最后润色工序涂刷杏子酱，提升满足感。

这道点心最大的特色在于它的口感。牛奶可颂面团卷切片，将横截面向上，有助于面团分层更快受热，整体像“可颂面包的两角”一样酥脆。

外形洋溢浓浓的异国风情，仿照了棕榈叶的形状，也有点像心形。适合掰成两半，和朋友分享。

基本分量（约 13 厘米 ×9 厘米，18 个）

牛奶可颂面团（p.58）………………………………… 1/3 量

与 p.58~59 做法相同，分出 1/3。用压面机压成 3 毫米厚，约 55 厘米 ×47 厘米，以 p.60 步骤 **1** 的方法舒压。

卡仕达奶油酱（p.64）………………………… 约 300 克

以 p.64 中步骤 **1~18** 的方法制作，分出 300 克左右。

朗姆酒浸渍葡萄干（苏丹娜葡萄）……… 100~150 克

香草糖（p.15）……………………………………… 适量

杏子酱……………………………………………… 适量

柠檬汁……………………………………………… 适量

珍珠糖……………………………………………… 适量

成形 烤制 >

牛奶可颂面团横向放置，把卡仕达奶油酱放在中间，用刮平刀薄薄地抹在整张面皮上。

把尺子立在步骤**1**的材料的里侧，从里向外刮匀奶油酱。用尺子在面皮的水平中间线和以中间线为界上下两部分分别三等分的线上做出浅浅的记号。

在步骤**2**的材料上撒满朗姆酒浸渍葡萄干（注意避开压好的线），撒香草糖。分别从里侧和靠近自己一侧向中心折1/6，用擀面杖轻轻敲压实。

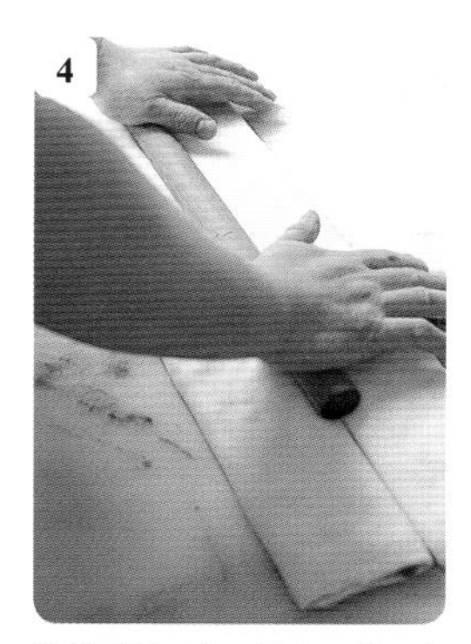

继续折叠面皮，将上下的面皮折到步骤**2**压的中心线上，同样用擀面杖压实。中心线部分要压紧，避免变形。

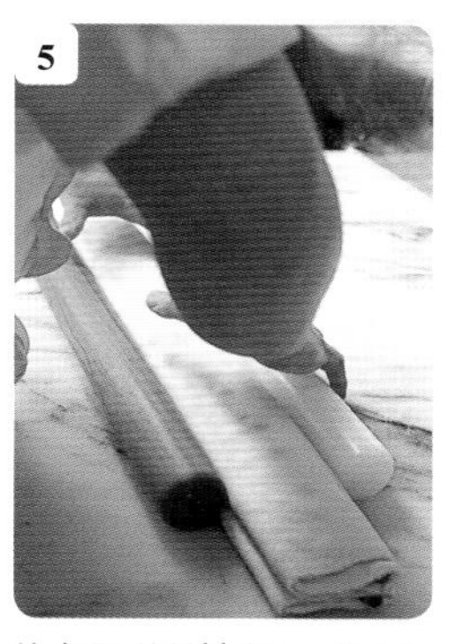

给步骤**4**的材料喷雾，将上下两半折到一起。用擀面杖压实。趁面团干燥之前，用烤盘纸包起来，放在铝盘上，罩上烤盘罩。放入冰箱冷藏一晚。

取出步骤**5**的材料，放在砧板上，用波纹刀切成3厘米宽的段。

把步骤**6**的材料摆在铺有硅油纸的烤盘上，横截面向上。喷雾，烤盘罩上同样喷雾，罩在面团上，室温（湿度约70%）下发酵成形90分钟左右。

图为发酵成形后的状态，膨胀至约1.2倍大。用烤箱以200℃烤20分钟，烤出香味。因面团的层立起来，所以受热更好、更酥脆。摆至架在铝盘上的烤网上晾凉。

最后工序 >

向杏子酱中加入柠檬汁，增添酸味，煮沸后晾一会。立刻用毛刷涂在烤好的蝴蝶酥的侧面上，放在烤网上。装饰珍珠糖。

布列塔尼黄油饼

Kouing-aman

和布列塔尼厚酥饼（p.230）一样，属于特产有盐黄油的布列塔尼地区的点心。酵母面团内裹入黄油和砂糖，特点是口味咸甜。刚开始吃这道点心时，勾起了我儿时的回忆。小时候曾经拜托家人给我买小烤箱，然后在厚片面包上涂抹足足的黄油和白糖，用烤箱烤到黄油和白糖化开，吃下去全是满足和感动。以这份回忆为基础，运用我的方法将它设计得更加美味。

当地使用有盐黄油来制作这道点心，但我使用的是无盐黄油和盐，这样更容易感受到咸甜味。使用的糖是在白糖里加入粗糖，加强风味，除了裹入面团之外，在成形时也撒了大量的糖，突出甜味，否则糖的风味不会这么明显。

我的布列塔尼黄油饼最大的特点是上表面和底面的做法。过去的做法是两面都用白糖焦糖化反应，但那样会使糖的存在感过于强烈，削弱面团的地位。因此，经过数次改良，最后我在一面罩上带眼烤盘，使其喷出黄油和砂糖，形成炸鸡块一样酥脆的口感，而另一面仍然焦糖化，得到硬脆的口感。两面的美味度不分上下！

这道布列塔尼黄油饼无论口味还是制作都经过精雕细琢，增加了口感的乐趣和华丽感。

基本分量（直径9厘米的无底圆模，20个）

生酵母	10克
脱脂牛奶	12克
水	350克
高筋面粉	450克
低筋面粉	100克
白糖	10克
盐	15克
温热的液化黄油	20克
发酵黄油（裹入用）	450克
白糖	适量
粗糖	适量
发酵黄油（模具用）	适量

室温下回软至手指可以轻松插入的程度。

酥皮（包黄油的面团）>

1 钵盆里加入生酵母，用打蛋器打成粉末。倒入脱脂牛奶搅拌。

2 少量多次地向步骤**1**的材料中加入水，充分搅拌溶解，避免结块。

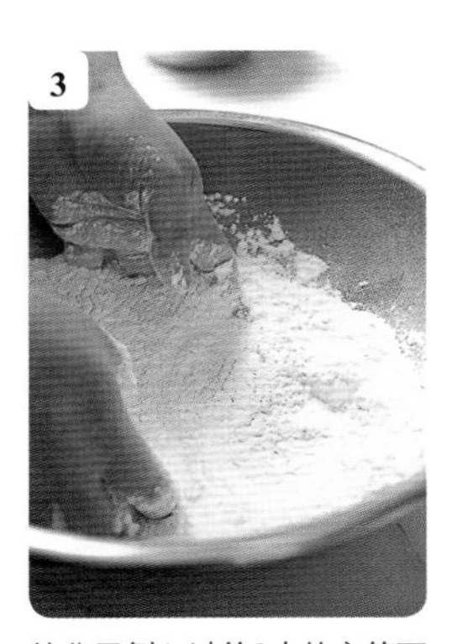

3 钵盆里倒入过筛2次的高筋面粉和低筋面粉、白糖、盐，用手混合。只要多积累经验，通过手的触感即可判断各种材料是否完全混合。

4 座式搅拌机的缸中加入步骤**2**中酵母液的1/4，加入步骤**3**的材料用拌料棒低速搅拌。先加入少量液体，粉末会更容易吸收水分，也更易搅拌。

5 向不烫手的温热的液化黄油中倒入剩余的1/3的酵母液，再少量多次倒入步骤**4**的材料中搅拌，再倒入剩余的酵母液搅拌。

6 面团开始渐渐粘黏在拌料棒上。加入了全部的酵母液，面团形成一大块之后关掉搅拌机。

7 把拌料棒换成搅面钩，再搅拌1分钟，这时逐渐产生面筋。（一开始使用拌料棒是因为面团量较小，不易搅拌）

8 搅拌至整体质地均匀即可。如果面筋过多，在吃的时候面很难在嘴里化开。取出面团，放在涂有防粘粉（高筋面粉，分量外）的大理石台面上。

9 在大理石台面上略做整形、揉圆，使表面舒张。

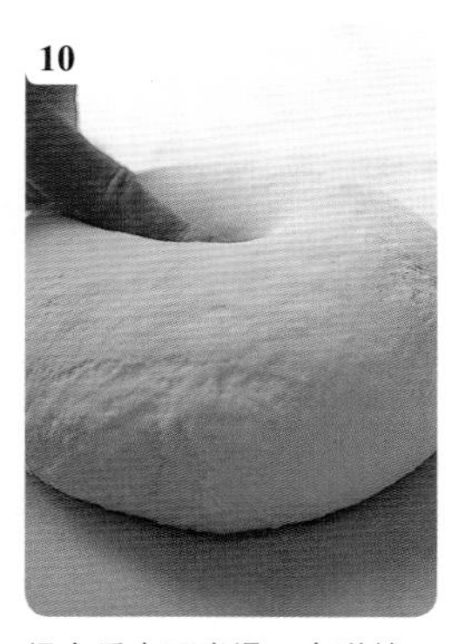

10 揉完后表面光滑、有弹性，以按下去有少许阻力的状态为佳。

11 趁面团干燥之前，用干布包起来，再套上塑料袋。冷藏发酵一个晚上。

裹入>

1 以p.44“裹入”步骤**1~2**的方法提前处理裹入用黄油（整理成3~4毫米厚的长方形）。图为冷藏一晚发酵后的面团。里面充满气体，面团收紧。

2

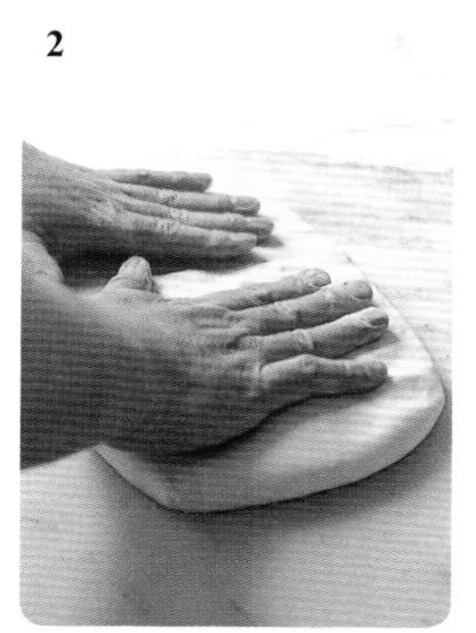

轻轻压扁面团，排出气体。

3

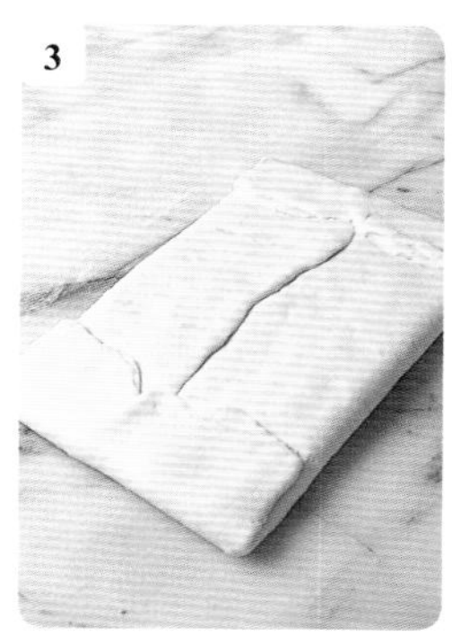

以p.59中步骤**2~7**的方法将酥皮擀成5毫米厚的长方形面皮，放上裹入用黄油后包起来，把擀面杖放在表面压实，用压面机压成5毫米厚的长方形。

4

以p.59中步骤**8~9**的方法进行2次3折。以左页步骤**11**的方法包上布和塑料袋，放进冰箱冷藏1个小时。室温下静置10分钟，用擀面杖敲一敲，使硬度均匀。

5

再将面皮调转90° 方向，用压面机压成5毫米厚的长方形。横向放置，在表面略撒一层糖（白糖中混合10%的粗糖，下同）。

6

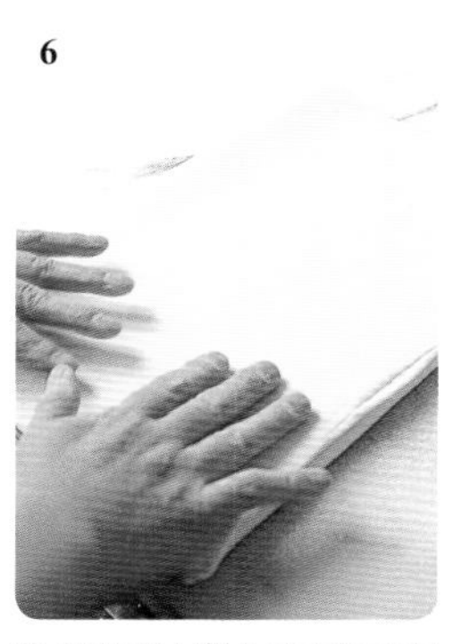

将步骤**5**的材料从左右向中间折叠，折成均等的3份（总计3折3次）。用擀面杖压实面皮，避免面团歪曲。

7

将步骤**6**的材料翻面，在大理石上撒糖再把面皮拿回糖上。

8

在面皮上撒糖，用擀面杖压实正反两面的糖。

9

将步骤**8**的面皮调转90° 方向，用压面机压成6毫米厚、50厘米×40厘米的面皮。以p.60步骤**1**的方法舒压，切成10厘米的方块。

成形 烤制 >

1

按以下做法逐个成形。
A：首先将面皮四角向中心叠。
B：逐个打开四角，向中心压出一个窝，形成心形。
折成这种形状可以让后面撒的糖进入心形的凹陷处，避免烘烤时砂糖溢出，将其保存在面团里。另外也给面团增加了一定厚度，避免受热过多，保留了面团的风味。

2 在成形的面团上撒糖，凹陷部分也要撒到，这样可以突出糖的甜度。

3 从面团上方压一压，使糖与面团紧密贴合。

4 图为面团被压平的状态。

5 用毛刷在无底圆模内壁上薄薄地涂一层室温软化的黄油，撒糖。放在铺有硅油纸的烤盘上，模具的圈内也要撒糖。

6 钵盆里倒白糖，加入步骤**4**的材料。用油炸饼裹衣的方法给面团抹糖，类似把糖按在面团上的感觉。像“粗糖仙贝”一样抹遍面团全身，突出甜度。

7 将步骤**6**的材料放入步骤**5**的圆模中，用手指压实。再用木模压扁面团。注意不要让图案变形。扣上带眼烤盘，室温（湿度70%）下成形发酵90分钟。

8 稍稍膨胀后再在上方撒糖，扣上带眼烤盘，用烤箱以185℃烤50分钟。

9 放进烤箱几分钟后面团开始膨胀，化开的黄油和糖开始从烤盘的孔里喷出。

10 撤掉带眼烤盘。化开的黄油和砂糖流到模具底部，这部分发生焦糖化反应，更增添了风味。放回烤箱中烤至颜色金黄。

11 图为烤好的样子。表面像炸鸡块一样酥脆。

12 撤掉圆模，将底面朝上，摆至架在带眼烤盘的烤网上晾凉。底部的砂糖发生焦糖化反应，香脆诱人。正反面产生不同的口感。

散发布列塔尼的香气！

索引

图书在版编目（CIP）数据

甜蜜的犒赏：零失败超美味的法式甜点 /（日）冈田吉子著；金璐译 . -- 青岛：青岛出版社，2019.3

ISBN 978-7-5552-7976-1

Ⅰ. ①甜… Ⅱ. ①冈… ②金… Ⅲ. ①甜食—制作—法国 Ⅳ. ① TS972.134

中国版本图书馆 CIP 数据核字 (2019) 第 027121 号

TITLE:［ア・ポワン　岡田吉之のお菓子　シンプルをきわめる］

BY:［岡田　吉之］

书　　名	甜蜜的犒赏——零失败超美味的法式甜点
作　　者	［日］冈田吉之
译　　者	金　璐
出版发行	青岛出版社
社　　址	青岛市海尔路182号（266061）
本社网址	http://www.qdpub.com
邮购电话	13335059110　0532-68068026
责任编辑	徐　巍
特约编辑	李　伟　宋总业
装帧设计	柯秀翠
印　　刷	青岛名扬数码印刷有限责任公司
出版日期	2019年6月第1版　　2019年6月第1次印刷
开　　本	16开（710毫米 × 1010毫米）
印　　张	21
字　　数	500千
图　　数	1751幅
书　　号	ISBN 978-7-5552-7976-1
定　　价	88.00元

编校印装质量、盗版监督服务电话：4006532017　0532-68068638

建议陈列类别：美食类　生活类